网络存储技术应用项目教程

微课视频版

◎ 崔升广　编著

清华大学出版社
北京

内容简介

根据全国高等学校、高职高专教育的培养目标、特点和要求，本书由浅入深、全面系统地讲解了网络存储技术及应用。全书共分为6章，内容包括信息数据管理、数据存储技术、DAS服务器配置与管理、NAS服务器配置与管理、SAN服务器配置与管理、高级存储与容灾备份技术。为了让读者能够更好地巩固所学知识，及时检查学习效果，每章最后都配备了课后习题供读者巩固提高。

本书可作为全国高等学校、高职高专院校计算机网络技术相关专业课程的教材，也可作为计算机网络技术相关培训和计算机网络技术爱好者的自学参考书。

图书在版编目(CIP)数据

网络存储技术应用项目教程：微课视频版/崔升广编著. —北京：清华大学出版社，2023.5（2024.8重印）
（21世纪新形态教·学·练一体化系列丛书）
ISBN 978-7-302-63200-9

Ⅰ. ①网… Ⅱ. ①崔… Ⅲ. ①计算机网络－信息存贮－教材 Ⅳ. ①TP393.0

中国国家版本馆CIP数据核字(2023)第052483号

责任编辑：闫红梅　薛　阳
封面设计：刘　建
责任校对：郝美丽
责任印制：宋　林

出版发行：清华大学出版社
网　　址：https://www.tup.com.cn，https://www.wqxuetang.com
地　　址：北京清华大学学研大厦A座　　**邮　　编**：100084
社 总 机：010-83470000　　**邮　　购**：010-62786544
投稿与读者服务：010-62776969，c-service@tup. tsinghua. edu. cn
质量反馈：010-62772015，zhiliang@tup. tsinghua. edu. cn
课件下载：https://www.tup.com.cn，010-83470236
印 装 者：三河市龙大印装有限公司
经　　销：全国新华书店
开　　本：203mm×260mm　　**印　张**：18.75　　**字　　数**：479千字
版　　次：2023年7月第1版　　**印　　次**：2024年8月第2次印刷
印　　数：1501～2500
定　　价：59.00元

产品编号：099379-01

PREFACE
前言

近年来，互联网产业飞速发展，计算机网络技术已进入一个相对成熟的阶段，成为当前信息技术产业发展和应用创新的热点。党的二十大报告强调“必须坚持科技是第一生产力、人才是第一资源、创新是第一动力，深入实施科教兴国战略、人才强国战略、创新驱动发展战略，开辟发展新领域新赛道，不断塑造发展新动能新优势。”目前，“网络存储技术应用”课程已经成为计算机网络技术专业的一门重要专业课程。本书可以让读者学到非常新的、前沿的和实用的技术，为从事计算机网络方面的工作储备知识。

本书使用 Windows Server 2019 和 CentOS 7.6 搭建环境平台，在介绍相关理论与技术原理的同时，还提供了大量的项目配置案例，以达到理论与实践相结合的目的。全书在内容安排上力求做到深浅适度、详略得当，从信息数据管理基础知识起步，用大量的案例、插图讲解数据存储技术相关知识。编者精心选取教材的内容，对教学方法与教学内容进行整体规划与设计，使得本书在叙述上简明扼要、通俗易懂，既方便教师讲授，又方便学生学习、理解与掌握。

本书融入了作者丰富的教学和实践经验，从网络存储技术初学者的视角出发，采用“教、学、练一体化”的教学方法，为培养应用型人才提供适合的教学与训练教材。本书以实际项目转化的案例为主线，以“学练合一”的理念为指导，在完成技术讲解的同时，对读者提出相应的自学要求和指导。读者在学习本书的过程中，不仅可以完成快速入门的基本技术学习，而且能够进行实际项目的开发与实现。

本书主要特点如下。

(1) 内容丰富，技术新颖，图文并茂，通俗易懂，具有很强的实用性。

(2) 体例组织合理、有效。本书按照由浅入深的顺序，在逐渐丰富系统功能的同时，引入相关技术与知识，实现技术讲解与训练合二为一，有助于“教、学、练一体化”教学的实施。

(3) 内容实用，将实际项目开发与理论教学紧密结合。

本书的训练紧紧围绕实际项目进行，为了使读者能快速地掌握相关技术并按实际项目开发要求熟练运用，本书在各个章节重要知识点后面都根据实际项目设计相关实例配置，实现项目功能，完成详细配置过程。

由于编者水平有限，书中不妥或疏漏之处在所难免，殷切希望广大读者批评指正。

编　者

2023 年 2 月

CONTENTS

目录

第1章

信息数据管理

学习目标

- 理解信息技术发展历程、数据与信息、信息的重要性以及信息存储的挑战等相关理论知识。
- 掌握物理服务器虚拟化安装与配置以及 Windows Server 2019 操作系统安装等相关知识与技能。

1.1 项目陈述

信息是指音讯、消息、通信系统传输和处理的对象，泛指人类社会传播的一切内容。人通过获得、识别自然界和社会的不同信息来区别不同事物，得以认识和改造世界，创建一切宇宙万物的最基本单位是信息。在一切通信和控制系统中，信息是一种普遍联系的形式。1948 年，数学家香农在题为“通信的数学理论”的论文中指出：“信息是用来消除随机不定性的东西”，这一定义被人们看作经典性定义并加以引用。人类社会的文明发展史也是一部信息技术发展史，人类经历了 5 次信息革命，使信息的传递和存储超越了时间和地域的限制，而不断积累的信息则推动社会向前发展。本章讲解信息技术发展历程、数据与信息、信息的重要性以及信息存储的挑战等相关理论知识，项目实践部分讲解物理服务器虚拟化安装与配置以及 Windows Server 2019 操作系统安装等相关知识与技能。

1.2 必备知识

1.2.1 信息技术发展史

随着科技的进步，人类社会已进入以知识经济为特征的信息社会，而信息社会最重要的生产要素则是信息，主要表现为知识或智力，从而使信息成为生产力的重要因素。人类的一切活动都离不开管理，从静态构成看，管理离不开人、财、物、事等因素，而有效的管理在一定的意义上取决于对信息的掌握程度，必须了解人、财、物、事的过去，分析其现状并预测其未来的变化趋势，而这正是管理信息的基本内容。在现代社会，决策是否科学，是否符合客观规律，关键在于是否能够获取及时、准确、全面的信息。准确地掌握信息，正确地使用信息，可以大大提高各级部门领导决策的科学化、民主化水平。

在人类发展历程中，物质、能量和信息是支配人类活动的三种不可或缺的要素。当今社会信息无处不在，它在人类社会生活的各方面和各个领域被广泛使用。然而对于信息却没有公认的定义。下面列举了一些比较典型和具有代表性的定义，读者可对信息的概念有一个比较全面的认识。

信息是资料。

信息是物质的普通属性。

信息是系统的复杂性。

信息是事物之间的差异。

信息是消除不确定性的东西。

信息是事物相互作用的表现形式。

信息就是信息，既不是物质也不是能量。

信息就是消息。

信息就是信号。

信息就是经验。

信息就是知识。

这些对信息的理解，有从哲学角度出发的，有从经济角度出发的，有从文化角度出发的。广义上的信息包含自然界和人类社会中的各种信息，而本书的研究对象是计算科学领域的存储信息。

人类社会的文明发展史也是一部信息技术发展史，下面介绍信息的发展历程。一般来说，从古至今，人类经历了5次信息革命，具体如下。

1. 第一次信息革命

第一次信息技术革命的标志是语言的使用，发生在距今约五万年前，语言成为人类进行思想交流和信息传播不可缺少的工具。语言的使用是从猿进化到人的一个重要标志。

类人猿是一种类似于人类的猿类，经过千百万年的劳动过程，演变、进化、发展成为现代人，与此同时，语言也随着劳动而产生。

2. 第二次信息革命

第二次信息技术革命的标志是文字的出现和使用，它使人类对信息的保存和传播取得重大突破,较大地超越了时间和地域的局限。如在原始社会母系氏族繁荣时期的居民使用的陶器上发现了符号。河姆渡和半坡原始居民是母系氏族公社繁荣时期的代表。大约在公元前5000年至公元前3000年,河姆渡和半坡原始居民已经普遍使用磨制石器,并且会炼制陶器。河姆渡的黑陶是用谷壳与泥土混合炼制而成的;而半坡彩陶品种样式多,上面绘有构思巧妙的花纹,是原始艺术的精品。

甲骨文字可考的历史从商朝开始。甲骨文是一种比较成熟的文字,反映了商王的活动和商朝的社会生产状况、阶级关系,记录了商朝后期大量的史实。

金文也叫铜铭文,它是一种铸刻在青铜器的钟或鼎上的文字。金文起于商代,盛于周代,是在甲骨文的基础上发展起来的文字。因铸刻于钟鼎之上,有时也称为“钟鼎文”。据统计,可知的金文有一千多字,较甲骨文略多。金文上承甲骨文,下启秦代小篆,流传书迹多刻于钏鼎之上,所以较甲骨文更能保存书写原迹,具有古朴的风格。

3. 第三次信息革命

第三次信息技术革命的标志是造纸术和印刷术的发明和应用,信息大量生产,扩大了信息交流的范围。北宋庆历年间中国的毕昇(970—1051年)发明了泥活字,标志了活字印刷术的诞生。他是世界上第一个发明活字印刷术的人,比德国人约翰内斯·古腾堡发明活字印刷术早约四百年。

纸是重要的信息存储介质。汉朝以前使用竹木简或帛作为书写材料。公元105年,东汉的蔡伦改进了造纸术,被封为“龙亭侯”。由于新造纸方法是蔡伦发明的,人们把这种采用新造纸方法生产的纸叫“蔡侯纸”。从后唐到后周,封建政府雕版刊印了儒家经书,这是我国官府大规模印书的开始,成都、开封、临安和建阳是当时雕版印刷的中心。

4. 第四次信息革命

第四次信息技术革命的标志是电报、电话、电视等的发明和广泛应用,信息传递效率发生了质的飞跃。19世纪中期以后,随着电报、电话的发明,以及电磁波的发现,人类通信领域产生了根本性的变革,实现了通过金属导线上的电脉冲来传递信息以及通过电磁波来进行无线通信。

5. 第五次信息革命

第五次信息技术革命的标志是电子计算机和现代通信技术的应用,信息的处理速度、传递速度惊人提高。计算机技术与现在通信技术的广泛应用始于20世纪60年代,这是一次信息传播和信息处理的革命,对人类社会产生了空前的影响,使信息数字化成为可能,从而使信息产业得以发展。

20世纪70年代初,第一个微处理器诞生,从此以后,微处理器的性能和集成度几乎“每隔18个月便会提高一倍,而价格却下降一半”,这就是著名的摩尔定律,由英特尔公司创始人之一——戈登·摩尔提出。这一定律预示了信息技术的发展速度,尽管实际上这个增长率略有波动,实际生产也并非严格遵循摩尔定律,但这已经成为各计算机生产厂商追求的一个目标。

(1) 第一台数字式电子计算机。

为了解决计算大量数据的难题,宾夕法尼亚大学的莫奇利和埃克特成立了研究小组。经过3年紧张的工作,第一台数字式电子计算机ENIAC终于在1946年2月14日问世,它被用来进行弹道计算,如图1.1所示,是一个庞然大物,用了18 000个电子管,占地$170m^2$,重达30t,耗电功率约150kW,每秒可进行5000次运算,它的运算速度在现在看来微不足道,但在当时却是破天荒的。

图 1.1　第一代电子计算机

ENIAC 以电子管作为元器件，所以又被称为电子管计算机，是第一代计算机。电子管计算机由于使用的电子管体积很大，耗电量大，易发热，因而工作的时间不能太长。

(2) 计算机的普及与推广。

现代计算机的发展经历了 4 个阶段，分别是电子管时代（约 1946—1958 年）、晶体管时代（约 1959—1964 年）、中小规模集成电路时代（约 1965—1970 年）、大规模和超大规模集成电路时代（约 1971 年至今）。直到 1981 年，IBM 公司推出微型计算机，后来被广泛应用于学校和家庭，计算机才开始普及。

(3) 冯·诺依曼计算机。

现在使用的计算机，其基本工作原理是存储程序和程序控制，该原理是由著名数学家，被称为“计算机之父”的冯·诺依曼提出的。冯·诺依曼(1903—1957 年)是美籍匈牙利人，他从小就天赋异禀、智商超群。他不仅拥有惊人的记忆力，还具备卓尔不群的数学才能。在他短暂的一生中，这位享有“火星人”美誉的科学巨人，几乎“玩转”了包括电子计算机、博弈论、代数、集合论、测度论、量子理论在内的诸多领域，成为这些领域里的“一代宗师”或“开山鼻祖”。简单地说，冯·诺依曼贡献的精髓有两点：二进制思想与程序内存思想。其方案明确了计算机由 5 部分组成，包括运算器、控制器、存储器、输入设备和输出设备，并描述了这 5 部分的职能和相互关系。冯·诺依曼的设计思想之一是二进制，他根据电子元器件双稳工作的特点，建议在电子计算机中采用二进制。程序内存思想是他的另一杰作：把运算程序存储在机器的存储器中，程序设计员只需要在存储器中寻找运算指令，机器就会自行计算，这样，就不必对每个问题都重新编程，从而大大加快了运算速度。这一思想标志着自动运算的实现，标志着电子计算机的成熟，成为电子计算机设计的基本原则。

著名的“冯·诺依曼机”标志着电子计算机时代的真正来临，指导着以后的计算机设计。但一切事物总是在发展着的，随着科学技术的进步，人们又认识到“冯·诺依曼机”的不足，它妨碍了计算机运算速度的进一步提高，因而人们提出了“非冯·诺依曼机”(脱离了冯·诺依曼结构原有模式的计算机，如光子计算机和量子计算机等)的设想。

(4) 目前计算机的应用状况。

当今，计算机的应用基本上都要与计算机网络结合。资源与服务更大范围的整合，为计算机的发展与应用提供了前所未有的空间。笔记本电脑、平板电脑、掌上电脑、超级本等越来越多地被普通人拥有和使用，新的技术与概念也不断被推出。例如，云计算（Cloud Computing），指基于互联网的相关服务的增加、交付和使用模式，通常涉及通过互联网来提供动态、易扩展的虚拟化的资源。“云”是互联网上的一种比喻说法，因为过去在网络示意图中经常用云来表示电信网，后来也用来表示互联网和底层基础设施。狭义云计算指信息技术（Information Technology，IT）基础设施的交付和使用模式，指通过网络以按需、易扩展的方式获得所需资源；广义云计算指服务的交付和使用模式，指通过网络以按需、易扩展的方式获得所需服务。这种服务可以与 IT 软件、互联网相关，也可以是其他服务。它意味着计算能力也可作为一种商品通过互联网进行流通。IT 行业的高速发展也成就了一批著名的公司，如微软、苹果、华为等。

(5) 未来计算机的发展趋势。

基于集成电路的计算机短期内还不会退出历史舞台，但一些新的计算机正在加紧研究，如超

导计算机、纳米计算机、光计算机、脱氧核糖核酸(Deoxyribo Nucleic Acid,DNA)计算机和量子计算机等。未来的计算机将以超大规模集成电路为基础,向巨型化、微型化、网络化与智能化等方向发展。

1.2.2　数据与信息

经常能听到"现在是一个信息大爆炸的时代""互联网引发数据大爆炸"等用语,那么数据与信息之间到底是什么关系呢?

1. 数据的概念

数据是指对客观事件进行记录并可以鉴别的符号,是对客观事物的性质、状态以及相互关系等进行记载的物理符号或这些物理符号的组合。它是可识别的、抽象的符号。

它不仅指狭义上的数字,还可以是具有一定意义的文字、字母、数字符号的组合、图形、图像、视频、音频等,也是客观事物的属性、数量、位置及其相互关系的抽象表示。例如,"0,1,2,…""阴、雨、下降、气温""学生的档案记录、货物的运输情况"等都是数据。数据经过加工后就成为信息。

在计算机科学中,数据是所有能输入计算机并被计算机程序处理的符号的介质的总称,是用于输入电子计算机进行处理,具有一定意义的数字、字母、符号和模拟量等的通称。计算机存储和处理的对象十分广泛,表示这些对象的数据也随之变得越来越复杂。

存储网络工业协会(Storage Networking Industrial Association,SNIA)关于数据的定义是"数据是对任意形式的任何事物的数字表示",如图1.2所示。

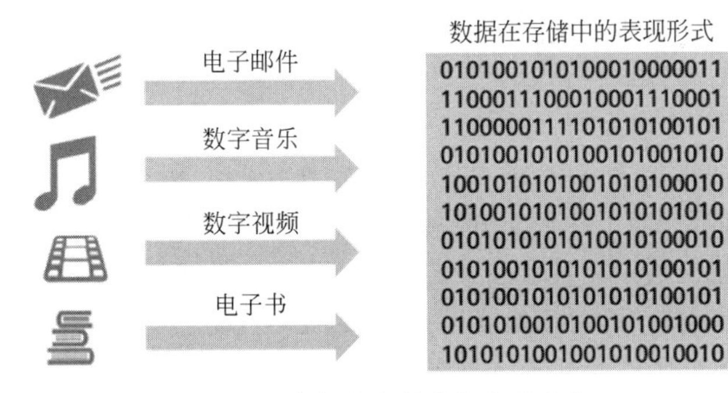

图1.2　数据在存储中的表现形式

根据数据结构特征,数据主要可以分为结构化数据、半结构化数据和非结构化数据。结构化数据是传统的关系数据模型中的行数据,也可称作行数据,它是由二维表结构来逻辑表达和实现的数据,严格地遵循数据格式与长度规范,主要通过关系数据库进行存储和管理。包括财务系统、企业资源计划系统、客户关系管理(Customer Relationship Management,CRM)系统等,在其数据库中存储的都是结构化数据。半结构化数据是结构化数据的一种表达形式,它是位于结构化和完全无结构(如声音、图像文件等)之间的数据。半结构化数据中同一类集合可以有不同的属性,即使它们被组合在一起,这些属性的顺序并不重要;它还可以自由地传达出很多需要的信息,所以半结构化数据具有很好的扩展性,如可扩展标记语言(eXtensible Markup Language,XML)和对象表示法。非结构化数据是指其字段长度可变,不方便采用结构化数据来逻辑表达的数据。非结构化数据包括全文文本、办公文档、图像、图片、声音、音频、影视、视频和各类报表等数据。

统计表明,在上文的各种结构数据中,大多数商业企业产生和存放的数据中70%都是静态数据。静态数据就是那些被保存之后在较长的时间内不会被访问的数据。这就带来一个问题:"是否有必要保存这些长时间不被访问的数据"。按照信息生命周期管理的理念,信息需要经历"消亡"过程;然而,很多企业无法判断这些数据的价值、这些数据是否是有用的信息、将来有没有可能会用到这些数据或信息,因此只好先保存这些数据和信息。

图 1.3　数据处理周期

2. 数据处理周期

数据处理是人或机器对数据进行的重组或重新排序,以增加其特定的价值。数据处理包括以下基本步骤:输入、处理和输出。这三个步骤构成了数据处理周期,如图 1.3 所示。

3. 信息的概念

信息是已经被处理、挑选、分析,具有综合逻辑关系的数据,是对数据的解释,其中包括具有上下文、相关性和目的的数据。用户可以在使用过程中对正在发生的事有更清晰的认知。换言之,信息是加工后的数据。所以,数据是原材料,信息是产品,信息是数据的表现形式。

数据和信息是相对的,如某些数据对某些人而言是数据不是信息,而对另外某些人而言则是信息而不是数据。例如,在物流运输中,物流运输单对司机或快递员而言是信息,因为司机或快递员可以从该快递单上知道运输时间、运输物品、客户地址等信息;而对负责经营的管理者来说,运输单只是经营数据,因为只有运输单无法提供本月运输物品数量、现有空闲司机或快递员、现有空闲运输工具等信息。

信息的获取受到人的主观因素影响,因为信息是加工了的数据,所以采用什么模型(或公式)、多长的时间间隔来加工数据以获得信息,受到人对客观事物变化规律的认识的制约,并由人的知识水平决定。因此,揭示数据内在含义的信息是主观的。

信息的功能同信息的形态密不可分,并往往融合在一起。例如,信息的形态是指信息的"模样",而信息的功能是指信息"能干什么"。信息有 4 种形态,分别是数据、文本、声音、图像。这 4 种形态可以相互转换。信息能通过 4 种形态中的任意一种形态"捕捉"到环境中存在的数据,并把它表示出来。例如,打字机捕获作者写出的文字,并把它生成书籍;录音机捕获歌唱家发出的声音,并把它生成录音带;照相机捕获了风景的图像,并把它生成图画等。实际上,信息的生成就是把已知的数据用一种容易理解的形式表现出来。因为计算机和网络的发展,数字信息也成为主流。数字信息就是把信息数字化,将其整理成"二进制"数。一旦信息被数字化——变成"0"和"1",所有形态的信息都能被处理。当照片被分解(即,"读")成数字(即,图)时,图中的每一个点都被赋予一定的值,然后,照片便能通过网络发送出去。

4. 数据与信息的关系

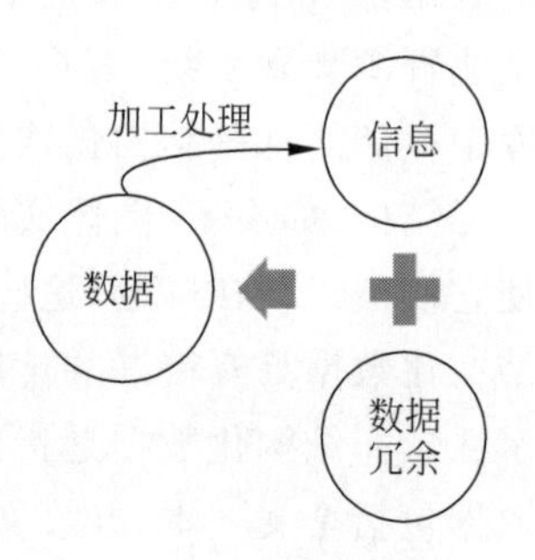

图 1.4　数据与信息

数据和信息之间是相互联系的。数据是反映客观事物属性的记录,是信息的具体表现形式。数据经过加工处理之后,就成为信息;而信息需要经过数字化转换成数据才能存储和传输。

从信息论的观点来看,描述信源的数据是信息和数据冗余,即数据=信息+数据冗余,如图 1.4 所示。数据冗余指在一个数据集合中重复的数据。数据是数据采集时提供的,信息是从采集的数据中获取的有用数据,简言之,数据经过加工处理才能得到有用数据,即信息。由此可见，可以简单地将信息理解为数据中包含的有用内容。

上面定性分析了数据和信息之间的区别和联系，下面对数据和信息进行定量分析。数据量大并不意味着信息量大。同时，一个消息越不可预测，它所含的信息量就越大。事实上，信息的作用是消除人们对事物了解的不确定性。

1.2.3 信息的重要性

信息的重要性是不言而喻的，它已经影响到了当今社会的各方面，在工业活动中信息可以提高生产力；在社会活动中，信息可以促进社会体系产生变革；在商业活动中如果没有信息即使企业资金等充足也会使企业缺乏活力。

1. 信息与生活

当代，信息已经切切实实影响到人们的日常生活，信息技术也已经发展到了可以超越时空距离的程度，数字化、网络化、智能化已成为人们不可或缺的生活模式和生存方式。公交地铁、手机通信、水电缴费、图书借阅、酒店就餐、超市购物、银行支付等都需要用到信息。

通信工具使信息的流通更加通畅，信息正日益成为百姓日常生活不可或缺的主体。现在人们利用手机可以上网冲浪、下载音乐、搜索视频，感受网络世界的精彩；还可以享受手机银行、手机购物等多种“以手代步”的便捷服务。手机为移动办公和休闲娱乐提供了诸多便利。信息技术的发展颠覆了许多传统的生活模式，例如，手机作为信息化终端设备的出现，功能手机以语音通信功能为主，而智能手机可支持高级别的音响效果以及媲美专业相机的拍照功能。

除了个人，企业和机构也离不开信息通信。在政府机构、企事业单位云集的城市中，信息沟通方式的变迁也让人惊叹。网上办公、网上交易、网上查询等一系列互联网应用，使得宽带通信成为不可缺少的电子商务渠道。利用视频会议系统，政府机关和大型企业不仅节约了成本，而且提升了工作效率。特别是在重大事件发生时，各级政府能通过这一系统迅速做出反应和部署。

2. 信息与商业

从广义的角度上讲，商业信息是指能够反映商业经济活动情况、与商品交换和管理有关的各种消息、数据、情报和资料的统称。商业信息的范畴不但包括直接反映商业购销和市场供求变化的信息，而且包括各种影响市场供求关系的信息，如自然灾害或政治事件会影响当年或来年市场商品的购买力，有关这方面的信息也可纳入商业信息的范围。从狭义的角度看，商业信息是指直接反映商品买卖活动的特征、变化等情况的各种消息、情报、资料的统称。

随着世界经济和科技的迅猛发展，生产社会化的程度越来越高；而随着信息时代的到来，商业企业管理的本质和核心就是对企业信息流进行有效控制。业界流行这样一种观点，即“控制信息就是控制企业的命运，失去信息就失去一切”。这充分说明了信息对企业的重要性。从商业企业管理的角度看，现代商业信息主要有以下几个特点。

(1) 信息量急剧增加。“信息爆炸”“知识爆炸”是这个时代的特征之一，“信息爆炸”主要体现为信息量呈爆炸式增长。19 世纪，人类的知识每 50 年增长 1 倍；20 世纪，每 10 年增长 1 倍；目前信息的增长量为每 2 年增长 1 倍。

(2) 信息处理与传递的高度现代化。20 世纪 50 年代中期，计算机进入流通领域以后，商业营销活动发生了重大变革。从购销货物统计、费用核算、市场预测与分析，到库存控制、资金管理、工资结算，都可以利用计算机完成，企业的信息处理技术及设备日益向着高度现代化发展。

（3）处理方法的复杂化。随着市场竞争的日益激烈，为了挖掘潜力，获得最大的经济效益，企业会不断提高其管理水平，企业的决策过程也将越来越复杂。另外，企业对信息的及时性、可靠性、准确性、时效性要求越来越高，这也导致了信息处理的复杂度大大增加。

商业信息是人们对与商业活动相关的事物及其变化规律的认识。这些认识被某种载体记录，进而加工、处理和传播，使其具有更高的利用价值。

在商业信息系统中，商业信息以某种方式被记录下来，由此产生商业数据，由此可见，商业数据是记录商业信息的载体，而商业信息是对商业数据的解释，是具有价值的数据。对商业数据进行计算加工，得到新的商业数据，这些新的商业数据可以为进一步的管理、决策提供依据，是具有更高价值的商业信息，经过这样螺旋式的上升，商业信息管理将成为商品流通和企业不断发展的推动力，这也正是管理商业信息的最终目的。

信息在现代经济生活中的作用越来越大，已经成为市场竞争的重要手段。对于企业来说，信息的重要性更是不言而喻。缺乏信息，即使有了资金、厂房、物资和能源，维持企业也十分困难，因为企业没有生命力。因而，对企业来说，商业信息是最重要的资源，谁占有的信息多、掌握的信息准确，谁就有了制胜的先机。

3. 信息与工业

当今，信息化主导着全球工业发展的大趋势。信息化和工业化存在如下关系：一方面，工业化是信息化的基础；另一方面，信息化是工业化的发展引擎和动力。

从产业结构变迁看，工业化是农业主导经济向工业主导经济的演变过程，信息化则是工业主导经济向信息主导经济的演变过程。信息化是在工业化的基础上发展起来的。作为信息化基础的工业化，其发展从以下几方面为信息化的兴起创造了条件。

（1）提供物质基础。信息化需要大量进行信息基础设施建设、发展信息技术装备、实施应用信息工程。这些都离不开来自工业的钢铁、机械、建筑、电力等方面的支撑。

（2）扩大市场容量。信息化以技术信息化广泛应用为主导、以信息资源开发利用为核心，以信息产业成长壮大为支撑，工业化为信息产业营造了服务对象。

（3）集聚建设资金。进行信息化建设，需要投入大量资金，比如要投资信息基础设施，要投资建设信息项目，创建信息产业和企业也要资金。工业化的发展为信息化积累了资金，特别是通过工业化形成的资本市场及其金融创新，替信息化开拓了多种融资渠道。

（4）输送专业人才。信息化所需的人才，既与工业化需求有共同之处，如一定的知识水平；又有与工业化需求的不同之处，如其要求更富灵活性和创造性。

信息化是工业化的延伸和发展。工业化培育了信息化，而信息化发展了工业化，信息化对工业化的发展可概括为以下几方面。

（1）信息技术改造和提升了传统工业，特别是传统制造业。传统的制造业通过采用新型的信息技术可以很好地提高自己的生产效率以达到重新发展的目的。

（2）提高工业的整体素质和过激竞争力。

（3）帮助工业企业降低成本、提高效率、减少污染、增加商机。此外，信息化对工业有以下三种作用。一是补充作用，信息经济越发展，越能弥补工业经济的不足，如提高能耗效率。二是替代作用，信息经济越发展，越能用信息资源来替代更大一部分的物质资源和能量资源。三是带动作用，信息经济越发展，越能使工业经济的发展有机会和新途径，信息化可以带动工业化，从而实现生产力的跨越式发展。

信息化时代的世界已成为一个地球村。信息化技术让人类突破了传统的时空界限，以及物流、信息流、知识流的限制，实现了全球的互通。以产品生产为例，一些工业产品的生产已经突破地域限制，实现多个国家之间的紧密合作，发挥各个国家和地区的技术、劳动力成本等方面的优势，最终生产出国际性的产品。

4. 信息与社会

信息对当代社会有着深远的影响。信息社会也称为信息化社会，是工业化社会之后，信息将起主要作用的社会。“信息化”的概念在20世纪60年代初提出。一般认为，信息化是指信息技术和信息产业在经济和社会发展中作用日益加强，并发挥主导作用的动态发展过程。它以信息产业在国民经济中的比重、信息技术在传统产业中的应用程度和信息基础设施建设水平为主要标志。

从内容上看，信息化可分为信息的生产、应用和保障三方面。

(1) 信息生产，即信息产业化。要求发展一系列信息技术及产业，涉及信息和数据的采集、处理、存储技术，包括通信设备、计算机、软件和消费类电子产品制造等领域。

(2) 信息应用，即产业和社会领域的信息化。主要表现在利用信息技术改造和提升农业、制造业、服务业等传统产业，大大提高各种物质和能量资源的利用效率，促使产业结构的调整、转换和升级，促进人类生活方式、社会体系和社会文化发生深刻变革。

(3) 信息保障。指保障信息传输的基础设施和安全机制，使人类能够可持续地提升获取信息的能力，包括基础设施建设、信息安全保障机制、信息科技创新体系、信息传播途径和信息能力教育等。

5. 信息生命周期管理

信息生命周期管理(Information Life cycle Management，ILM)是指从信息产生和初始存储阶段到最后过时被删除时的一套综合管理方法，包括数据创建、数据保护、数据访问、数据迁移、数据归档和数据销毁等过程，如图1.5所示。

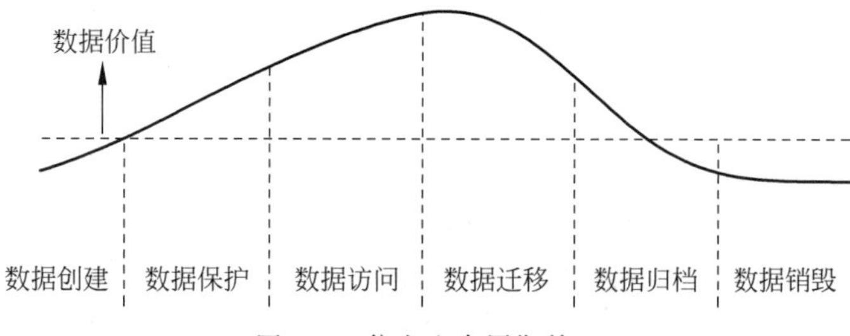

图1.5　信息生命周期管理

1.2.4　信息存储的挑战

当今社会已经步入信息化时代，信息技术渗透到人类社会生活的方方面面。在信息技术革命推动的全球信息化浪潮中，信息已成为第一生产要素，是构成信息化社会的重要技术基础。下面分别描述信息数据量的增长趋势，以及信息存储系统面临的技术挑战。

1. 数字信息的增长

网络信息资源是指通过计算机网络可以利用的各种信息资源的总和。具体地讲，网络信息资源是指所有以电子数据形式把文字、图像、声音、动画等多种类型的信息存储在光、磁等非纸质介质的载体中，并通过网络通信终端、计算机或其他终端等方式再现出来的资源。

(1) 网络化助推数字化信息快速增长。

信息在流动中实现其自身的价值。网络是信息流动的重要媒介。早在网络体系建立之前，信息就已经存在于物质世界并被人们初步运用，但是信息的大规模开发利用有赖于“网络化”。报纸、广播和电视是三大传统媒体。随着现代科技的发展，特别是进入20世纪90年代以后，新兴的媒体种类不断涌现，第四媒体——网络媒体、第五媒体——网络电视以及第六媒体——手机及其无线增值服务等登上舞台，三大传统媒体一统天下的格局已经不复存在。

进入20世纪90年代，信息量以几何级别增长，到20世纪90年代末，伴随着互联网的出现，信息更是增长到难以想象的地步，原因在于互联网让信息的产生和传播变得简单。目前，互联网已经成为信息社会必不可少的基础设施，借助互联网，信息采集、传播的速度和规模达到空前的水平，并实现了全球信息共享与交互。另外，现代通信和传播技术也大大提高了信息传播的速度和广度。

(2) 科技让信息产生变得容易。

信息数据量快速增长是信息技术发展的必然结果，下面列出几个重要因素。

① 智能终端普及。过去几年，智能手机、平板电脑、摄像机、照相机等终端设备不断充斥着人们的生活和工作。据统计，目前世界上有60亿部手机在使用，手机基本上都内置了高分辨率的摄像头，单张照片的分辨率是5年前的10倍。借助智能手机的音视频硬件，人们创建了越来越多的社交媒体数据，例如，与他人分享图片、音频、视频等文件。

② 物联网飞速发展。国内外物联网产业快速发展，并逐步成为新兴产业发展的重要领域。物联网将世界上越来越多的智能设备连接到全球网络中，例如，大量的网络摄像头、医疗保健/健身可穿戴设备等。未来将会出现更多的智能设备，如智能家电、车载设备等。可以预计，在不远的将来，物联网会产生出更多的数据。

③ 互联网和高速宽带。在科技史上，互联网可以和“火”与“电”的发明相媲美，互联网将孤立的计算机连接起来，改变了人们生活，成为人们获取数据的首要渠道，也成为人们共享数据的重要途径。另外，传输数据的网络在持续不断地升级，客观上加速了数据量的增长，例如，现在每个人都习惯用宽带上网，5G无线网络已经广泛使用，共享数据变得快速而方便。

④ 云计算。在云计算出现之前，数据大多分散存储在个人计算机或公司服务器中，云计算的出现改变了数据的存储和访问方式，使绝大部分数据被集中存储到“数据中心”，即所谓的“云端”。各大银行、大型互联网公司、电信行业都拥有各自的数据中心，实现了全国级数据访问和管理。云计算客观上为大数据提供了存储空间和访问渠道。

⑤ 社交网络。社交媒体的兴起是互联网发展史上的一个重要里程碑，它将人类社会真实的人际关系完美地映射到互联网空间。例如，通过社交网络，人们可以分享各自的喜怒哀乐，并相互传播。知名的社交媒体有微博、微信等。

2. 信息存储的载体

信息载体(Carrier)是信息传播中携带信息的媒介，是信息赖以附载的物质基础，即用于记录、传输、积累和保存信息的实体。信息载体包括运用声波、光波、电波传递信息的无形载体和运用纸张、胶卷、胶片、磁带、磁盘、光盘传递和记载信息的有形载体。信息本身不是实体，但消息、情报、指令、数据和信号中所包含的内容，必须依靠某种媒介进行传递。信息载体的演变推动着人类信息活动的发展。从某种意义上说，传播信号革命就是信息载体的革命。

人类在原始时代就开始使用语言，语言是人类传递信息的第一载体，是社会交际、交流思想的工具，是人类社会中最方便、最复杂、最通用、最重要的信息载体。随着生产的发展和社会的不断进步，出现了信息的第二载体，即文字。世界上有五百多种文字在使用。文字的发明，为信息的记载和远距离传递提供了可能，是人类的一大进步。电磁波和电信号成为人类的第三信息载体，使大量信息以光的速度传递，沟通了整个世界，使人类信息活动进入了新纪元。

随着信息量的剧增，信息广泛交流需要容量更大的信息载体。计算机、光纤、通信卫星等新的信息运载工具成为新技术形势下主要的信息载体。一根头发丝粗细的光纤可以同时传输几十万路电话或上千路电视。卫星通信可把信息送到世界任何一个角落。新的信息载体可能会带来新的信息革命。例如，报纸是信息载体，报纸上刊登的文字是信息；照片是信息载体，照片存储的模拟图像是信息；磁带是信息载体，磁带录音记录是信息；电视是信息载体，电视上播出的画面声音是信息。从报纸到电视的变革，使信息从枯燥的文字演变为声情并茂的画面和声音。

信息的存储是信息在一定的时间范围内得以顺利传输的基础，也是信息得以进一步综合、加工、积累和创造的基础，在人类和社会发展中有重要意义。造纸术、印刷术、摄影、摄像技术、录音、录像技术以及磁盘、磁带、光盘等都是信息存储驱动而产生的技术。这些人造的信息存储技术与设备不仅在存储容量、存取速度方面扩大着人脑存储能力，而且让信息交流超越时间和地域的限制。

(1) 把人主观认识世界的信息迁移到客观世界的存储介质中，可以不受死亡的限制而代代相传。

(2) 将人大脑的知识变为人类社会共享的知识，不同地域的人们可以进行信息交流。

存储系统是计算机系统中由存放程序和数据的各种存储设备、控制部件(硬件)及管理信息调度的算法(软件)所组成的系统。计算机的主存储器不能同时满足存取速度快、存储容量大和成本低的要求，在计算机中必须有速度由慢到快、容量由大到小的多层级存储器，以最优的控制调度算法和合理的成本，实现性能可接受的存储系统。

3. 信息存储的发展

数据是信息的具体表现形式。数据存在于全球经济的每一个部门，如同固定资产和人力资本等生产要素一样，时刻推动着现代经济活动。另外，现在社会中，决定产业兴衰的已经不仅是土地、劳动力、技术、资本、管理等生产要素，还包括数据资产这一根本性要素。

数据量的增长速度超乎想象，“怎样安全地、可靠地保存这些不断增长的数据”是存储系统设计面临的一个挑战。为了应对这个挑战，按照冗余放置、分散布局等方法来组织和管理存储数据，已成为构建高性能、大容量、高可用性存储系统的一种技术趋势。

下面介绍两个案例。

(1) 主机内空间限制导致硬盘容量扩展和利用率受到限制，主机硬盘的容量扩展性和空间利用率受到限制，影响系统整体性能的提升，磁盘阵列技术的出现很好地解决了这一不足，其通过使用多磁盘并行存取数据来大幅提高数据吞吐率；通过数据校验来支持容错功能，提高存储数据的可用性。

(2) 分布式存储系统在系统层面采用高速网络技术连接多个存储设备或者存储节点，并融合多种存储技术,如负载均衡、副本冗余等,从而为大数据、云计算、电子商务等新兴应用领域提供高可管理性、高可扩展性、高可靠性的存储解决方案。

磁盘阵列(RAID)是由多个独立的高性能磁盘驱动器组成的磁盘子系统,可以提供比单个磁盘更好的存储性能和数据保护。RAID 包括多个级别,如 RAID0、RAID1、RAID3、RAID5、RAID6、RAID10、RAID50 等,不同 RAID 级别在成本、性能和可靠性上有所区别。

RAID 存储应用广泛,可以满足许多数据存储需求,其主要优势体现在以下几方面。

(1) 大容量。RAID 扩大了磁盘的容量,由多个磁盘组成的 RAID 系统具有更大的存储空间。现在单个磁盘的容量就可以到 1TB 以上,这样 RAID 的存储容量就可以达到 PB 级,可以满足大多数的存储需求。一般来说,RAID 可用容量要小于所有成员磁盘的总容量。不同等级的 RAID 算法需要一定的冗余开销,具体容量开销与采用算法相关。如果已知 RAID 算法和容量,可以计算出 RAID 的可用容量。通常,RAID 容量利用率在 50%~90%。

(2) 高性能。RAID 的高性能受益于数据条带化技术。单个磁盘的 I/O 性能受到接口、带宽等计算机技术的限制,往往很有限,容易成为系统性能的瓶颈。通过数据条带化,RAID 将数据 I/O 分散到各个成员磁盘上,从而获得比单个磁盘更好的聚合 I/O 性能。

(3) 可靠性。从理论上讲,由多个磁盘组成的 RAID 系统在可靠性方面应该比单个磁盘要差。这里有个隐含假定:单个磁盘故障将导致整个 RAID 不可用。RAID 采用镜像和数据校验等数据冗余技术,打破了这个假定。镜像是最为原始的冗余技术,把某组磁盘驱动器上的数据完全复制到另一组磁盘驱动器上,保证总有数据副本可用。比起镜像 50%的冗余开销,数据校验要小很多,它利用校验冗余信息对数据进行校验和纠错。RAID 冗余技术大幅提升数据可用性和可靠性,保证了若干磁盘出错时,不会导致数据的丢失,不影响业务的连续运行。

(4) 可管理性。RAID 是一种虚拟化技术,它将多个物理磁盘驱动器虚拟成一个大容量的逻辑驱动器。对于外部主机系统来说,RAID 是一个单一的、快速可靠的大容量磁盘驱动器。这样,用户就可以在这个虚拟驱动器上组织和存储应用系统数据。从用户应用角度看,这样的存储系统简单易用,管理也很便利。由于 RAID 内部完成了大量的存储管理工作,管理员只需要管理单个虚拟驱动器,因此可以节省大量的管理工作。另外,RAID 可以动态增减磁盘驱动器,可自动进行数据重建恢复。

当今社会已经成为一个信息化社会,信息无处不在、无时不在。通常来说,生产要素包含土地、劳动力、资本、管理、信息、技术。在过去,土地、劳动和资本这些资源对于人们的经济活动和社会活动显得相对比较重要;而如今,信息、管理和技术这些资源已上升到比较重要的位置。人类活动已经离不开信息,大到国家、中到企业、小到个人,信息已成为决策的重要依据。鉴于信息的重要性,收集信息、保存信息、检索信息的存储系统也就成为重中之重,特别是信息数据量呈爆炸式增长态势,存储系统面临容量可扩展性、性能可扩展性、易管理性、安全性等挑战。

1.3 项目实施

1.3.1 物理服务器虚拟化安装与配置

物理服务器的配置与普通计算机的配置是有所不同的,通常情况下,物理服务器都会有一个

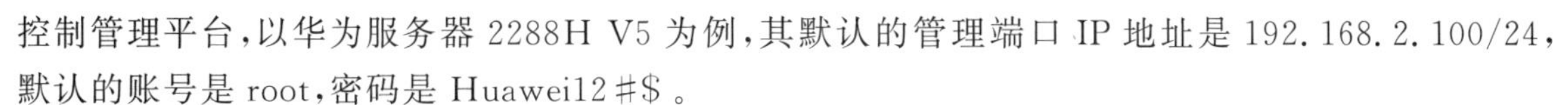

控制管理平台，以华为服务器2288H V5为例，其默认的管理端口IP地址是192.168.2.100/24，默认的账号是root，密码是Huawei12#$。

1. 物理服务器控制台管理

物理服务器控制台的管理IP地址、账户、密码都可以进行修改。这里以华为服务器2288H V5为例进行讲解，其管理IP地址为10.255.2.200。

(1) 在浏览器(建议为谷歌浏览器)地址栏中输入管理IP地址10.255.2.200，如图1.6所示，输入用户名和密码，单击“登录”按钮，进入服务器控制台管理界面，如图1.7所示。

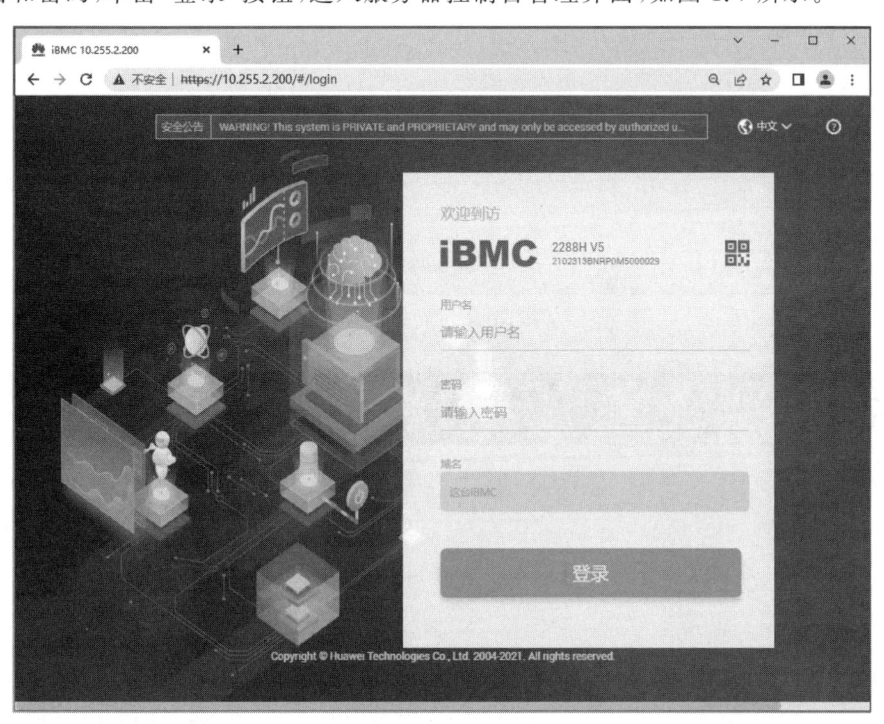

图1.6 服务器控制台登录页面

图1.7 服务器控制台管理界面

（2）在服务器控制台管理界面，选择“系统管理”菜单，如图1.8所示，可以进行系统信息、性能监控、存储管理、电源&功率、风扇&散热、BIOS配置等相关操作。选择“维护诊断”菜单，如图1.9所示，可以进行告警&事件、告警上报、FDM PFAE、录像截屏、系统日志、iBMC日志、工作记录等相关操作。

图1.8 “系统管理”菜单

图1.9 “维护诊断”菜单

（3）在服务器控制台管理界面，选择“用户&安全”菜单，如图1.10所示，可以进行本地用户、LDAP、Kerberos、双因素认证、在线用户、安全配置等相关操作。选择“服务管理”菜单，如图1.11所示，可以进行端口服务、Web服务、虚拟控制台、虚拟媒体、VNC、SNMP等相关操作。

（4）在服务器控制台管理界面，选择“iBMC管理”菜单，如图1.12所示，可以进行网络配置、时区&NTP、固件升级、配置更新、语言管理、许可证管理、iBMA管理等相关操作。在服务器控制台管理界面右上角，单击⏻工具，如图1.13所示，可以进行下电、强制下电、强制重启、强制下电再上电等相关操作。

（5）在服务器控制台管理界面，选择“首页”菜单，拉动右侧滚动条，在“虚拟控制台”区域，单击

图 1.10　“用户 & 安全”菜单

图 1.11　“服务管理”菜单

图 1.12　“iBMC 管理”菜单

“启动虚拟控制台”按钮，选择“HTML5 集成远程控制台(独占)”选项，如图 1.14 所示，可以进入相应的服务器操作系统，如图 1.15 所示。

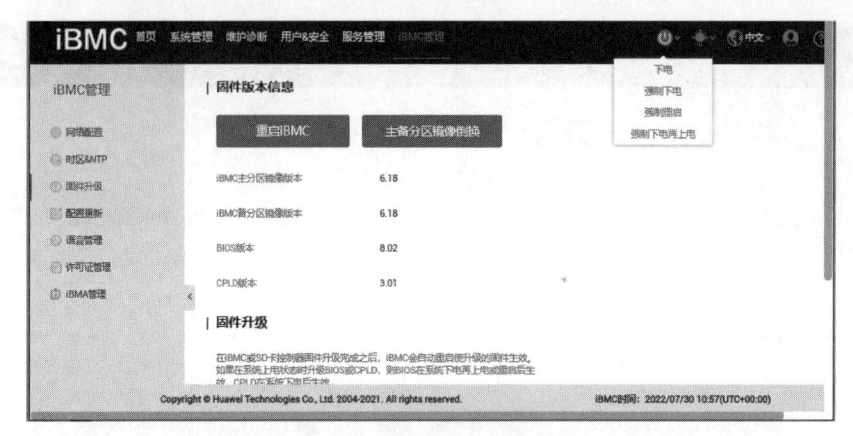

图 1.13 “强制重启”菜单

图 1.14 启动虚拟控制台

图 1.15 服务器操作系统界面

2. 服务器虚拟化驱动器管理

初始安装物理服务器时，需要对服务器基本输入/输出系统(Basic Input/Output System，BIOS)进行相应的设置。

(1) 在服务器控制台管理界面或是在服务器操作系统界面工具栏中，选择“强制重启”选项，会重新启动服务器，弹出服务器强制重启“确认”对话框，如图1.16所示，单击“确定”按钮，服务器重新启动，如图1.17所示。

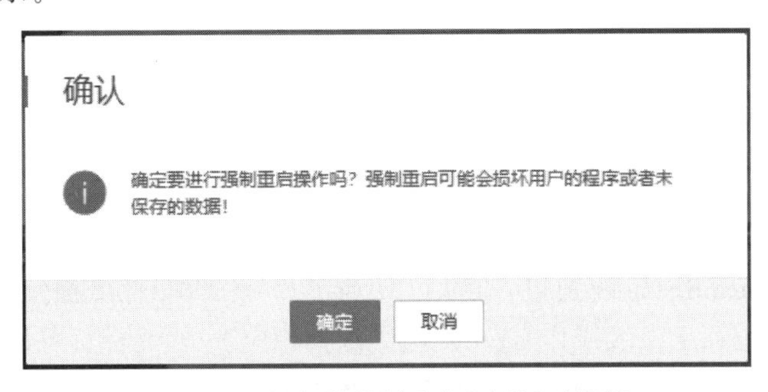

图1.16　服务器强制重启“确认”对话框

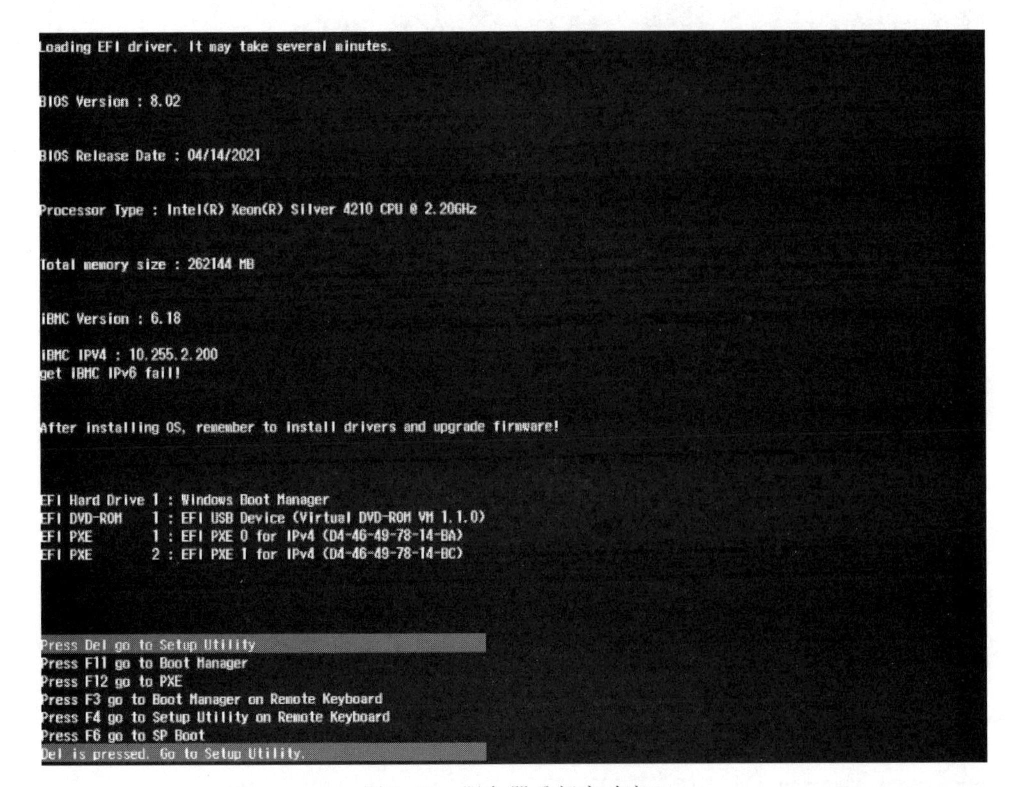

图1.17　服务器重新启动窗口

(2) 在服务器重新启动过程中，会出现相应的提示信息，按Del键，在进入BIOS设置窗口之前，会弹出“输入密码”窗口，如图1.18所示，输入相应的密码，弹出“密码确认”对话框，如图1.19所示。

(3) 在“密码确认”对话框中，单击OK按钮，进入BIOS设置窗口，如图1.20所示，选择Device

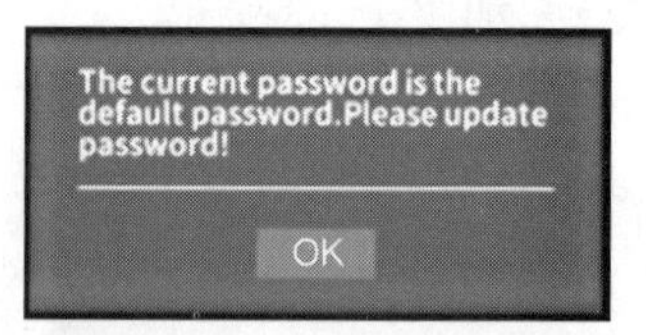

图 1.18　“输入密码”窗口

图 1.19　“密码确认”对话框

Manager 选项，弹出 Device Manager 窗口，如图 1.21 所示。（注：在 BIOS 操作中，可以使用 F1 键查看帮助，Esc 键是退出（即返回上一级操作），Enter 键是选择相应选项，光标键可以选择上下左右选项。）

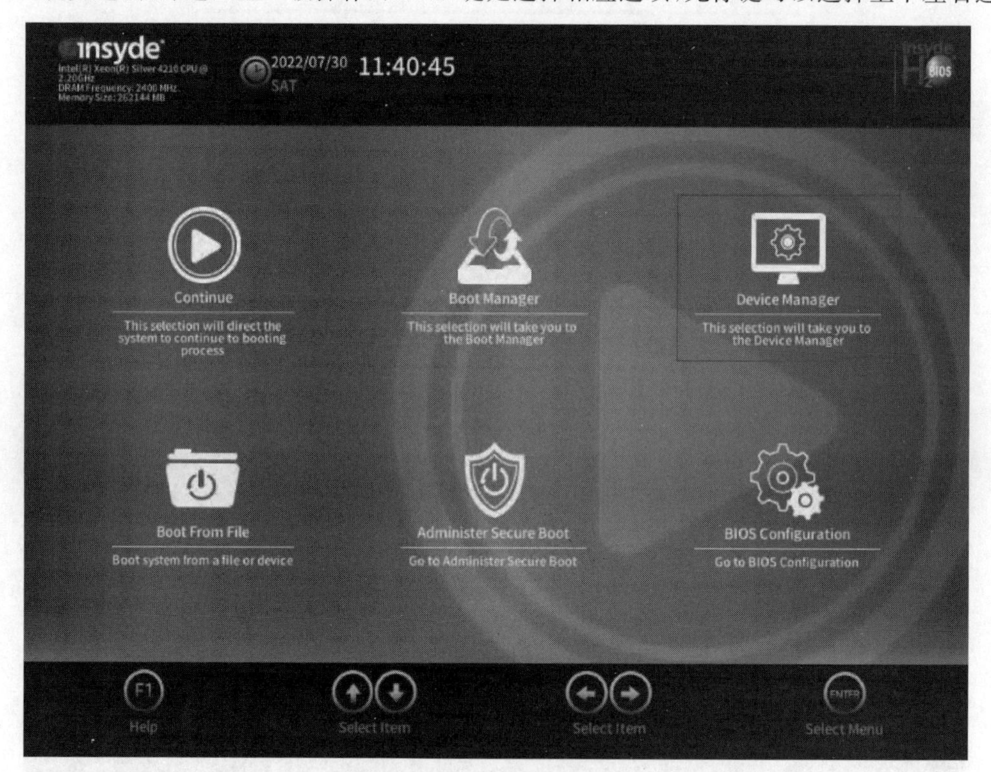

图 1.20　BIOS 设置窗口

（4）在 Device Manager 窗口中，选择 AVAGO < SAS3508 > Configuration Utility-07. 14. 06. 02 选项，弹出 AVAGO < SAS3508 > Configuration Utility-07. 14. 06. 02 窗口，如图 1. 22 所示，选择 Main Menu 选项，弹出 Main Menu 窗口，如图 1. 23 所示。

（5）在 Main Menu 窗口中，选择 Configuration Management 选项，弹出 Configuration Management 窗口，如图 1. 24 所示，选择 View Drive Group Properties 选项，弹出 View Drive Group Properties 窗口，如图 1. 25 所示，可以查看当前磁盘分区情况。

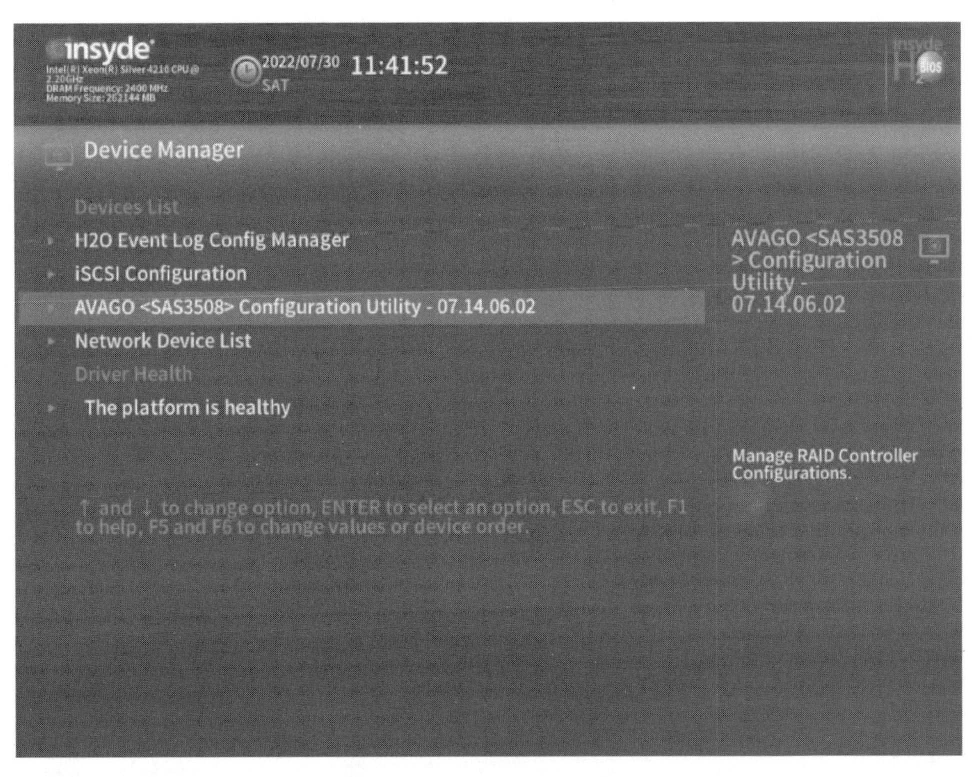

图 1.21　Device Manager 窗口

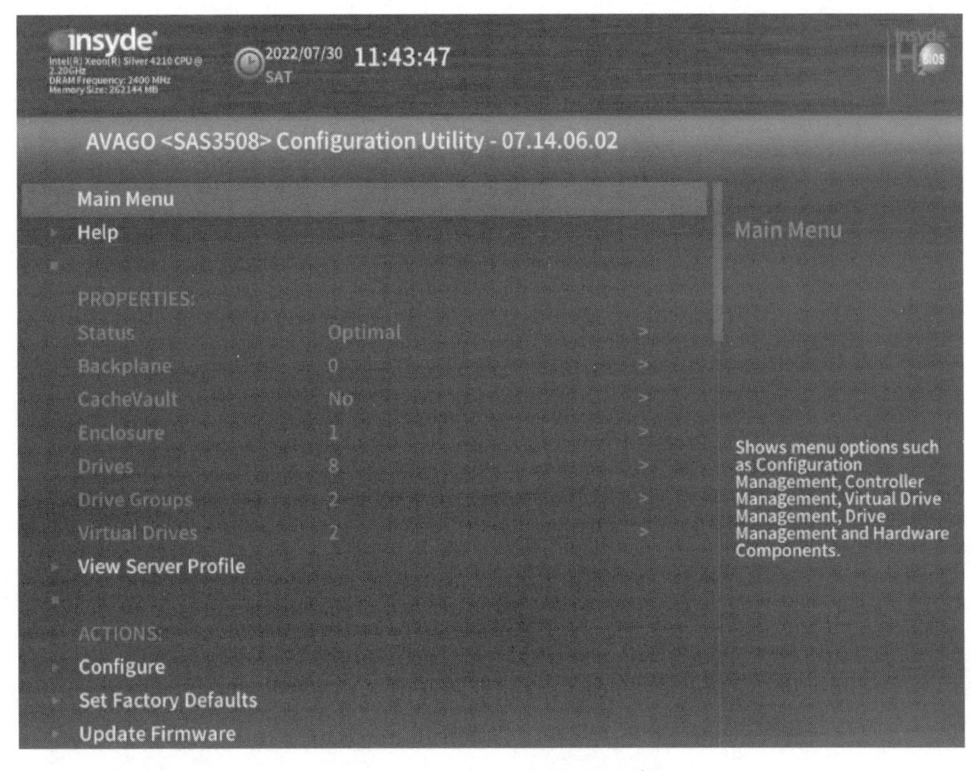

图 1.22　AVAGO＜SAS3508＞窗口

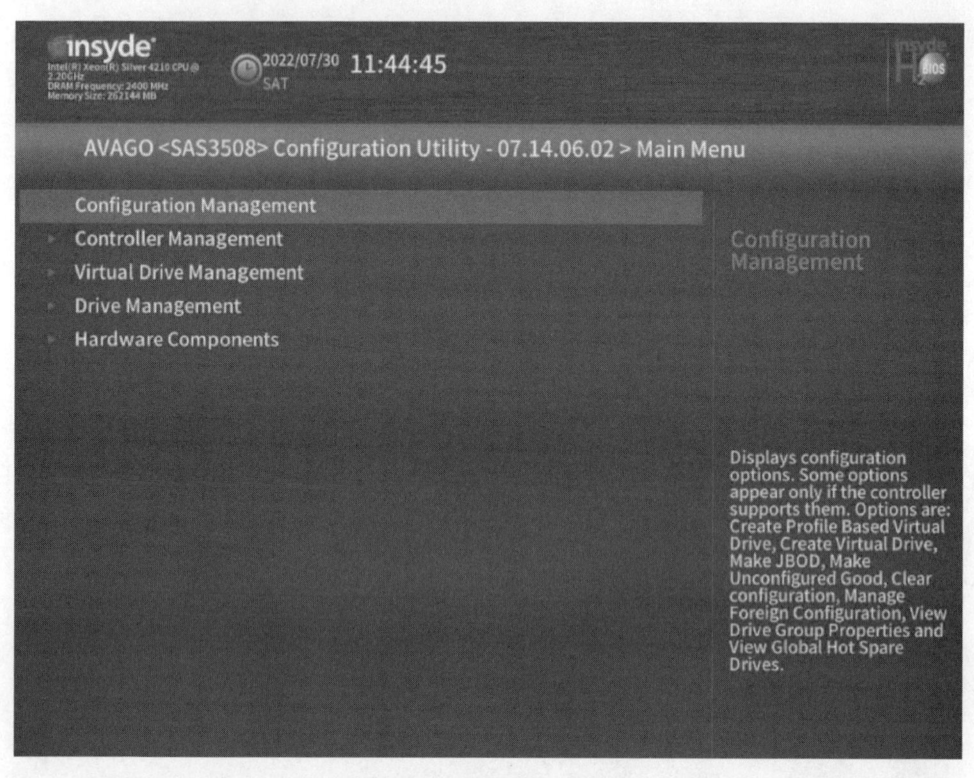

图 1.23　Main Menu 窗口

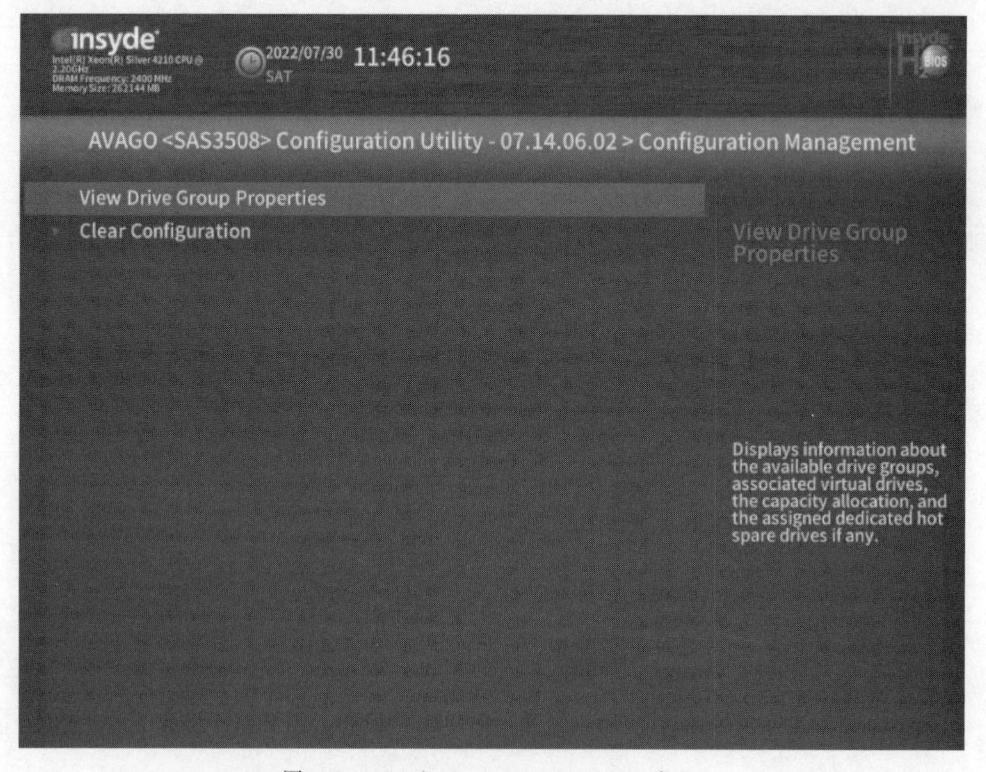

图 1.24　Configuration Management 窗口

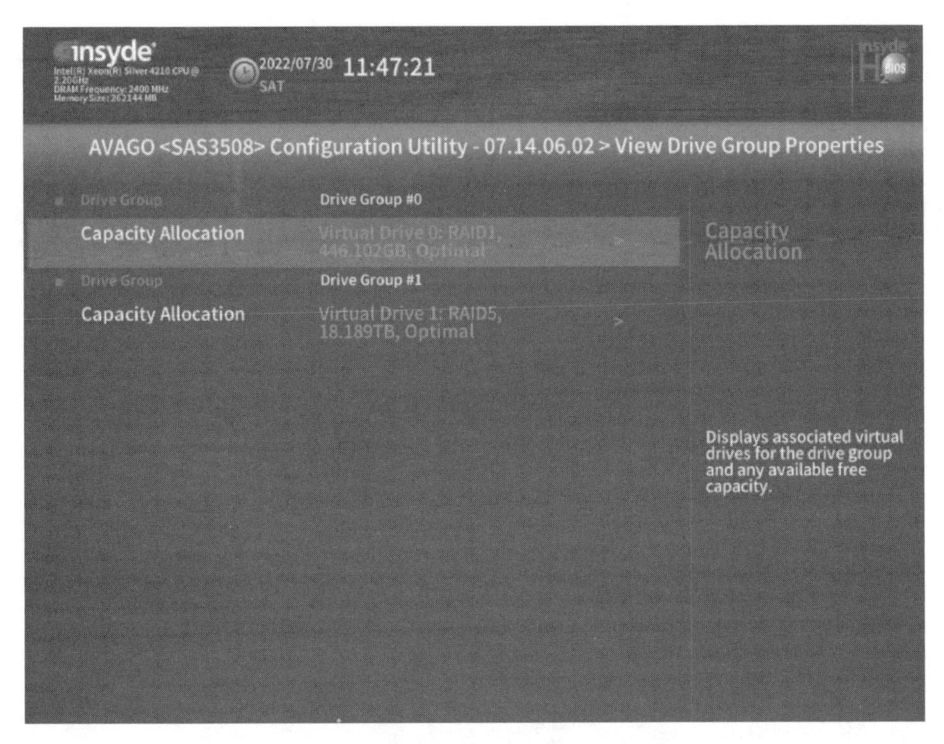

图 1.25　View Drive Group Properties 窗口

（6）在 View Drive Group Properties 窗口中，按 Esc 键（返回上一级操作），返回 Configuration Management 窗口，选择 Clear Configuration 选项，弹出 Warning 窗口，如图 1.26 所示，选择 Confirm 选项，按 Enter 键，将 Disabled 变为 Enabled 状态，如图 1.27 所示，可以查看当前磁盘分区情况。

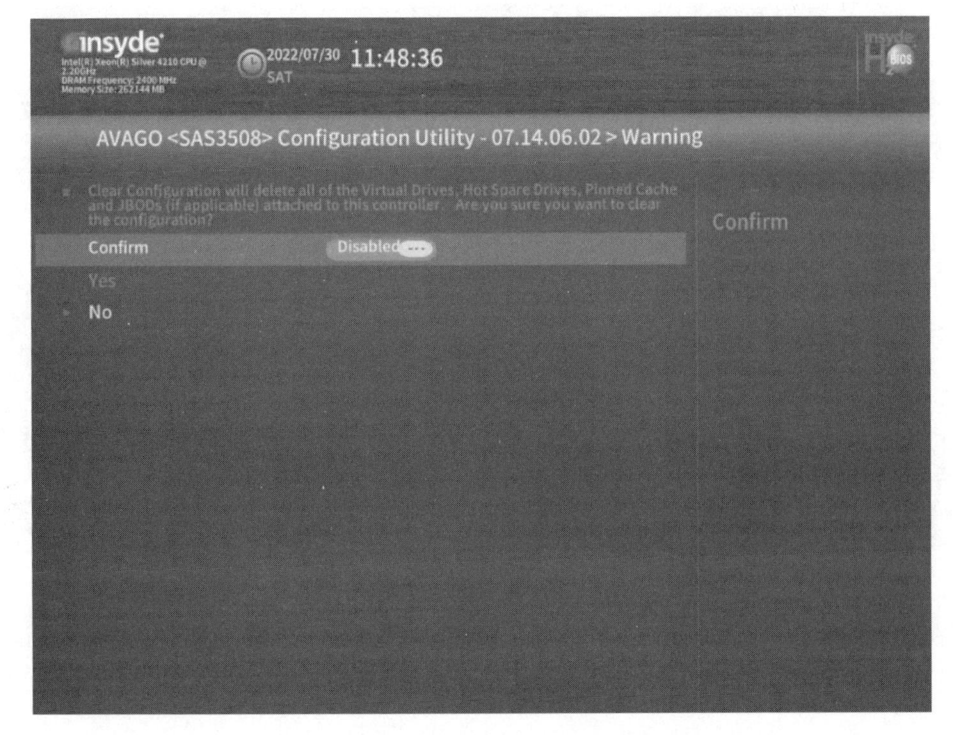

图 1.26　Warning 窗口

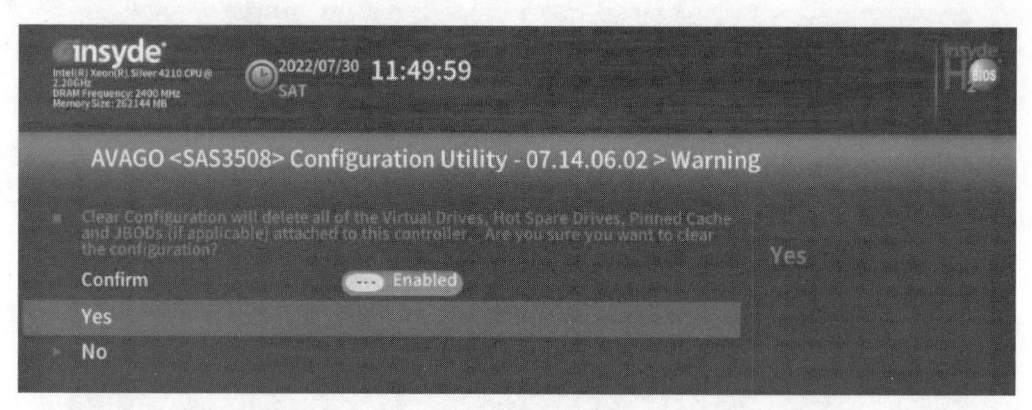

图 1.27　Confirm 选项窗口

（7）在 Warning 窗口中，选择 Yes 选项，弹出 Success 窗口，如图 1.28 所示，选择 OK 选项，按 Enter 键，返回 Configuration Management 窗口，如图 1.29 所示。

图 1.28　Success 窗口

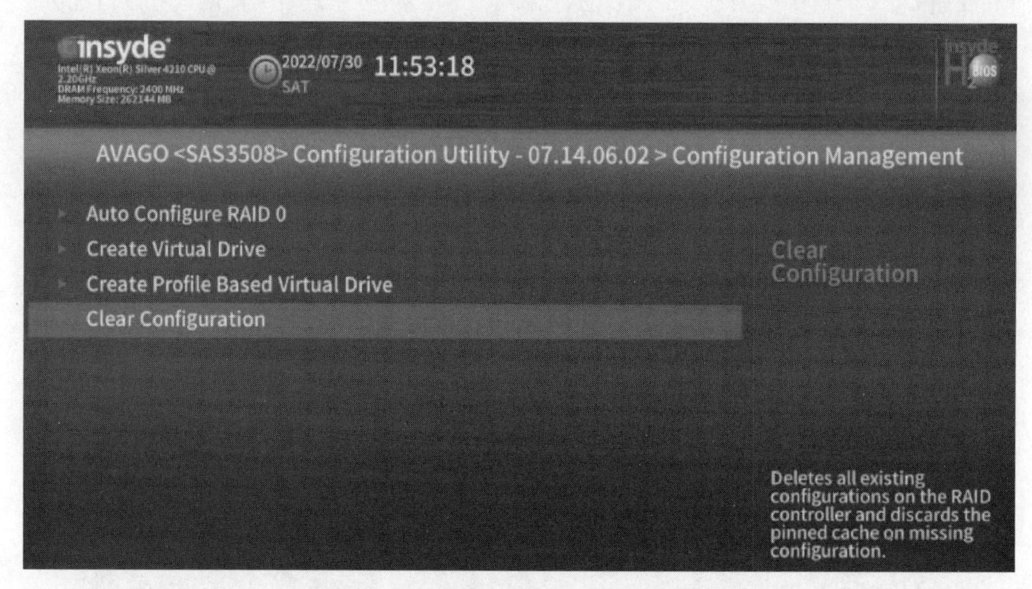

图 1.29　Configuration Management 窗口

（8）在 Configuration Management 窗口中，选择 Create Virtual Drive 选项，弹出 Create Virtual Drive 窗口，如图 1.30 所示，选择 Select RAID Level 选项，弹出 Select RAID Level 窗口，如图 1.31 所示。

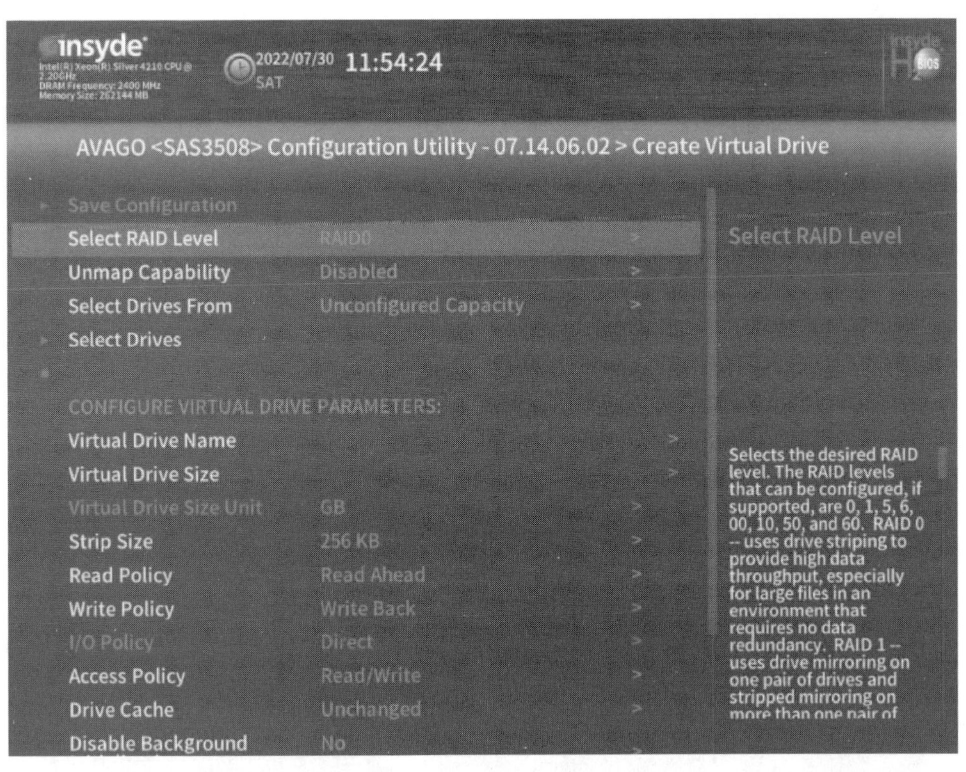

图 1.30　Create Virtual Drive 窗口

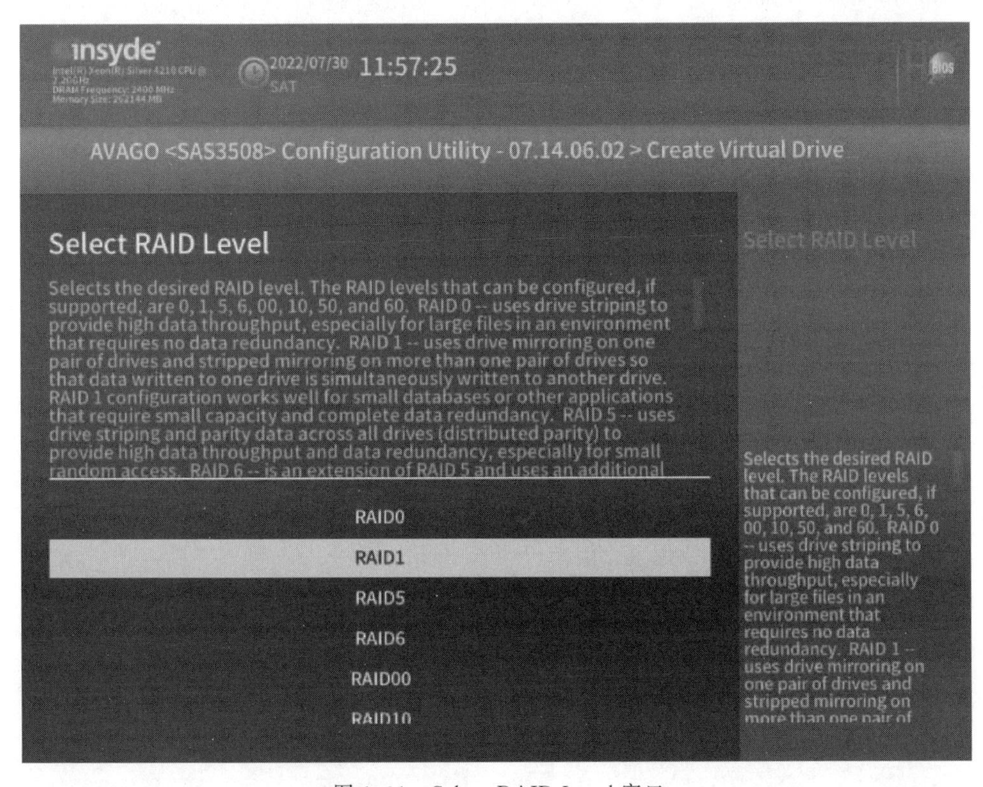

图 1.31　Select RAID Level 窗口

（9）在 Select RAID Level 窗口中，选择 RAID1 选项，返回 Create Virtual Drive 窗口，选择 Select Drives 选项，弹出 Select Drives 窗口，如图 1.32 所示，选择上面两个 SSD 固态磁盘，作磁盘 RAID1（注：此磁盘分区将作为系统盘 C:\），将磁盘的 Disabled 变为 Enabled 状态，如图 1.33 所示。

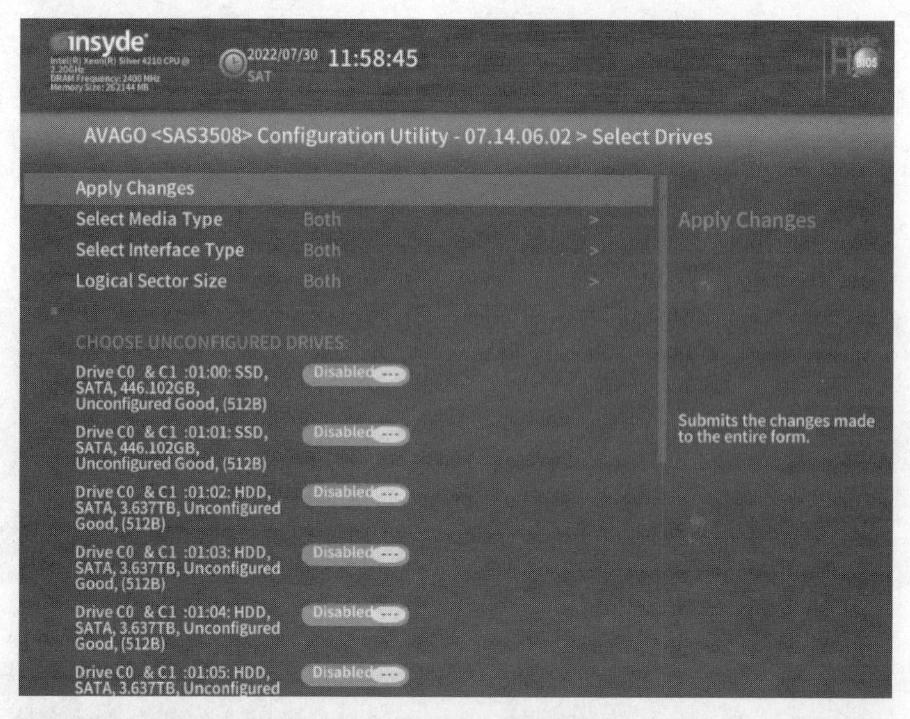

图 1.32　Select Drives 窗口

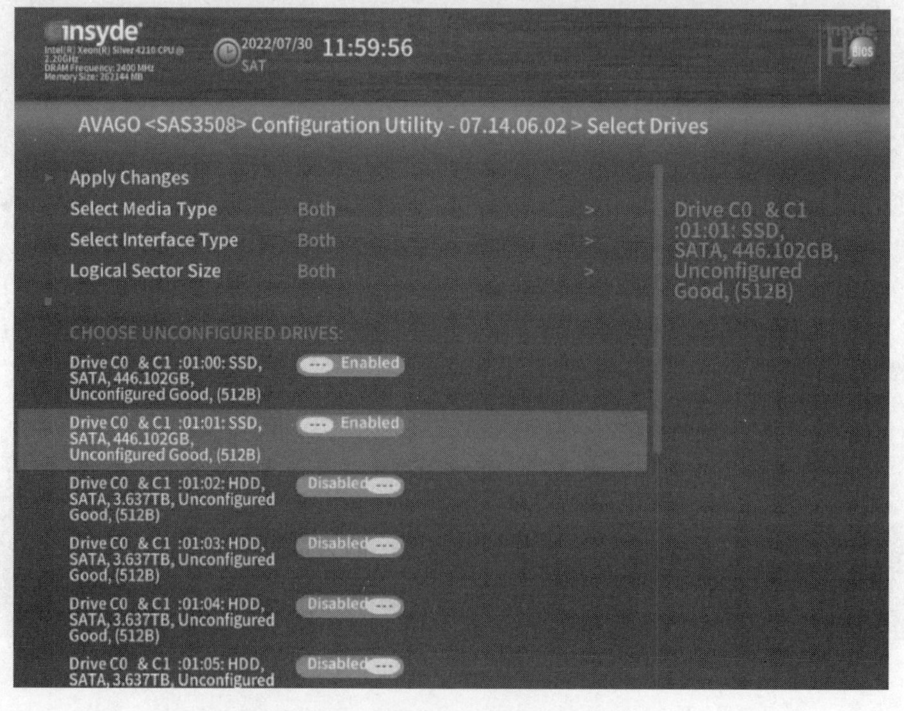

图 1.33　选择作“RAID1 磁盘”窗口

(10) 在 Select Drives 窗口中,选择 Apply Changes 选项,弹出 Success 窗口,如图 1.34 所示,单击 OK 按钮,返回 Create Virtual Drive 窗口,如图 1.35 所示。

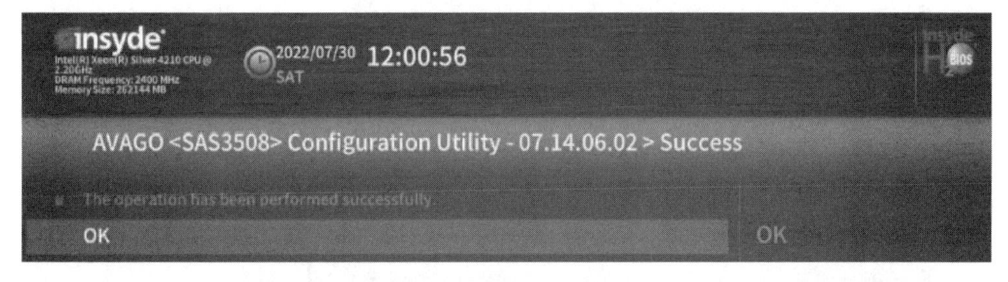

图 1.34 Success 窗口

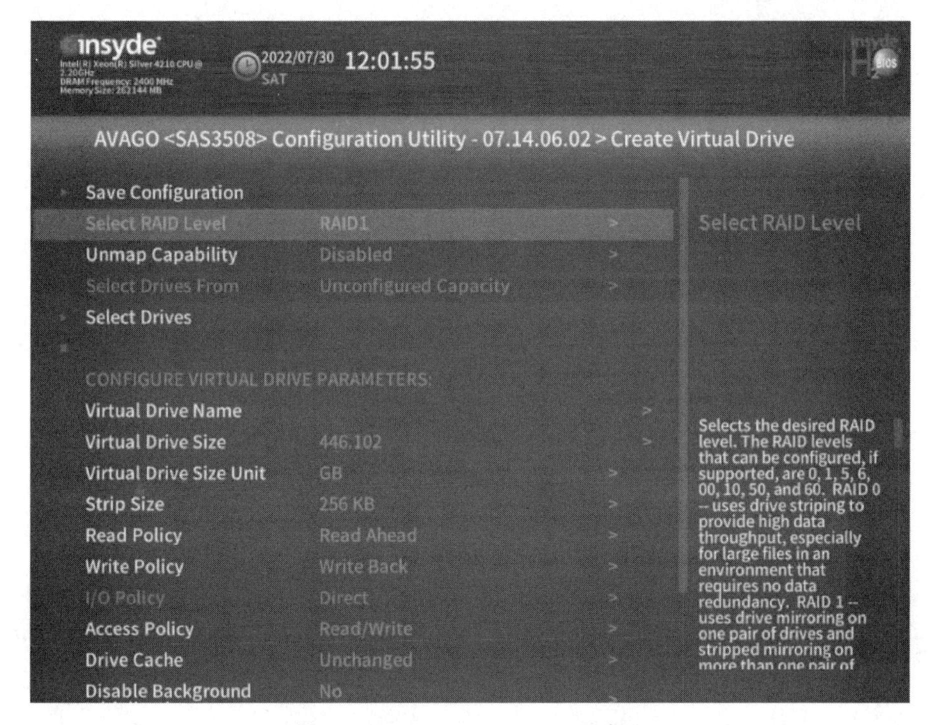

图 1.35 Create Virtual Drive 窗口

(11) 在 Create Virtual Drive 窗口中,选择 Save Configuration 选项,弹出 Warning 窗口,选择 Confirm 选项,将 Disabled 变为 Enabled 状态,选择 Yes 选项,弹出 Success 窗口,单击 OK 按钮,返回 Create Virtual Drive 窗口,完成磁盘 RAID1 保存操作。

(12) 将剩余的磁盘作为数据存储盘,磁盘 RAID5 的操作与磁盘 RAID1 的操作类似,在 Create Virtual Drive 窗口中,选择 Select RAID Level 选项,弹出 Select RAID Level 窗口,选择 RAID5 选项,如图 1.36 所示,返回 Create Virtual Drive 窗口,选择 Select Drives 选项,弹出 Select Drives 窗口,选择 Check All 选项,将剩余磁盘的 Disabled 变为 Enabled 状态,如图 1.37 所示。

(13) 在 Select Drives 窗口中,选择 Apply Changes 选项,弹出 Success 窗口,单击 OK 按钮,返回 Create Virtual Drive 窗口,选择 Save Configuration 选项,弹出 Warning 窗口,选择 Confirm 选项,将 Disabled 变为 Enabled 状态,选择 Yes 选项,弹出 Success 窗口,单击 OK 按钮,弹出 Create Virtual Drive 窗口,如图 1.38 所示,提示虚拟化磁盘已经全部创建成功。至此物理服务器虚拟化分

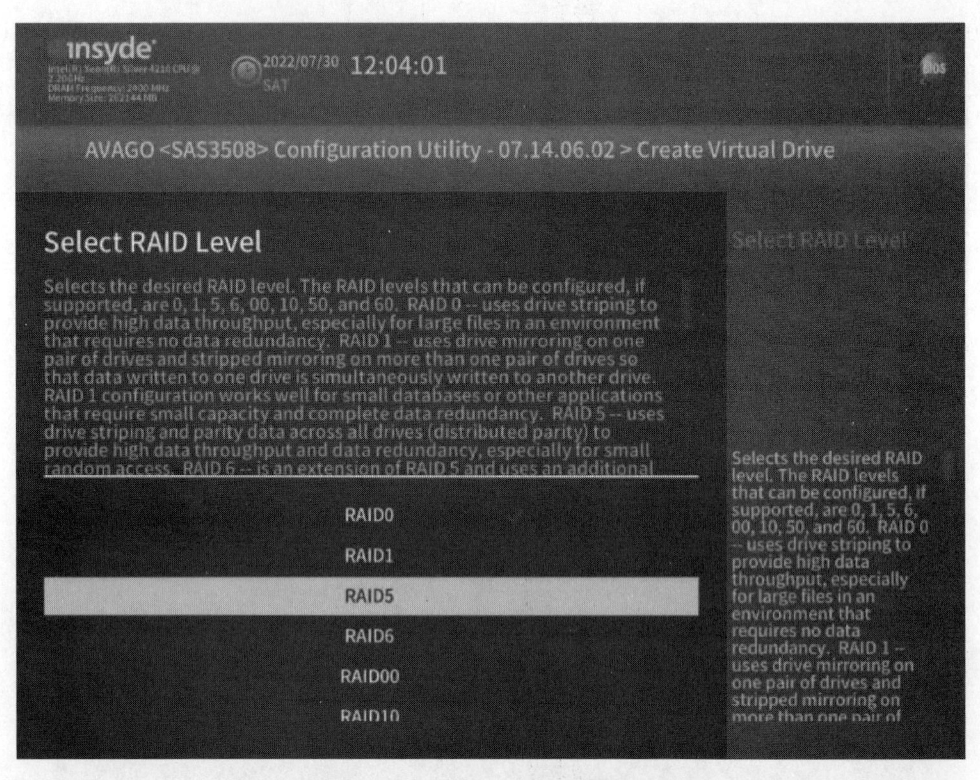

图 1.36　Select RAID Level 窗口

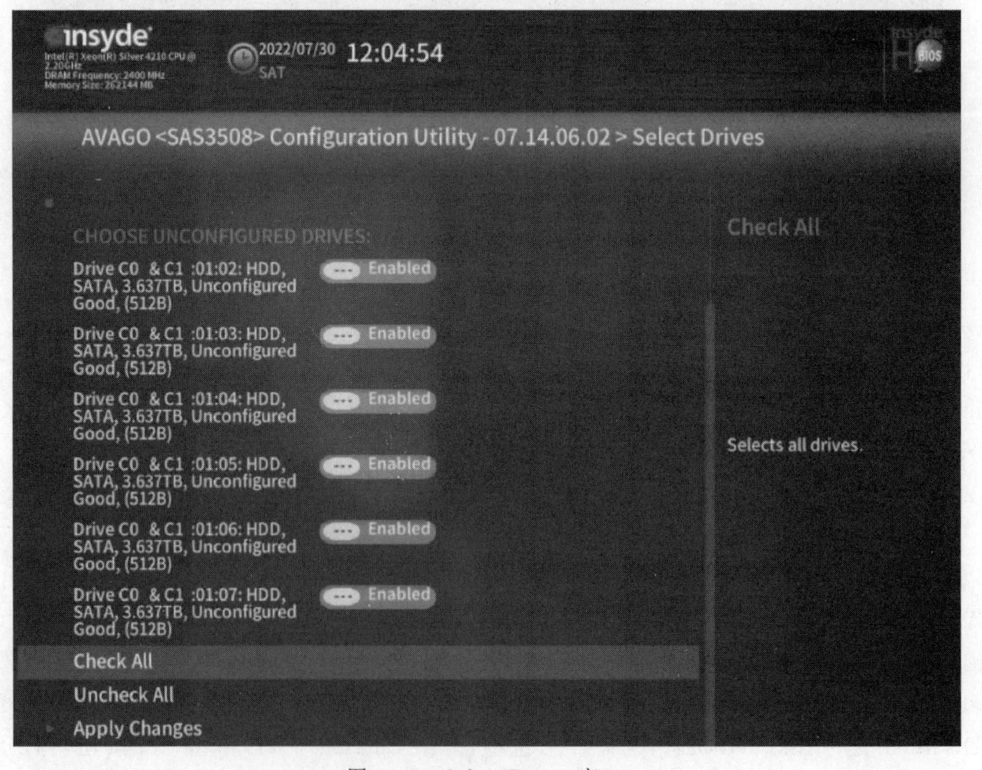

图 1.37　Select Drives 窗口

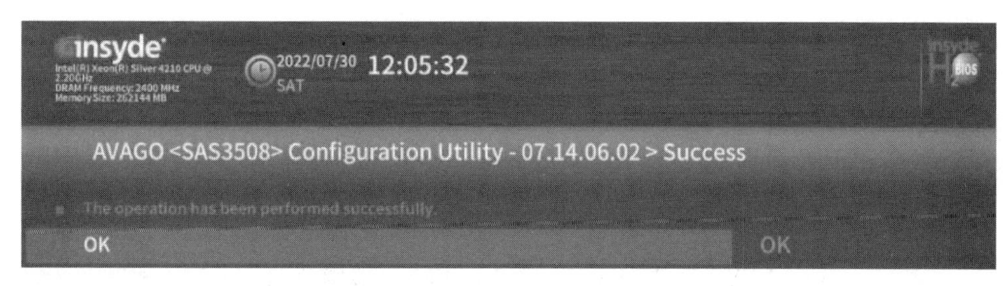

图 1.38　虚拟磁盘创建完成

区管理设置已全部完成，按 Esc 键，返回 Configuration Management 窗口，持续按 Esc 键，最后退出 BIOS 管理界面。

3. 服务器 BIOS 配置管理

视频讲解

服务器 BIOS 管理设置操作如下。

（1）进入服务器 BIOS 管理界面，选择 BIOS Configuration 选项，如图 1.39 所示，弹出 BIOS Configuration 窗口，选择 Security→Manage Supervisor Password 选项，如图 1.40 所示，可以设置进入 BIOS 的管理密码。

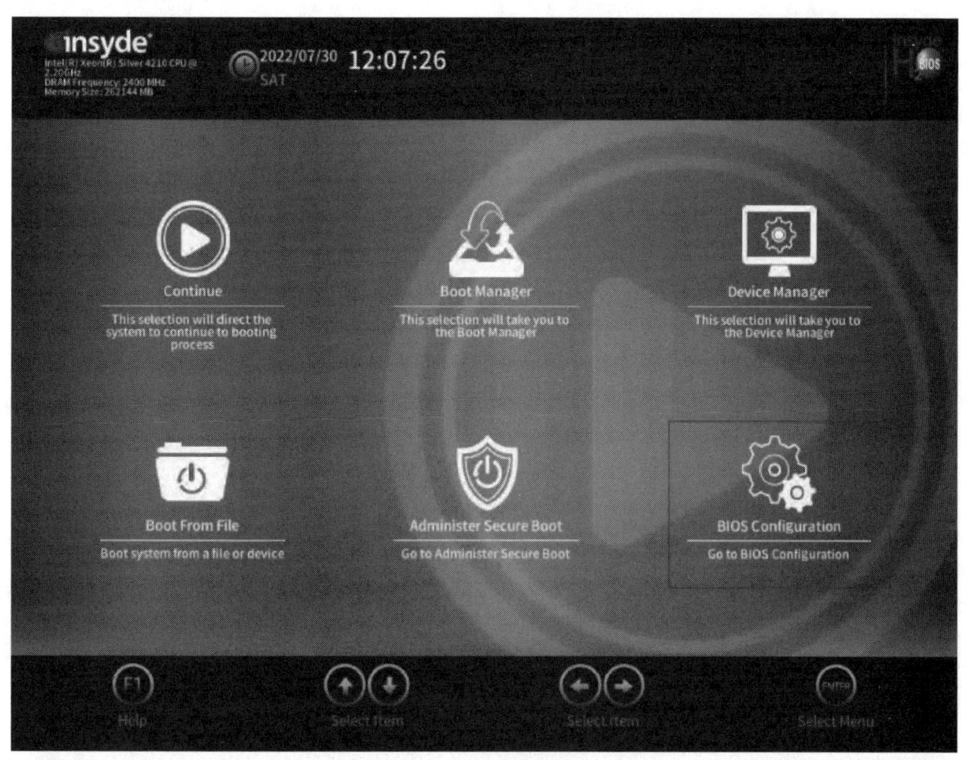

图 1.39　BIOS Configuration 选项窗口

（2）根据提示信息输入“Manage Supervisor Password”的旧密码和新密码，如图 1.41 所示，选择 Boot→Boot Sequence 选项，如图 1.42 所示，可以设置系统启动引导顺序。

（3）在 Boot Sequence 窗口中，使用 F5 或 F6 键改变系统启动引导顺序，如图 1.43 所示，选择 Exit→Save Changes & Exit 选项，如图 1.44 所示，或使用 F10 键，保存退出。

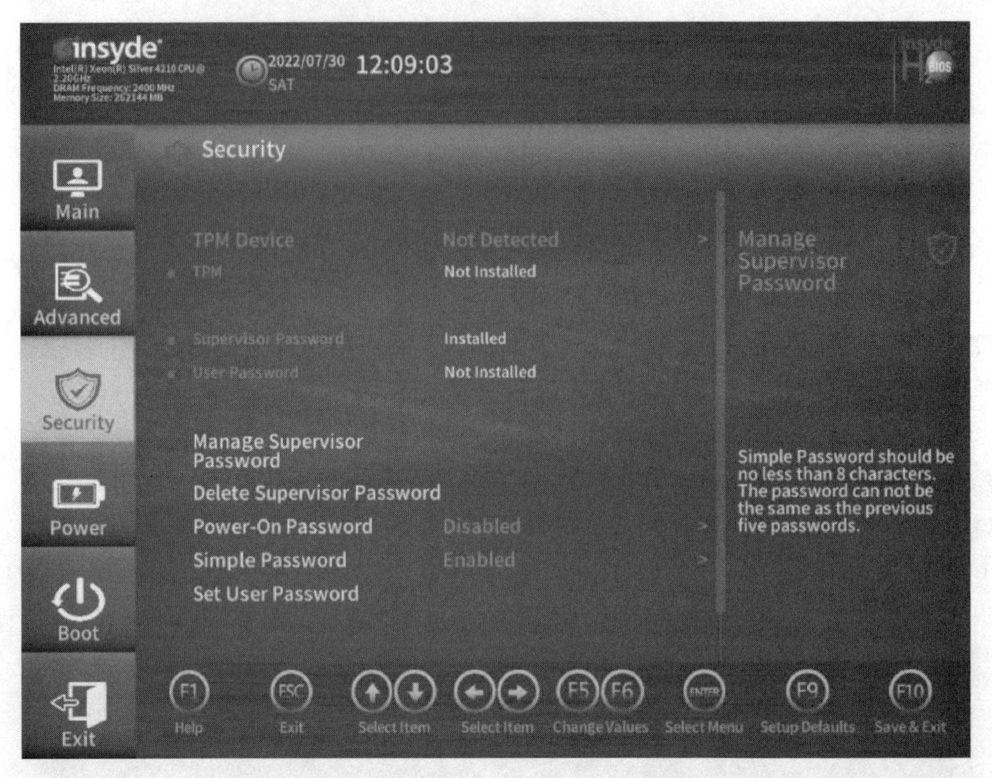

图 1.40　Manage Supervisor Password 选项窗口

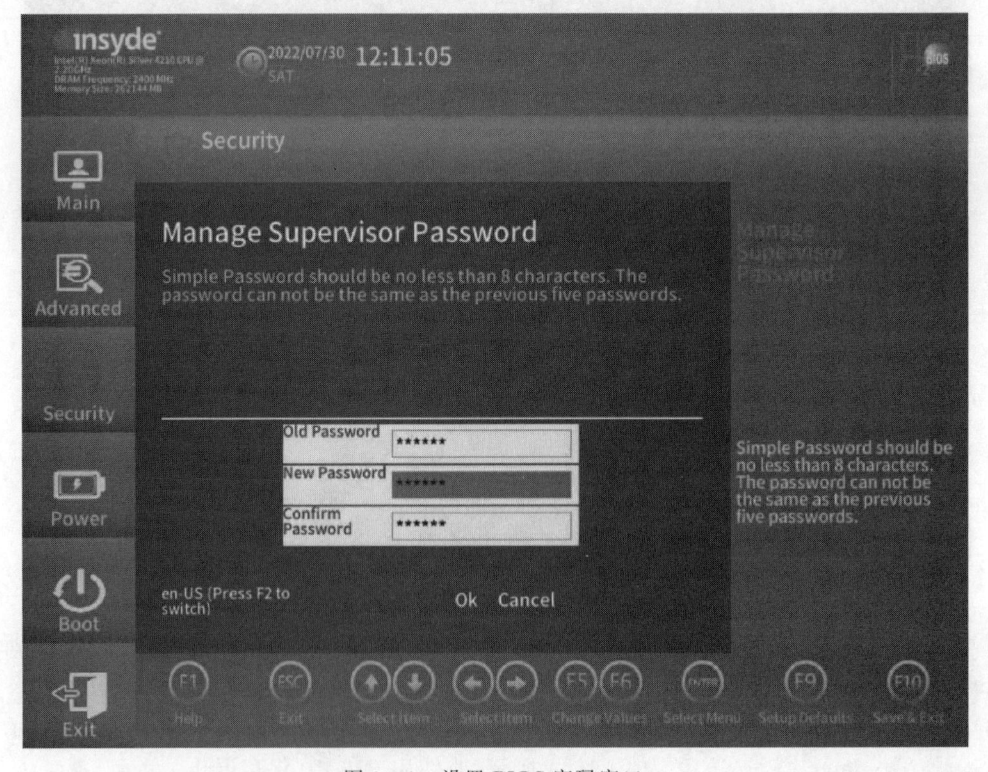

图 1.41　设置 BIOS 密码窗口

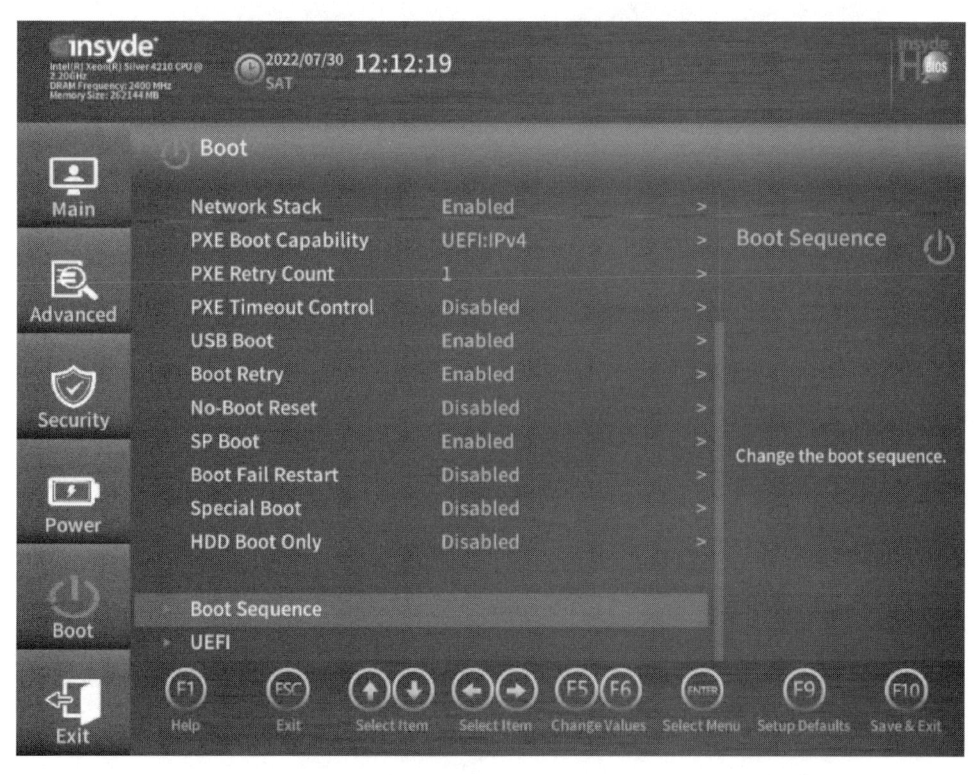

图 1.42　Boot Sequence 选项窗口

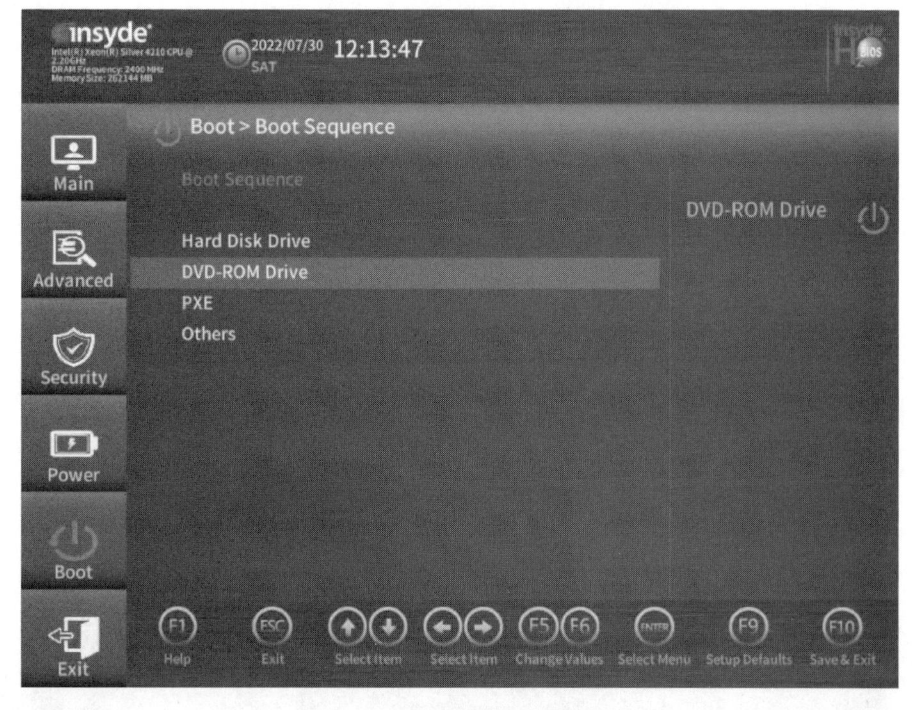

图 1.43　设置 BIOS 密码窗口

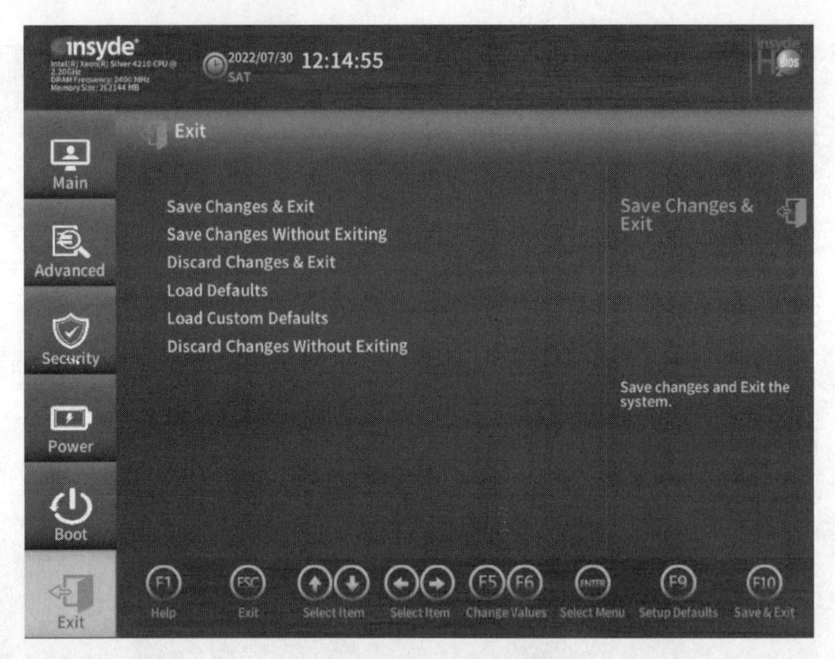

图 1.44 Boot Sequence 选项窗口

1.3.2 Windows Server 2019 操作系统安装

在物理服务器上安装 Windows Server 2019 操作系统，其安装操作过程如下。

视频讲解

(1) 完成物理服务器虚拟化驱动器管理，下载需要安装操作系统的镜像文件，将镜像文件保存在本地磁盘中，单击物理服务控制台工具栏中虚拟光驱 CD/DVD 图标，查找本地镜像文件，如操作系统的镜像文件为 datacenter_windows_server_2019_x64_dvd_c1ffb46c.iso，单击“连接”按钮，如图 1.45 所示。单击控制台工具栏中的 CD/DVD 图标，选择“强制重启”选项，如图 1.46 所示。

图 1.45 连接镜像文件

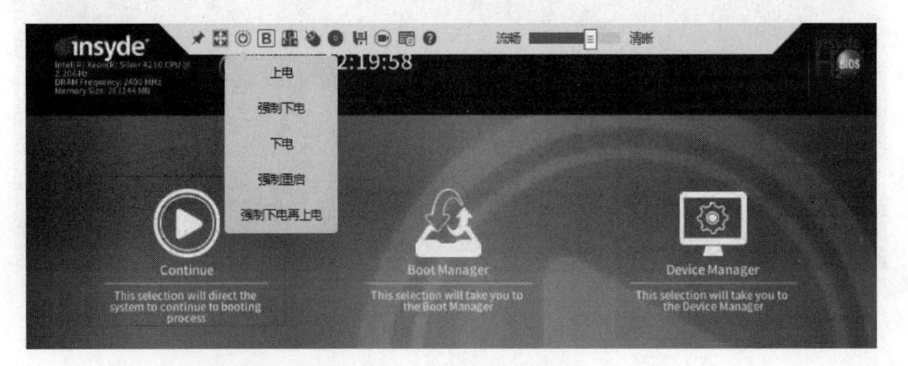

图 1.46 服务器强制重启

(2) 物理服务器重启后，会有相应的提示信息，按F11键，可以选择系统的启动顺序，如图1.47所示，输入密码确认，进入Boot Manager窗口，如图1.48所示。

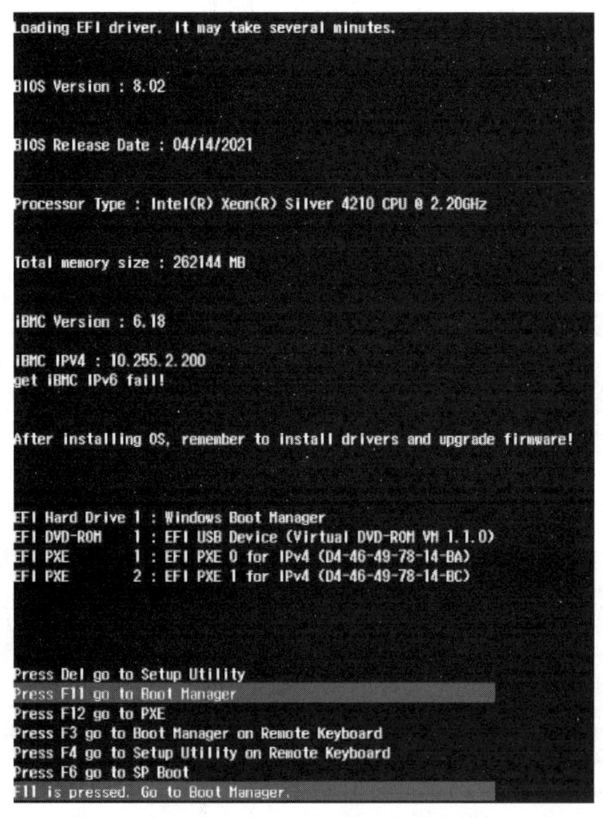

图1.47　提示信息窗口

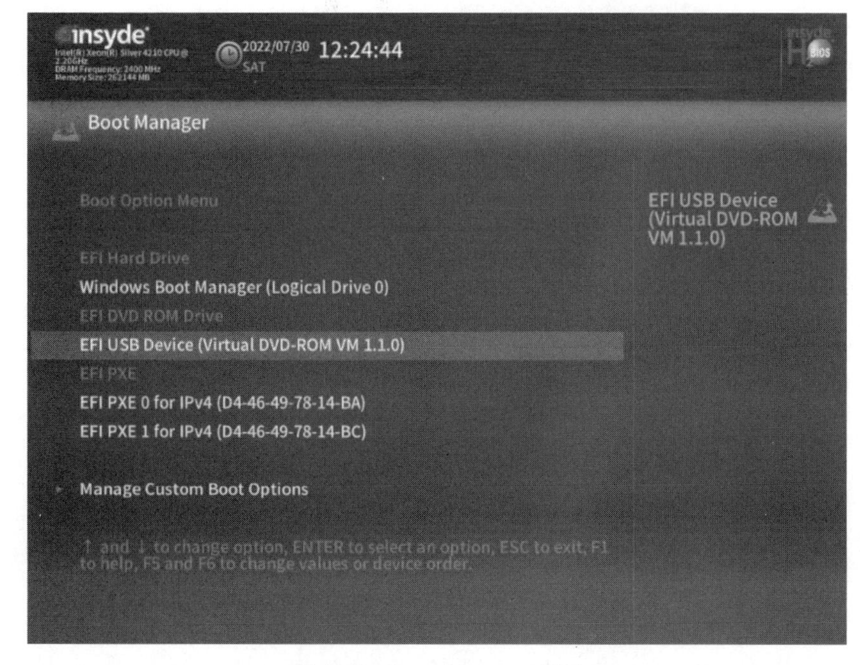

图1.48　Boot Manager窗口

（3）在 Boot Manager 窗口中，选择虚拟光驱 EFI USB Device（Virtual DVD-ROM VM 1.1.0）选项，按 Enter 键，提示按任意键从 CD 或 DVD 进行安装，如图 1.49 所示（注：可以先进行 BIOS 设置，将光驱启动作为系统第一引导项），按任意键进行操作系统安装，进入 Windows Boot Manager 窗口，如图 1.50 所示。

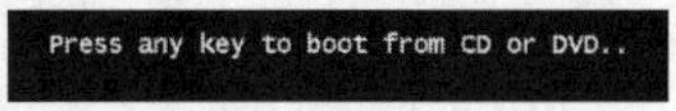

Press any key to boot from CD or DVD..

图 1.49　提示按任意键从 CD 或 DVD 进行安装

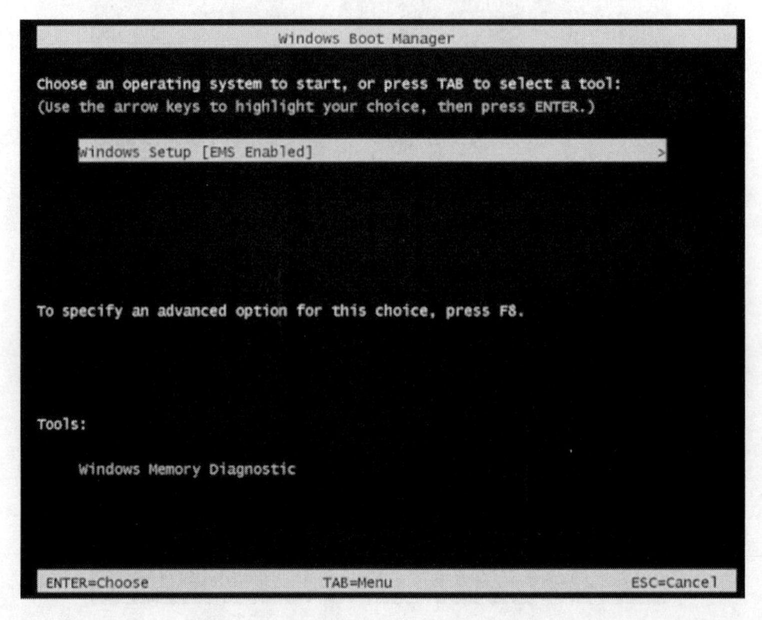

图 1.50　Windows Boot Manager 窗口

（4）在 Windows Boot Manager 窗口中，选择 Windows Setup [EMS Enabled]选项，按 Enter 键，弹出“Windows 安装程序”窗口，如图 1.51 所示。单击“下一步”按钮，弹出“Windows Server 2019 安装”窗口，如图 1.52 所示。

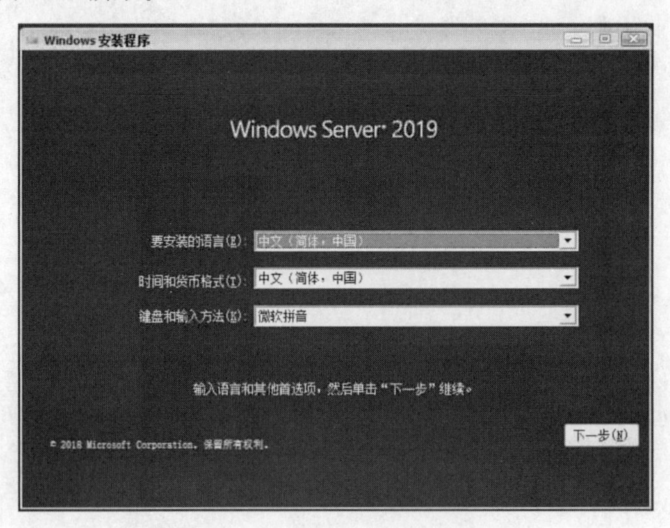

图 1.51　“Windows 安装程序”窗口

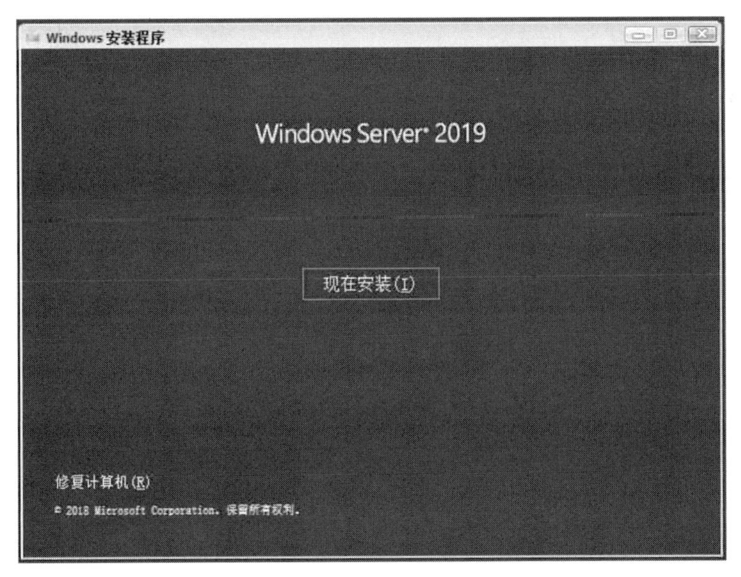

图 1.52　“Windows Server 2019 安装”窗口

(5) 在“Windows Server 2019 安装”窗口中，单击“现在安装”按钮，弹出“激活 Windows”对话框，如图 1.53 所示。输入产品密钥，单击“下一步”按钮，弹出“选择要安装的操作系统”对话框，如图 1.54 所示。

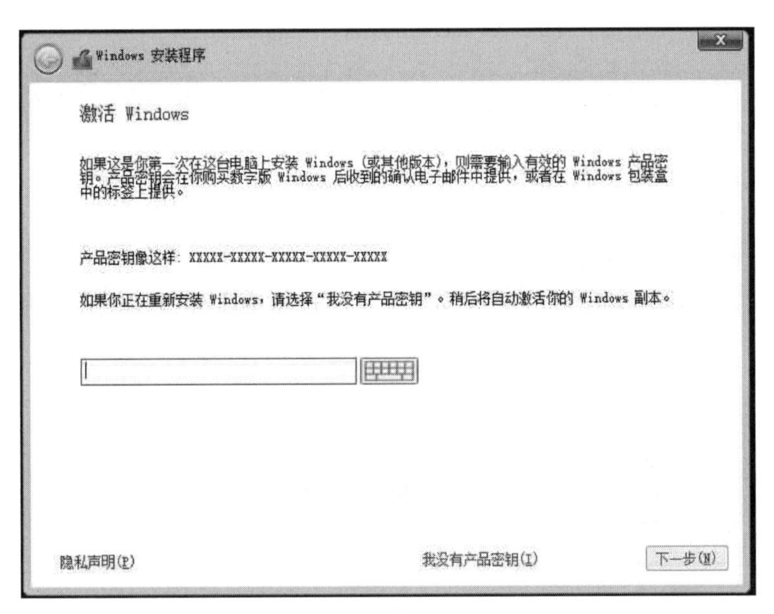

图 1.53　“激活 Windows”对话框

(6) 在“选择要安装的操作系统”对话框中，选择要安装的版本，单击“下一步”按钮，弹出“适用的声明和许可条款”对话框，如图 1.55 所示。勾选“我接受许可条款”复选框，单击“下一步”按钮，弹出“你想执行哪种类型的安装?”对话框，如图 1.56 所示。

(7) 在“你想执行哪种类型的安装?”对话框中，选择“自定义：仅安装 Windows(高级)”选项，弹出“你想将 Windows 安装在哪里?”对话框，如图 1.57 所示。选择相应的分区，单击“下一步”按钮，弹出“正在安装 Windows”对话框，如图 1.58 所示。

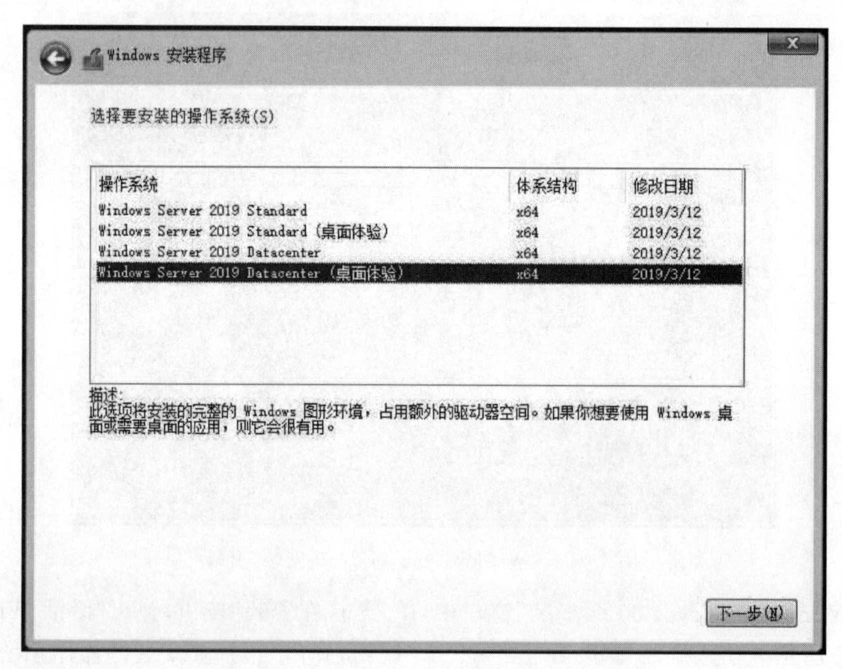

图 1.54 “选择要安装的操作系统”对话框

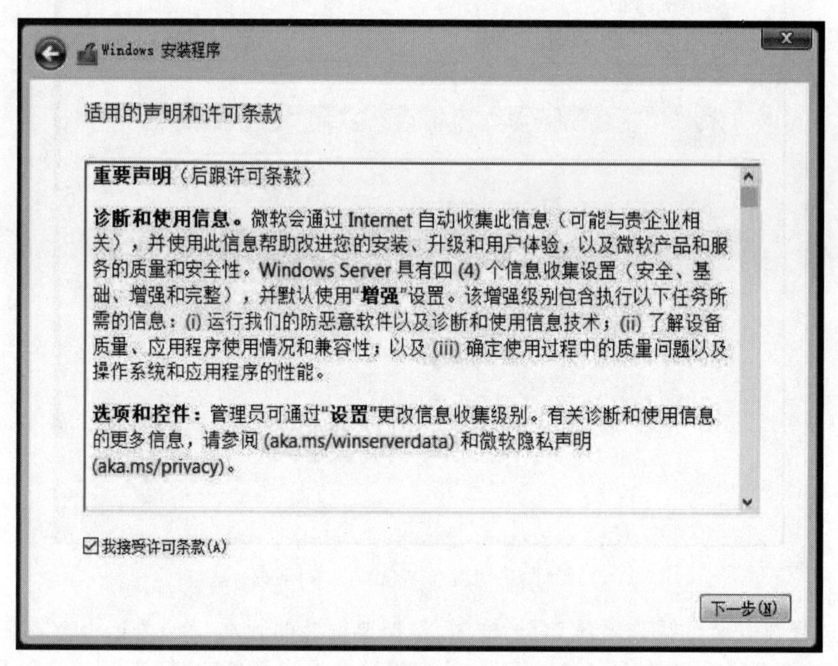

图 1.55 “适用的声明和许可条款”对话框

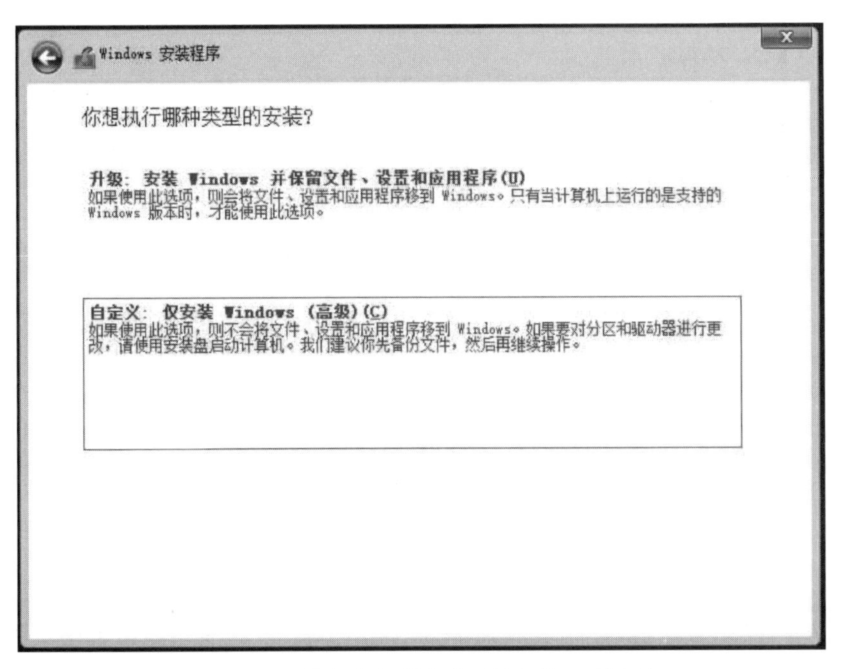

图 1.56　“你想执行哪种类型的安装?”对话框

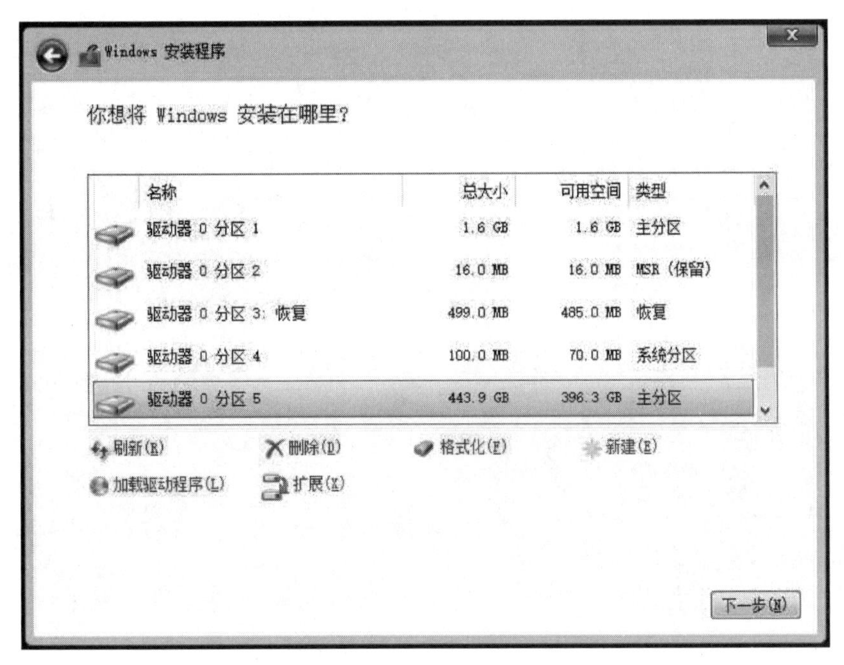

图 1.57　“你想将 Windows 安装在哪里?”对话框

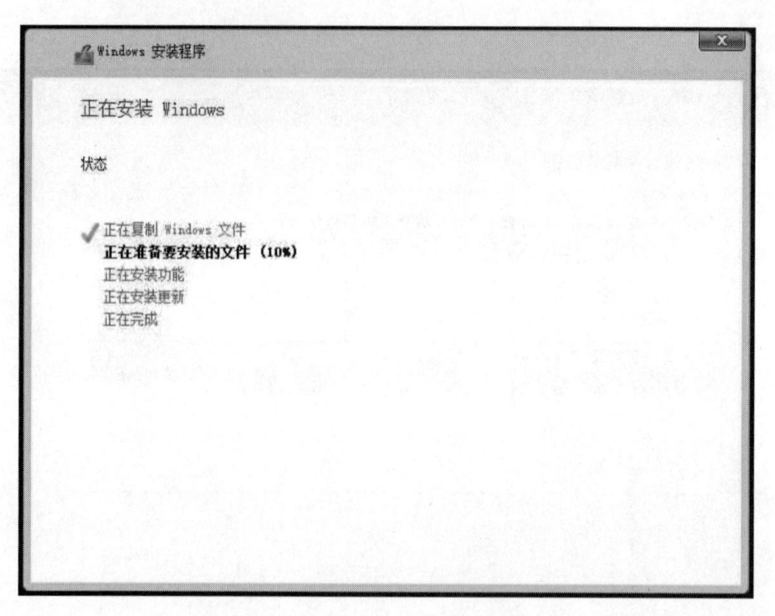

图 1.58 “正在安装 Windows”对话框

(8) 操作系统安装完成后，系统自动重新启动，弹出“自定义设置”窗口，如图 1.59 所示。设置用户名为 Administrator 管理员的密码，单击“完成”按钮，弹出 Windows 登录窗口，如图 1.60 所示。

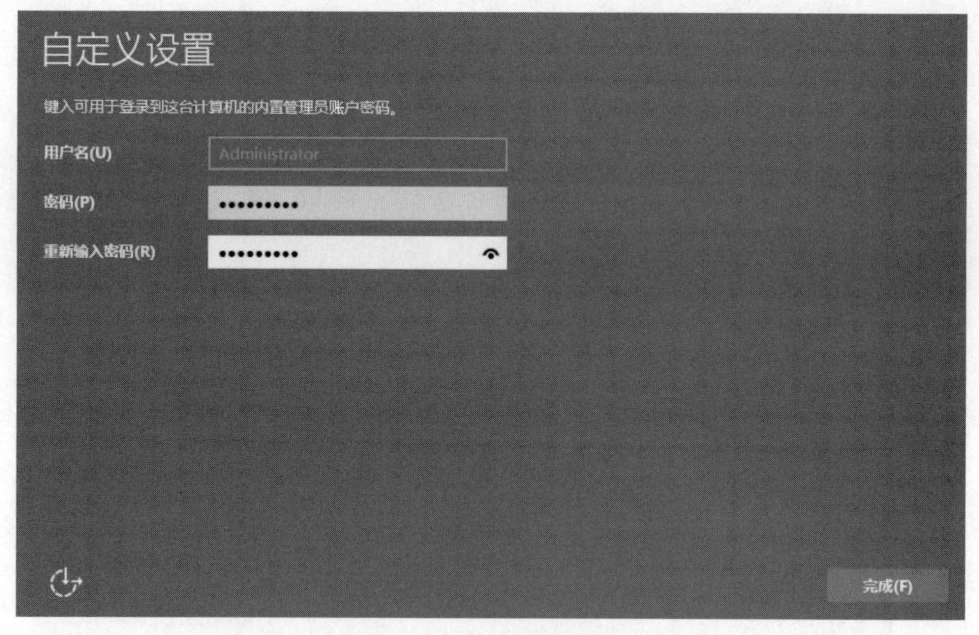

图 1.59 “自定义设置”窗口

(9) 在“Windows 登录”窗口中，将鼠标光标放到服务器控制台的最上方，系统会自动出现控制台工具栏，单击工具栏图标，选择 Ctrl＋Alt＋Del 选项，弹出 Administrator 登录窗口，如图 1.61 所示。输入管理员密码，按 Enter 键，登录 Windows Server 2019 操作系统桌面，如图 1.62 所示。

图 1.60　Windows 登录窗口

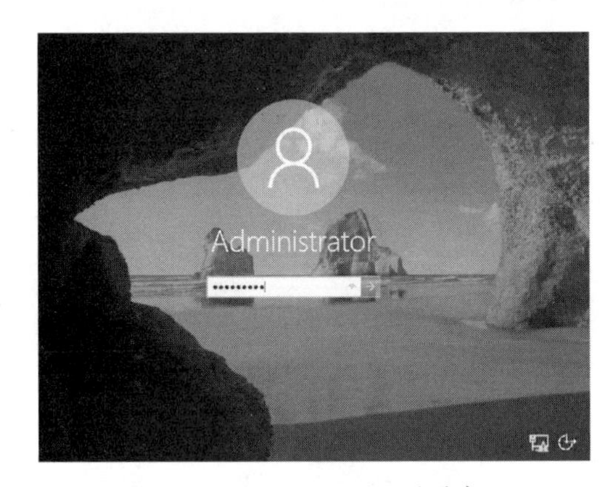

图 1.61　Administrator 登录窗口

图 1.62　登录 Windows Server 2019 操作系统桌面

课后习题

1. 选择题

(1) 第五次信息技术革命的标志是(　　)。

A. 电报、电话、电视等的发明和广泛应用　B. 电子计算机和现代通信技术的应用

C. 造纸术和印刷术的发明和应用　D. 文字的出现和使用

（2）第一次信息技术革命的标志是（　　）。

A. 电报、电话、电视等的发明和广泛应用　B. 电子计算机和现代通信技术的应用

C. 语言的使用　D. 文字的出现和使用

（3）【多选】冯·诺依曼提出的计算机组成部分包括（　　）。

A. 运算器　B. 控制器　C. 存储器　D. 输入设备和输出设备

（4）【多选】信息数据量快速增长的重要因素有（　　）。

A. 云计算　B. 智能终端普及　C. 物联网飞速发展　D. 互联网和高速宽带

（5）【多选】RAID存储应用广泛，可以满足许多数据存储需求，其主要优势体现在（　　）。

A. 大容量　B. 高性能　C. 可靠性　D. 可管理性

2. 简答题

（1）简述信息技术发展史。

（2）简述数据与信息的关系。

（3）简述信息的重要性。

（4）简述信息存储的载体。

（5）简述信息存储的发展。

第2章

数据存储技术

学习目标

- 理解数据存储的基础知识、存储阵列系统、云存储概述以及数据存储典型应用等相关理论知识。
- 掌握 VMware Workstation 安装、虚拟主机 CentOS 7 安装、系统克隆与快照管理等相关知识与技能。

2.1 项目陈述

21 世纪以来，信息技术的不断进步加速了全球化进程，随着信息化程度的不断提高，人们的生活已经和信息技术密不可分。信息进行传输和处理可称为“动”，诚然，有“动”必有“静”，信息保存在存储介质中可称为“静”。随着网络信息化时代的到来，智能终端、物联网、云计算、社交网络等行业飞速发展，数据呈现日益剧增趋势，怎样安全地、可靠地存储大规模数据成为存储系统设计的一大挑战。本章讲解存储的基础知识、存储阵列系统、云存储概述以及数据存储典型应用等相关理论知识，项目实践部分讲解 VMware Workstation 安装、虚拟主机 CentOS 7 安装、系统克隆与快照管理等相关知识与技能。

2.2 必备知识

2.2.1 数据存储的基础知识

在计算机科学领域，存储就是根据不同的应用环境通过采取合理、安全、有效的方式将数据保存到某些介质上并能保证有效的访问。总的来讲，存储包含两个方面的含义：一方面，它是数据临时或长期驻留的物理媒介；另一方面，它是保证数据完整、安全存储的方式或行为。

数字信息有两种类型：输入数据和输出数据。用户提供输入数据，计算机提供输出数据。但是，如果没有用户的输入，计算机的 CPU 就无法计算任何内容，或产生任何输出数据。

用户可直接向计算机输入数据。然而，他们在计算机时代的早期就发现，持续手动输入数据会耗费大量的时间和精力。一种短期解决方案就是计算机内存，也称为随机存取存储器（Random Access Memory，RAM）。但内存的存储容量和保留时间都非常有限。只读存储器（Read Only Memory，ROM），顾名思义，存储在其中的数据只能被读取但不能被编辑，它们控制计算机的基本功能。

尽管计算机内存技术取得了巨大进步，出现了动态 RAM（Dynamic Random Access Memory，DRAM）和同步 DRAM（Synchronous Dynamic Random Access Memory，SDRAM），但仍受到成本、容量和保留时间等方面的限制。当计算机关机时，RAM 中的数据就会消失。那么有何解决方案呢？答案是数据存储。

通过使用数据存储空间，用户可在设备上保存数据。当计算机关机时，数据仍然保留。用户可指示计算机从存储设备中抽取数据，而无须手动将数据输入计算机。可根据需要从各种来源读取输入数据，然后创建输出，并将其保存到同一来源或其他存储位置，用户还可与他人共享数据存储。

1. 数据存储的定义

数据存储对象包括数据流在加工过程中产生的临时文件或加工过程中需要查找的信息。数据以某种格式记录在计算机内部或外部存储介质上。数据存储要命名，这种命名要反映信息特征的组成含义。数据流反映了系统中流动的数据，表现出动态数据的特征；数据存储反映系统中静止的数据，表现出静态数据的特征。

数据存储包括狭义与广义的存储定义，如图 2.1 所示。

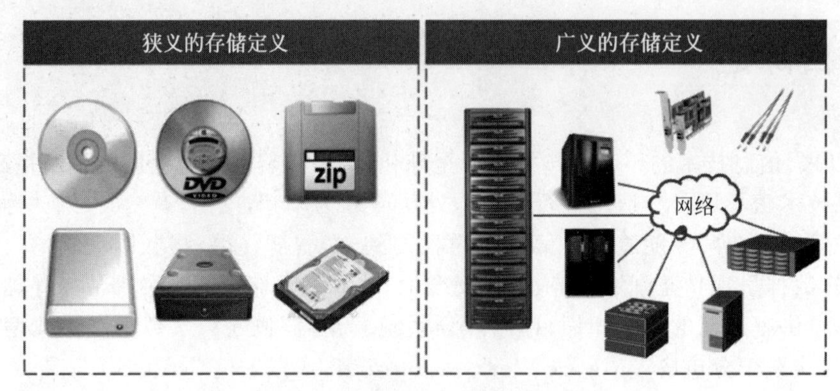

图 2.1　狭义与广义的存储定义

狭义的存储定义：指具体的某种设备，比如以前的软盘、CD，以及 DVD 和硬盘，对于企业可能还会用到磁带。

广义的存储定义：指数据中心里面使用的存储设备，包含存储硬件系统、软件系统、存储网络和存储解决方案。如数据整合的解决方案、集中存储、归档、容灾备份的解决方案；存储硬件系统（磁盘阵列、控制器、磁盘柜、磁带库等）；存储软件（备份软件、管理软件、快照、复制等增值软件）；存储网络（HBA 卡、光纤交换机、FC/SAS 线缆等）。

2. 数据存储的工作方式

简单而言，现代计算机(或称为终端)直接或通过网络连接到存储设备。用户指示计算机访问这些存储设备中的数据，以及将数据存储到其中。然而，在基本层面，数据存储有两个基本要素：数据采用的形式以及记录和存储数据的设备。

3. 数据存储管理技术的演变

众所周知，文明的发展依赖知识的积累，而知识的积累离不开存储。因此，能够存储包含知识的信息是文明发展的重要环节，从某种意义上讲，甚至可以说是人类迈入文明社会的标志之一。在历史上，人类曾经创造过很多存储信息的方法，如图 2.2 所示。

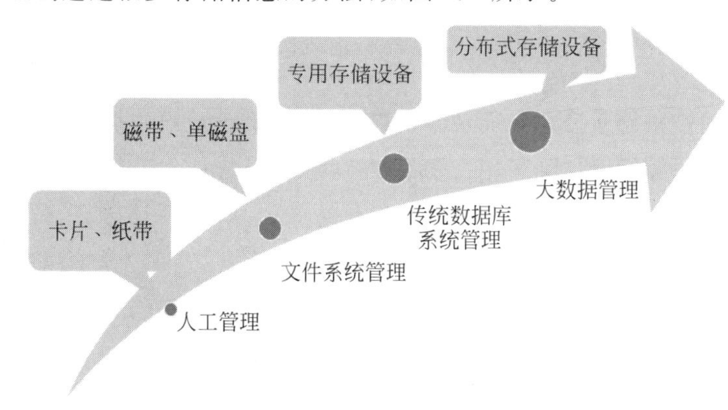

图 2.2 数据存储管理技术的演变

(1) 穿孔纸带。

图 2.3 穿孔纸带

穿孔纸带是早期计算机的存储介质，它将程序和数据转换为二进制数码：带孔为 1，无孔为 0，经过光电输入机将数据输入计算机，如图 2.3 所示。作为计算机周边设备，较更早期的穿孔卡有很大进步，被更先进的磁带(1951 年起作为计算机存储设备)所替代。行业应用中也用作数控设备固定指令输入载体。

穿孔纸带是利用打孔技术在纸带上打上一系列有规律的孔点，以适应机器的读取和操作，加快工作速度，提升工作效率，是早期向计算机中输入信息的载体。

穿孔纸带也叫指令带，在 19 世纪至 20 世纪，主要用于电传打字机通信、可编码式的织布机以及作为计算机的存储介质。后期用于数控装置。穿孔纸带上必须用规定的代码，以规定的格式排列，并代表规定的信息。

图 2.4 盘式磁带

(2) 磁带。

磁带是一种用于记录声音、图像、数字或其他信号的载有磁层的带状材料，是产量最大和用途最广的一种磁记录材料，如图 2.4 所示。通常是在塑料薄膜带基(支持体)上涂覆一层颗粒状磁性材料或蒸发沉积上一层磁性氧化物或合金薄膜而成。曾使用纸和赛璐珞等作带基，现主要用强度高、稳定性好和不易变形的聚酯薄膜。

如今，磁带变为一种收藏，依旧在市场上活跃。据业内行家称，老磁带的大部分品种发行量小，外加绞带、受潮等自然损耗和人为损耗，其收藏价值会越来越高。

磁带按用途可大致分成录音带、录像带、计算机带和仪表磁带四种。

① 录音带。

录音带于20世纪30年代开始出现,是用量最大的一种磁带。1963年,荷兰飞利浦公司研制成盒式录音带,由于具有轻便、耐用、互换性强等优点而得到迅速发展。1973年,日本研制成功Avilyn包钴磁粉带。1978年,美国生产出金属磁粉带。由日本日立玛克赛尔公司创造的MCMT技术(即特殊定向技术、超微粒子及其分散技术)制成了微型及数码盒式录音带,又使录音带达到一个新的水平,并使音频记录进入了数字化时代。中国在20世纪60年代初开始生产录音带,1975年试制成盒式录音带,并已达较高水平。

② 录像带。

自从1956年美国安佩克斯公司制成录像机以来,录像带已从电视广播逐步进入科学技术、文化教育、电影和家庭娱乐等领域。除了用二氧化铬包钴磁粉以及金属磁粉制成录像带外,日本还制成微型镀膜录像带,并开发了钡铁氧体型垂直磁化录像带。

③ 计算机带。

计算机带作为数字信息的存储具有容量大、价格低的优点,主要大量用于计算机的外存储器,如今仅在专业设备上使用(如计算机磁带存储器、车床控制机)。

④ 仪表磁带。

仪表磁带也称仪器磁带或精密磁带。近代科学技术,常需要把人们无法接近的测量数据自动而连续地记录下来,即遥控遥测技术,如原子弹爆炸和卫星空间探测都要求准确无误地同时记录上百、上千个数据。仪表磁带就是在上述需要下发展起来的,它是自动化和磁记录技术相结合的产物。对这种磁带的性能和制造都有着严格的要求。

(3) 软盘。

软盘(Floppy Disk)是个人计算机(PC)中最早使用的可移动介质。软盘的读写是通过软盘驱动器完成的。软盘驱动器设计能接收可移动式软盘,常用的就是容量为1.44MB的3.5英寸软盘,它曾经盛极一时。之后由于U盘的出现,软盘的应用逐渐衰落直至淘汰。

1967年,IBM公司推出世界上第一张软盘,直径32英寸。4年后,IBM公司又推出一种直径8英寸的表面涂有金属氧化物的塑料质磁盘,发明者是艾伦·舒加特(后离开IBM公司创办了希捷公司)。1976年8月,艾伦·舒加特宣布研制出5.25英寸的软盘。1979年,索尼公司推出3.5英寸的双面软盘,其容量为875KB,到1983年已达1MB,即人们常说的3英寸盘。

图2.5 软盘

软盘存取速度慢,容量也小,但可装可卸、携带方便,如图2.5所示。

(4) 硬盘。

硬盘是计算机最主要的存储设备。硬盘英文名为Hard Disk Drive(HDD),全名为温彻斯特式硬盘,由一个或者多个铝制或者玻璃制的碟片组成,这些碟片外覆盖有铁磁性材料,如图2.6所示。绝大多数硬盘都是固定硬盘，被永久性地密封固定在硬盘驱动器中。早期的硬盘存储媒介是可替换的，不过如今典型的硬盘是固定的存储媒介，被封在硬盘里(除了一个过滤孔，用来平衡空气压力)。随着硬盘技术的发展，可移动硬盘也出现了，而且越来越普及，种类也越来越多。大多数微型计算机上安装的硬盘，由于都采用温彻斯特技术而被称为“温彻斯特硬盘”，或简称“温盘”。

图 2.6　硬盘

转速是硬盘内电机主轴的旋转速度，也是硬盘盘片在一分钟内所能完成的最大转数。转速是表示硬盘档次的重要参数之一，也是决定硬盘内部传输率的关键因素之一，在很大程度上直接影响到硬盘的传输速度。硬盘转速以每分钟多少转来表示，单位为 RPM(Revolutions Per Minute)。RPM 值越大，内部传输率就越高，访问时间就越短，硬盘整体性能也越好。目前主流 SATA 硬盘的转速一般为 5400RPM 和 7200RPM，SAS 硬盘转速一般为 7200RPM、10 000RPM 和 15 000RPM。

硬盘有机械硬盘(HDD)和固态硬盘(SSD)之分。

图 2.7　机械硬盘内部结构

① 机械硬盘。

机械硬盘即传统普通硬盘，主要由磁盘、磁头、磁头停泊区、磁头臂、永磁铁、音圈马达、主轴、空气过滤片和串行接口等几部分组成，如图 2.7 所示。

磁头可沿盘片的半径方向运动，加上盘片每分钟几千转的高速旋转，磁头就可以定位在盘片的指定位置上进行数据的读写操作。信息通过离磁性表面很近的磁头，由电磁流来改变极性方式被电磁流写到磁盘上，信息可以通过相反的方式读取。硬盘作为精密设备，尘埃是其大敌，所以进入硬盘的空气必须过滤。机械硬盘中所有的盘片都装在一个旋转轴上，每张盘片之间是平行的，在每个盘片的存储面上有一个磁头，磁头与盘片之间的距离只有 0.1～0.5μm，较高的水平已经达到 0.005～0.01μm，所有的磁头连在一个磁头控制器上，由磁头控制器负责各个磁头的运动。也就是说，机械硬盘是上下盘面同时进行数据读取的。而且机械硬盘的旋转速度要远高于唱片(目前机械硬盘的常见转速是 7200RPM)，所以机械硬盘在读取或写入数据时，非常害怕晃动和磕碰。另外，因为机械硬盘的超高转速，如果内部有灰尘，则会造成磁头或盘片的损坏，所以机械硬盘内部是封闭的，如果不是在无尘环境下，则禁止拆开机械硬盘。

- **机械硬盘的逻辑结构**。

我们已经知道数据是写入磁盘盘片的，那么数据是按照什么结构写入的呢？机械硬盘的逻辑结构主要分为磁道、扇区和柱面，如图 2.8 所示。

什么是磁道呢？每个盘片都在逻辑上有很多的同心圆，最外面的同心圆就是 0 磁道。每个同心圆称作磁道(注意，磁道只是逻辑结构，在盘面上并没有真正的同心圆)。硬盘的磁道密度非常

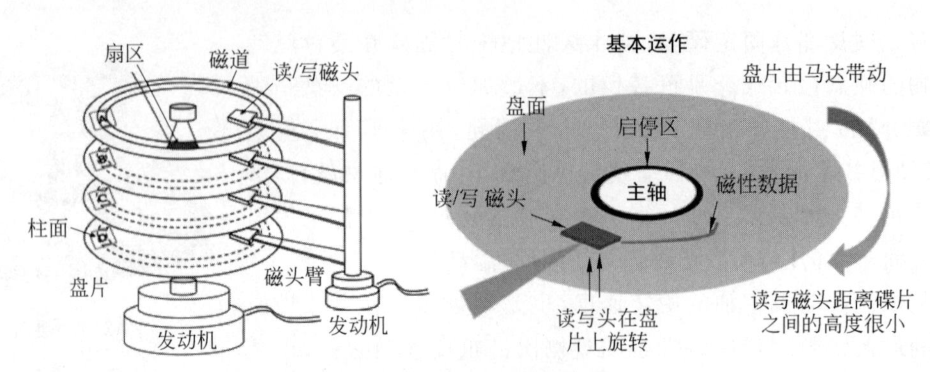

图 2.8　机械硬盘的逻辑结构

高，通常一面上就有上千个磁道。但是相邻的磁道之间并不是紧挨着的，这是因为磁化单元相隔太近会相互产生影响。

那扇区又是什么呢？扇区其实是很形象的，读者都见过折叠的纸扇，纸扇打开后是半圆形或扇形的，不过这个扇形是由每个扇骨组合形成的。在磁盘上每个同心圆是磁道，从圆心向外呈放射状地产生分割线（扇骨），将每个磁道等分为若干弧段，每个弧段就是一个扇区。每个扇区的大小是固定的，为 512B。扇区也是磁盘的最小存储单位。

柱面又是什么呢？如果硬盘是由多个盘片组成的，每个盘面都被划分为数目相等的磁道，那么所有盘片都会从外向内进行磁道编号，最外侧的就是 0 磁道。具有相同编号的磁道会形成一个圆柱，这个圆柱就被称作磁盘的柱面。

硬盘容量＝磁头数×柱面数×扇区数×每个扇区的大小

其中，磁头数（Heads）表示硬盘共有几个磁头，也可以理解为硬盘有几个盘面，然后乘以 2；柱面数（Cylinders）表示硬盘每面盘片有几条磁道；扇区数（Sectors）表示每条磁道上有几个扇区；每个扇区的大小一般是 512B。

缓存（Cache）：由于 CPU 和硬盘之间存在巨大的速度差异，为解决硬盘在读写数据时 CPU 的等待问题，在硬盘上设置适当的高速缓存，以解决二者之间速度不匹配的问题，硬盘缓存与 CPU 上的高速缓存作用一样，是为了提高硬盘的读写速度。

- **常见的机械硬盘接口。**

不管硬盘内部多么复杂，它必定要给用户一个简单的接口，用来对其访问读取数据。硬盘提供的物理接口如图 2.9 所示。

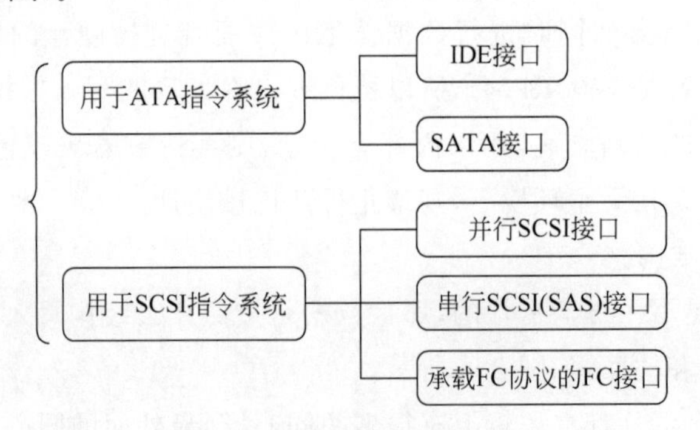

图 2.9　硬盘提供的物理接口

用于硬盘与主板连接，常见的接口类型如下。

IDE 硬盘接口（Integrated Drive Electronics，并口，即电子集成驱动器）也称作“ATA 硬盘”或“PATA 硬盘”。ATA 的全称是 Advanced Technology Attachment，采用传统 40-Pin 并口数据线连接主板与硬盘，外部接口速度最大为 133Mb/s，由于并口数据线的抗干扰能力差，且排线占空间，不利计算机散热，ATA 逐渐被串口 SATA 所取代，如图 2.10 所示。

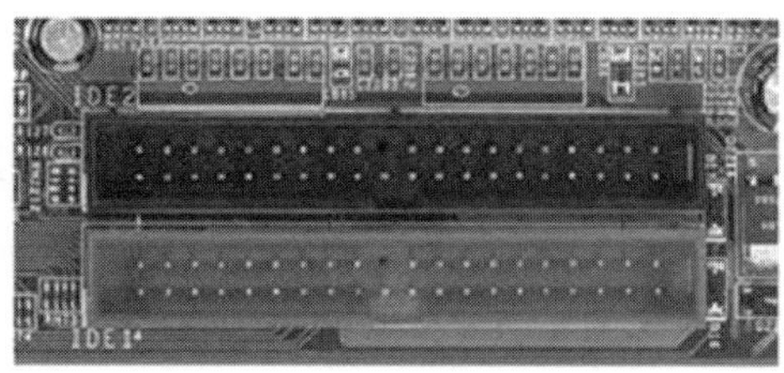

图 2.10　IDE 硬盘接口

SATA 接口（Serial ATA，串口）也就是使用串口的 ATA 接口，是速度更高的硬盘标准，具备更高的传输速度，并具备了更强的纠错能力。因抗干扰性强，且传输线比 ATA 的细得多，支持热插拔、即插即用，已被广为接受。SATA-Ⅰ 的外部接口速度已达到 150Mb/s，SATA-Ⅱ 达到 300Mb/s，SATA-Ⅲ将达到 600Mb/s，如图 2.11 所示。

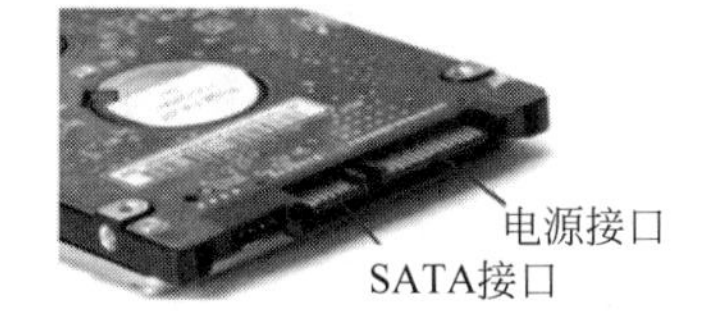

SATA版本	线路代码	传输速率	吞吐量
1.0	8B/10B	1.5Gb/s	150Mb/s
2.0	8B/10B	3Gb/s	300Mb/s
3.0	8B/10B	6Gb/s	600Mb/s

图 2.11　STAT 硬盘接口

SCSI 接口（Small Computer System Interface，小型计算机系统接口）广泛应用在服务器上，具有应用范围广、多任务、带宽大、CPU 占用率低及热插拔等优点，理论传输速度达到 320MB/s，历经 3 代的发展，从 SCSI-1、SCSI-2 到 SCSI-3。工作站级个人计算机及服务器通常采用 SCSI 硬盘，原因在于 SCSI 硬盘支持高转速（如 15 000RPM），且数据传输时占用较少 CPU 资源。SCSI 硬盘的单价比 ATA /SATA 硬盘贵，如图 2.12 所示。

图 2.12　SCSI 硬盘接口

SAS 接口（Serial Attached SCSI）串行连接 SCSI，是新一代的 SCSI 技术，它使用串口的 SCSI 接口，其传输速度可达到 12Gb/s。SAS 是并行 SCSI 接口之后开发出的全新接口。此接口的设计是为了改善存储系统的效能、可用性和扩充性，并且提供与 SATA 硬盘的兼容性。SAS 是一种点对点、全双工、双端口的接口，具有高性能、高可靠性、强大的扩展性能，如图 2.13 所示。

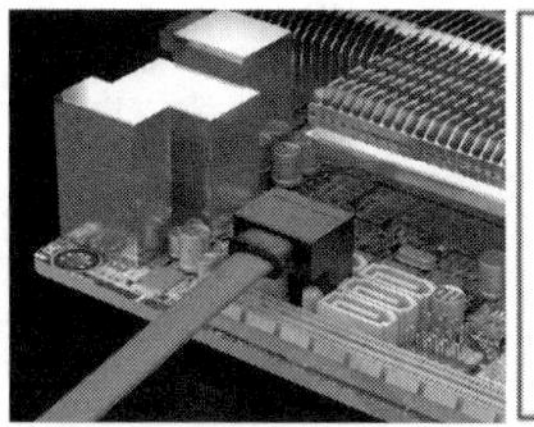
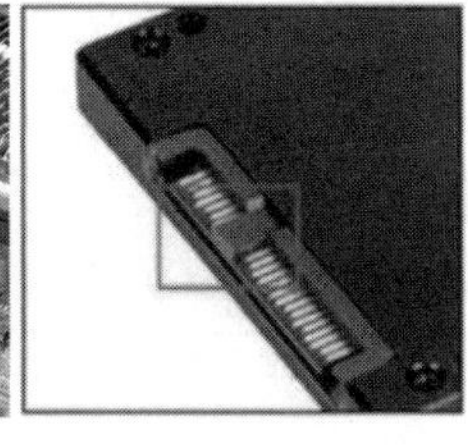

图 2.13　SAS 硬盘接口

FC（Fibre Channel）接口是一种网状通道技术，最早应用于 SAN（存储局域网络）。FC 接口是光纤对接的一种接口标准形式，其他的常见类型为 ST、

SC、LC、MTRJ 等。FC 开发于 1988 年，最早是用来提高硬盘协议的传输带宽，侧重于数据的快速、高效、可靠传输。到 20 世纪 90 年代末，FC SAN 开始得到大规模的广泛应用。FC 硬盘采用 FC-AL(Fiber Channel Arbitrated Loop)光纤通道仲裁环，是一种基于 SCSI 协议设计的双端口的串行存储接口，支持全双工工作方式。FC 为上层协议（如 SCSI、IP 等）提供一个通用硬件传输平台。FC 是一种高速度、高可靠、低延迟、高吞吐量的串行数据传输接口，如图 2.14 所示。

- **并行传输和串行传输**。

串行传输是设备之间的数据传输，传输中只有一个数据位。并行传输是指在多个并行通道上分组同时传输数据。它是同时在设备之间传输多个数据位。

图 2.14　FC 接口

并行传输指的是数据以成组的方式，在多条并行信道上同时进行传输，是在传输中有多个数据位同时在设备之间进行的传输。并行传输指的是数据以成组的方式，在多条并行信道上同时进行传输。常用的是将构成一个字符的几位二进制码同时分别在几个并行的信道上传输。可以多维数据一起传输，所以传输速度很快。并行数据传输是以计算机的字长，通常是 8b、16b、32b 为传输单位，一次传送一个字长的数据。它适合于外部设备与 CPU 之间近距离信息交换。在相同频率下，并口传输的效率是串口的几倍。

串行通信是指在计算机总线或其他数据通道上，每次传输一个位元数据，并连续进行以上单次过程的通信方式。与之对应的是并行通信，它在串行端口上通过一次同时传输若干位元数据的方式进行通信。使用的数据线少，在远距离通信中可以节约通信成本。

现在有 8 个数字为 1～8，需要传送给对方，传输方式如图 2.15 所示。

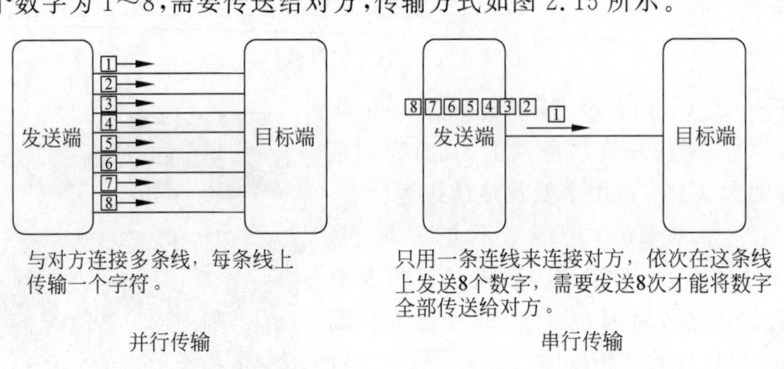

图 2.15　并行传输与串行传输

② 固态硬盘。

固态硬盘(Solid State Disk 或 Solid State Drive，SSD)，又称固态驱动器，是用固态电子存储芯片阵列制成的硬盘。固态硬盘由控制单元和存储单元(Flash 芯片、DRAM 芯片)组成。固态硬盘在接口规范和定义、功能及使用方法上与普通硬盘的完全相同，在产品外形和尺寸上基本与普通硬盘一致（固态硬盘尺寸和外形与 SATA 机械硬盘完全不同），被广泛应用于军事、车载、工控、视频监控、网络监控、网络终端、电力、医疗、航空、导航设备等诸多领域。

芯片的工作温度范围很大，虽然成本较高，但是正在普及至 DIY 市场。由于固态硬盘的技术与传统硬盘的技术不同，所以产生了不少新兴的存储器厂商。厂商只需购买 NAND 颗粒，再搭配适当的控制芯片，编写主控制器代码，就制造了固态硬盘。新一代的固态硬盘普遍采用 SATA-2

接口、SATA-3 接口、SAS 接口、MSATA 接口、PCI-E 接口、M. 2 接口、CFast 接口、SFF-8639 接口和 NVME/AHCI 协议，如图 2.16 所示。

存储容量：240GB
传输接口：SATA3(6Gb/s)

存储容量：1.92TB
传输接口：U.2接口

存储容量：2TB
传输接口：M.2 PCIe接口

存储容量：1TB
传输接口：U.2接口

图 2.16　固态硬盘

固态硬盘的存储介质分为两种，一种是采用闪存（Flash 芯片）作为存储介质，另外一种是采用 DRAM 作为存储介质。最新还有英特尔公司的 XPoint 颗粒技术。

- **基于闪存的固态硬盘（IDE Flash Disk、Serial ATA Flash Disk）。**

采用 Flash 芯片作为存储介质，这也是通常所说的 SSD。它的外观可以被制作成多种模样，例如，笔记本硬盘、微硬盘、存储卡、U 盘等样式。这种 SSD 固态硬盘最大的优点就是可以移动，而且数据保护不受电源控制，能适应于各种环境，适合于个人用户使用。可靠性很高，高品质的家用固态硬盘可轻松达到普通家用机械硬盘十分之一的故障率。

- **基于 DRAM 的固态硬盘。**

动态随机存取存储器（Dynamic Random Access Memory，DRAM）是一种半导体存储器，采用 DRAM 作为存储介质，应用范围较窄。它仿效传统硬盘的设计，可被绝大部分操作系统的文件系统工具进行卷设置和管理，并提供工业标准的 PCI 和 FC 接口用于连接主机或者服务器。应用方式可分为 SSD 硬盘和 SSD 硬盘阵列两种。它是一种高性能的存储器，理论上可以无限写入，美中不足的是需要独立电源来保护数据安全。DRAM 固态硬盘属于比较非主流的设备。

- **基于 3D XPoint 的固态硬盘。**

原理上接近 DRAM，但是属于非易失存储。读取延时极低，可轻松达到现有固态硬盘的百分之一，并且有接近无限的存储寿命。缺点是密度相对 NAND 较低，成本极高，多用于发烧级台式计算机和数据中心。

固态硬盘的优点如下。

- **读写速度快。**

采用闪存作为存储介质，读取速度相对机械硬盘更快。固态硬盘不用磁头，寻道时间几乎为 0。持续写入的速度非常惊人，固态硬盘厂商大多会宣称自家的固态硬盘持续读写速度超过了 500MB/s，近年来的 NVMe 固态硬盘读写速度大约为 2000Mb/s，有的甚至为 4000Mb/s 以上。固态硬盘的快绝不仅仅体现于持续读写上，随机读写速度快才是固态硬盘的终极奥义，这最直接体现于绝大部分的日常操作中。与之相关的还有极低的存取时间，最常见的 7200RPM 机械硬盘的寻道时间一般为 12～14ms，而固态硬盘可以轻易达到 0.1ms 甚至更低。

- **防震抗摔性。**

传统硬盘都是磁碟型的，数据存储在磁碟扇区里。而固态硬盘是使用闪存颗粒（即 MP3、U 盘等存储介质)制作而成,所以 SSD 固态硬盘内部不存在任何机械部件,这样即使在高速移动甚至伴随翻转倾斜的情况下也不会影响正常使用,而且在发生碰撞和震荡时能够将数据丢失的可能性降到最小。相较传统硬盘,固态硬盘占有绝对优势。

- **低功耗**。

固态硬盘的功耗上要低于传统硬盘。

- **无噪声**。

固态硬盘没有机械马达和风扇,工作时噪声值为 0dB。基于闪存的固态硬盘在工作状态下能耗和发热量较低(但高端或大容量产品能耗会较高)。内部不存在任何机械活动部件,不会发生机械故障,也不怕碰撞、冲击、震动。由于固态硬盘采用无机械部件的闪存芯片,所以具有发热量小、散热快等特点。

- **工作温度范围大**。

典型的硬盘驱动器只能在 5～55℃工作,而大多数固态硬盘可在－10～70℃工作。固态硬盘比同容量机械硬盘体积小、重量轻。固态硬盘的接口规范和定义、功能及使用方法与普通硬盘的相同,在产品外形和尺寸上也与普通硬盘一致。其芯片的工作温度范围很宽(－40～85℃)。

- **轻便**。

固态硬盘在重量方面更轻,与常规 1.8 英寸硬盘相比,重量轻 20～30g。

4. 数据存储技术分类

数据存储技术包括基于文件、关系数据库及其混合技术的数据存储技术三个方面。数据存储的应用经历了数据产生、数据处理和数据管理三个阶段,如图 2.17 所示。

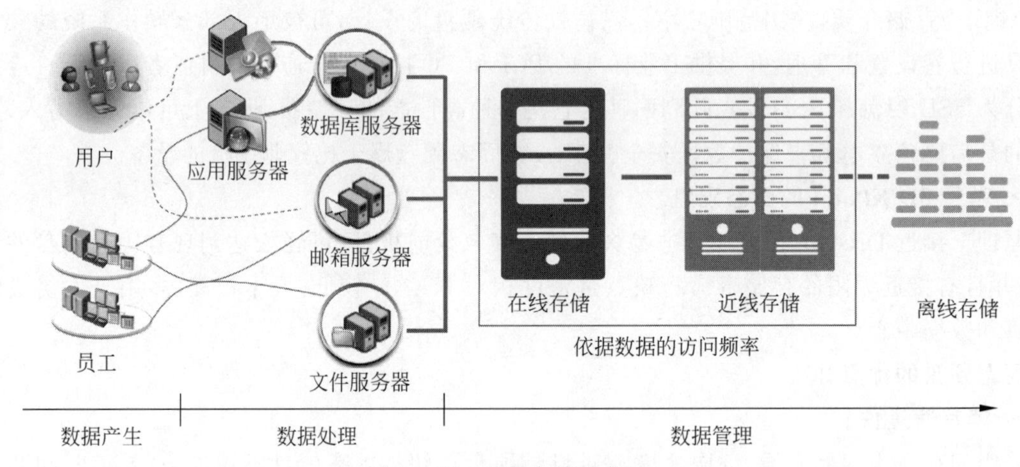

图 2.17　数据存储的应用

(1) 基于文件的数据存储技术。

在初期,数据信息的存储主要基于文本的 XML 方法,而数据信息的存储方法则以文本文档的形式存储在系统文件中。使用预定义的文本数据库索引技术可以大大提高查看效率。但是,缺少文本存储是因为很难维护数据库索引。由于 XML 文本文档中数据信息的更改,可能会重建文本文档数据库索引。因为这种方法通常是基于数据信息在文档中的物理位置来进行数据库索引的精确定位,所以一旦数据信息被更改,它将导致其他数据信息的相对变化。

(2) 基于关系数据库的存储技术。

考虑到基于文本文档数据信息的分布式系统可以解决非结构化数据，对于非结构化数据，物联网数据信息的关系数据库的存储具有其独特的优势。根据数据库数字模型，数据库查询实体模型分为两种：关系数据库和非关系数据库。其中，RDBMS 是关系数据库(如 MySQL、SQL Server、Oracle)的典型含义。

(3) 基于混合技术的数据存储技术。

为了更好地在智能能源中存储大量异构数据信息，设计了基于混合技术数据存储策略，其中使用系统文件存储智能能源文件，而文件时间信息内容和路径信息内容则用非结构化的数据存储在关系数据库中。混合技术在根据系统文件和数据库查询的使用来存储数据和信息方面具有不同的优势，因为它涉及两种数据的不同类型的分布式存储，尽管它在浏览数据和信息时比在数据库中具有更多的优势，但系统的特性也受到了较大的影响。

2.2.2　存储阵列系统

互联网彻底地改变了当今世界人们的生活方式，而基于互联网的云计算及物联网技术更将用户端延展至任何物品，进行更为深入的信息交换和通信，从而达到物物相息、万物互联。任何事物都不能孤立于其他群体而单独存在，存储系统也不例外，它不是孤立存在的，而是由一系列组件共同构成的。

1. 存储系统基本组成

常见的存储系统有存储阵列系统、网络附加存储、磁带库、虚拟磁带库等。如图 2.18 所示，存储系统通常分为硬件架构部分、软件组件部分以及实际应用过程中的存储解决方案部分。

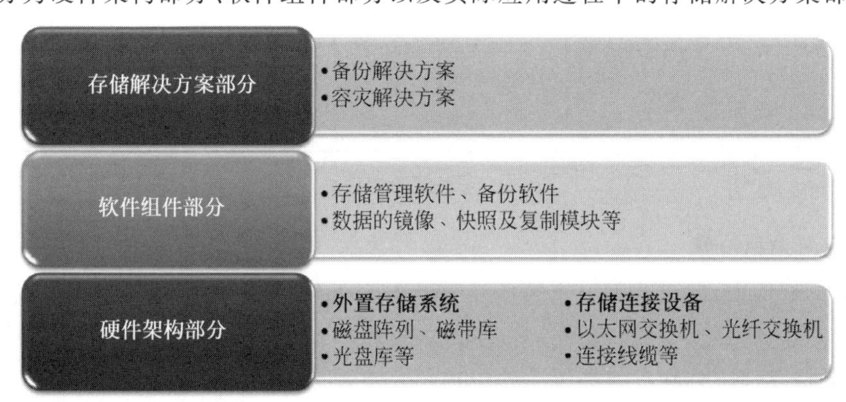

图 2.18　存储系统基本组成

存储阵列系统的硬件部分分为外置存储系统和存储连接设备。外置存储系统主要指实际应用中的存储设备，如磁盘阵列、磁带库、光盘库等；存储连接设备包含常见的以太网交换机、光纤交换机以及存储设备与服务器或者客户端之间相连接的线缆。

存储阵列系统的软件组件部分主要包含存储管理软件(如逻辑单元号创建、文件系统共享、性能监控等)、数据的镜像、快照及复制模块。这些软件组件的存在，不仅使存储阵列系统具备高可靠性，而且降低了存储管理难度。

存储阵列系统的存储解决方案部分由多种方案组成，常见的有容灾解决方案和备份解决方案。一个设计优秀的存储解决方案不仅可以使存储系统在初期部署时安装简易、后期维护便捷，还可以降低客户的总体拥有成本（Total Cost of Ownership，TCO），保障客户的前期投资。

2. 存储的物理结构

一个单一磁盘存储系统包括磁盘子系统、控制子系统、连接子系统和存储管理软件子系统四部分。存储系统从物理结构上来看，底层主要是磁盘，其通过相关的连接件（如光纤线、串口线）与存储的内部后端板卡和控制器相连。存储系统通过前端板卡与存储网络交换设备连接为主机提供数据访问服务。存储管理的软件是用于配置、连接和优化存储内部的众多子系统和连接件，如图 2.19 所示。

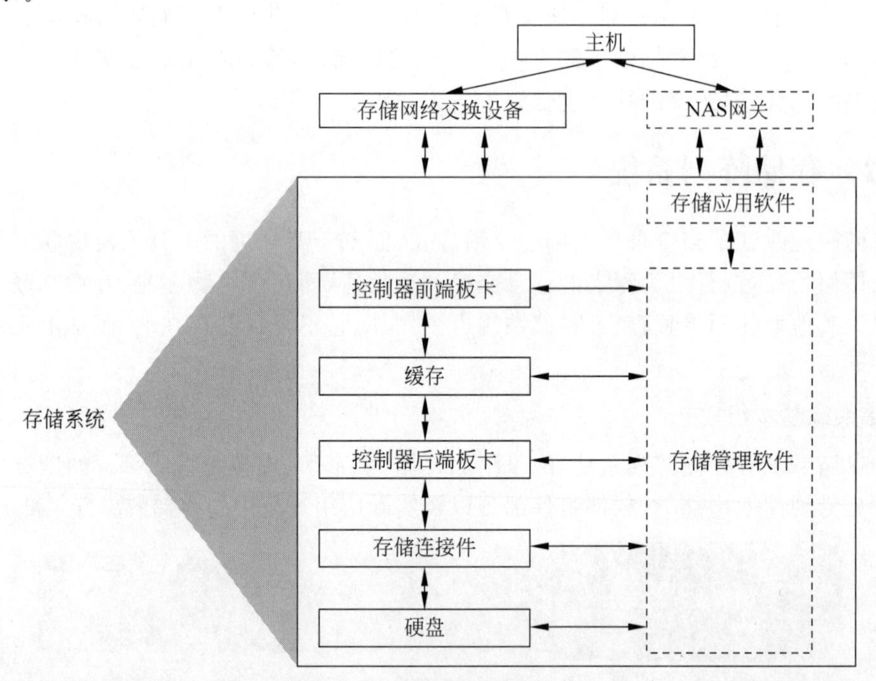

图 2.19　存储的物理结构

3. 存储阵列角色位置

在存储系统架构中，磁盘阵列充当数据存储设备的角色，为用户业务系统提供数据存储空间，它是关系到用户业务稳定、可靠、高效运作的重要因素。下面以常见的台式计算机或者笔记本电脑为例，具体分析存储阵列在存储系统架构中的角色位置。

在日常生活中，台式计算机或笔记本电脑是人们经常使用的工作设备。在台式计算机或笔记本电脑中，都安装有独立的硬盘，其中划分了一部分硬盘空间作为系统分区，另一部分硬盘空间用于存储用户数据。台式计算机的内置硬盘一般是采用数据线连接到主板；笔记本电脑的内置硬盘一般通过内置插槽直接与主板相连接。此外，也可以通过外置 USB 接口等方式进行连接。当通过外置 USB 接口连接时，通常需要借助线缆来实现存储功能。硬盘之于台式计算机，正如存储阵列之于网络中的服务器。如图 2.20 所示，存储阵列借助线缆连接到服务器，再由服务器将底层存储空间提供给客户端（工作站）使用；或者通过交换机连接到服务器，再通过服务器将底层存储空间提供给客户端使用。

简而言之，存储阵列在整体存储系统中通常充当存储设备的角色，为上层应用或业务系统提

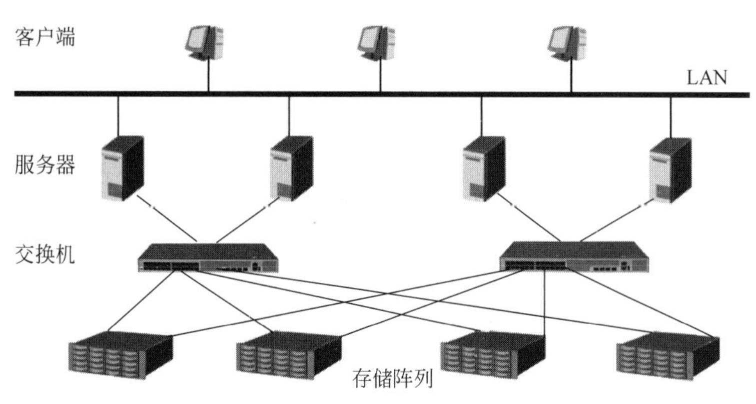

图 2.20　存储阵列组网图

供数据存储空间。

4. 存储阵列硬件组成

机械硬盘内部构造由盘片、主轴、磁头、接口等组成，而存储阵列也有其内部构造，存储阵列有两种结构，一种是由硬件控制框和硬盘框两部分组成，即盘控分离，为客户提供一个高可靠、高性能、大容量的智能化存储平台；另一种是控制框中也包含硬盘的情况，即盘控一体，在盘控一体时，硬盘框并不是必需的，如图 2.21 所示。

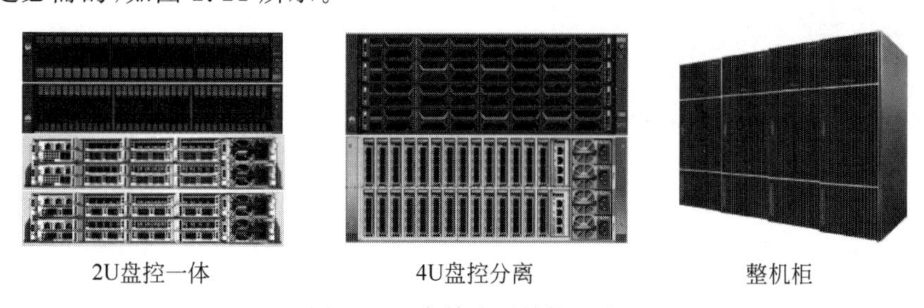

图 2.21　存储阵列结构形态

控制框用于处理各种存储业务，并管理级联在控制框下面的硬盘框。一般来说，控制框里面的控制器采用的是双控的模式，即控制器 A 与控制器 B 实现冗余，提升性能以及可靠性。倘若双控制器中有一个控制器出现物理故障，则另外一个控制器可以通过设置在用户无感知的情况下接替损坏控制器运行的业务，保证业务的正常运行。

硬盘框主要用于容纳各种硬盘，为应用服务器提供充足的存储空间。

存储阵列中一个控制框可以连接多个硬盘框，控制框与硬盘框之间通过级联方式进行连接，共同组成存储阵列硬件系统。生产厂商的存储阵列产品各有不同，为了更好地理解存储阵列的硬件系统，这里以华为 OceanStor Dorado V6 系列存储产品为例，分别从其控制框组件、硬盘框组件展现其构成。

(1) 控制框形态。

控制框采用部件模块化设计，主要由系统插框、控制器(内含风扇模块)、电池备份单元模块(Battery Backup Unit，BBU)、电源模块、管理模块和接口模块等组成，如图 2.22 所示。

控制框正视图详解如图 2.23 所示；控制框后视图详解如图 2.24 所示。

管理网口支持管理员访问存储系统，对存储系统进行配置和管理。

维护网口是管理网口的冗余，用于紧急情况的特殊保护。

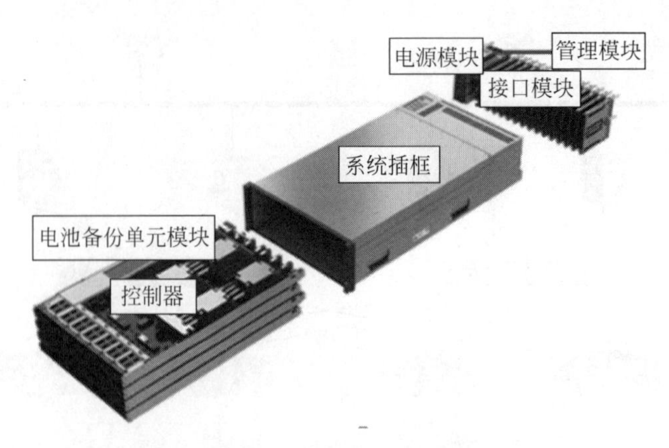

图 2.22　控制框部件模块

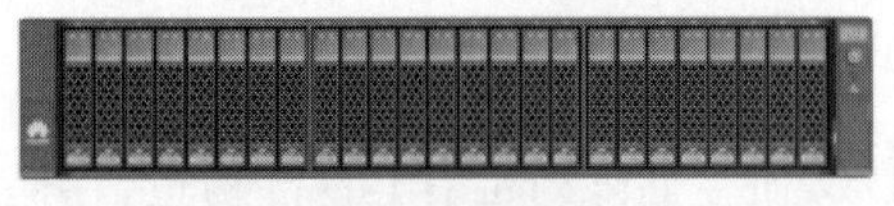

2U盘控一体控制框

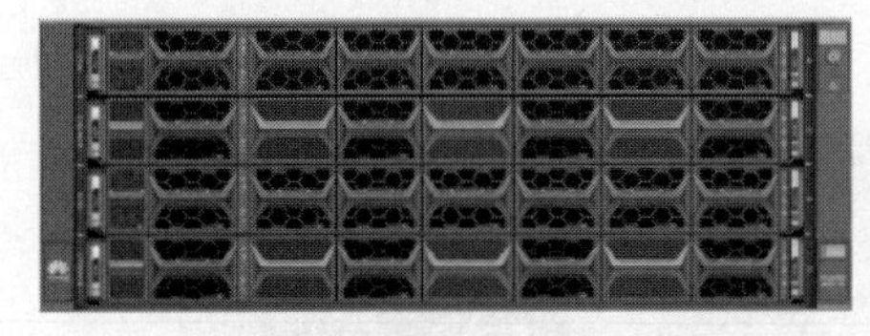

4U盘控分离控制框

图标	右挂耳图标说明
	框ID指示灯
	框定位指示灯 1. 蓝色，闪烁：控制框正在定位。 2. 灭：控制框未定位。
	框告警指示灯 1. 琥珀色，亮：控制框出现告警。 2. 灭：控制框正常运行。
	电源指示灯/电源按钮

图 2.23　控制框正视图详解

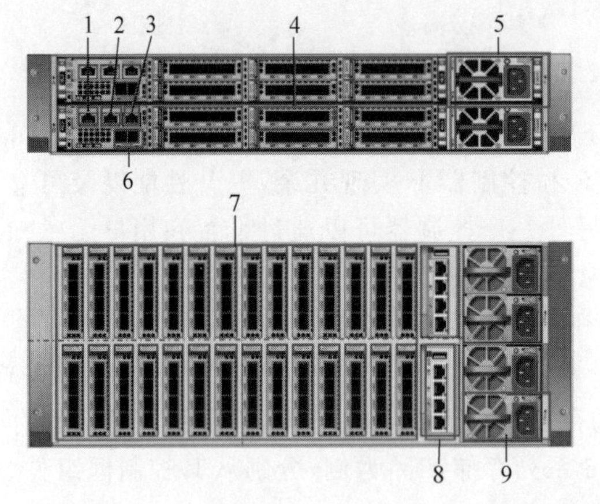

编号	说明
1	管理口
2	维护口
3	串口
4	接口模块
5	电源、BBU一体模块
6	SAS级联口
7	接口模块
8	管理板
9	电源

图 2.24　控制框后视图详解

串口通过串口线缆连接维护终端，通过串口可以对存储系统进行管理与维护。

接口模块是应用服务器与存储系统的业务接口，用于接收应用服务器发出的数据读写指令，接口模块支持热插拔，支持 8Gb/s FC、16Gb/s FC、12Gb/s SAS、GE、10GE TOE、10GE FCoE 等。

电池备份单元（BBU）模块能够在系统外部供电失效的情况下，提供后备电源支持，以保证存储系统中业务数据的可用性，避免数据丢失，如图 2.25 所示。

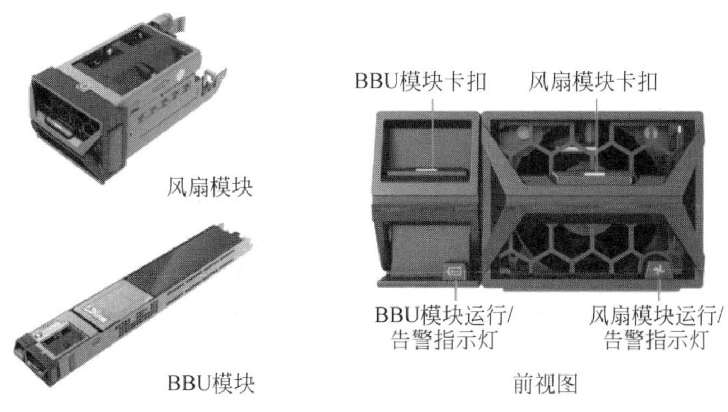

图 2.25　BBU 模块和风扇模块

SAS 级联口用来在级联组网时连接硬盘框，包括 EXP 级联端口和 PRI 级联端口。EXP 级联端口和 PRI 级联端口是做硬盘框级联的，采用 mini SAS 线缆进行连接。存储设备上的所有 EXP 级联端口只能与 PRI 级联端口相连，否则将导致业务中断。

(2) 存储控制器。

控制器是设备中的核心部件，如图 2.26 所示，主要负责处理存储业务、接收用户的配置管理命令、保存配置信息、接入硬盘和保存关键信息到保险箱硬盘，如图 2.27 所示。

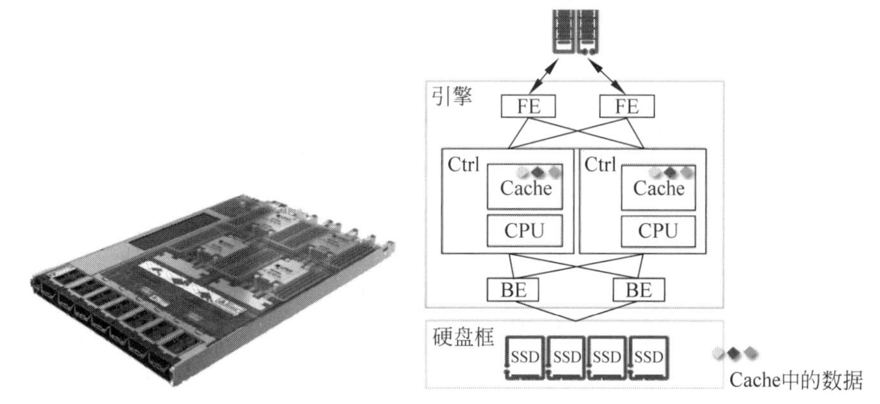

图 2.26　存储控制器

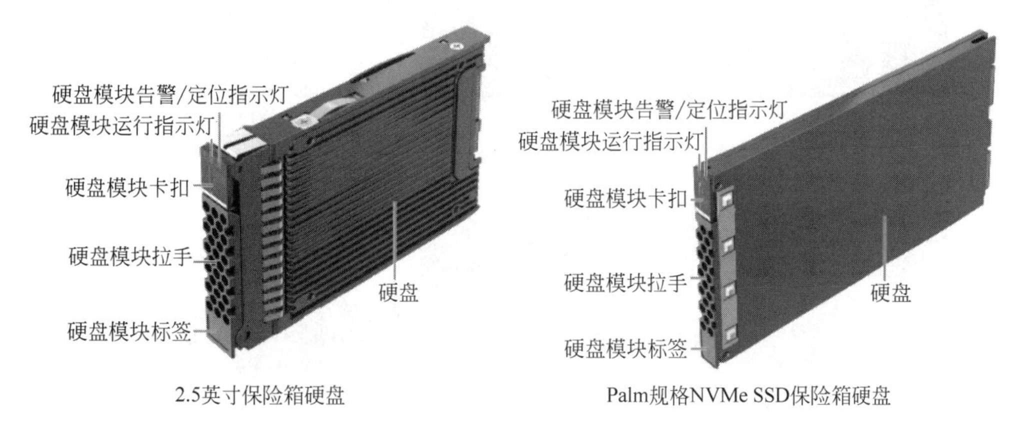

图 2.27　保险箱硬盘

（3）硬盘框形态。

硬盘框采用部件模块化设计，主要由系统插框、级联模块、电源模块和硬盘模块等组成，如图 2.28 所示。

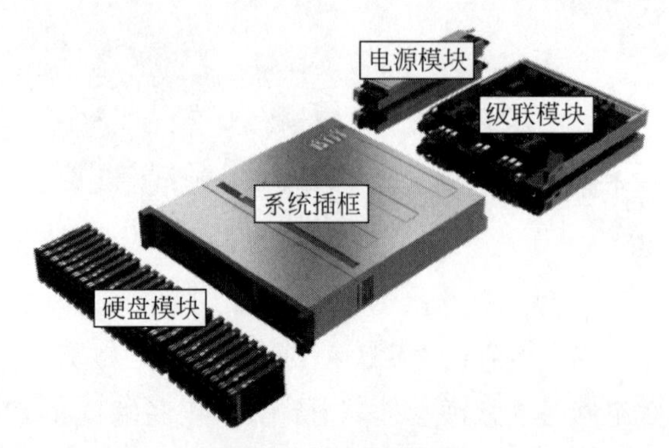

图 2.28　硬盘框形态

硬盘框正视图详解如图 2.29 所示；硬盘框后视图详解如图 2.30 所示。

2U 25盘位 智能SAS硬盘框

2U 36盘位 智能NVMe硬盘框

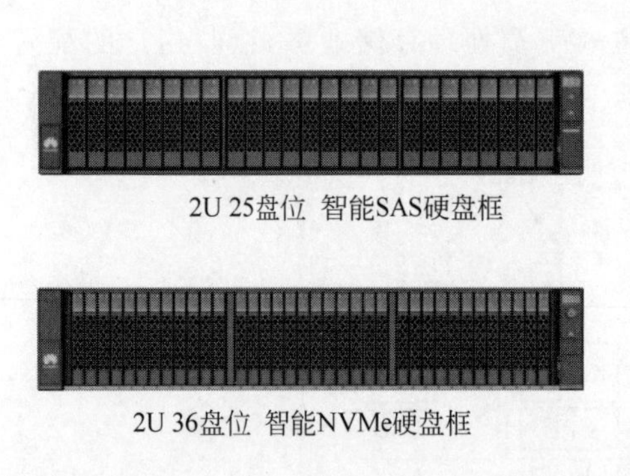

说明：以华为OceanStor Dorado V6系列产品为例，图为2U智能SAS硬盘框和2U智能NVMe硬盘框的正视图。

图标	图标说明
	硬盘框ID指示灯
	硬盘框定位指示灯 1. 蓝色，闪烁：硬盘框正在定位。 2. 灭：硬盘框未定位。
	硬盘框告警指示灯 1. 黄色，亮：硬盘框出现告警。 2. 灭：硬盘框正常运行。
	硬盘框电源指示灯 1. 绿色，亮：硬盘框已上电。 2. 灭：硬盘框未上电。
	硬盘框电源指示灯/电源按钮 硬盘框电源按钮无效，即不支持上下电功能。

图 2.29　硬盘框正视图详解

2U 智能SAS硬盘框

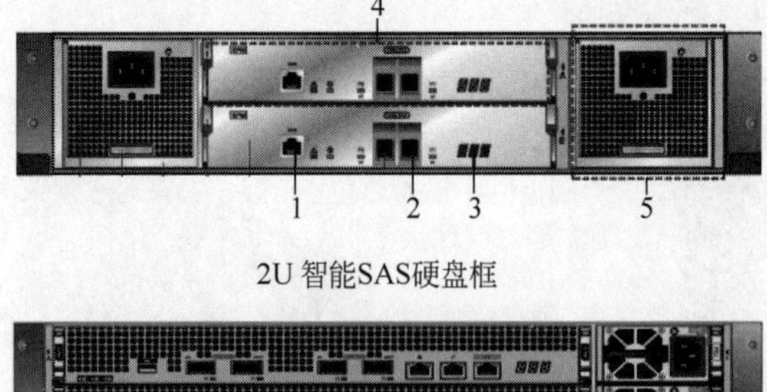

2U 智能NVMe硬盘框

编号	说明
1	串口
2	mini SAS HD级联端口
3	硬盘框ID显示器
4	级联模块
5	电源模块
6	板载级联口
7	板载管理口
8	电源模块

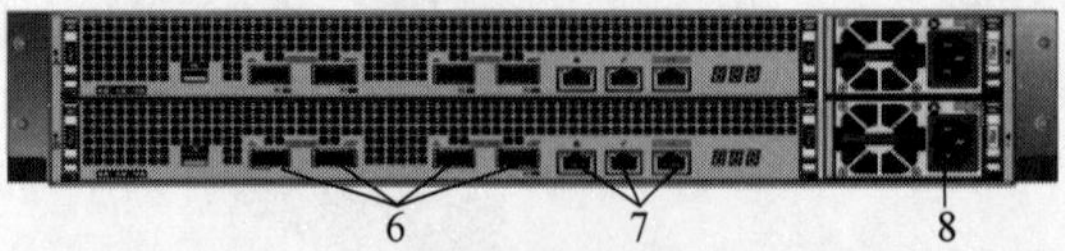

说明：以Huawei OceanStor Dorado V6系统为例，图为2U智能SAS硬盘框和2U智能NVMe硬盘框的后视图。

图 2.30　硬盘框后视图详解

（4）级联模块与级联设备。

硬盘级联模块如图 2.31 所示；CE 交换机级联如图 2.32 所示；FC 交换机级联如图 2.33 所

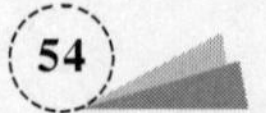

示；设备线缆如图 2.34 所示。

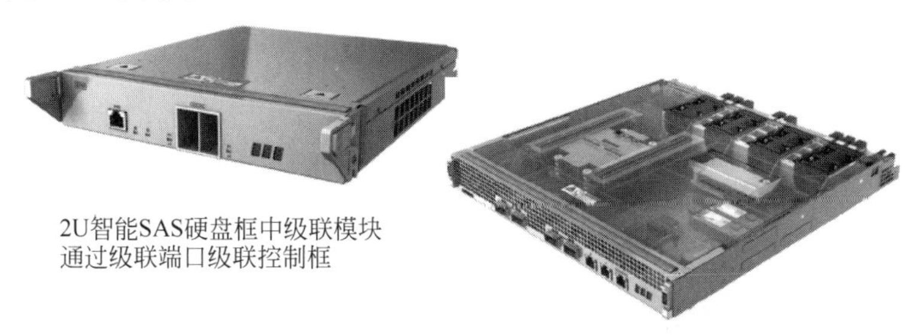

图 2.31　硬盘级联模块

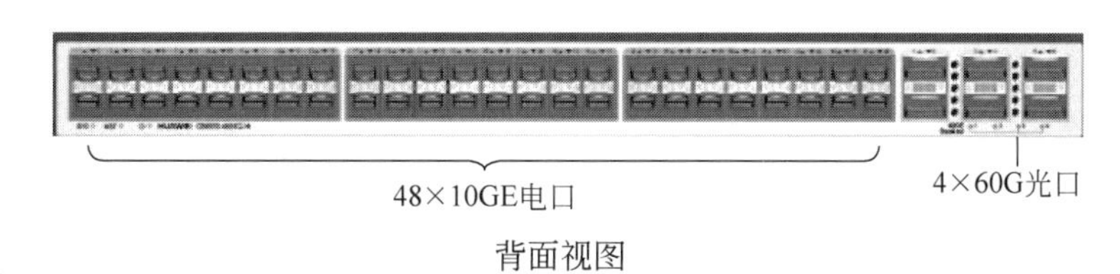

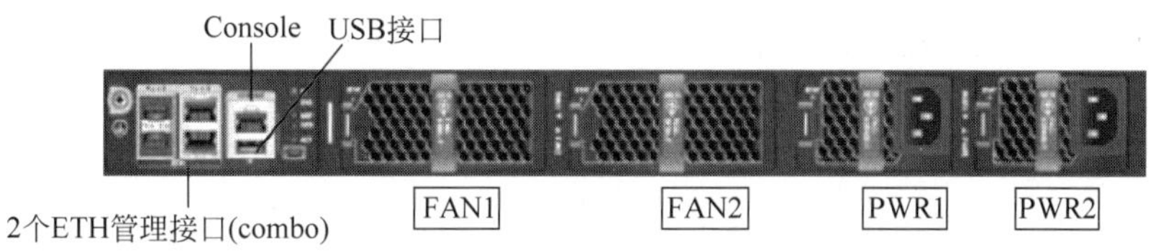

图 2.32　CE 交换机级联

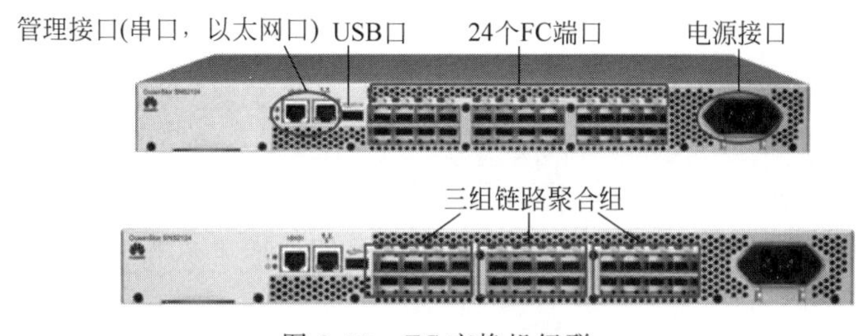

图 2.33　FC 交换机级联

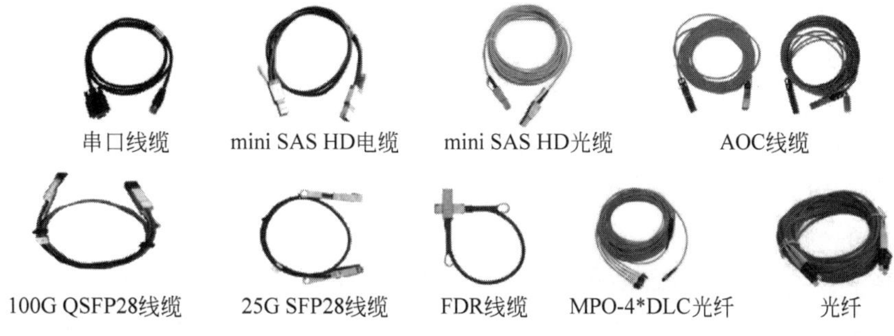

图 2.34　设备线缆

5. 存储架构的发展

存储架构的发展经历了传统存储、外挂存储、存储网络以及分布式存储和云存储四个阶段，如图 2.35 所示。

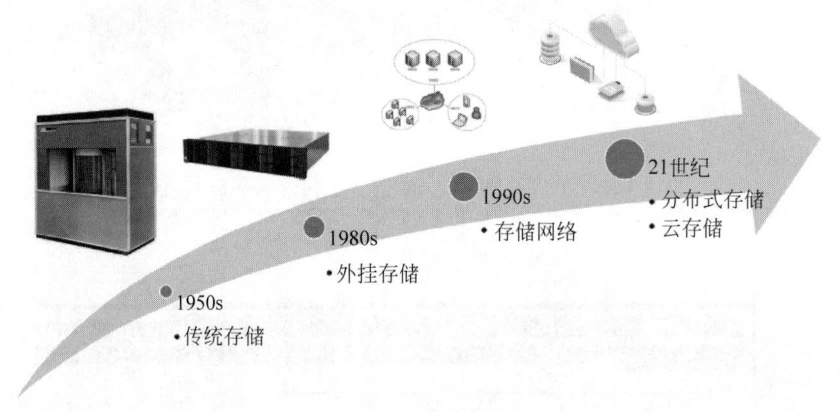

图 2.35　存储架构的发展

(1) 从硬盘到磁盘阵列的发展形态。

数据存储从硬盘在服务器内部，到早期外挂存储形态，发展到智能硬盘存储阵列，如图 2.36 所示。

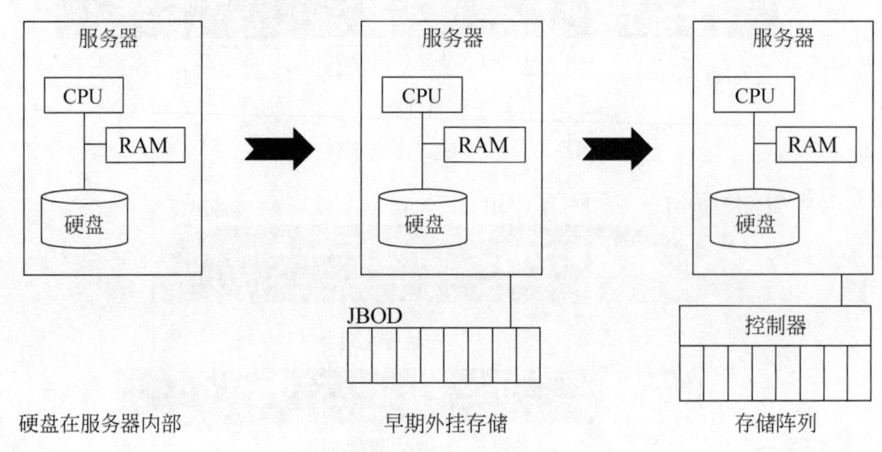

图 2.36　硬盘到磁盘阵列的发展形态

磁盘簇(Just a Bunch Of Disks,JBOD)即为外部磁盘阵列。JBOD 技术在逻辑上把几个物理磁盘串联在一起，解决内置存储的磁盘槽位有限而导致的容量扩展不足问题。其目的仅仅是为了增加磁盘的容量，并不提供数据安全保障，JBOD 采用单磁盘存放方式来保存数据，可靠性较差。

智能硬盘阵列由控制器和硬盘构成。其中，控制器中包含 RAID 功能、大容量 Cache，使得磁盘阵列具有多种实用的功能，如增强数据容错性、提升数据访问性能等，智能硬盘阵列通常采用专用管理软件进行配置管理。

(2) 从分离到融合的统一存储模式。

在大数据时代下，如何安全、高效、经济地存储大规模的数据十分重要。纵观计算机存储技术的发展历程，从 1956 年首款机械硬盘问世，到 20 世纪 70 年代存储区域网络(Storage Area Network,SAN)出现，再到 20 世纪 80 年代网络附加存储(Network Attached Storage,NAS)的发明，以及2006年出现的对象存储，计算机存储一直在飞速发展着。从存储技术的发展历程中可以看出，存储技术不断向上与应用融合，但这些技术并非完全替换应用，而是应用的不断扩展，因此即使到现在，硬盘、SAN、NAS技术依然广泛应用于相关领域。

存储的架构经历了直接附加存储(Direct Attached Storage，DAS)、存储区域网络(SAN)、网络附加存储(NAS)，最终发展成为统一存储IP-SAN/FC-SAN模式，如图2.37所示。

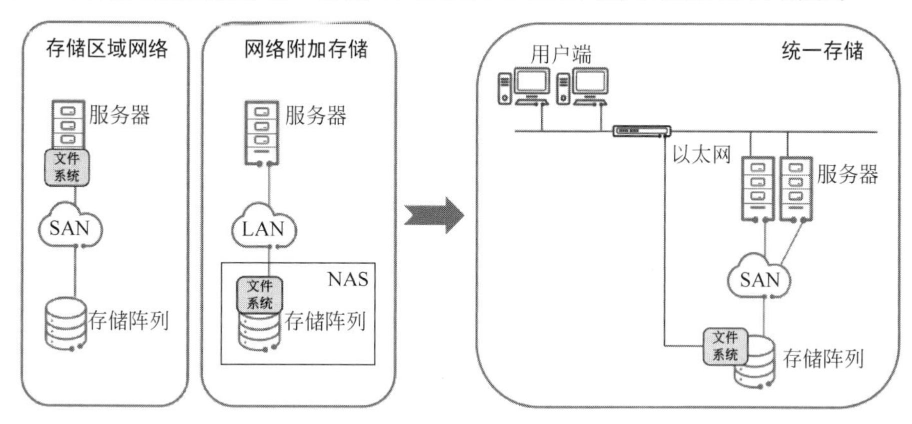

图2.37　从分离到融合的统一存储模式

6. 存储的发展历程和发展趋势

如今无处不在的科技，都离不开网络、计算和存储，其中信息存储的发展历史最悠久，堪称万年进化史。

(1) 存储产品发展历程。

从文明诞生以来，人类就一直在寻求能够更有效存储信息的方式，从4万年前的洞穴壁画、6000年前泥板上的楔形文字，到今天普及的SSD/闪存，再到对量子存储、DNA存储技术的探索，存储的发展脚步从未停止。存储产品发展历程如图2.38所示。

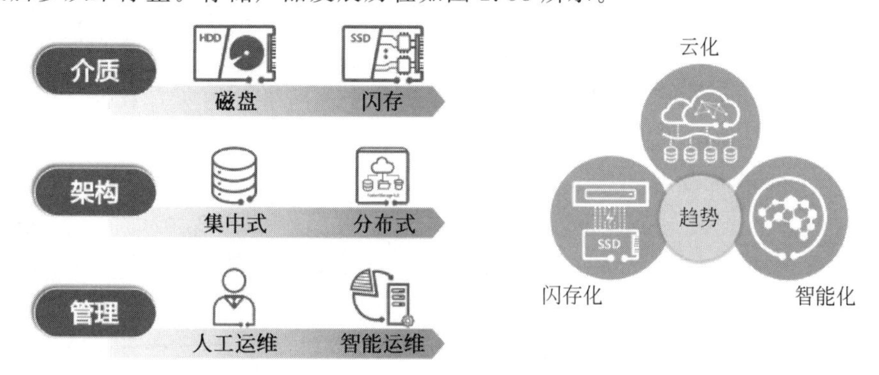

图2.38　存储产品发展历程

(2) 主流存储技术。

存储虚拟化、分布式存储和云存储是当前存储技术发展的三大主题。存储技术的发展，不仅满足了用户对大量容量和高速度的基本要求，还对成本效益和安全性以及存储在时间上的可延展性提出了更高的要求，这就使得各种存储设备和存储技术不断趋于融合，最终统一在一个标准架构内。

① 存储虚拟化。

目前存储技术的发展主要方向为虚拟化技术。随着信息量呈指数级增加，如何高效利用现有的存储架构和存储技术,简化存储管理,从而减少商家的维护成本成为人们关注的焦点。虚拟存储指的是将许多不同类型、独立存在的物理存储实体,通过软件和硬件技术,融合转换为一个逻辑虚拟存储单元,统一管理和提供给用户使用。逻辑虚拟存储单元的存储容量是它所集中管理的各物理存储体的存储量的总和,而它具有的读/写带宽则接近各个物理存储体的读/写带宽的总和。虚拟存储技术的发展和应用,有助于更加有效地发挥当前存储设备的存储能力以及提高存储效率,存储虚拟化的核心在于如何把物理存储设备映射到单一的逻辑资源池中。

一般而言,虚拟化技术是通过建立一个虚拟抽象层来实现的。该虚拟抽象层向用户提供了一个统一的接口,向用户隐藏了复杂的物理实现。根据虚拟抽象层在存储系统中所处的区域,存储虚拟化的实现方式可以分为基于存储设备端的虚拟存储、基于存储网络的虚拟存储和基于服务器端的虚拟存储 3 种方式。

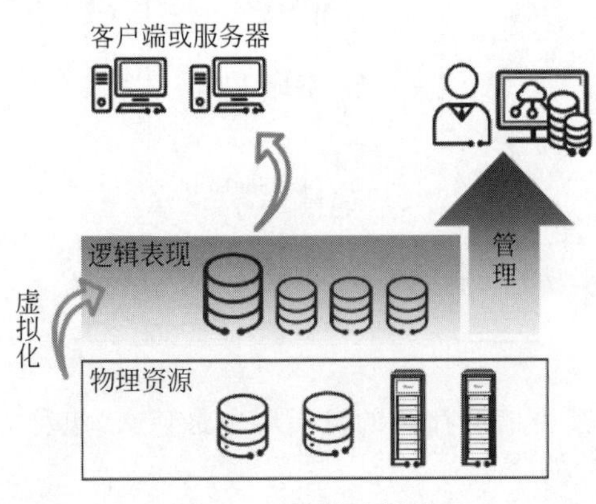

图 2.39　存储虚拟化

存储虚拟化可以将存储设备进行抽象,以逻辑资源的方式呈现,统一提供全面的存储服务。可以在不同的存储形态或设备类型之间提供统一的功能,如图 2.39 所示。

② 分布式存储。

信息需求的增加使得存储容量高速扩增,存储系统网络平台已经成为一个发展核心。相应地,应用对这些平台的需要也不断提高,不仅是在存储容量的需求上,还包括存取性能、传输性能、管控能力、兼容能力、扩充能力等诸多维度。可以说,存储系统网络平台的综合性能的好坏,将直接影响整个系统的正常高效执行。所以,发展一种具有经济效益的和可管理的先进存储技术已经成为必然的发展趋势。网络存储是诸多数据存储技术中的一类,它是一种特殊的专用数据存储服务器,包括存储器件(例如,磁盘阵列、磁带驱动器或者可移动的存储介质)和内嵌的系统软件,并且可以提供平台文件共享功能。通常,网络存储在一个局域网上拥有自己的节点,不需要应用服务器的干预,允许用户在网络上存取数据。在这种模式下,网络存储集中管理和处理网络上的所有数据,这样做的优点是将负载从应用或者企业服务器上卸载,降低了总拥有成本。

随着存储技术的不断发展和企业需求的不断改变,Server SAN 正在逐步成为企业主流的存储形态。无论是公有云还是私有云,大家对分布式存储都是非常关注的。

通过软件将物理资源组织起来构成高性能逻辑存储池,在保证可靠性的同时提供多种存储服务。一般而言,分布式存储是将数据分散存储在多台独立的设备上,采用可扩展的系统结构,利用多台存储服务器分担存储负荷,利用位置服务器定位存储信息,如图 2.40 所示。

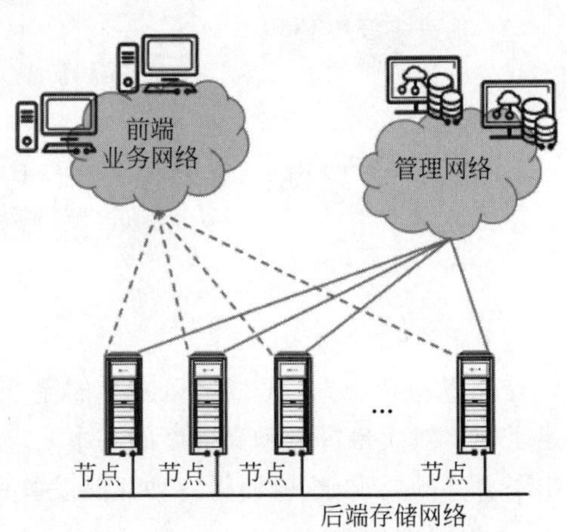

图 2.40　分布式存储

③ 云存储。

在新业务的不断催生下,新资源的借给模式逐渐从“烟囱式”转变为“云”模式。因为传统的存储是为了满足单一应用和场景而建立的，并不能满足弹性扩展的需求，所以在这种需求的推动下，可以按需弹性扩展的云存储必然得以大力发展。更先进的一种存储方式是由软件定义的全融合云存储，这是基于通用硬件平台构建的一套按需提供块、文件、对象服务的系统，适用于金融开发测试、政务、警务及大企业等行业云资源池，以及运营商公有云等场景。

云存储系统是一个多存储设备、多应用、多服务协同工作的集合体，它使用高度虚拟化的多租户基础设施为企业提供可扩展的存储资源，可以根据组织的要求动态配置，如图2.41所示。

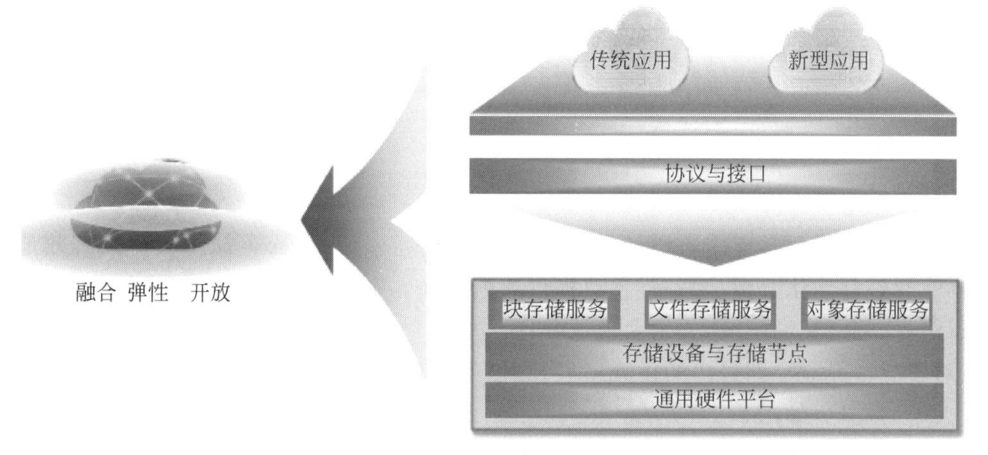

图2.41　云存储

(3) 智能存储及特征。

人类已经经历了蒸汽时代、电气时代，正在步入信息时代、智能时代，如图2.42所示，随着人工智能时代的到来，大量的工作被机器人替代。随着人工智能(Artificial Intelligence，AI)的普及，各行业效率提升，将促使众多就业机会出现，这都是在整个社会大环境下的总体趋势。

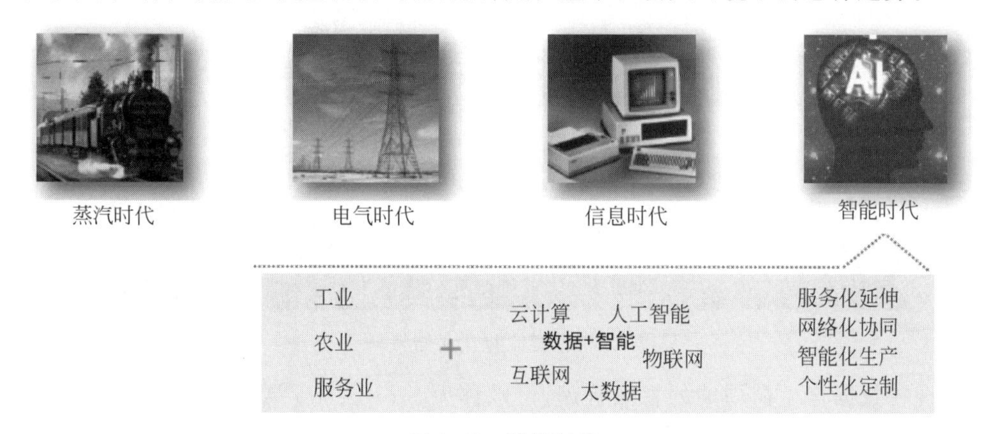

图2.42　智能时代

目前，企业存储产品正积极引入智能、自动化、应用感知等特性，尤其是在高端存储领域。在传统存储向智能存储转型的过程中，AI在存储的运维中发挥出日益重要的作用。基础设施层的故障人力可以解决，而涉及应用层和虚拟化层时，人力根本无法快速处理。所以存储领域的厂商都在积极尝试，以AI构建存储运维管理系统，实现预测故障和定位问题，智能时代对数据存储有了更高的要求，如图 2.43 所示。

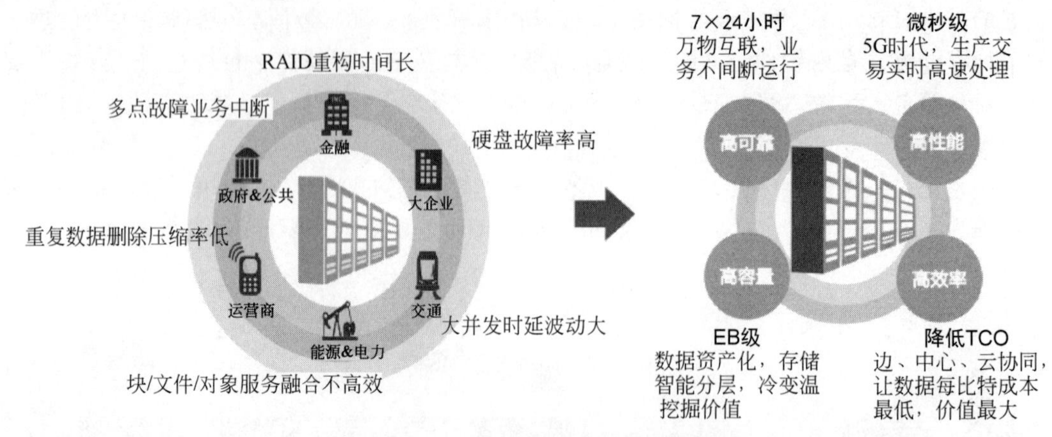

图 2.43　智能时代对数据存储的要求

大数据、云存储的相继应用，对于安防监控行业发展意义重大，云存储不仅可以有效地存储大量数据，还能通过智能化分析，为各行各业提供数据支撑。在未来，大数据、云存储在智慧城市、物联网、智慧医疗、智能交通领域，一定会大放异彩。

为应对智能世界对存储提出的挑战，华为存储分别对智能、融合、高效（性能、可靠性、容量）三方面做了大量的优化，如图 2.44 所示。

图 2.44　智能时代存储特征

智能体现在数据全生命周期的智能管理，可以称为 Storage for AI 和 AI in Storage。前者意为存储要满足 AI 训练和推理的需求，而后者则表明存储本身也要应用 AI 技术，将 AI 融入存储全生命周期管理，让存储管理、性能、效率、稳定性更加出色，同时让用户使用存储更加轻松简便。华为采用端云协同 AI 芯片加速的 Self-Driving 存储，基于 AI 芯片、存储设备和华为云三体架构，云上训练、云下推理的方式，达到越用越快、越用越省的效果。

融合主要指多协议、多服务的融合。实现存储智能分级管理、数据免搬迁，以及对数据处理和分析的有效协同，采用专有硬件实现极简协议栈、让数据库与存储高效融合，对海量大数据分析进行计算与存储协同，按需扩容。实现块、对象、文件、分布式文件存储系统（Hadoop Distributed File System，HDFS）四种服务集群互通的多服务融合；支持分布式热温数据分级的分级归档融合；高密快照和相似重删，并支撑二级存储，保证备份数据立即可用的生产分析融合；实现了数据分级上云和备份上云的端-云融合。这些融合将让存储融入具体业务，数据处理成本更低，效率更高。

为了让数据存储更加高效，华为存储分别从性能、可靠性、容量上做了诸多创新。面向具体业务，基于硬件＋算法＋架构，突破冯·诺依曼架构的瓶颈，利用最新的技术实现数据存储的极致可靠、极致性能以及极致的容量，满足智能时代全新业务的数据存储新需求。

性能上，在硬件上以华为五大自研芯片为基础，实现端到端加速，全面提升数据存储性能；软件上，以 FLASHLINK 智能算法进一步提高速度和稳定性；面向核心生产交易场景，目前华为存储已经能够提供 2000 万每秒进行读写操作的次数（Input/Output Operations Per Second，IOPS），0.1ms 的性能指标。

可靠性上，华为分别从部件、系统、架构、解决方案等层面做出了大量的创新，平均无故障工作时间（Mean Time Between Failure，MTBF）达到 300 万小时的全局盘片保护、容忍 3 盘同时失效的 RAID-TP、业务达到秒级切换主机“0”感知的 SmartMatrix 分布式全互联架构、免网关双活等技术方案，实现了 99.99999％的高可用性，足以应对最苛刻的企业可靠性需求。

在容量上，华为采用弹性 EC＋动态重删压缩技术，大幅提升磁盘利用率，让存储系统拥有更好的可得存储容量；采用计算存储分离方式，实现按需独立扩展容量，很好地管理了容量，避免资源浪费。以及针对归档、备份的蓝光、金纳米玻璃等存储介质的采用，大大扩展了存储容量可用性。

（4）数据存储发展趋势。

随着信息技术的发展，数据已经成为企业的战略资源，如何存储数据以及如何利用数据也已成为企业科技部门研究的热点话题，尤其是伴随着近些年的互联网革命，数据存储世界也发生了翻天覆地的变化，出现了很多新的名词、新的产品、新的趋势等，如图 2.45 所示。

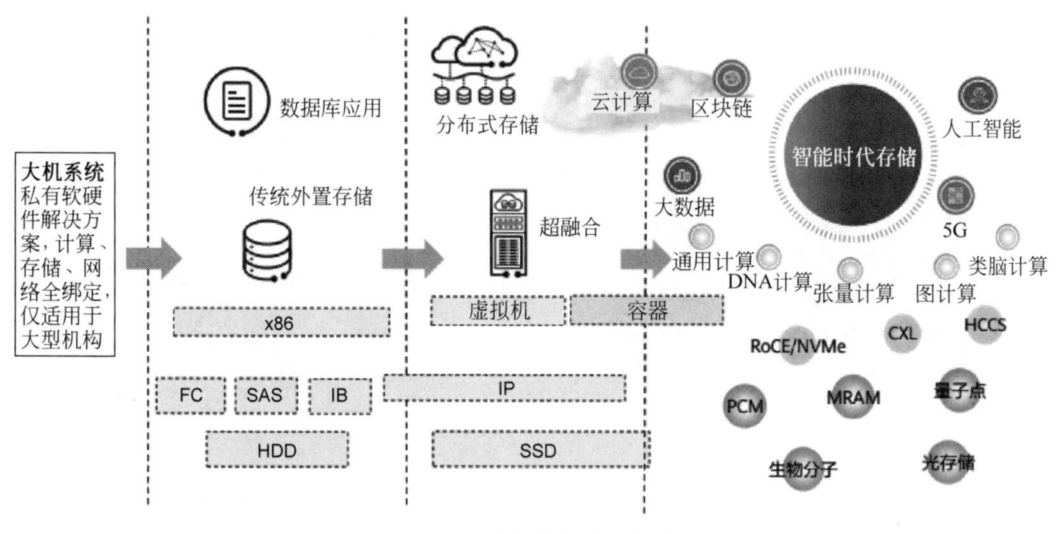

图 2.45 数据存储发展趋势

① 蓝光与金纳米玻璃存储。

蓝光也称蓝光光碟，英文翻译为 Blue-ray Disc，经常简称为 BD。是 DVD 之后下一时代的高画质影音存储光盘媒体(可支持 Full HD 影像与高音质规格)。蓝光或称蓝光盘利用波长较短的蓝色激光读取和写入数据，并因此而得名。蓝光极大地提高了光盘的存储容量，对于光存储产品来说，蓝光提供了一个跳跃式发展的机会。

金纳米玻璃存储，通过飞秒激光书写开发出了 5D 数字数据的记录和检索工艺，在数字数据存储领域迈出了重要一步，能够存储数据长达数十亿年。这种存储具有前所未有的性能，如 360TB 的数据容量、高达 1000℃的热稳定性、室温下几乎无极限的寿命，这将开创永恒数据归档的新时代。现代社会对便携式存储器的稳定性和安全性需求越来越高，这种技术将在拥有大档案组织当中发挥重要作用，如国家档案馆、博物馆、图书馆，以此来保护信息和记录，如图 2.46 所示。

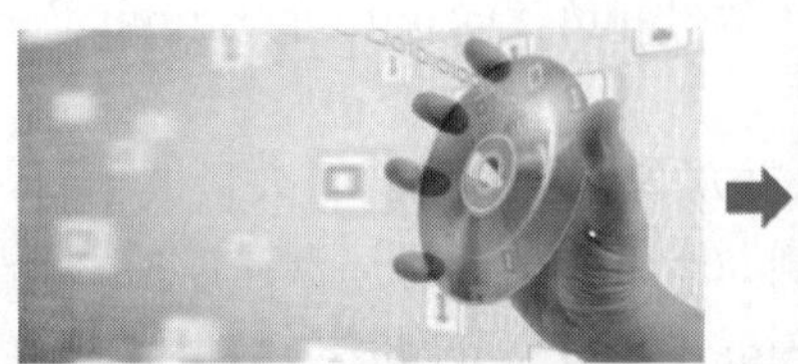

图 2.46　蓝光与金纳米玻璃存储

② DNA 存储。

少量人造 DNA 就能保存大量数据，并且可以冷冻干燥、运输和存储数据长达几千年，如图 2.47 所示。

DNA 作为存储介质的优势：体积小，密度大，稳定性强。

现阶段的瓶颈与局限：DNA 分子合成成本高，读取和搜索数据的效率不高。

③ 原子存储。

1959 年，物理学家理查德·费曼曾提出，如果原子能够被有序排列，那么用原子存储信息就是可能的，如图 2.48 所示。

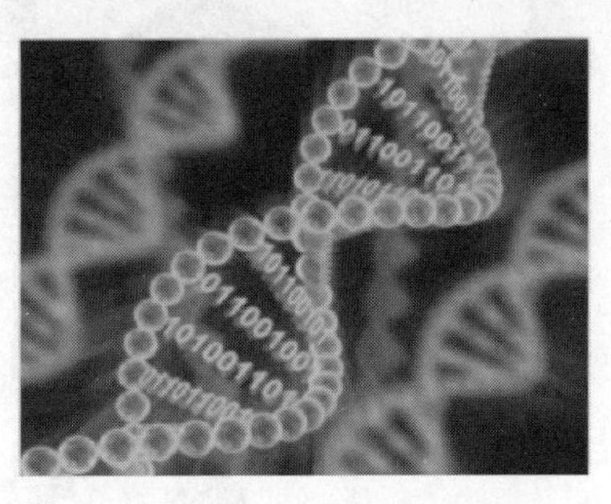

图 2.47　DNA 存储

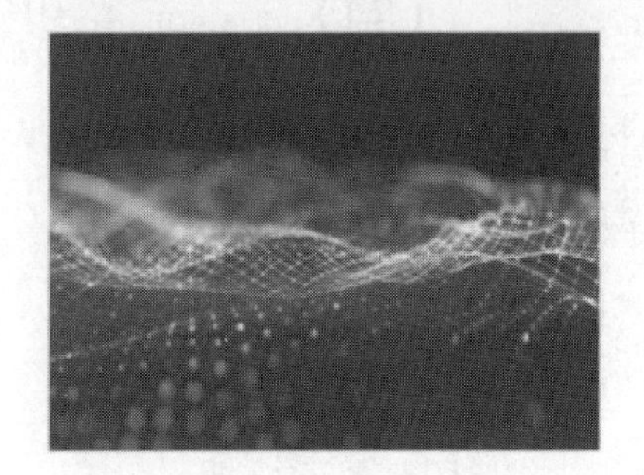

图 2.48　原子存储

因为原子足够小，原子存储器的单位体积容量也会比现有介质更大。随着科技的发展，有序排列原子成为现实。

现阶段的瓶颈与局限：原子存储器对运行环境要求严苛。

④ 量子存储。

现在，电子设备中信息的存储和移动是通过流动电子来实现的。如果电子被光量子取代，计算机内部信息的移动可能以光速发生。尽管存储器的存储效率和存储寿命有所提升,但现阶段量子存储仍然难以广泛适用,如图 2.49 所示。

已实现的量子存储器难以同时满足如下条件:高存储效率,低噪声,长寿命,室温下使用。

(5) 存储网络发展趋势。

现行的存储网络为 FC SAN 与 IP SAN 并行运行,未来存储网络的发展将向 AI Fabric 融合网络方向发展,如图 2.50 所示。

图 2.49　量子存储

现状
FC SAN/IP SAN独立两张网

网络成本高:FC专网时延低,价格昂贵;IP SAN成本低,但时延和性能略差
运维代价高:IP/FC SAN短期无法融合,需要专人运维,且无法云网协同

未来
AI Fabric融合网络

降低网络成本:开放以太网承载高性能低时延低成本的存储网络
降低运维成本:无须专用技能运维,支持数据中心统一网络管理

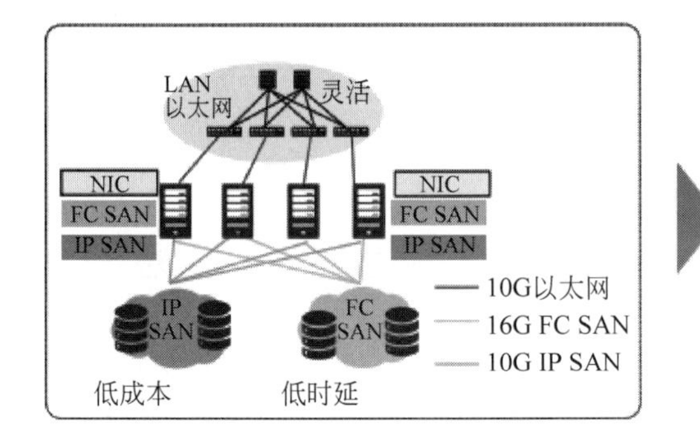

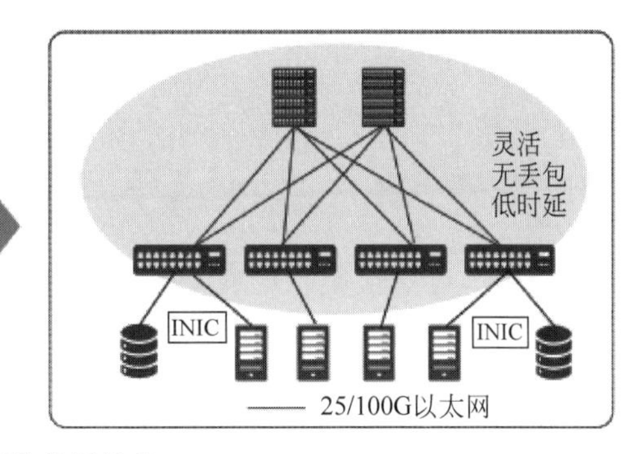

图 2.50　存储网络发展趋势

2.2.3　云存储概述

云存储是在云计算概念上延伸和发展而来的一个新的概念,是指通过集群应用、网格技术或分布式文件系统等功能,将网络中大量的、不同类型的存储设备通过应用软件集合起来协同工作,共同对外提供数据存储和业务访问功能的一个系统。当云计算系统运算和处理的核心是大量数据的存储和管理时,云计算系统中就需要配置大量的存储设备,那么云计算系统就转变成为一个云存储系统,所以云存储是一个以数据存储和管理为核心的云计算系统。存储技术的发展如图 2.51 所示。

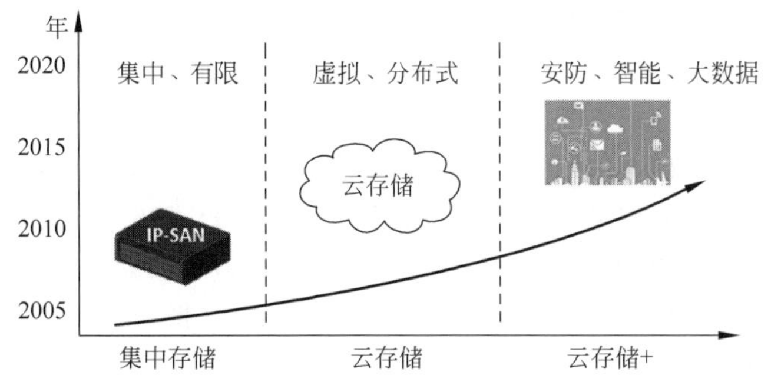

图 2.51　存储技术的发展

1. 云存储系统的基本架构

相对传统存储而言，云存储改变了数据垂直存储在某一台物理设备的存放模式，通过宽带网络（如吉比特以太网、Infiniband 技术等）集合大量的存储设备，通过存储虚拟化、分布式文件系统、底层对象化等技术将位于各单一存储设备上的物理存储资源进行整合，构成逻辑上统一的存储资源池对外提供服务。云存储系统的基本架构如图 2.52 所示。

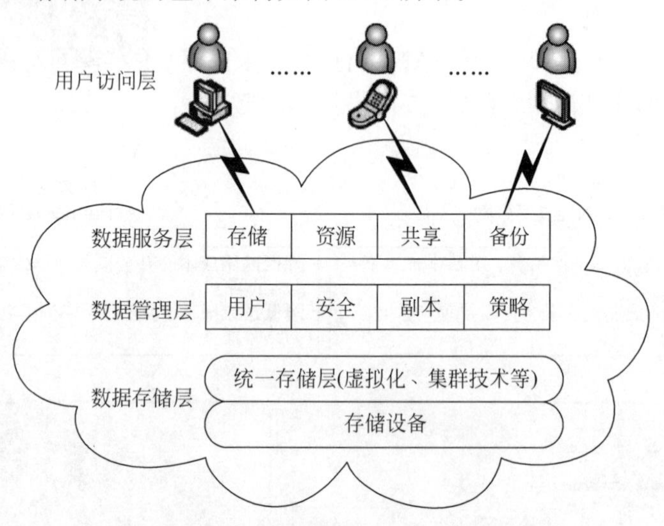

图 2.52　云存储系统的基本架构

云存储系统可以在存储容量上从单设备 PB 级横向扩展至数十、数百 PB；由于云存储系统中的各节点能够并行提供读写访问服务，系统整体性能随着业务节点的增加而获得同步提升；同时，通过冗余编码技术、远程复制技术，进一步为系统提供节点级甚至数据中心级的故障保护能力。容量和性能的按需扩展、极高的系统可用性，是云存储系统最核心的技术特征。云存储本质上来说是一种网络在线存储的模式，即把资料存放在通常由第三方代管的多台虚拟服务器，而非专属的服务器上。代管公司营运大型的数据中心，需要数据存储代管的人则通过向其购买或租赁存储空间的方式来满足数据存储的需求。数据中心营运商根据用户的需求，在后端准备存储虚拟化的资源，并将其以存储资源池的方式提供，用户便可自行使用此存储资源池来存放数据或文件。

实际上，这些资源可能被分布在众多的主机上。云存储这项服务通过 Web 服务应用编程接口（API）或是 Web 化的使用者接口来存取，云存储的主要用途包括数据备份、归档和灾难恢复等。

2. 云存储系统与传统存储系统

云存储系统与传统存储系统相比有诸多不同，具体表现在：第一，功能需求方面，云存储系统面向多种类型的网络在线存储服务，而传统存储系统则面向如高性能计算、事务处理等应用；第二，性能需求方面，云存储服务首先需要考虑的是数据的安全、可靠、效率等指标，而且由于用户规模大、服务范围广、网络环境复杂多变等特点，实现高质量的云存储服务必将面临更大的技术挑战；第三，数据管理方面，云存储系统不仅要提供类似于 POSIX 的传统文件访问，还要能够支持海量数据管理并提供公共服务支撑功能，以方便云存储系统后台数据的维护。

概括来说，云存储技术相对传统存储技术而言具有不可比拟的优点，但在发展的过程中也仍然存在一些亟待解决的问题。

（1）云存储的优点。

① 用户只需要为实际使用的存储容量付费。

② 用户不需要在自己的数据中心或者办公环境中安装物理存储设备，减少了 IT 和托管成本。

③ 存储维护工作（例如备份、数据复制和采购额外存储）转移至服务提供商，让企业机构把精力集中在他们的核心业务上。

（2）云存储的潜在问题。

① 当在云存储提供商那里保存敏感数据时，数据安全就成为一个潜在隐患。

② 性能也许低于本地存储。

③ 可靠性和可用性取决于 WAN 的可用性以及服务提供商所采取的预防措施等级。

④ 具有特定记录保留需求的用户，例如，必须保留电子记录的公共机构，可能会在采用云计算和云存储的过程中遇到一些复杂问题。

受限于安防视频监控自身业务的特点，监控云存储和现有互联网云计算模型会有区别，如安防用户倾向于视频信息存储在本地、政府视频监控应用比较敏感、视频信息的隐私问题、视频监控对网络带宽消耗较大等问题。

（3）云存储的优势。

① 云存储能够实现规模效应和弹性扩展，按实际所需空间租赁使用，按需付费，有效降低企业实际购置设备的成本。

② 无须增加额外的硬件设施或配备专人负责维护，减少管理难度。

③ 将常见的数据复制、备份、服务器扩容等工作交由云提供商执行，从而将精力集中于自己的核心业务。

④ 随时可以对空间进行扩展增减，增加存储空间的灵活可控性。

⑤ 存储管理可以实现自动化和智能化，所有的存储资源被整合到一起，客户看到的是单一存储空间。

⑥ 提高了存储效率，通过虚拟化技术解决了存储空间的浪费，可以自动重新分配数据，提高了存储空间的利用率，同时具备负载均衡、故障冗余功能。

3. 云存储的功能与主要特征

云存储（Cloud Storage）是一种资源、一种服务，云存储需要解决的问题包括速度、安全、容量、价格和便捷。云存储是一种网上在线存储的模式，即把数据存放在通常由第三方托管的多台虚拟服务器，而非专属的服务器上。托管（Hosting）公司运营大型的数据中心，需要数据存储托管的人，则通过向其购买或租赁存储空间的方式，来满足数据存储的需求。数据中心营运商根据客户的需求，在后端准备存储虚拟化的资源，并将其以存储资源池（Storage Pool）的方式提供，客户便可自行使用此存储资源池来存放文件或对象。实际上，这些资源可能被分布在众多的服务器主机上。

（1）云存储的功能。

云存储是在云计算概念上延伸和衍生发展出来的一个新的概念。云计算是分布式处理（Distributed Computing）、并行处理（Parallel Computing）和网格计算（Grid Computing）的发展，是通过网络将庞大的计算处理程序自动分拆成无数个较小的子程序，再交由多部服务器所组成的庞大系统经计算分析之后将处理结果回传给用户。通过云计算技术，网络服务提供者可以在数秒之内,处理数以千万计甚至亿计的信息,达到和超级计算机同样强大的网络服务。

云存储的概念与云计算类似,它是指通过集群应用、网格技术或分布式文件系统等功能,网络中大量各种不同类型的存储设备通过应用软件集合起来协同工作,共同对外提供数据存储和业务访问功能的一个系统,保证数据的安全性,并节约存储空间。简单来说,云存储就是将存储资源放到云上供人存取的一种新兴方案。使用者可以在任何时间、任何地方,通过任何可联网的装置连接到云上方便地存取数据。如果这样解释还是难以理解,那我们可以借用广域网和互联网的结构来解释云存储。概括来说,云存储的主要功能如下。

① 支持任何类型的数据(如文本、多媒体、日志和二进制等)的上传和下载。

② 提供强大的元信息机制,开发者可以使用通用和自定义的元信息机制实现定义资源属性。

③ 超大的容量。云存储支持 0～2TB 的单文件数据容量,同时对于对象的个数没有限制,利用云存储的 Superfile 接口可以实现 2TB 文件的上传和下载。

④ 提供断点上传和断点下载功能。该功能在网络不稳定的环境下有非常好的表现。

⑤ Restful 风格的 HTTP 接口。Restful 风格的 API 可以极大地提高开发者的开发效率。

⑥ 基于公钥和密钥的认证方案可以适应灵活的业务需求。

⑦ 强大的 ACL 权限控制。可以通过 ACL 设置资源为公有、私有;也可以授权特定的用户具有特定的权限。

⑧ 功能完善的管理平台。开发者可以通过该平台对于所有资源进行统一管理。

(2) 云存储的主要特征。

通过对云存储系统架构的认知以及对比传统存储技术,可以看到了云存储具有许多传统存储技术不具备的特征。

① 可扩展性。这是云存储最具吸引力的一个特征,可扩展性既体现在为存储本身提供的可扩展性(功能扩展),也体现在为存储带宽提供的可扩展性(负载扩展),还包括数据的地理分布,即支持经由一组云存储数据中心通过迁移使数据最接近于用户。

② 可用性。可用性是指一个云存储供应商存有用户的数据,则它必须能够随时随地响应用户需求将该数据提供给用户。云存储可以通过提供信息分散算法(Information Dispersal Algorithm,IDA)等技术确保在发生物理故障和网络中断的情况下实现更高的可用性。

③ 降低成本。云存储最显著的特征之一是可以降低企业成本,这包括购置存储的成本、驱动存储的成本、修复存储的成本以及管理存储的成本。

④ 访问方法。云存储与传统存储之间最显著的差异之一是其访问方法,大部分的云存储提供商提供 Web 服务 API 等多种访问方法。

⑤ 存储效率。存储效率是云存储基础架构的一个重要特征。为确保存储系统存储更多数据,通常会使用数据简缩,即通过减少源数据来降低物理空间需求,包括压缩和重复数据删除两种方法。前者涉及压缩方法和处理技术,后者涉及计算数据签名以及搜索副本等技术。

⑥ 高性能。性能包括可靠、安全、易用等多方面,在用户与远程云存储提供商之间移动数据的能力更是云存储最大的挑战,云存储必须能在很大程度上进行自我管理。

4. 云存储的分类

目前的云存储模式主要有两种。一种是文件的大容量分享。有些存储服务提供商,甚至号称无限容量,用户可以把数据文件保存在云存储空间里。另一种模式是云同步存储模式。例如,

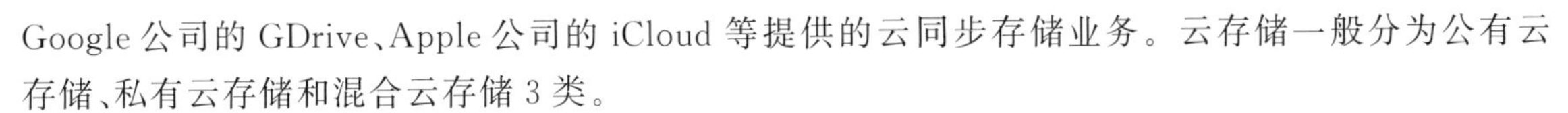

Google 公司的 GDrive、Apple 公司的 iCloud 等提供的云同步存储业务。云存储一般分为公有云存储、私有云存储和混合云存储 3 类。

(1) 公有云存储。

公有云存储是供应方平台(Supply Side Platform，SSP)推出的能够满足多用户需求的、付费使用的云存储服务。SSP 投资建设并管理存储设施(硬件和软件)，集中并动态管理存储空间满足多用户需求。用户开通账号后直接通过安全的互联网连接访问，而无须了解任何云存储方面的软硬件知识或掌握相关技能。在公有云存储中，通过为存储池增加服务器，可以很快且很容易地实现存储空间增长。公有云存储服务多是收费的，如 Amazon 等公司提供云存储服务，通常是根据存储空间来收取使用费。同时，SSP 可以保持每个用户的存储、应用都是独立的和私有的。国内公有云存储的代表为百度云盘、华为网盘等。

(2) 私有云存储。

私有云存储是为某一企业或社会团体私有、独享的云存储服务。私有云存储建立在用户端的防火墙内部，由企业自身投资并管理所拥有的存储设施(硬件和软件)，满足企业内部员工数据存储的需求。企业内部员工根据分配的账号免费使用私有云存储服务，企业的所有数据保存在内部并且被内部 IT 员工完全掌握，这些员工可以集中存储空间来实现不同部门的访问或被企业内部的不同项目团队使用。私有云存储可以由企业自行建立并管理，也可以由专门的私有云服务公司根据企业的需要提供解决方案协助建立并管理。私有云存储的使用和维护成本较高，企业需要配置专门的服务器，获得云存储系统及相关应用的使用授权，同时还需要支付系统的维护费用。

(3) 混合云存储。

把公有云存储和私有云存储结合在一起满足用户不同需求的云存储服务就是混合云存储。混合云存储主要用于按用户要求的访问，特别是需要临时配置容量时。混合云存储带来了跨公有云存储和私有云存储分配应用的复杂性。混合云存储的关键是要解决公有云存储和私有云存储的“连接”技术。为了更加高效地连接外部云和内部云的计算和存储环境，混合云解决方案需要提供企业级的安全性、跨云平台的可管理性、负载/数据的可移植性以及互操作性。

5. 云存储系统结构

视频讲解

与传统的存储设备相比，云存储不仅仅是一个硬件，而是一个由网络设备、存储设备、服务器、应用软件、公用访问接口、接入网和客户端程序等多个部分组成的复杂系统，各部分以存储设备为核心，通过应用软件来对外提供数据存储和业务访问服务。云存储系统的结构模型如图 2.53 所示。

云存储系统的结构模型由存储层、基础管理层、应用接口层和访问层 4 层组成，各层的主要功能如下。

(1) 存储层。

存储层是云存储最基础的部分。存储层将不同类型的存储设备互连起来，实现海量数据的统一管理，同时实现对存储设备的集中管理、状态监控以及容量的动态扩展，其实质是一种面向服务的分布式存储系统。基于多存储服务器的数据组织方法能够更好地满足在线存储服务的应用需求，在用户规模较大时，构建分布式数据中心能够为不同地理区域的用户提供更好的服务质量。

存储设备可以是光纤通道(Fibre Channel，FC)存储设备，可以是 NAS 和 iSCSI 等 IP 存储设备，也可以是 SCSI 或 SAS 等 DAS 存储设备(如一台云存储节点设备通常能安装 24 个以上的

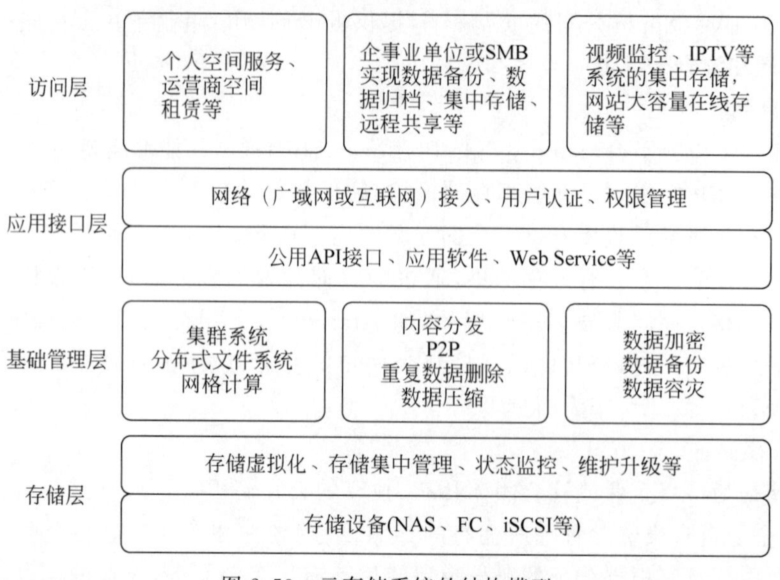

图 2.53　云存储系统的结构模型

硬盘）。

云存储中的存储设备往往数量庞大且分布在不同地域，彼此之间通过广域网、互联网或者光纤通道网络连接在一起形成存储设备资源池。存储设备之上是一个统一存储设备管理系统，可以实现存储设备的逻辑虚拟化管理、多链路冗余管理，以及硬件设备的状态监控和故障维护。

(2) 基础管理层。

基础管理层是云存储最核心的部分，也是云存储中最难以实现的部分。这一层的主要功能是在存储层提供的存储资源上部署分布式文件系统或者建立和组织存储资源对象，并将用户数据进行分片处理，按照设定的保护策略将分片后的数据以多副本或者冗余纠删码的方式分散存储到具体的存储资源上。

基础管理层通过集群、分布式文件系统和网格计算等技术，实现云存储中多个存储设备之间的协同工作，使多个存储设备可以对外提供同一种服务，并提供更大、更强、更好的数据访问性能。内容分发系统、数据加密技术保证云存储中的数据不会被未授权的用户所访问，同时，通过各种数据备份、容灾技术及措施可以保证云存储中的数据不会丢失，保证云存储自身的安全和稳定。

(3) 应用接口层。

应用接口层是云存储最灵活多变的部分。不同的云存储运营单位可以根据实际业务类型开发不同的应用服务接口，提供不同的应用服务，如视频监控应用平台、IPTV 和视频点播应用平台、网络硬盘应用平台、远程数据备份应用平台等。访问接口层是业务应用和云存储平台之间的一个桥梁，提供应用服务所需要调用的函数接口，通常云存储系统会提供一套专用的 API 或客户端软件，业务应用软件直接调用 API 或者使用云存储系统客户端软件对云存储系统进行读写访问，往往会获得更优的访问效率，但由于一个云存储系统往往需要支持多种不同的业务系统，而很多业务系统只能采用特定的访问接口，因此一个优秀的云存储系统应该同时提供多种访问接口，如 iSCSI、FTP 等，以便在业务适配方面具有更好的灵活性。

(4) 访问层。

就如同云状的广域网和互联网一样，云存储对使用者来讲，不是指某一个具体的设备，而是指一个由许多个存储设备和服务器所构成的集合体。使用者使用云存储，并不是使用某一个存储设备，而是使用整个云存储系统带来的一种数据访问服务。所以严格来讲，云存储不是存储，而是一种服务。云存储的核心是应用软件与存储设备相结合，通过应用软件来实现存储设备向存储服务的转变。访问层通过云存储系统提供的各种访问接口，对用户提供丰富的业务类型，例如，高清视频监控、视频图片智能分析、大数据查找等。部分云存储系统也会在这一层的应用业务平台上实现管理调度层功能，将业务数据的冗余编码、分散存储、负载均衡、故障保护等功能和各种业务的实现紧密结合，形成具有丰富业务特色的应用云存储系统，而在存储节点的选择方面，则可以采用标准的设备。任何一个授权用户都可以通过标准的公用接口来登录云存储系统，享受云存储服务。云存储运营单位不同，云存储提供的访问类型和访问手段也不同。

6. 云存储关键技术

视频讲解

云存储相对传统存储从功能、性能、安全各方面都有质的飞跃，云存储服务是随着云存储相关技术（存储虚拟化技术、分布式存储技术等）的发展而不断发展的，云存储相关技术主要包括如下几种。

（1）存储虚拟化技术。

存储虚拟化技术是云存储的核心技术。通过存储虚拟化方法，把不同厂商、不同型号、不同通信技术、不同类型的存储设备互连起来，将系统中各种异构的存储设备映射为一个统一的存储资源池。存储虚拟化技术能够对存储资源进行统一分配管理，又可以屏蔽存储实体间的物理位置以及异构特性，实现了资源对用户的透明性，降低了构建、管理和维护资源的成本，从而提升云存储系统的资源利用率。

（2）分布式存储技术。

分布式存储是通过网络使用服务商提供的各个存储设备上的存储空间，并将这些分散的存储资源构成一个虚拟的存储设备，数据分散地存储在各个存储设备上。它所涉及的主要技术有网络存储技术、分布式文件系统和网格存储技术等，利用这些技术实现云存储中不同存储设备、不同应用、不同服务的协同工作。

（3）重复数据删除技术。

数据中重复数据的数据量不断增加，会导致重复的数据占用更多的空间。重复数据删除技术是一种非常高级的数据缩减技术，可以极大地减少备份数据的数量，通常用于基于磁盘的备份系统，通过删除运算，消除冗余的文件、数据块或字节，以保证只有单一的数据存储在系统中。

（4）数据备份技术。

在以数据为中心的时代，数据的重要性不置可否，如何保护数据是一个永恒的话题，即便是现在的云存储发展时代，数据备份技术也非常重要。数据备份技术是将数据本身或者其中的部分在某一时间的状态以特定的格式保存下来，以备原数据由于出现错误、被误删除、恶意加密等各种原因不可用时，可快速准确地将数据进行恢复的技术。数据备份是容灾的基础，是为防止突发事故而采取的一种数据措施，其根本目的是数据资源重新利用和保护，核心的工作是数据恢复。

（5）内容分发网络技术。

内容分发网络是一种新型网络构建模式，主要是针对现有的 Internet 进行改造。其基本思想是尽量避开互联网上由于网络带宽小、网点分布不均、用户访问量大等影响数据传输速度和稳定性的弊端，使数据传输得更快、更稳定。通过在网络各处放置节点服务器，在现有互联网络的基础之上构成一层智能虚拟网络，实时地根据网络流量、各节点的连接和负载情况、响应时间、到用户的距离等信息将用户的请求重新导向离用户最近的服务节点上。

(6) 数据备份技术。

存储加密是指当数据从前端服务器输出或在写进存储设备之前通过系统为数据加密，以保证存放在存储设备上的数据只有授权用户才能读取。目前，云存储中常用的存储加密技术有以下几种：全盘加密，全部存储数据都是以密文形式书写的；虚拟磁盘加密，存放数据之前建立加密的磁盘空间，并通过加密磁盘空间对数据进行加密；卷加密，所有用户和系统文件都被加密；文件/目录加密，对单个的文件或者目录进行加密。

7. 云存储发展趋势

云存储已经成为未来存储发展的一种趋势。但随着云存储技术的发展，各类搜索、应用技术和云存储相结合的应用，还需从安全性、便携性及数据访问等角度进行改进。

(1) 安全性。

从云计算诞生以来，安全性一直是企业实施云计算首要考虑的问题之一。同样在云存储方面，安全仍是首要考虑的问题，对于想要进行云存储的客户来说，安全性通常是首要的商业考虑和技术考虑。但是许多用户对云存储的安全要求甚至高于他们自己的架构所能提供的安全水平。即便如此，面对如此高的不现实的安全要求，许多大型、可信赖的云存储厂商也在努力满足它们的要求，构建比多数企业数据中心安全得多的数据中心。用户可以发现，云存储具有更少的安全漏洞和更高的安全环节，云存储所能提供的安全性水平要比用户自己的数据中心所能提供的安全水平还要高。

(2) 便携性。

一些用户在托管存储时还要考虑数据的便携性。一般情况下这是有保证的，一些大型服务提供商所提供的解决方案承诺其数据便携性可媲美最好的传统本地存储。有的云存储结合了强大的便携功能，可以将整个数据集传送到用户所选择的任何媒介，甚至是专门的存储设备。

(3) 性能和可用性。

过去的一些托管存储和远程存储总是存在着延迟时间过长的问题。同样地，互联网本身的特性就严重威胁服务的可用性。最新一代云存储有突破性的成就，体现在客户端或本地设备高速缓存上，将经常使用的数据保持在本地，从而有效地缓解互联网延迟问题。通过本地高速缓存，即使面临最严重的网络中断，这些设备也可以缓解延迟性问题。这些设备还可以让经常使用的数据像本地存储那样快速反应。通过一个本地 NAS 网关，云存储甚至可以模仿终端 NAS 设备的可用性、性能和可视性，同时将数据予以远程保护。随着云存储技术的不断发展，各厂商仍将继续努力实现容量优化和 WAN(广域网)优化，从而尽量减少数据传输的延迟性。

(4) 数据访问。

现有对云存储技术的疑虑还在于，如果执行大规模数据请求或数据恢复操作，那么云存储是否可提供足够的访问性。在未来的技术条件下，这一点大可不必担心，现有的厂商可以将大量数据传输到任何类型的媒介，可将数据直接传送给企业，且其速度之快相当于复制、粘贴操作。另外，云存储厂商还可以提供一套组件，在完全本地化的系统上模仿云地址，让本地 NAS 网关设备继续正常运行而无须重新设置。未来，如果大型厂商构建了更多的地区性设施，那么数据传输将更加迅捷。如此一来，即便是客户本地数据发生了灾难性的损失，云存储厂商也可以将数据重新快速传输给客户数据中心。

2.2.4　数据存储典型应用

百度网盘提供用户多平台数据共享的云存储服务，是百度云的其中一个服务。该服务依托于百度强大的云存储集群机制，发挥了百度强有力的云端存储优势，提供超大的网络存储空间。

百度网盘(原百度云)是百度推出的一项云存储服务，已覆盖主流 PC 和手机操作系统，包含 Web 版、Windows 版、Mac 版、Android 版、iPhone 版和 Windows Phone 版。首次注册即有机会获得 5GB 的空间，用户可以轻松地把自己的文件上传到网盘上，并可以跨终端随时随地查看和分享。2016 年，百度网盘总用户数突破 4 亿。2016 年 10 月 11 日，百度云改名为百度网盘，此后会更加专注发展个人存储、备份功能。2021 年 5 月 18 日，百度网盘 TV 版正式上线。2021 年 12 月 20 日，百度网盘青春版开启众测。

1. 注册百度网盘

打开浏览器，在浏览器地址栏中输入“http://pan. baidu. com/”，进入百度网盘主页面，如图 2.54 所示。已注册用户可以通过输入用户名和密码进行登录，也可以选择手机号/用户名/邮箱账号进行登录。注册新账号单击“立即注册”按钮进行注册，如图 2.55 所示。

图 2.54　登录页面

2. 百度网盘的使用

以已注册的百度网盘账号登录后进入网盘的管理界面。

(1) 在网盘的管理界面，单击“上传”按钮后，会弹出下拉菜单“上传文件”和“上传文件夹”选项，单击“上传文件”选项后，弹出“打开”对话框，用户通过在本地计算机中浏览选择需要上传的文件后，单击“打开”按钮，即可将选择的文件上传至网盘的指定文件夹中，并显示“有 1 个文件上传成功”的提示信息，如图 2.56 所示。

(2) 如果要从百度网盘下载需要的文件，登录后选择指定的文件(文件夹)，在相应的文件(文

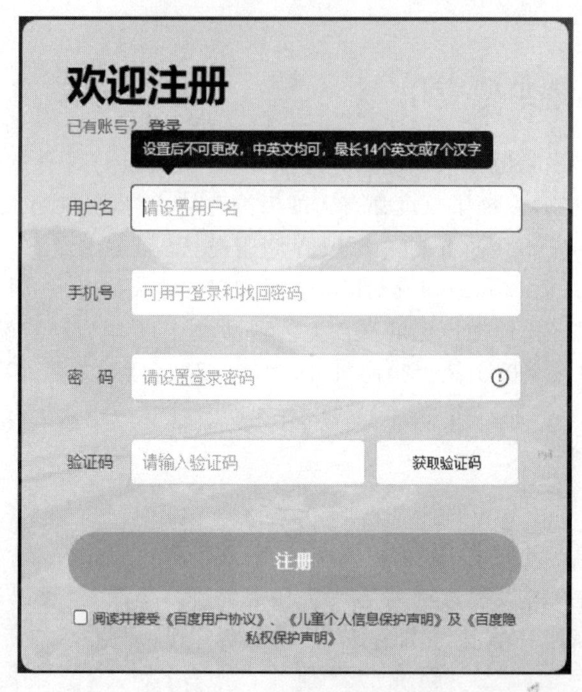

图 2.55　账号注册

件夹）的右侧单击 按钮，单击“下载”按钮，指定下载文件的保存路径后即可完成文件（文件夹）的下载，如图 2.57 所示。

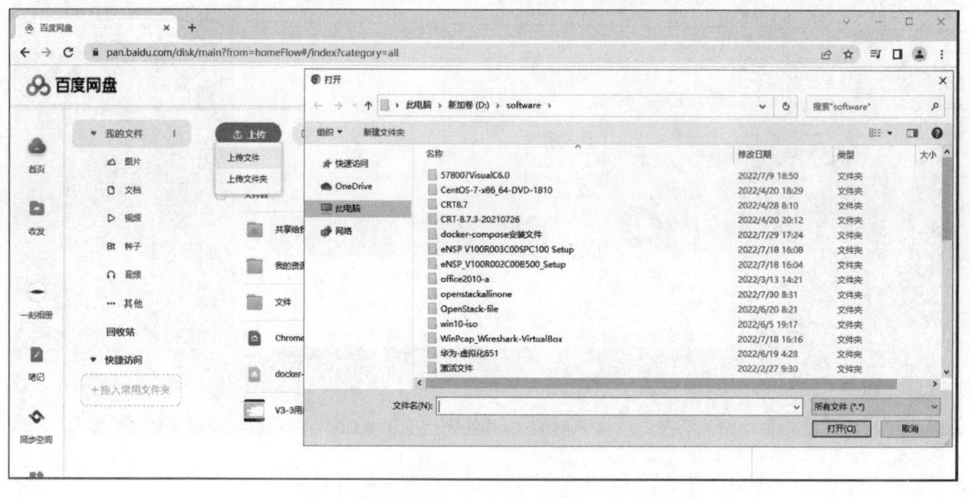

图 2.56　上传文件

3. 百度网盘客户端（Windows）

下载百度网盘客户端（Windows），使用客户端管理百度网盘。

（1）进入百度网盘下载页面（http://pan.baidu.com/download），选择 Windows 选项后，如图 2.58 所示，下载百度网盘客户端（Windows）。

（2）双击下载百度网盘客户端（Windows）对应的安装文件 BaiduNetdisk_7.11.0.9.exe，进入安装界面，按提示步骤依次完成安装，安装完成后打开百度网盘登录窗口，如图 2.59 所示。

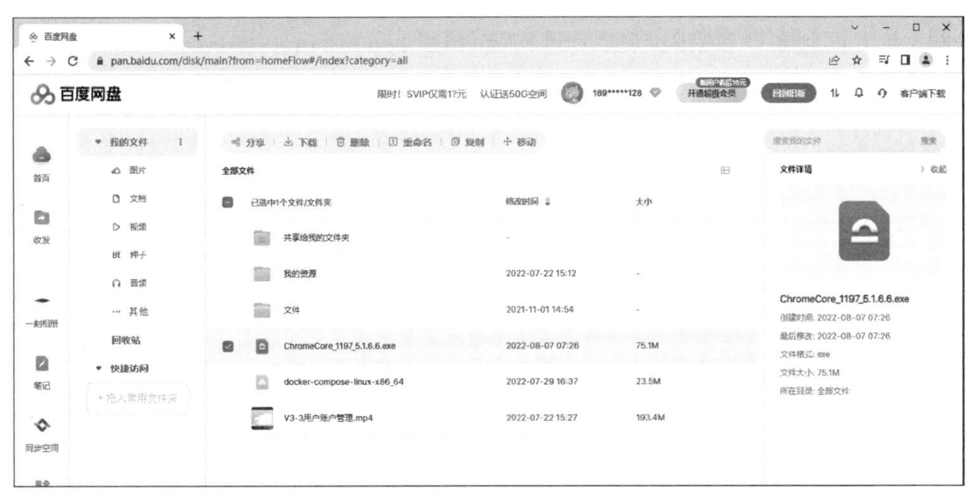

图 2.57　下载文件

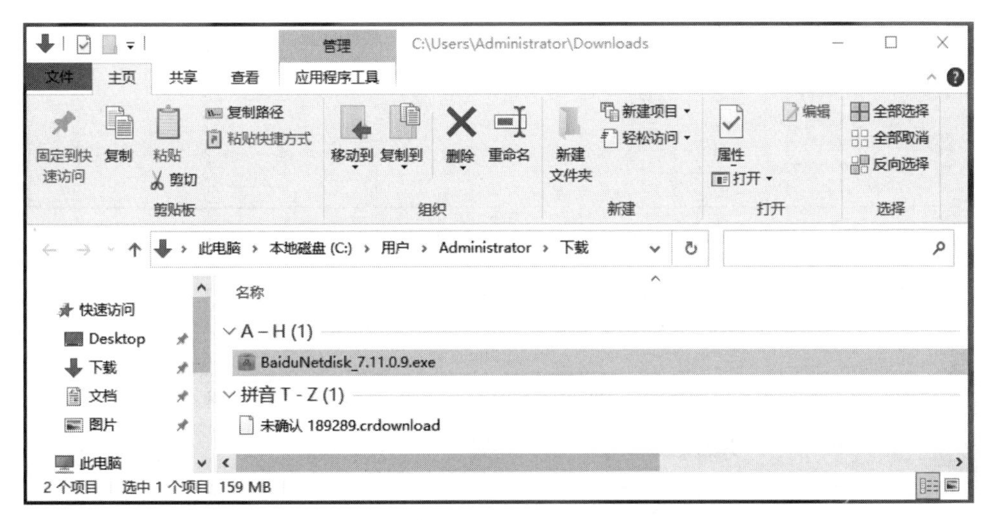

图 2.58　下载百度网盘客户端(Windows)

图 2.59　百度网盘登录界面

（3）输入百度网盘账号和密码，登录百度网盘，如图 2.60 所示。

图 2.60　百度网盘操作界面

（4）在百度网盘操作界面，单击右上角的 ◎ 图标，弹出“设置”对话框，可以进行相关设置，选择“传输”选项，在“下载文件位置选择”中设置下载文件的保存路径，如图 2.61 所示。

图 2.61　设置下载文件的保存路径

2.3 项目实施

2.3.1 VMware Workstation 安装

本书选用 VMware Workstation 16 Pro 软件。VMware Workstation 是一款功能强大的桌面虚拟化软件,可以在单一桌面上同时运行不同操作,并完成开发、调试、部署等。

(1) 下载 VMware-workstation-full-16.1.2-17966106 软件安装包,双击安装文件,弹出 VMware 安装主界面,如图 2.62 所示。单击“下一步”按钮,弹出“最终用户许可协议”窗口,如图 2.63 所示。

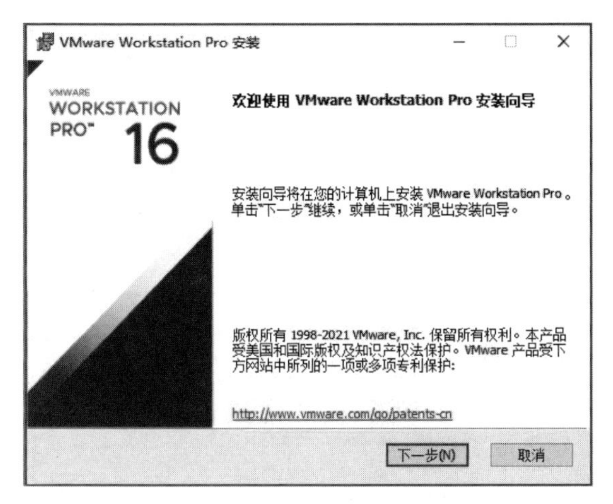

图 2.62　VMware 安装主界面

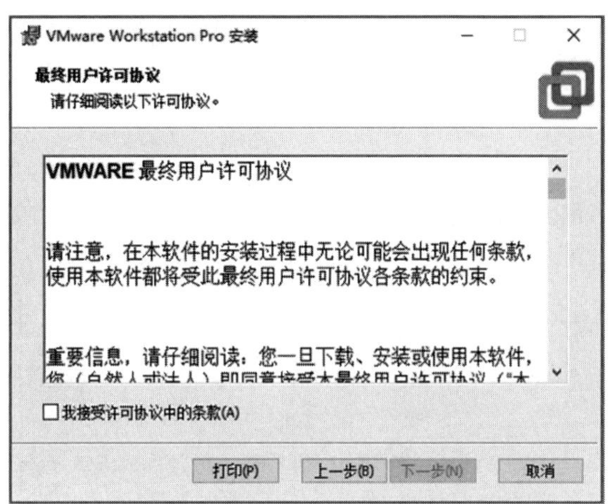

图 2.63　“最终用户许可协议”窗口

(2) 在“最终用户许可协议”窗口中,勾选“我接受许可协议中的条款”复选框,如图 2.64 所示,单击“下一步”按钮,弹出“自定义安装”窗口,如图 2.65 所示。

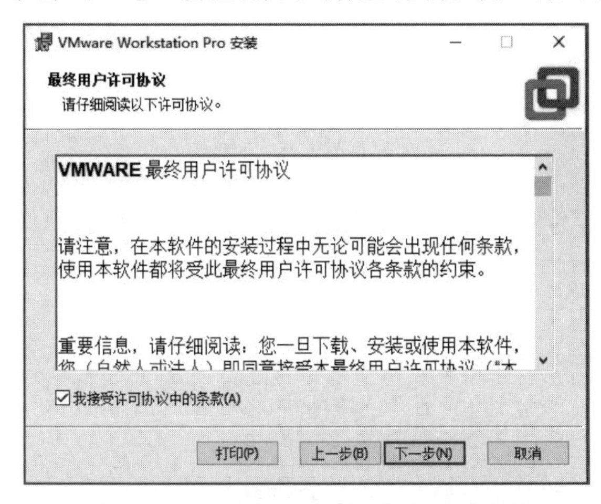

图 2.64　接受 VMware 许可协议中的条款

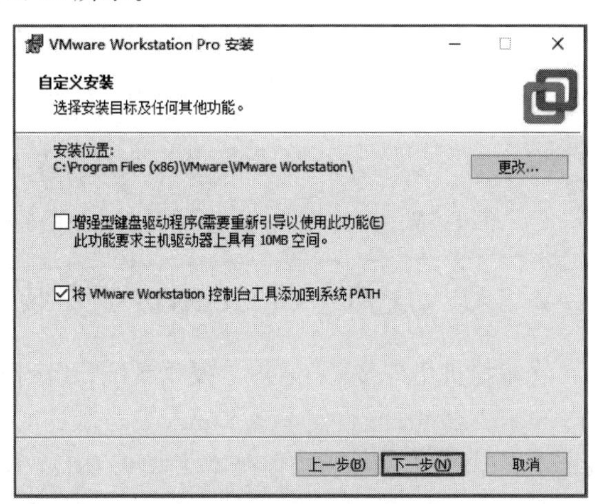

图 2.65　“自定义安装”窗口

(3) 在“自定义安装”窗口中,勾选图中的复选框,单击“下一步”按钮,弹出“用户体验设置”窗口,如图 2.66 所示,单击"下一步"按钮,弹出"快捷方式"窗口,如图 2.67 所示。

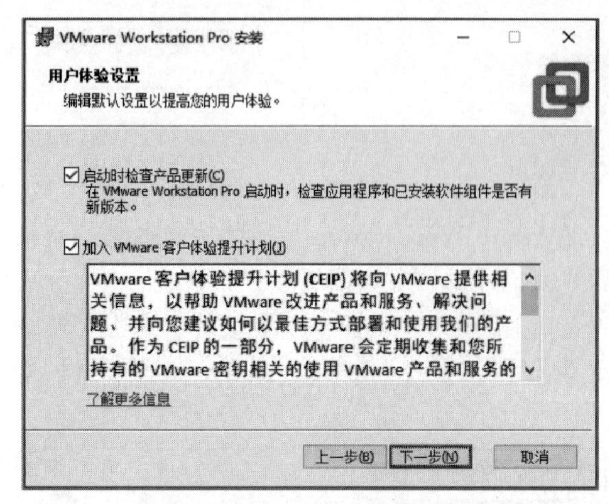

图 2.66 "用户体验设置"窗口

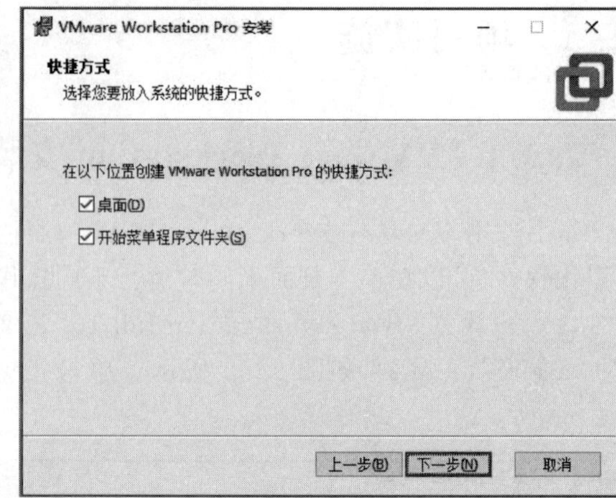

图 2.67 VMware 快捷方式界面

(4) 在"快捷方式"窗口中,保留默认设置,单击"下一步"按钮,弹出"已准备好安装 VMware Workstation Pro"窗口,如图 2.68 所示,单击"安装"按钮,弹出"正在安装 VMware Workstation Pro"窗口,如图 2.69 所示。

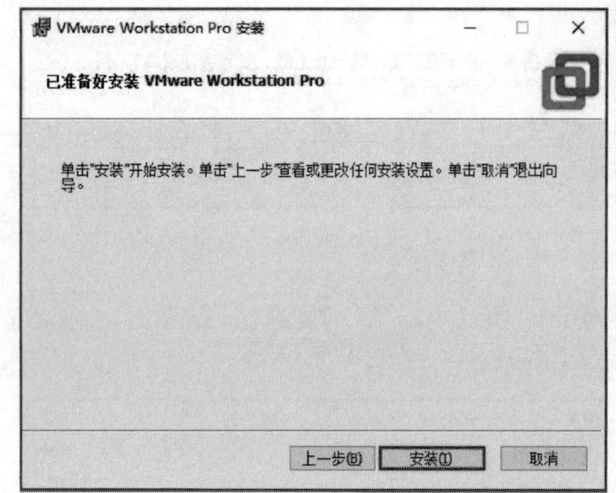

图 2.68 "已准备好安装 VMware Workstation Pro"窗口

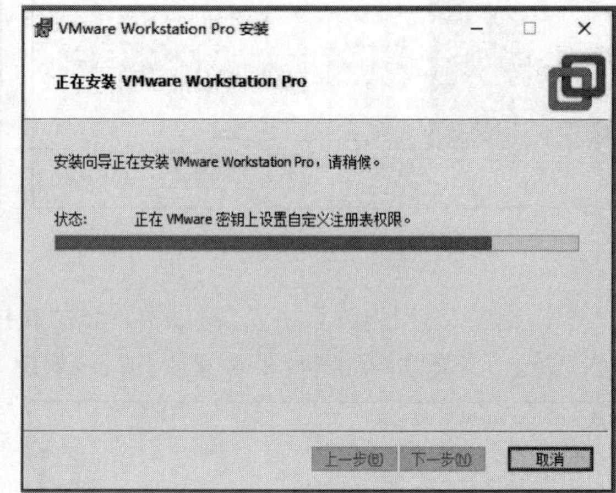

图 2.69 "正在安装 VMware Workstation Pro"窗口

(5) 单击"完成"按钮,完成安装,弹出 VMware 安装向导已完成界面,如图 2.70 所示。

2.3.2 虚拟主机 CentOS 7 安装

在虚拟机中安装 CentOS 7 操作系统,其操作安装过程如下。

(1) 从 CentOS 官网下载 Linux 发行版的 CentOS 安装包,本书使用的下载文件为 CentOS-7-x86_64-DVD-1810.iso,当前版本为 7.6.1810。

(2) 双击桌面上的 VMware Workstation Pro 图标,如图 2.71 所示,打开软件。

(3) 启动后会弹出 VMware Workstation 界面,如图 2.72 所示。

(4) 使用新建虚拟机向导,安装虚拟机,默认选中"典型(推荐)"单选按钮,单击"下一步"按钮,

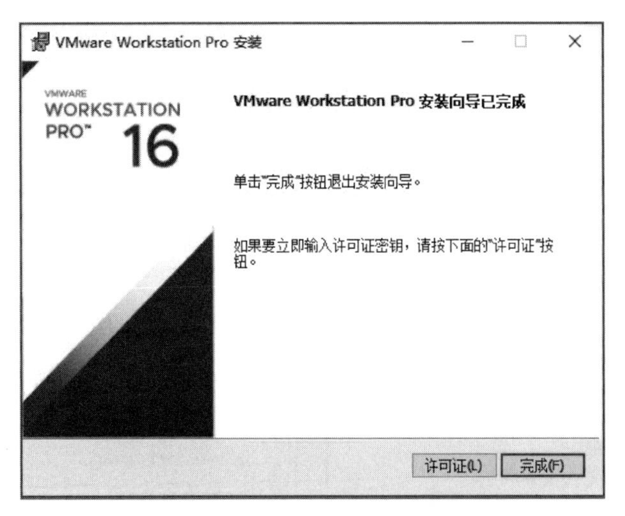

图 2.70　VMware 安装向导已完成界面

图 2.71　VMware Workstation Pro 图标

图 2.72　VMware Workstation 界面

如图 2.73 所示。

（5）安装客户机操作系统，可以选中“安装程序光盘”或“安装程序光盘映像文件(iso)”单选按钮，并浏览选中相应的 ISO 文件，也可以选中“稍后安装操作系统”单选按钮。本次选中“稍后安装操作系统”单选按钮，并单击“下一步”按钮，如图 2.74 所示。

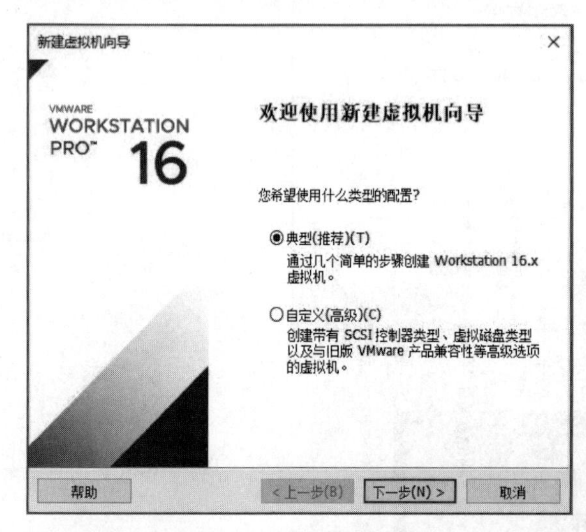

图 2.73　新建虚拟机向导

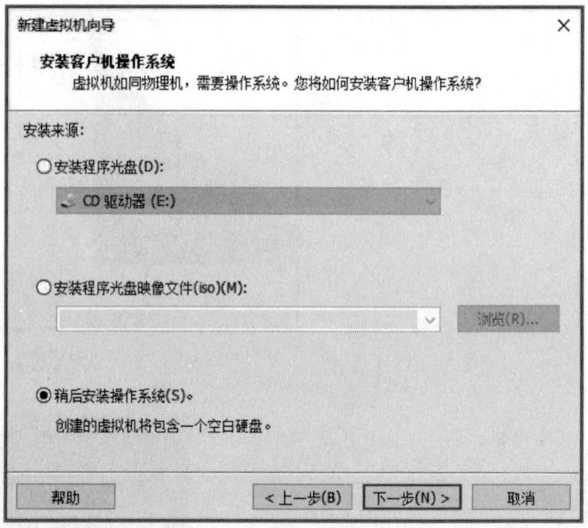

图 2.74　安装客户机操作系统

（6）选择客户机操作系统，创建的虚拟机将包含一个空白硬盘，单击“下一步”按钮，如图 2.75 所示。

（7）命名虚拟机，选择系统文件安装位置，单击“下一步”按钮，如图 2.76 所示。

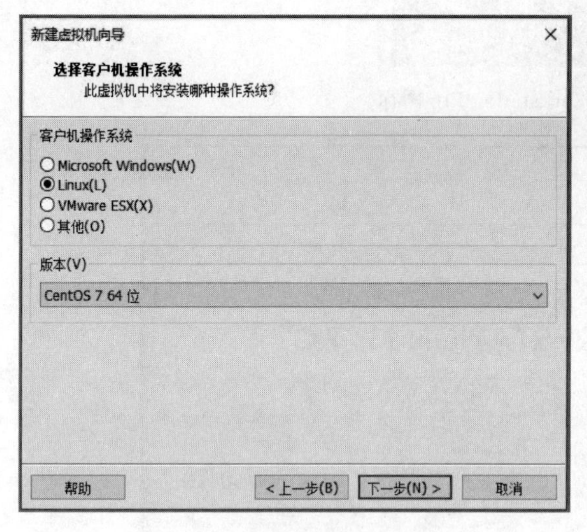

图 2.75　选择客户机操作系统

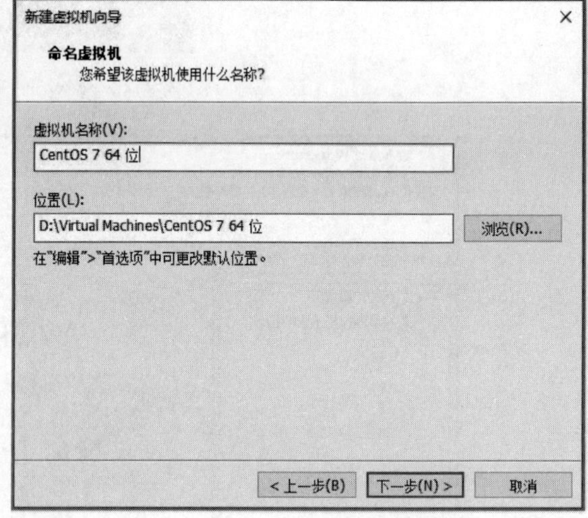

图 2.76　命名虚拟机

（8）指定磁盘容量，并单击“下一步”按钮，如图 2.77 所示。

（9）已准备好创建虚拟机，如图 2.78 所示。

（10）单击“自定义硬件”按钮，进行虚拟机硬件相关信息配置，如图 2.79 所示。

（11）单击“关闭”按钮，虚拟机初步配置完成，如图 2.80 所示。

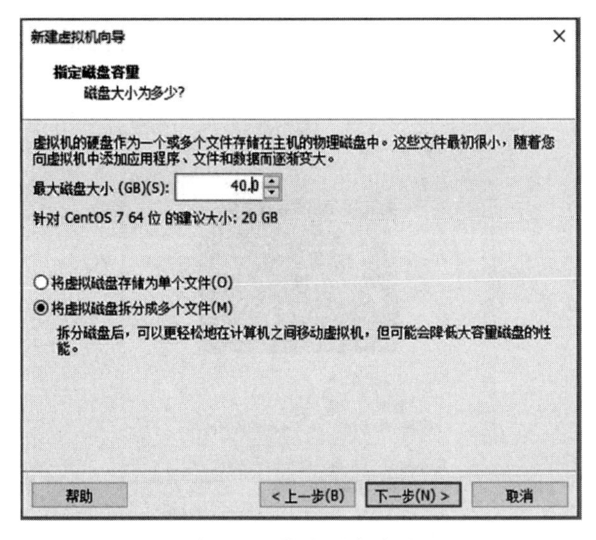

图 2.77 指定磁盘容量

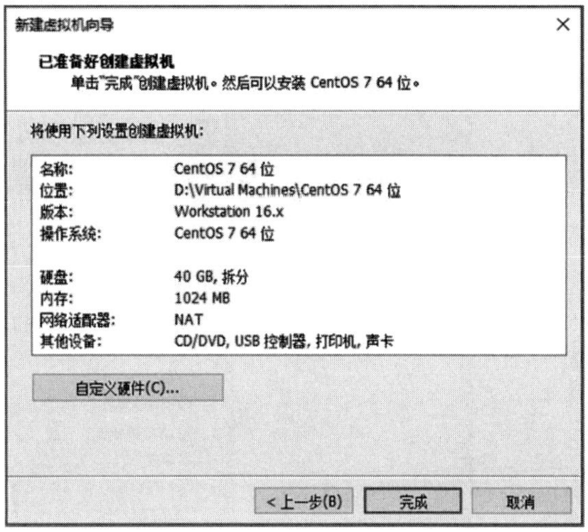

图 2.78 已准备好创建虚拟机

图 2.79 虚拟机硬件相关信息配置

(12) 进行虚拟机设置，选择 CD/DVD(IDE)选项，选中“使用 ISO 映像文件”单选按钮，单击“浏览”按钮，选择 ISO 镜像文件 CentOS-7-x86_64-DVD-1810.iso，单击“确定”按钮，如图 2.81 所示。

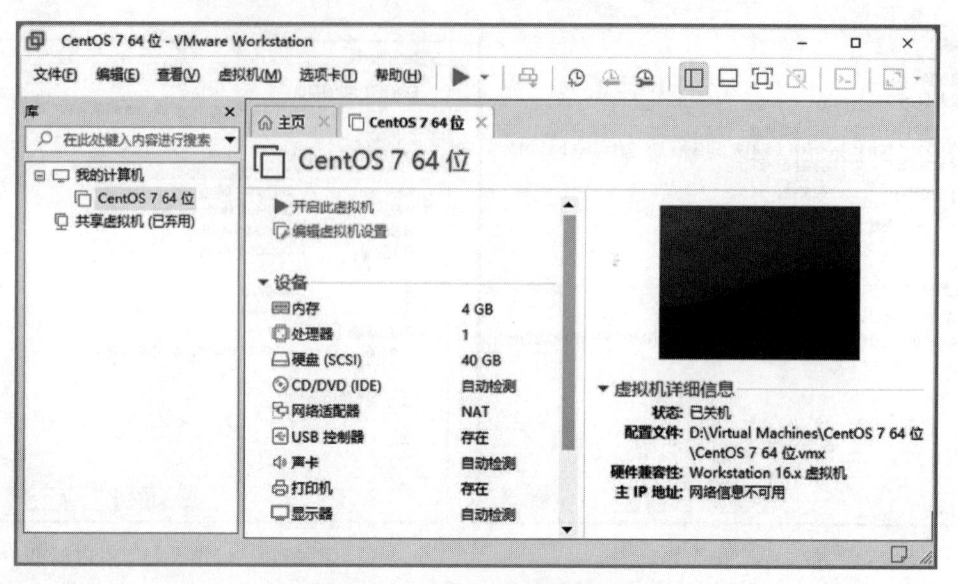

图 2.80 虚拟机初步配置完成

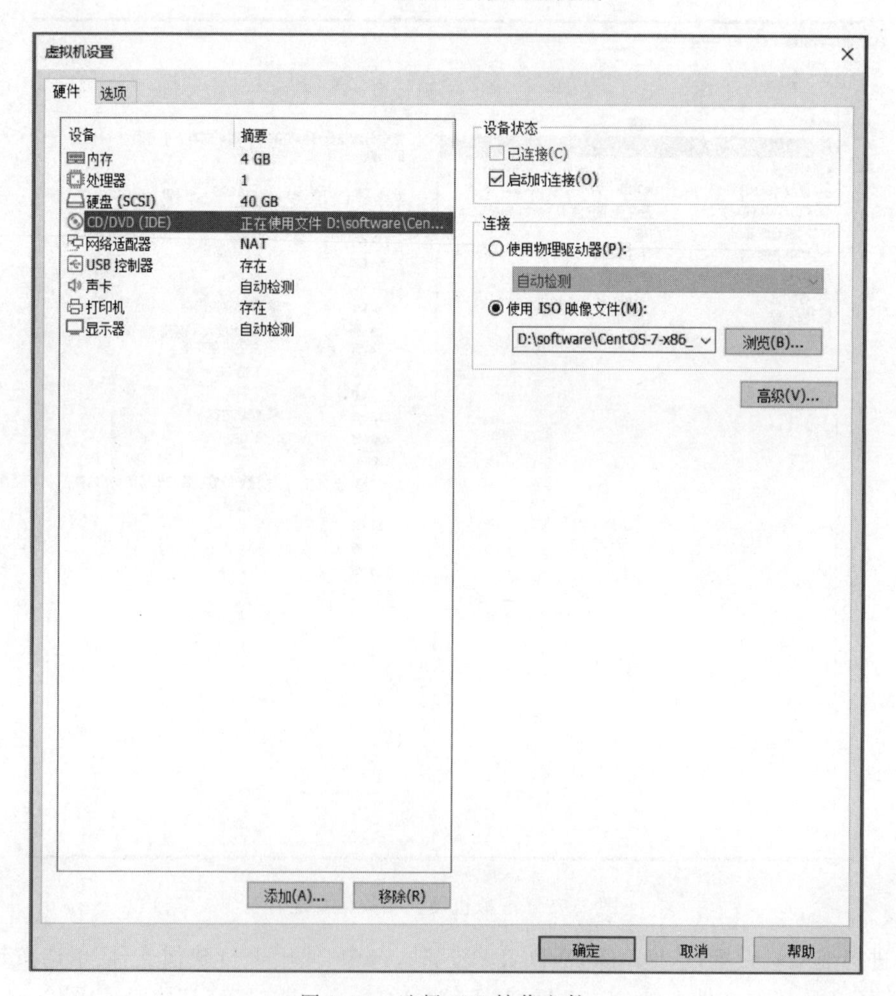

图 2.81 选择 ISO 镜像文件

(13) 安装 CentOS,如图 2.82 所示。

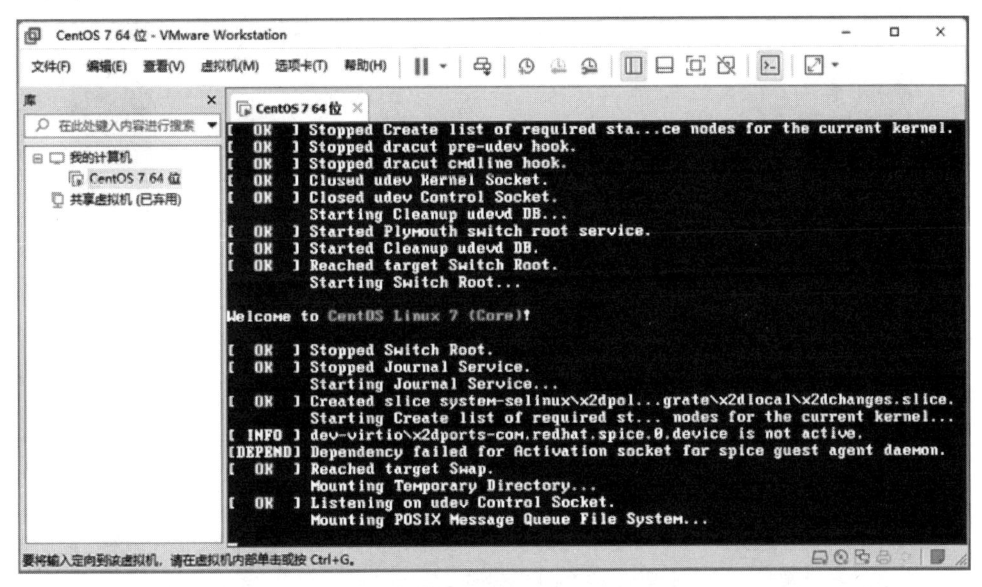

图 2.82　安装 CentOS

(14) 设置语言,选择“中文”→“简体中文(中国)”选项,如图 2.83 所示,单击“继续”按钮。

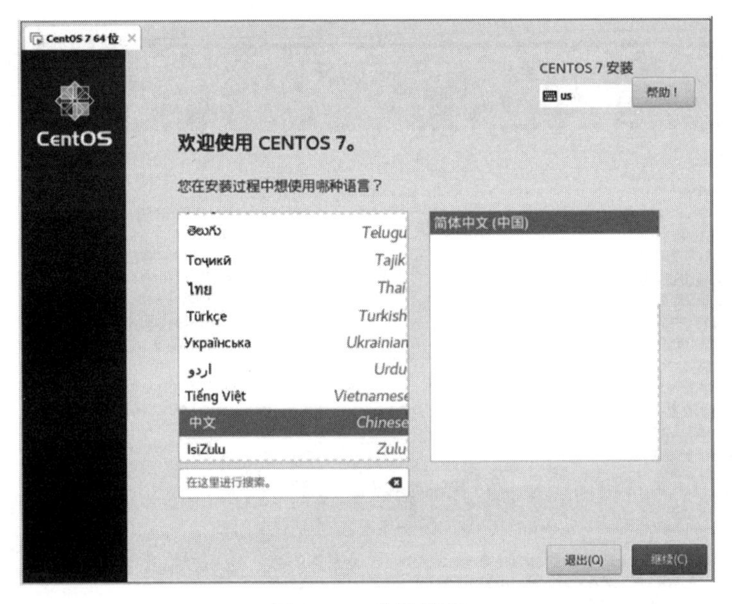

图 2.83　设置语言

(15) 进行安装信息摘要的配置,如图 2.84 所示,可以进行“安装位置”配置,自定义分区,也可以进行“网络和主机名配置”,单击“保存”按钮,返回安装信息摘要的配置界面。

(16) 进行软件选择的配置,可以安装桌面化 CentOS。可以选择安装 GNOME 桌面,并选择相关环境的附加选项,如图 2.85 所示。

(17) 单击“完成”按钮,返回 CentOS 7 安装界面,继续进行安装,配置用户设置,如图 2.86 所示。

图 2.84　安装信息摘要的配置

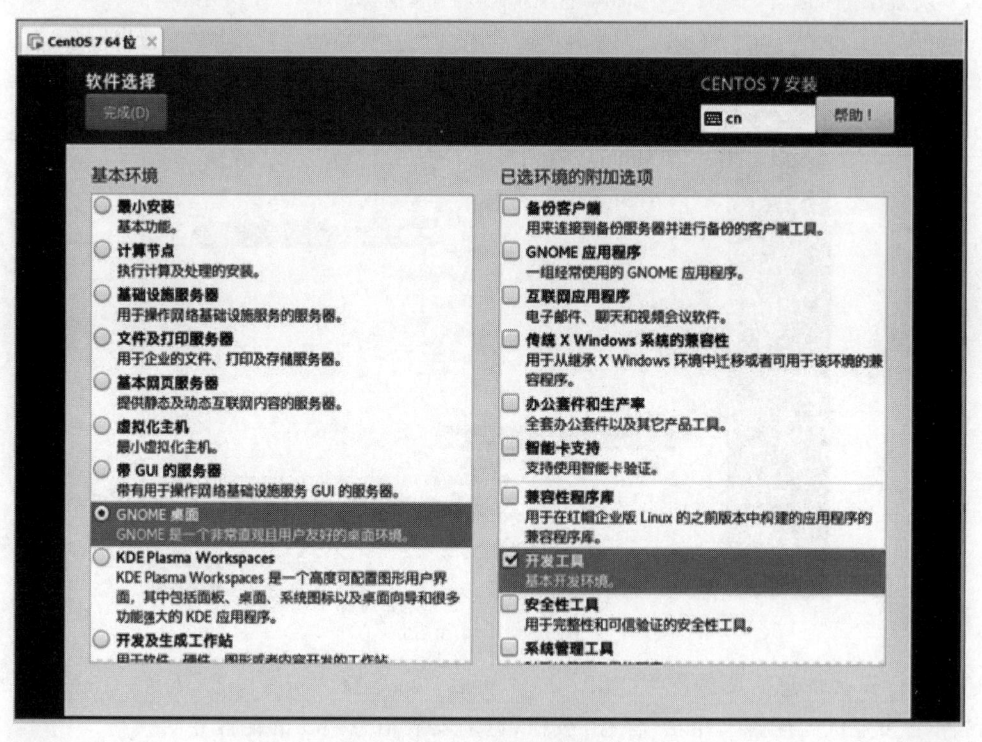

图 2.85　软件选择的配置

(18) 安装 CentOS 7 的时间稍长，请耐心等待。可以选择“ROOT 密码”选项，进行 ROOT 密码设置，设置完成后单击“完成”按钮，返回安装界面，如图 2.87 所示。

(19) CentOS 7 安装完成，如图 2.88 所示。

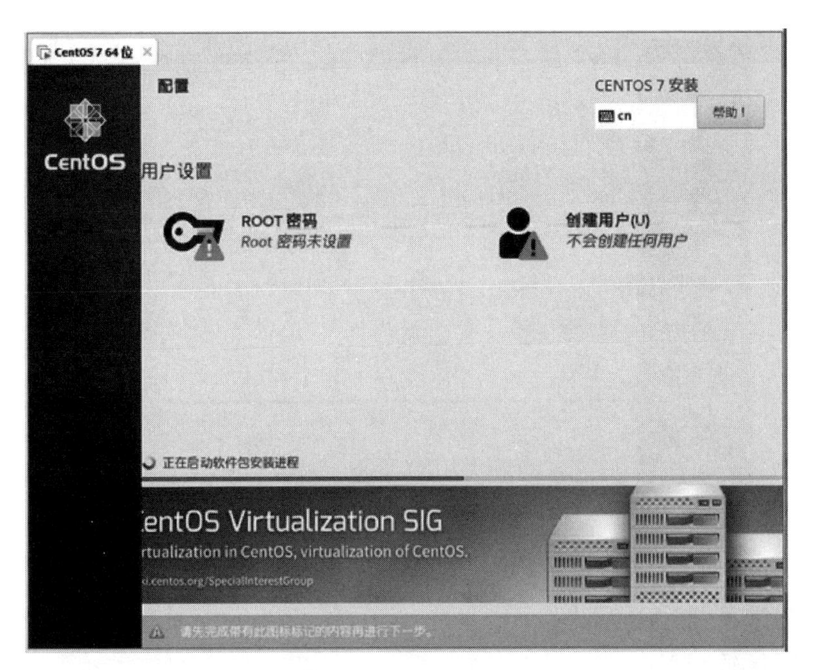

图 2.86　配置用户设置

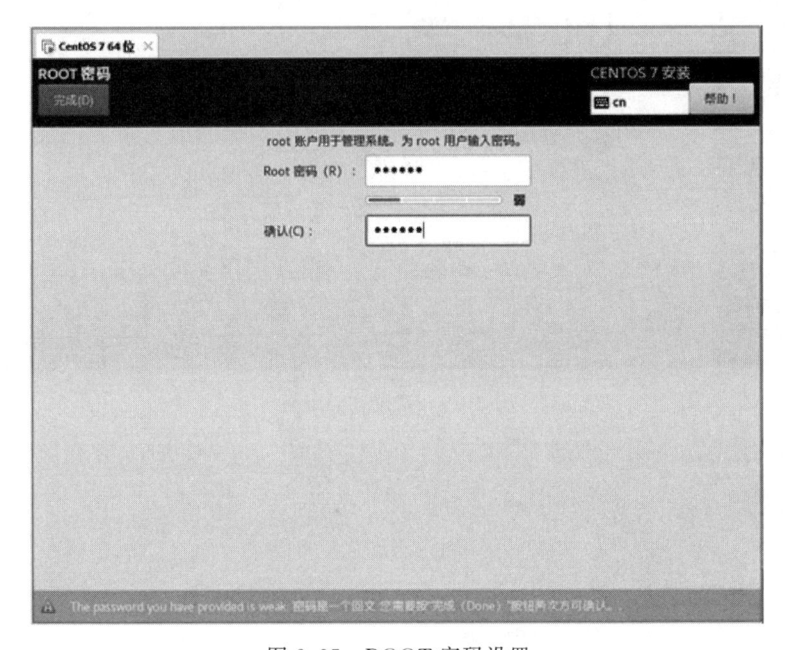

图 2.87　ROOT 密码设置

（20）单击“重启”按钮，系统重启后，进入系统，可以进行系统初始设置，如图 2.89 所示。

（21）单击“退出”按钮，弹出 CentOS 7 Linux EULA 许可协议界面，选中“我同意许可协议”复选框，如图 2.90 所示。

（22）单击“完成”按钮，弹出初始设置界面，选择语言为“汉语”，如图 2.91 所示。

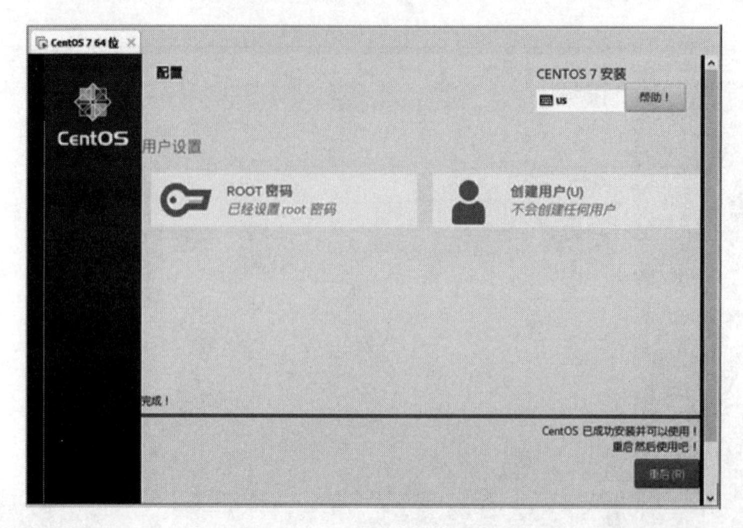

图 2.88　CentOS 7 安装完成

图 2.89　系统初始设置

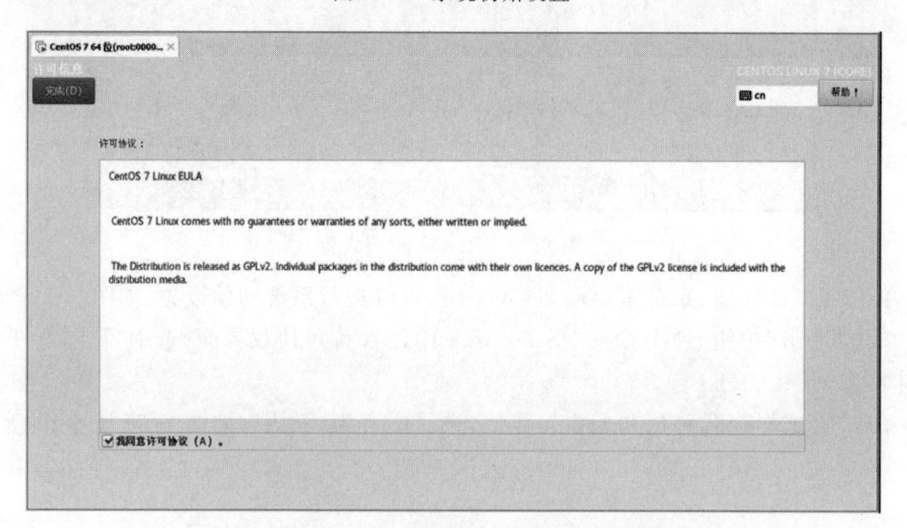

图 2.90　CentOS 7 Linux EULA 许可协议界面

图 2.91 选择语言为“汉语”

(23) 单击“前进”按钮，弹出时区界面，在查找地址栏中输入“上海”，选择“上海，上海，中国”选项，如图 2.92 所示，单击“前进”按钮，弹出在线账号界面，如图 2.93 所示。

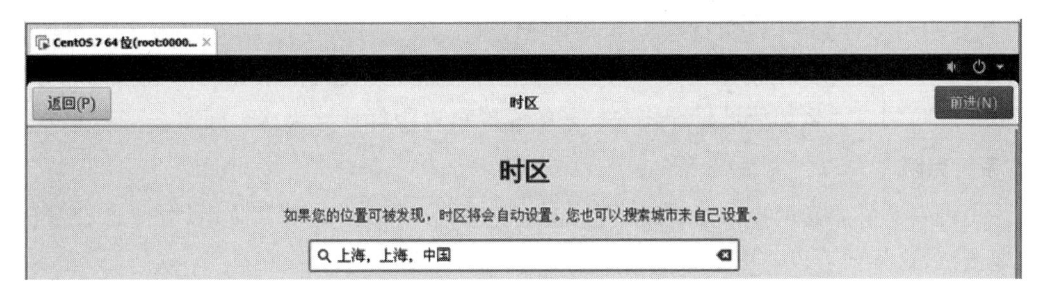

图 2.92 时区界面

图 2.93 在线账号界面

(24) 单击“跳过”按钮，弹出“准备好了”界面，如图 2.94 所示。

图 2.94 “准备好了”界面

2.3.3 系统克隆与快照管理

人们经常用虚拟机做各种实验，初学者免不了误操作导致系统崩溃、无法启动，或者在做集群时，通常需要使用多台服务器进行测试，如搭建 MySQL 服务、Redis 服务、Tomcat、Nginx 等。搭建一台服务器费时费力，一旦系统崩溃、无法启动，需要重新安装操作系统或部署多台服务器时，将会浪费很多时间。那么如何进行操作呢？系统克隆可以很好地解决这个问题。

视频讲解

1. 系统克隆

在虚拟机安装好原始的操作系统后，进行系统克隆，多克隆出几份并备用，方便日后多台机器进行实验测试，这样就可以避免重新安装操作系统，方便快捷。

(1) 打开 VMware 虚拟机主窗口，关闭虚拟机中的操作系统，选择要克隆的操作系统，选择“虚拟机”→“管理”→“克隆”选项，如图 2.95 所示。

图 2.95 系统克隆

（2）弹出克隆虚拟机向导界面，如图2.96所示。单击“下一步”按钮，弹出选择克隆源界面，如图2.97所示，可以选中“虚拟机中的当前状态”或“现有快照(仅限关闭的虚拟机)”单选按钮。

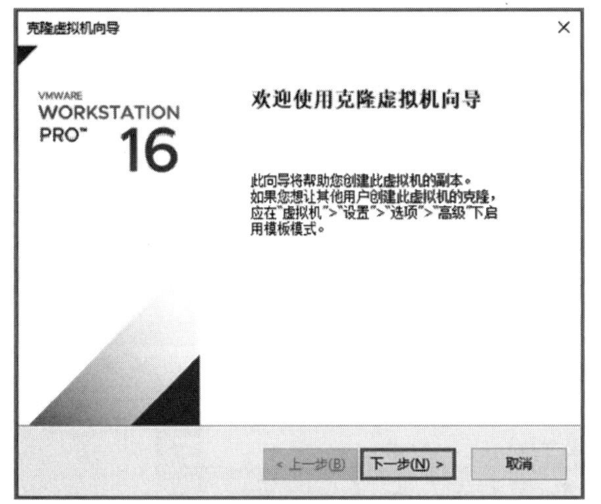

图2.96　克隆虚拟机向导界面

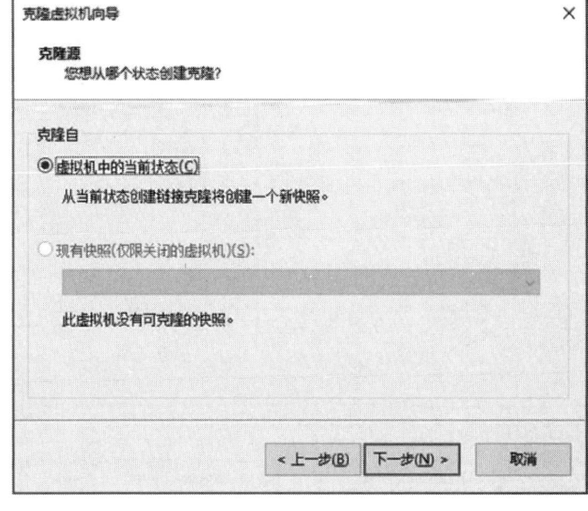

图2.97　选择克隆源界面

（3）单击“下一步”按钮，弹出选择克隆类型界面，如图2.98所示。选择克隆方法，可以选中“创建链接克隆”单选按钮，也可以选中“创建完整克隆”单选按钮。

（4）单击“下一步”按钮，弹出“新虚拟机名称”界面，如图2.99所示，为虚拟机命名并进行安装位置的设置。

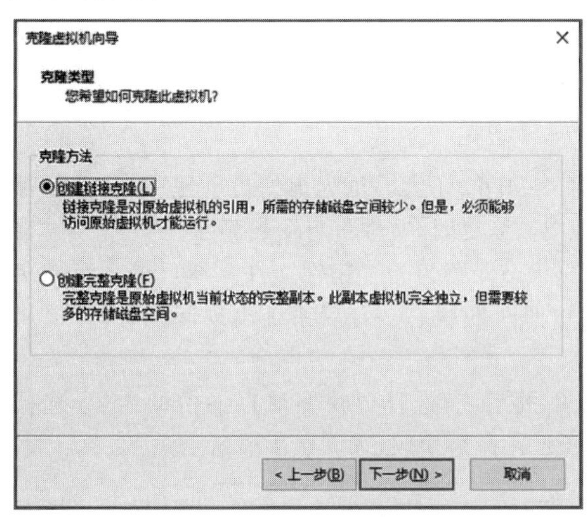

图2.98　选择克隆类型界面

图2.99　“新虚拟机名称”界面

（5）单击“完成”按钮，弹出“正在克隆虚拟机”界面，如图2.100所示。单击“关闭”按钮，返回VMware虚拟机主窗口，系统克隆完成，如图2.101所示。

2. 快照管理

视频讲解

VMware快照是VMware Workstation的一个特色功能，当用户创建一个虚拟机快照时，它会创建一个特定的文件delta。delta文件是在VMware虚拟机磁盘格式(Virtual Machine Disk

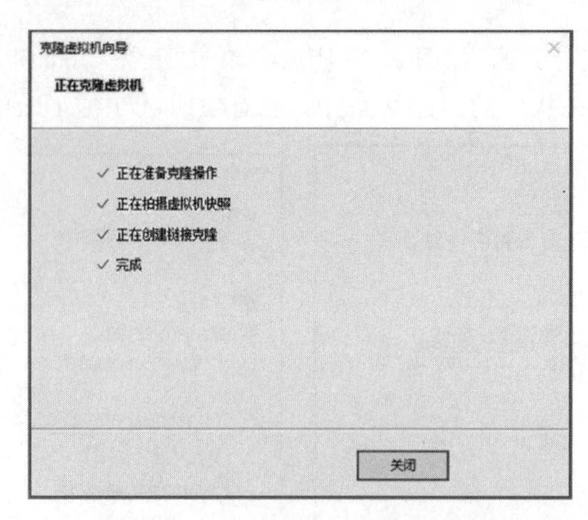

图 2.100 “正在克隆虚拟机”界面

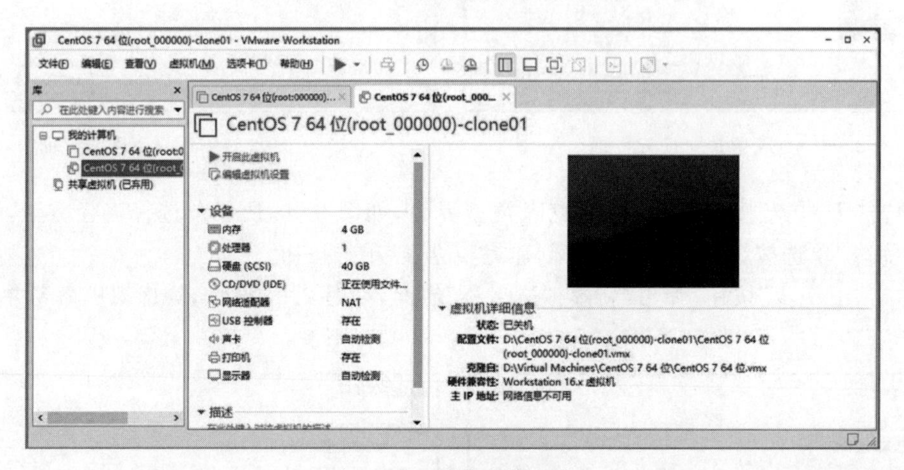

图 2.101 系统克隆完成

Format，VMDK）文件上的变更位图，因此，它不能比 VMDK 还大。每为虚拟机创建一个快照，都会创建一个 delta 文件，当快照被删除或在快照管理中被恢复时，文件将自动被删除。

可以把虚拟机某个时间点的内存、磁盘文件等的状态保存为一个镜像文件。通过这个镜像文件，用户可以在以后的任何时间来恢复虚拟机创建快照时的状态。日后系统出现问题时，可以从快照中进行恢复。

（1）打开 VMware 虚拟机主窗口，启动虚拟机中的系统，选择要快照保存备份的内容，选择“虚拟机”→“快照”→“拍摄快照”选项，如图 2.102 所示。命名快照，如图 2.103 所示。

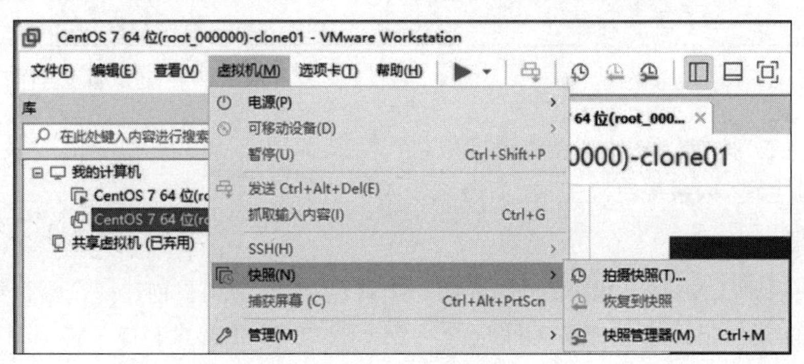

图 2.102 拍摄快照

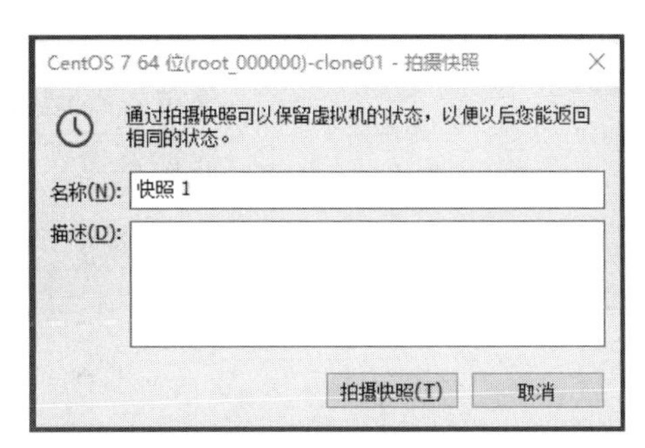

图 2.103　命名快照

（2）单击"拍摄快照"按钮，返回 VMware 虚拟机主窗口，拍摄快照完成，如图 2.104 所示。

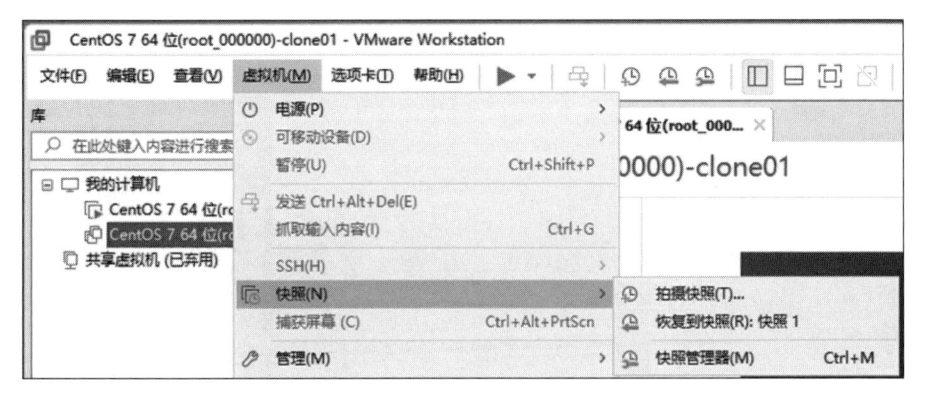

图 2.104　拍摄快照完成

课后习题

1. 选择题

（1）目前广泛使用的数据存储技术是（　　）。

A. DAS 技术　　B. NAS 技术　　C. FC SAN 技术　　D. IP SAN

（2）【多选】固态硬盘的优点有（　　）。

A. 读写速度快　　B. 防震抗摔性　　C. 低功耗　　D. 无噪声

（3）【多选】云存储的优势有（　　）。

A. 无须增加额外的硬件设施或配备专人负责维护，减少管理难度

B. 随时可以对空间进行扩展增减，增加存储空间的灵活可控性

C. 按需付费，有效降低企业实际购置设备的成本

D. 提高了存储空间的利用率，同时具备负载均衡、故障冗余功能

（4）【多选】云存储一般分为哪 3 类？（　　）

A. 公有云存储　　B. 私有云存储　　C. 园区云存储　　D. 混合云存储

（5）【多选】云存储系统的结构模型由哪几部分组成？（　　）

A. 存储层　　B. 基础管理层　　C. 应用接口层　　D. 访问层

(6)【多选】云存储关键技术包括（　　）。

A. 存储虚拟化技术　　B. 分布式存储技术

C. 重复数据删除技术　　D. 数据备份技术

2. 简答题

(1) 简述存储的发展和技术演进。

(2) 简述固态硬盘的优点。

(3) 简述云存储的优势。

(4) 简述云存储的主要特征。

(5) 简述云存储的分类。

第3章

DAS服务器配置与管理

学习目标

- 理解 DAS 技术基础知识、RAID(磁盘阵列)、RAID 数据保护 LUN 虚拟化,以及磁盘及磁盘分区等相关理论知识。
- 掌握基本磁盘的配置与管理、动态磁盘的配置与管理,以及存储池的配置与管理等相关知识与技能。

3.1 项目陈述

随着社会对信息存储需求的不断加速,存储容量飞速增长。网络存储作为一种广泛的服务,用户除了对其要求提供海量存储容量外,还对包括数据访问性能、数据传输性能、数据管理能力、存储扩展能力、数据安全性等多方面提出要求。存储技术的水平逐渐成为一种可量化的,影响系统和网络性能的关键因素,它的优劣直接影响到整个系统能否正常运行。因此,近年来,存储行业逐渐成为 IT 业界最热门的领域之一。本章讲解 DAS 技术基础知识、RAID、RAID 数据保护 LUN 虚拟化,以及磁盘及磁盘分区等相关理论知识,项目实践部分讲解基本磁盘的配置与管理、动态磁盘的配置与管理,以及存储池的配置与管理等相关知识与技能。

3.2 必备知识

3.2.1 DAS 技术基础知识

存储是一种为数据提供稳定、非易失、可靠的保存数据的基础设施的总称。而网络存储技术,就是以互联网为载体实现数据的传输与存储，它采用面向网络的存储体系结构，使数据处理和数据存储分离。它通过网络连接服务器和存储资源，消除了不同存储设备和服务器之间的连接障碍；提高了数据的共享性、可用性、可扩展性和管理性。

目前网络存储架构中，普遍使用的有直连式存储（Direct Attached Storage，DAS）、网络附属存储（Network Attached Storage，NAS）、存储区域网络（Storage Area Network，SAN）和因特网小型计算机系统接口（Internet Small Computer System Interface，iSCSI），又称为 IP-SAN，是一种基于因特网及 SCSI-3 协议的存储技术。

1. 直连式存储 DAS

DAS 技术是最早被采用的存储技术，如同 PC 的结构，是把外部的数据存储设备都直接挂在服务器内部的并行总线或串行总线上，数据存储设备是服务器结构的一部分，它依赖于服务器，其本身是硬件的堆叠，不带有任何存储操作系统，如图 3.1 所示。但由于这种存储技术是把设备直接挂在服务器上，随着需求的不断增大，越来越多的设备添加到网络环境中，导致服务器和存储独立数量较多，资源利用率低下，使得数据共享受到严重的限制，因此适用在一些小型网络应用中。

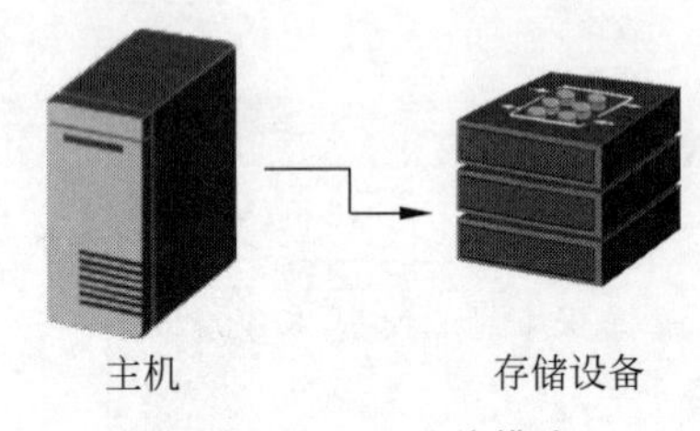

图 3.1　DAS 连接模式

DAS 存储更多地依赖服务器主机操作系统进行数据的 I/O 读写和存储维护管理，数据备份和恢复要求占用服务器主机资源（包括 CPU、系统 I/O 等），数据流需要回流主机再到服务器连接着的磁带机（库），数据备份通常占用服务器主机资源的 20%～30%，因此许多企业用户的日常数据备份常常在深夜或业务系统不繁忙时进行，以免影响正常业务系统的运行。直连式存储的数据量越大，备份和恢复的时间就越长，对服务器硬件的依赖性和影响就越大。

直连式存储与服务器主机之间的连接通道通常采用 SCSI 连接，随着服务器 CPU 的处理能力越来越强，存储硬盘空间越来越大，阵列的硬盘数量越来越多，SCSI 通道将会成为 I/O 瓶颈；服务器主机 SCSI ID 资源有限，能够建立的 SCSI 通道连接有限。

DAS 存储体系结构是以服务器为中心，各种存储设备通过总线与服务器连接，终端对数据进行访问时，必须经过服务器才能与存储设备通信，因此，服务器就是一个数据转发器。

无论是直连式存储还是服务器主机的扩展，从一台服务器扩展为多台服务器组成的群集（Cluster），或存储阵列容量的扩展，都会造成业务系统的停机，从而给企业带来经济损失，对于银行、电信、传媒等行业 7×24h 服务的关键业务系统，这是不可接受的。并且直连式存储或服务器主机的升级扩展，只能由原设备厂商提供，往往受原设备厂商限制。

直连式存储是指服务器主机与网络存储之间通过通信线缆直连，实现数据存取。直连式存储部署方式分为内置存储和外置存储。

(1) 内置存储。

内置存储就是将存储设备（通常是磁盘）与服务器其他硬件直接安装在同一个机箱内，且该存储设备被服务器独占使用，服务器内部连接硬盘的形式，如图 3.2 所示。当前被广泛使用的超融合云一体机就是典型的内置存储方式，它将服务器虚拟化、网络虚拟化、存储虚拟化纳入管理平台统一管理，实现企业私有云的超融合基础架构的交付。内置 DAS 存储设备通过服务器的并行总线或串行总线与服务器相连接，内置 DAS 的管理主要是通过主机和主机操作系统来实现，也有使

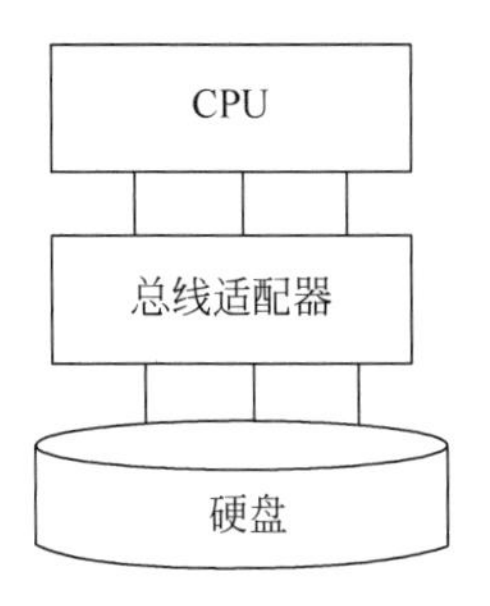

图 3.2　超融合服务器

用第三方软件来进行管理，主机主要实现存储设备硬盘/卷的分区创建及分区管理，以及操作系统支持的文件系统布局。

（2）外置存储。

外置存储就是将存储设备从服务器中独立出来，存储设备通过电缆或光缆直接连接到服务器，输入/输出（Input/Output，I/O）请求直接发送到存储设备，DAS 依靠服务器进行工作，其本身只是硬件的堆叠，而没有操作系统。

外置存储必须依赖服务器主机操作系统进行数据的 I/O 读写和存储维护管理，所以数据备份和恢复都会占用服务器主机资源（包括 CPU、系统 I/O 等），外置存储与服务器主机之间的连接通道通常采用小型计算机系统接口（Small Computer System Interface，SCSI）连接，当前最高带宽为 640MB/s。当终端连接数量增加时，总线会成为数据传输的瓶颈，严重影响整个系统的正常工作。因此，这种存储方式不能适应较高的存储要求。

相比内置 DAS，外围 DAS 克服了内部 DAS 对连接设备的距离和数量的限制，可以提供更远距离、更多设备数量的连接，增强了存储扩展性。另外，外部 DAS 还可以提供存储设备集中化管理，使操作维护更加方便。但是，外置 DAS 对设备连接距离和数量依然存在限制，也存在资源共享不便的问题。

相对于内置 DAS 的管理，外置 DAS 管理的一个关键点是主机操作系统不再直接负责一些基础资源的管理，而是采用基于阵列的管理方式，如 LUN 的创建、文件系统的布局以及数据的寻址等。如果主机的内部 DAS 是来自多个厂商的存储设备，如硬盘，则需要对这些存储设备分别进行管理。但是，如果将这些存储设备统一放到某个厂商的存储阵列中，则可以由阵列的管理软件进行集中化统一管理。这种操作方式避免了主机操作系统对每种设备的单独管理，维护管理更加便捷。

外置 DAS 包含两种存储形态：外部硬盘阵列和智能硬盘阵列。

2. DAS 的优点

DAS 适用于对存储容量要求不高、服务器数量很少的中小型局域网，其主要优点在于存储容量扩展的操作非常简单，投入的成本少。

（1）DAS 能实现大容量存储。它可以将多个磁盘合并成一个大容量的逻辑磁盘，满足海量存储的需求。

（2）实现了应用数据和操作系统的分离。操作系统一般存放在主机硬盘中，而应用数据放置于存储的磁盘阵列中。

（3）提高存取性能。通过磁盘阵列，同时可以有多个物理磁盘在并行工作，I/O 速度远高于单个磁盘的运行速度，可以较好地响应高 I/O 服务业务的需求。

（4）实施简单。DAS 无须专业人员操作和维护，节省用户投资。

（5）本地数据供给优势明显，系统可靠性高，针对小型环境部署简单。

（6）系统复杂度较低，成本少而见效快，系统效益高。

3. DAS 的缺点

DAS 存储方式实现了机内存储到存储子系统的跨越，但也存在很多局限性。

（1）扩展性差。随着服务器 CPU 的处理能力越来越强，存储硬盘空间越来越大，阵列的硬盘数量越来越多，SCSI 通道已成为 I/O 瓶颈。

① 规模扩展性。服务器主机 SCSI 的 ID 资源有限，能够建立的 SCSI 通道连接有限。服务器与存储设备之间采用 SCSI 线缆直接连接的方式，提供的有效用户接口数量通常较少，导致了主机数目和可以连接的存储上双向受限，当整个系统新增应用服务器时，必须为新增服务器单独配置存储设备，造成用户投资的浪费和重复。

② 性能扩展性。DAS 设备的带宽有限，这也导致了其处理 I/O 的能力有限，当与 DAS 设备相连的主机对 I/O 性能的需求较大，很快就达到 DAS 设备的 I/O 处理能力上限。

(2) 浪费资源。存储空间无法充分利用，存在浪费，因为 DAS 共享前端主机端口的能力有限，也导致了 DAS 的资源利用率比较低。DAS 系统容易出现存储资源孤岛现象，即有些 DAS 系统资源过剩，而有些 DAS 系统资源紧张，原因在于系统很难将剩余未用的存储资源重新进行分配，从而阻碍了 DAS 设备之间的资源共享。数据中心的多台服务器都在使用 DAS 时，冗余的存储空间不能在服务器之间动态分配，造成存储资源浪费。

(3) 管理分散。DAS 方式的数据存储依然是分散的，不同的应用各有一套存储设备，难以对所有存储设备进行集中统一管理。

(4) 异构化严重。DAS 方式使得企业在不同阶段采购了不同厂商不同型号的存储设备，设备之间异构化现象严重，导致维护成本居高不下。面对不同操作系统的服务器的 DAS，网络管理员在数据共享和数据备份等应用中操作复杂，导致维护成本较高。

(5) 数据备份问题。DAS 方式与主机直接连接，在对重要的数据进行备份时，将会极大地占用主机网络的带宽。

(6) 当服务器发生故障时，数据不可访问，维护内置 DAS 时，系统需要停机断电处理。

4. DAS 的适用环境

无论是直连式存储还是服务器主机从一台扩展为多台服务器组成的群集(Cluster)，又或者是存储阵列容量的扩展，都存在业务系统停机的可能，从而给企业带来经济损失的风险，这对于银行、电信等行业的 7×24h 服务的关键业务系统，这是不可接受的。因此，DAS 常应用于以下环境。

(1) 企业仅有若干台服务器，且数据中心投资较少的非关键业务系统。

(2) 存储系统必须被直接连接到应用服务器上时。

(3) 服务器在地理分布上很分散，通过 SAN(存储区域网络)或 NAS(网络直接存储)在它们之间进行互连非常困难时。

3.2.2 RAID

RAID(Redundant Array of Independent Disks，磁盘阵列)最初是美国加利福尼亚大学伯克利分校于 1987 年提出的。简单地说，RAID 是由多个独立的高性能磁盘驱动器组成的磁盘子系统，提供了比单个磁盘更高的存储性能和数据冗余技术。

在传统的计算机存储系统中，存储工作通常是由计算机内置的磁盘来完成的，采用这种内置存储方式容易引起性能、容量扩展性、可靠性等方面的问题。

(1) 不利于扩容。一方面，由于机箱空间有限，硬盘数量的扩展受到了限制，导致存储容量受到限制；另一方面，机箱满载的情况下需要扩容，只能通过添购服务器的方式实现，扩容成本高。

(2) 不利于资源共享。数据存在于不同服务器挂接的磁盘上，不利于共享和备份。

(3) 影响业务连续性。当需要更换硬盘(如硬盘失效)或增加硬盘(如扩容)时,需要切断主机电源,主机上业务系统只能中断。

(4) 可靠性低。机箱内部的硬盘相互独立,多个磁盘上的数据没有采用相关的数据保护措施,坏盘情况下数据丢失的风险大。

(5) 存储空间利用率低。一台主机内置一块或几块容量较大的硬盘,而自身业务在只需很小存储空间的情况下,其他主机也无法利用这些闲置的空间,造成了存储资源的浪费。

(6) 内置存储直接通过总线与内存相连,占用总线资源,影响主机性能。

随着大型计算、海量数据存储的发展,应用对计算能力、数据存储资源方面都有了更高的要求,计算机内置存储已经无法满足各类应用对存储性能、容量、可靠性的需求。为了克服内置存储存在的扩容性差这一问题,人们把磁盘从机箱里面挪到了机箱外面,通过 SCSI 总线将主机与外置磁盘连接起来,进而通过扩展磁盘数量获得足够大的存储容量,这也是 RAID 技术的设计初衷。后来随着磁盘技术的不断发展,单个磁盘容量不断增大,构建 RAID 的目的已不限于构建一个大容量磁盘,而是利用并行访问技术和数据编码方案来分别提高磁盘的读写性能和数据安全性。

磁盘阵列的全称是独立冗余磁盘阵列,最初是由美国加利福尼亚大学伯克利分校于 1987 年提出的,它将两个或两个以上单独的物理磁盘以不同的方式组合成一个逻辑盘组。

RAID 技术的优势主要体现在三方面。

(1) 将多个磁盘组合成一个逻辑盘组,以提供更大容量的存储。

(2) 将数据分割成数据块,由多个磁盘同时进行数据块的写入/读出,以提高访问速度。

(3) 通过数据镜像或奇偶校验提供数据冗余保护,以提高数据安全性。

实现 RAID 主要有两种方式:软件 RAID 和硬件 RAID。

(1) 基于软件的 RAID 技术。

通过在主机操作系统上安装相关软件实现,在操作系统底层运行 RAID 程序,将识别到的多个物理磁盘按一定的 RAID 策略虚拟成逻辑磁盘;然后将这个逻辑磁盘映射给磁盘管理器,由磁盘管理器对其进行格式化。上层应用可以透明地访问格式化后的逻辑磁盘,察觉不到逻辑磁盘是由多个物理磁盘构成的。上述所有操作都是依赖于主机处理器实现的,软件 RAID 会占用主机 CPU 资源和内存空间,因此,低速 CPU 可能无法实施,软件 RAID 通常用于企业级服务器。但是,软件 RAID 具有成本低、配置灵活、管理方便等优势。

(2) 基于硬件的 RAID 技术。

通过独立硬件来实现 RAID 功能,包括采用集成 RAID 芯片的 SCSI 适配卡(即 RAID 卡)或集成 RAID 芯片的磁盘控制器(即 RAID 控制器)。RAID 适配卡和 RAID 控制器都拥有自己独立的控制处理器、I/O 处理芯片、存储器和 RAID 芯片。硬件 RAID 采用专门的 RAID 芯片来实现 RAID 功能,不再依赖于主机 CPU 和内存。相比软件 RAID,硬件 RAID 不但释放了主机 CPU 压力,提高了性能,而且操作系统也可以安装在 RAID 虚拟磁盘之上,能够进行相应的冗余保护。

1. RAID 中的关键技术

RAID 技术除了可以提供大容量的存储空间,还可以提高存储性能和数据安全性。那么它如何能在提高读写性能的同时保证数据安全性呢?主要原因在于 RAID 采用了数据条带化这一高效数据组织方式以及奇偶校验这一数据冗余策略。

（1）镜像。

镜像是一种冗余技术，为磁盘提供了保护功能，以防止磁盘发生故障而造成数据丢失。对于RAID而言，采用镜像技术将会同时在阵列中产生两个完全相同的数据副本，分布在两个不同的磁盘驱动器组中。镜像提供了完全的数据冗余能力，当一个数据副本失效不可用时，外部系统仍可正常访问另一个副本，不会对应用系统的运行和性能产生影响。此外，镜像不需要额外的计算和校验，用于修复故障非常快，直接复制即可。镜像技术可以从多个副本并发读取数据，提供了更高的读取性能，但不能并行写数据，写多个副本时会导致一定的 I/O 性能降低。

（2）数据条带。

RAID引入了条带的概念，如图 3.3 所示。条带单元(Stripe Unit)是指磁盘中单个或者多个连续的扇区的集合，是单块磁盘上进行一次数据读写的最小单元。条带(Stripe)是同一磁盘阵列中多个磁盘驱动器上相同“位置”的条带单元的集合，条带单元是组成条带的元素。条带宽度是指在一个条带中数据成员盘的个数，条带深度则是指一个条带单元的容量大小。

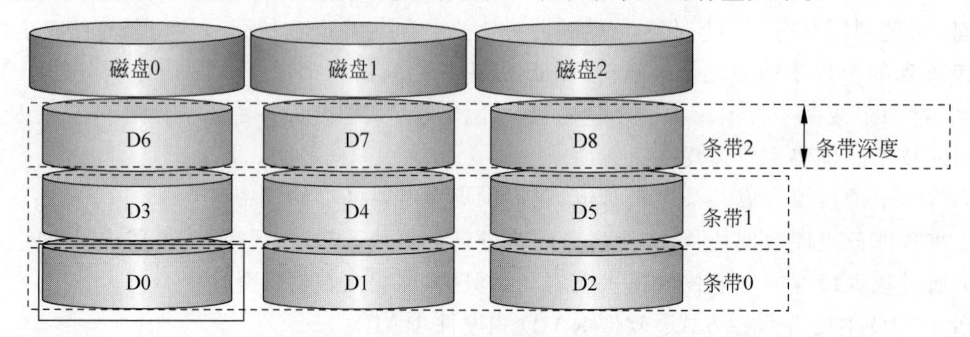

图 3.3　数据组织方式

通过对磁盘上的数据进行条带化，实现对数据成块存取，可以增强访问连续性，有效减少磁盘的机械寻道时间，提高数据存取速度。此外，通过对磁盘上的数据进行条带化，将连续的数据分散到多个磁盘上存取，实现同一阵列中多块磁盘同时进行存取数据，提高了数据存取效率(即访问并行性)。并行操作可以充分利用总线的带宽，显著提高磁盘整体存取性能。

因为采用了数据条带化组织方式，使得 RAID 组中多个物理磁盘可以并行或并发地响应主机的 I/O 请求，进而达到提升性能的目的。这里的 I/O 是输入(Input)和输出(Output)的缩写，输入和输出分别对应数据的写和读操作。并行是指多个物理磁盘同时响应一个 I/O 请求的执行方式，而并发则是指多个物理磁盘一对一同时响应多个 I/O 请求的执行方式。

磁盘存储的性能瓶颈在于磁头寻道定位，它是一种慢速机械运动，无法与高速的 CPU 匹配。再者，单个磁盘驱动器性能存在物理极限，I/O 性能非常有限。RAID 由多块磁盘组成，数据条带技术将数据以块的方式分布存储在多个磁盘中，从而可以对数据进行并发处理。这样写入和读取数据即可在多个磁盘中同时进行，并发产生非常高的聚合 I/O，有效地提高整体 I/O 性能，且具有良好的线性扩展性。这在对大容量数据进行处理时效果尤其显著，如果不分块，则数据只能先按顺序存储在磁盘阵列的磁盘中，需要时再按顺序读取。而通过条带技术，可获得数倍于顺序访问的性能提升。

（3）数据校验。

RAID 通过镜像和奇偶校验的方式对磁盘数据进行冗余保护。镜像是指利用冗余的磁盘保存数据的副本，一个数据盘对应一个镜像备份盘；奇偶校验则是指用户数据通过奇偶校验算法计算出奇偶校验码，并将其保存于额外的存储空间。奇偶校验采用的是异或运算（运算符为+）算法。奇偶校验具体过程如图 3.4 所示，0⊕0=0，0⊕1=1，1⊕0=1，1⊕1=0，即运算符两边数据相同则为假（等于 0），相异则为真（等于 1）。

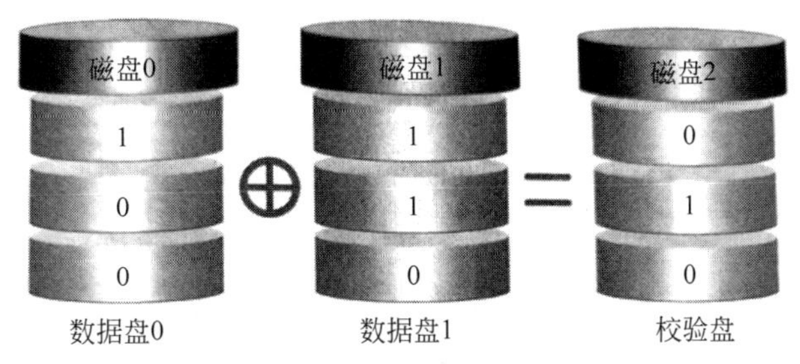

图 3.4　数据奇偶校验

通过镜像或奇偶校验方式，可以实现对数据的冗余保护。当 RAID 中某个磁盘数据失效时，可以利用镜像盘或奇偶校验信息对该磁盘上的数据进行修复，从而提高了数据的可靠性。

镜像具有安全性高、读取性能高的特点，但冗余开销太大。数据条带通过并发性大幅提高了性能，但未考虑数据安全性、可靠性。数据校验是一种冗余技术，它以校验数据提供数据的安全性，可以检测数据错误，并在能力允许的前提下进行数据重构。相对于镜像，数据校验大幅缩减了冗余开销，用较小的代价换取了极佳的数据完整性和可靠性。数据条带技术提供了性能，数据校验提供了数据安全性，不同等级的 RAID 往往同时结合使用这两种技术。

采用数据校验时，RAID 要在写入数据的同时进行校验计算，并将得到的校验数据存储在 RAID 成员磁盘中。校验数据可以集中保存在某个磁盘或分散存储在多个磁盘中，校验数据也可以分块，不同 RAID 等级的实现各不相同。当其中一部分数据出错时，就可以对剩余数据和校验数据进行反校验计算以重建丢失的数据。相对于镜像技术而言，校验技术节省了大量开销，但由于每次数据读写都要进行大量的校验运算，因此对计算机的运算速度要求很高，必须使用硬件 RAID 控制器。在数据重建恢复方面，校验技术比镜像技术复杂得多且速度慢得多。

2. 常见的 RAID 类型

(1) RAID0。

RAID0 会把连续的数据分散到多个磁盘中进行存取，系统有数据请求时可以被多个磁盘并行执行，每个磁盘执行属于自己的那一部分数据请求。如果要做 RAID0，则一台服务器至少需要两块硬盘，其读写速度是一块硬盘的两倍。如果有 N 块硬盘，则其读写速度是一块硬盘的 N 倍。虽然 RAID0 的读写速度可以提高，但是由于没有数据备份功能，因此安全性会低很多。如图 3.5 所示，为 RAID0 技术结构示意图。

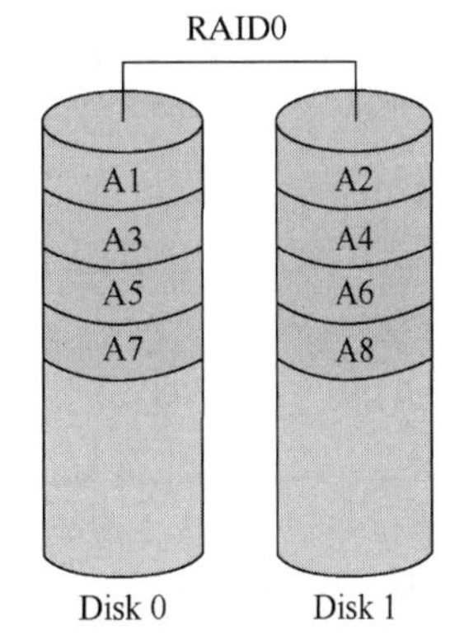

图 3.5　RAID0 技术结构示意图

RAID0 技术的优缺点分别如下。

优点：读写性能好，存储数据被分割成 N（成员盘数）部分，分别存储在 N 个磁盘上，理论上逻辑磁盘的读写性能是单块磁盘的 N 倍，实际容量等于阵列中最小磁盘容量的 N 倍；充分利用 I/O 总线性能，使其带宽翻倍，读写速度翻倍；充分利用磁盘空间，利用率为 100%。

缺点：安全性低，任何一块磁盘发生故障，数据都无法恢复，甚至可能导致整个 RAID 上的数据丢失；不提供数据冗余；无数据校验，无法保证数据的正确性；存在单点故障。

应用场景：对数据完整性要求不高的场景，如日志存储、个人娱乐；对读写效率要求高，而对安全性能要求不高的场景，如图像工作站。

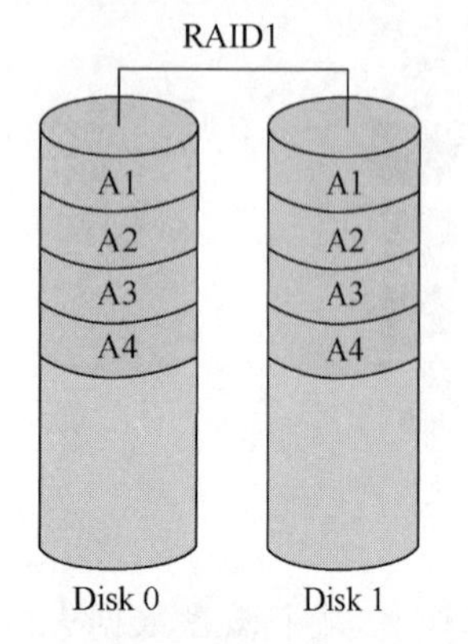

图 3.6 RAID1 技术结构示意图

(2) RAID1。

RAID1 会通过磁盘数据镜像实现数据冗余，在成对的独立磁盘中产生互为备份的数据。当原始数据繁忙时，可直接从镜像副本中读取数据。同样地，要做 RAID1 至少需要两块硬盘，当读取数据时，其中一块硬盘会被读取，另一块硬盘会被用作备份。其数据安全性较高，但是磁盘空间利用率较低，只有 50%。如图 3.6 所示，为 RAID1 技术结构示意图。

RAID1 技术的优缺点如下。

优点：安全性很高，数据双倍存储，$N-1$ 个磁盘作为镜像盘，允许 $N-1$ 个磁盘故障，当一个磁盘受损时，换上一个新磁盘替代原磁盘即可自动恢复数据和继续使用；提供了良好的读取性能。

缺点：磁盘读写性能一般且空间利用率低，存储速度与单块磁盘相同，阵列实际容量等于 N 个磁盘中最小磁盘的容量，成本高；无数据校验。

应用场景：比较适用于安全性要求高的应用，存放重要数据的场景，如服务器、数据存储领域。

(3) RAID3。

RAID3 是把数据分成多个“块”，按照一定的容错算法，存放在 $N+1$ 个硬盘上，实际数据占用的有效空间为 N 个硬盘的空间总和，而第 $N+1$ 个硬盘上存储的数据是校验容错信息，当这 $N+1$ 个硬盘中的其中一个硬盘出现故障时，从其他 N 个硬盘中的数据也可以恢复原始数据，这样，仅使用这 N 个硬盘也可以带伤继续工作(如采集和回放素材)，当更换一个新硬盘后，系统可以重新恢复完整的校验容错信息。由于在一个硬盘阵列中，多于一个硬盘同时出现故障率的概率很小，所以一般情况下，使用 RAID3，安全性是可以得到保障的，如图 3.7 所示。RAID3 存在的最大的一个不足，同时也是导致 RAID3 很少被采用的原因就是校验盘很容易成为整个系统的瓶颈。RAID3 会把数据写入操作分散到多个硬盘上进行，然而不管是向哪一个数据盘写入数据，都需要同时重写校验盘中的相关信息。因此，对于那些经常需要执行大量写入操作的应用来说，校验盘的负载将会很大，无法满足程序的运行速度，从而导致整个 RAID 系统性能的下降。鉴于这种原因，RAID3 更加适合应用于那些写入操作较少，读取操作较多的应用环境，如数据库和 Web 服务器等。

RAID3 技术的优缺点如下。

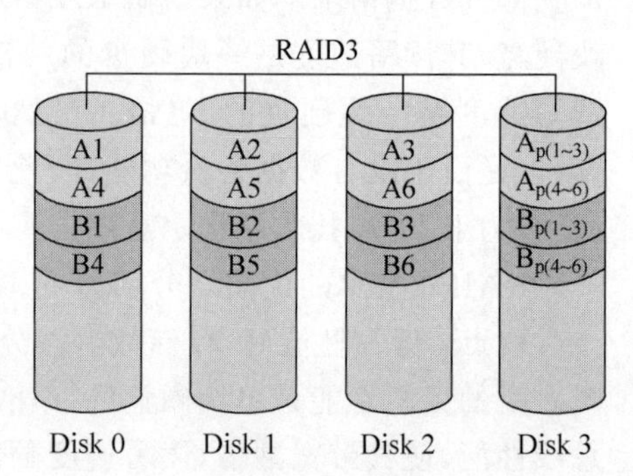

图 3.7 RAID3 技术结构示意图

优点：读性能非常好且安全性较高，和 RAID0 一样从多个磁盘条带并行读取数据，N 块盘的 RAID3 读性能与 $N-1$ 块盘的 RAID0 的不相上下，由于 RAID3 有校验数据，当 N 个磁盘中的其中一个磁盘出现故障时，可以根据其他 $N-1$ 个磁盘中的数据恢复出故障盘上的数据，且具有容错能力；并行 I/O 传输，顺序读性能较高。

缺点：写性能不好，RAID3 支持顺序业务的并行写操作，却不支持随机业务的并发写操作，因为校验数据统一存放在检验盘上，写性能受到校验盘的限制，校验盘成为性能瓶颈；每次读写牵动整个组，每次只能完成一次 I/O 传输。

应用场景：比较适用于连续数据写、安全性要求高的应用场景，如视频编辑、图像编辑、流媒体服务器、大型数据库等。

（4）RAID5。

RAID5 应该是目前最常见的 RAID 等级，具备很好的扩展性。当阵列磁盘数量增加时，并行操作的能力随之增加，可支持更多的磁盘，从而拥有更高的容量及更高的性能。RAID5 的磁盘可同时存储数据和校验数据，数据块和对应的校验信息保存在不同的磁盘中，当一个数据盘损坏时，系统可以根据同一条带的其他数据块和对应的校验数据来重建损坏的数据。与其他 RAID 等级一样，重建数据时，RAID5 的性能会受到较大的影响。

RAID5 兼顾了存储性能、数据安全和存储成本等各方面因素，基本上可以满足大部分的存储应用需求，数据中心大多采用它作为应用数据的保护方案。RAID0 大幅提升了设备的读写性能，但不具备容错能力；RAID1 虽然十分注重数据安全，但是磁盘利用率太低。RAID5 可以理解为 RAID0 和 RAID1 的折中方案，是目前综合性能最好的数据保护解决方案，一般而言，中小企业会采用 RAID5，大企业会采用 RAID10。如图 3.8 所示，为 RAID5 技术结构示意图。

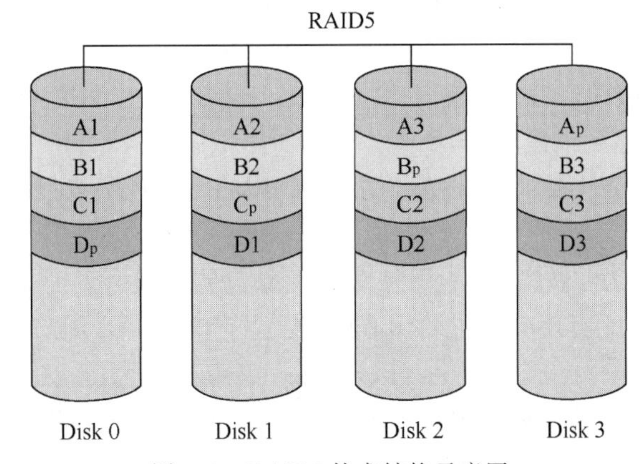

图 3.8　RAID5 技术结构示意图

RAID5 技术的优缺点如下。

优点：存储性能较好、数据安全性高，是目前综合性能最佳的数据保护解决方案。RAID5 把校验数据分散在了不同的数据盘上，避免了 RAID3 中写性能受到校验盘限制的问题，4 盘或以上的 RAID5 支持数据的并行/并发读写操作；有校验机制；磁盘空间利用率高。

缺点：写消耗太大，一次写操作包含写数据块、读取同条带的数据块、计算校验值、写入校验值等多个操作，对写性能有一定的影响；磁盘越多，安全性能越差。

应用场景：适用于随机数据存储、安全性要求高的应用场景，如金融、数据库、存储、邮件服务器、文件服务器等。

（5）RAID6。

RAID6 技术是在 RAID5 基础上，为了进一步加强数据保护而设计的一种 RAID 方式，实际上是一种扩展 RAID5 等级。与 RAID5 的不同之处是除了每个硬盘上都有同级数据 XOR 校验区外，还有一个针对每个数据块的 XOR 校验区。当然，当前盘数据块的校验数据不可能存在当前盘而是交错存储的，如图 3.9 所示。这样一来，等于每个数据块有了两个校验保护屏障（一个是分层校验，一个是总体校验），因此 RAID6 的数据冗余性能相当好。但是，由于增加了一个校验，所以写入的效率较 RAID5 差，而且控制系统的设计也更为复杂，第二块的校验区也减少了有效存储空间。

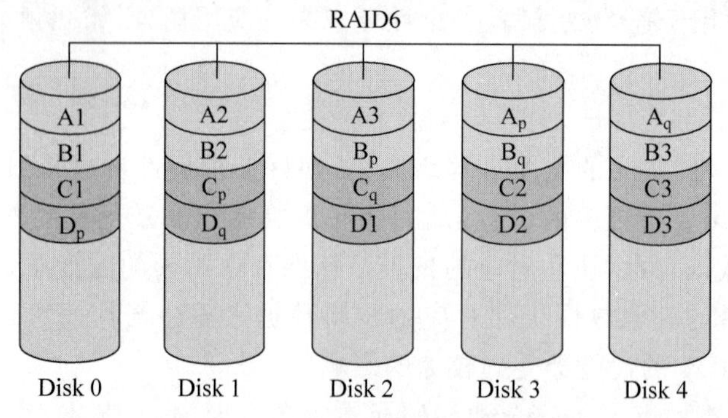

图 3.9　RAID6 技术结构示意图

RAID6 技术的优缺点如下。

优点：RAID6 是在 RAID5 的基础上为了加强数据保护而设计的，可允许损坏两块硬盘，安全性非常高，同时读写性能较好。当两个磁盘同时失效时，RAID6 阵列仍能够继续工作，并通过求解二元方程来重建两个磁盘上的数据。RAID6 继承了 RAID3/RAID5 的读写特性，读性能非常好，有更高的容错能力。

缺点：它有两个校验数据，写操作消耗比 RAID3/RAID5 更大，并且设计和实施相对复杂，性能提升方面不明显，写入速度很慢，成本更高。

应用场景：对数据安全性要求高、性能要求不高的场景，如视频点播业务、视频监控业务等。

(6) RAID01。

RAID01 是先做条带化再做镜像，本质是对物理磁盘实现镜像；而 RAID10 是先做镜像再做条带化，本质是对虚拟磁盘实现镜像。在相同的配置下，RAID01 比 RAID10 具有更好的容错能力。

RAID01 的数据将同时写入两个磁盘阵列中，如果其中一个阵列损坏，则其仍可继续工作，在保证数据安全性的同时提高了性能。RAID01 和 RAID10 内部都含有 RAID1 模式，因此整体磁盘利用率仅为 50%。如图 3.10 所示，为 RAID01 技术结构示意图。

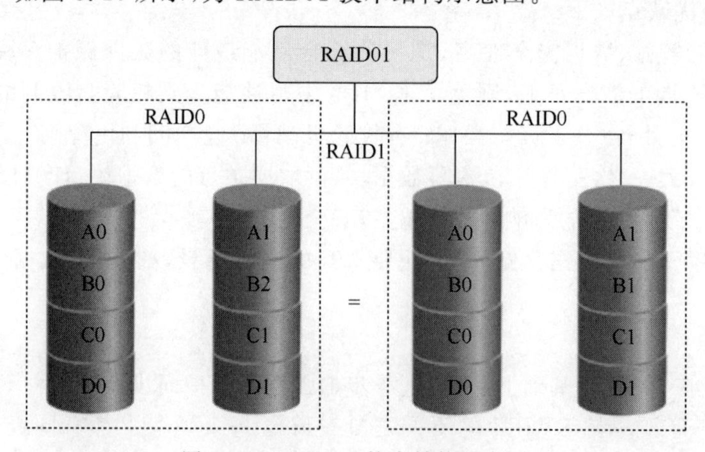

图 3.10　RAID01 技术结构示意图

RAID01 技术的优缺点如下。

优点：具有与 RAID1 一样的容错能力，与 RAID0 一样的高 I/O 宽带，提供了较高的 I/O 性能；有数据冗余；无单点故障。

缺点：重构粒度太大，存储空间利用率低。RAID01 对一个 RAID0 子组进行整体的镜像备份，子组内一块盘失效，将引起整个子组磁盘进行重构；此外，RAID01 内部都采用 RAID1 模式，因此整体磁盘利用率均仅为 50%，成本稍高；安全性能比 RAID10 差。

应用场景：特别适用于既有大量数据需要存取，又对数据安全性要求严格的领域，如银行、金融、商业超市、仓储库房、档案管理等。

(7) RAID10。

如图 3.11 所示，为 RAID10 技术结构示意图。

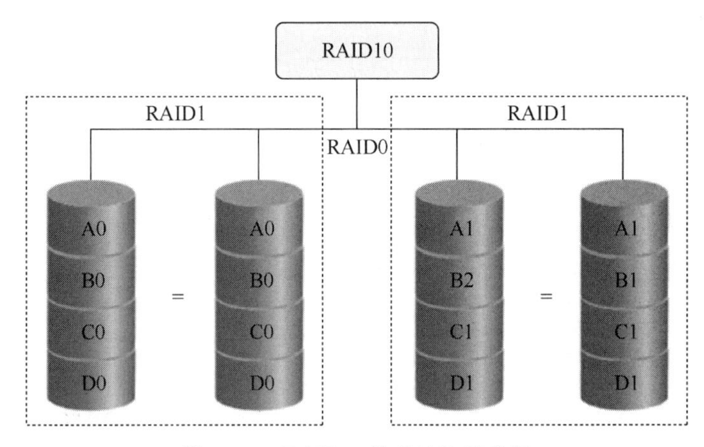

图 3.11　RAID10 技术结构示意图

RAID10 技术的优缺点如下。

优点：和 RAID01 一样，具有与 RAID1 一样的容错能力，与 RAID0 一样也具有较高的 I/O 宽带；此外，RAID10 利用多个 RAID1 子组作 RAID0，子组内一块磁盘失效，可以利用其子组内镜像盘进行单盘快速重构；RAID10 的读取性能优于 RAID01；提供了较高的 I/O 性能；有数据冗余；无单点故障；安全性能高。

缺点：磁盘利用率只有 50%，成本稍高。

应用场景：特别适用于既有大量数据需要存取，又对数据安全性要求严格的领域，如银行、金融、商业超市、仓储库房、档案管理等。

(8) RAID50。

RAID50 具有 RAID5 和 RAID0 的共同特性。它由两组 RAID5 磁盘组成(其中，每组最少有 3 个磁盘)，每一组都使用了分布式奇偶位；而两组 RAID5 磁盘再组建成 RAID0，实现跨磁盘数据读取。RAID50 提供了可靠的数据存储和优秀的整体性能，并支持更大的卷尺寸。即使两个物理磁盘(每个阵列中的一个)发生故障，数据也可以顺利恢复。RAID50 最少需要 6 个磁盘，其适用于高可靠性存储、高读取速度、高数据传输性能的应用场景，包括事务处理和有许多用户存取小文件的办公应用程序。如图 3.12 所示为 RAID50 技术结构示意图。

RAID50 技术的优缺点如下。

优点：可靠的数据存储和优秀的整体性能，即使两个位于不同子组的物理磁盘发生故障，数据

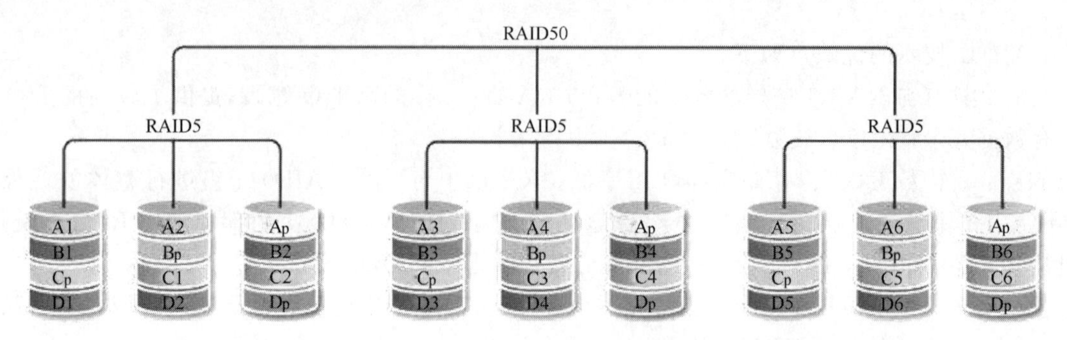

图 3.12　RAID50 技术结构示意图

也可以顺利恢复过来。此外，相对于同数量盘的 RAID5 而言，由于 RAID50 校验数据位于 RAID5 子磁盘组上，重建速度也有很大提高。特别是各 RAID5 子磁盘组采用条带化方式进行存储，写操作消耗更小，具备更快的数据读取速率。

缺点：磁盘故障时影响阵列整体性能，故障后重建信息的时间也比镜像配置情况下要长。

应用场景：适用于随机数据存储、安全性要求高、并发能力要求高的应用场景，如邮件服务器、WWW 服务器等。

3. RAID 容量计算

RAID0：N 块盘组成，逻辑容量为 N 块盘容量之和。

RAID1：$2N$ 块盘组成，逻辑容量为 N 块盘容量。

RAID3：N 块盘组成，逻辑容量为 $N-1$ 块盘容量。

RAID5：N 块盘组成，逻辑容量为 $N-1$ 块盘容量之和。

RAID6：N 块盘组成，逻辑容量为 $N-2$ 块盘容量之和。

RAID10：$2N$ 块盘组成，逻辑容量为 N 块盘容量之和。

RAID50：假设每个 RAID5 由 N 块盘组成，共有 M 个 RAID5 组成该 RAID50，则逻辑容量为 $(N-1)\times M$ 块盘容量之和。

4. 常用 RAID 级别的比较

理想的 RAID 类型，或者是满足用户所有需求的 RAID 类型并不存在。用户选择 RAID 类型时，应根据实际应用需求，综合读写速度、安全性和成本进行考虑。值得注意的是，从理论上而言，磁盘阵列中(RAID1 除外)成员盘越多性能越好。但在实际应用中，随着 RAID 组磁盘数变多，磁盘失效次数也会相应增加。因此，每个 RAID 组中不建议包含太多数量的物理磁盘，常用 RAID 级别的技术特点比较如表 3.1 所示。

表 3.1　常用 RAID 级别的技术特点比较

RAID 级别对比项	RAID0	RAID1	RAID3	RAID5	RAID6	RAID10/01	RAID50
容错性	无	有	有	有	有	有	有
冗余类型	无	镜像	有奇偶校验	有奇偶校验	有奇偶校验	镜像	有奇偶校验
热备盘选项	无	有	有	有	有	有	有
读性能	高	中	高	高	高	中	高
随机写性能	高	低	低	最低	低	中	中
连续写性能	高	低	中	中	低	中	中
最小磁盘数	2 块	2 块	3 块	3 块	4 块	4 块	6 块

3.2.3　RAID 数据保护

RAID 通过使用多磁盘并行存取数据来大幅提高数据吞吐率；另外，通过数据校验，RAID 可以提供容错功能，提高存储数据的可用性。目前，RAID 已成为保障存储性能和数据安全性的一项基本技术。

1. 热备盘

热备(Hot Spare)是指当 RAID 组中某个磁盘失效时，在不干扰当前 RAID 系统正常工作的情况下，用一个正常的备用磁盘顶替失效磁盘。

热备需要通过配置热备盘来实现，热备盘是指一个正常的、可以用来顶替 RAID 组失效磁盘的备用磁盘，可分为全局热备盘和局部热备盘。全局热备盘是指可以被不同 RAID 组共用的热备盘，可以代替任何磁盘组中的任何失效磁盘；局部热备盘是指仅被某一特定的 RAID 组使用的热备盘，这个特定组以外的其他 RAID 组里出现磁盘失效，局部热备盘不会被投入使用。管理员如何配置热备磁盘？热备盘需要几块磁盘？这些问题是根据具体情况而定的。假设目前有 4 个不同的 RAID 组，正常情况下，每个 RAID 组都应该配置一个自己的局部热备盘，当一个磁盘失效时，各自都有一个备用磁盘可用。但在磁盘数量不足的情况下，可以为 4 个不同的 RAID 组配置一个全局热备盘，如果同一时间只有一个磁盘发生故障，对 4 个 RAID 组来说，一块全局热备盘也能有效地防止数据丢失。

通常来说，在创建 RAID 组时要求尽量使用同一厂商的同一型号磁盘，保持磁盘的容量、接口、速率等一致，这样有助于避免短板效应，否则 RAID 组工作时，各个成员磁盘的可用容量、读写性能、接口速率均以最低配置的磁盘为准，造成性能和容量的无谓浪费。因此，选择热备盘时，要求热备盘的容量大于或等于失效磁盘的容量，建议热备盘类型与失效 RAID 组中的磁盘类型相同。

2. 预拷贝

预拷贝是指系统通过监控发现 RAID 组中某成员盘即将发生故障时，将即将故障成员盘中的数据提前拷贝到热备盘中。预拷贝是磁盘阵列的一种数据保护方式，能有效降低数据丢失风险，大大减少重构事件发生的概率，提高系统的可靠性。

如图 3.13 所示，预拷贝过程主要包括以下三个步骤。

(1) 正常状态时，实时监控磁盘状态。

(2) 当某个磁盘疑似出现故障时，将该盘上的数据拷贝到热备盘上。

(3) 拷贝完成后，若有新盘替换故障盘时，再将数据迁移回新盘上。

预拷贝技术的应用前提是系统能检测到即将故障的磁盘，并且系统中配置有热备盘。对于存储设备来说，预拷贝非常有效。大多数企业级磁盘设备都配有一个名为 SMART 的工具，负责磁盘自我监测、分析和报告。具体地，SMART 工具不断从磁盘上的各个传感器收集信息，并把信息保存在磁盘的系统保留区。利用这个工具可以监视磁盘的健康状况，包括检查磁盘的旋转速度、温度、通电次数、通电数据累计、写错误率等，因此，配有 SMART 工具的磁盘也被称为智能磁盘。系统会实时从智能磁盘的 SMART 信息中读取磁盘的状态信息，当发现磁盘错误统计超过设定的阈值后，立即将数据从疑似故障的磁盘中拷贝到热备盘中，同时向管理人员报警，提醒更换疑似故障的磁盘。

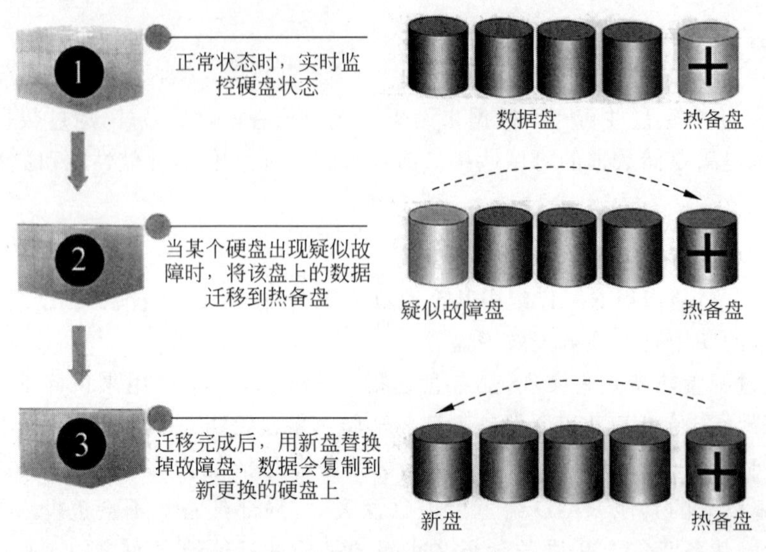

图 3.13　磁盘预拷贝技术

3. 失效重构

重构是指当 RAID 组中某个磁盘发生故障时，根据 RAID 中的奇偶校验算法或镜像策略，利用其他正常成员盘的数据，重新生成故障磁盘数据的过程。重构内容包括用户数据和校验数据，最终将这些数据写入热备盘或者替换的新磁盘上。

假设磁盘 0、磁盘 1 和磁盘 2 组成了一个 RAID3，其中，磁盘 2 为检验盘，磁盘 3 为热备盘，如图 3.14 所示。如果磁盘 0 由于某种原因导致盘发生故障，数据块 D0、D2、D4 丢失，那么磁盘控制器就可以利用磁盘 1 上的用户数据和磁盘 2 上的检验数据进行异或运算，重新构造出磁盘 0 中的数据块 D0、D2、D4，并写入热备盘中，待新盘替换故障盘之后，再将热备盘中的数据复制回新盘。当然，如果系统没有设置热备盘，则可以用新盘替换故障盘，直接将重构好的数据写入新盘中。

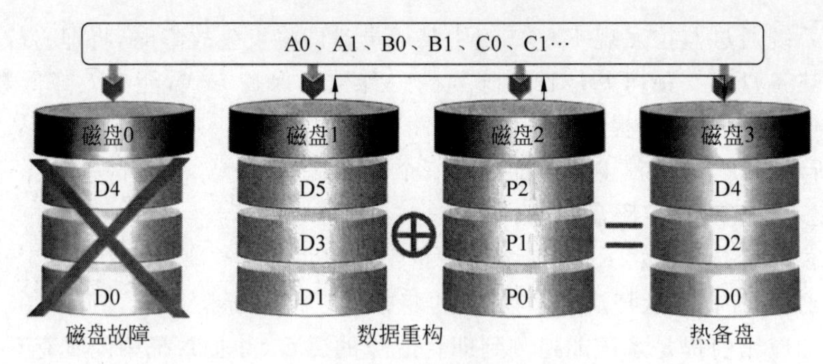

图 3.14　数据重构

在正常工作情况下，RAID 组中出现成员磁盘失效时就会进入降级状态并触发重构。成功触发重构需要具备如下三个前提。

(1) 阵列中有成员盘故障或数据失效。

(2) 阵列中配置有热备盘且没有被其他 RAID 组占用，或者新盘替换了故障盘。

(3) RAID 级别应配置成 RAID1、RAID3、RIAD5、RAID6、RAID10 或 RAID50 等冗余阵列。

如果要保证阵列可以继续工作，不中断上层业务，那么重构过程不能影响 RAID 组进行读写操作,否则需要暂停业务。

磁盘预拷贝技术和失效重构存在一些差异。最大的区别在于：预拷贝是在数据失效之前将其备份到热备盘里,而重构是在数据失效之后利用相应算法进行数据恢复,前者动作在磁盘故障之前,后者动作在磁盘故障之后。通常情况下,重构需要更长的时间和更多的计算资源,相比而言,磁盘预拷贝技术具备低风险、高效率等优势。然而,不是所有的磁盘故障都能事先检测到的,所以不是任何情况下都可以使用预拷贝技术,在这种情况下,数据重构技术就显得非常重要。

如图 3.15 所示,磁盘预拷贝技术只是两个磁盘之间单纯的数据拷贝过程,速度快且不涉及各种校验计算,也无须用到其他正常成员盘中的数据,上次业务不会中断。而重构过程中要涉及RAID 中的多个成员盘,大量数据读写易导致磁盘损坏且占用后端带宽,各种校验计算需要时间较长,影响系统性能,可能会导致业务中断。

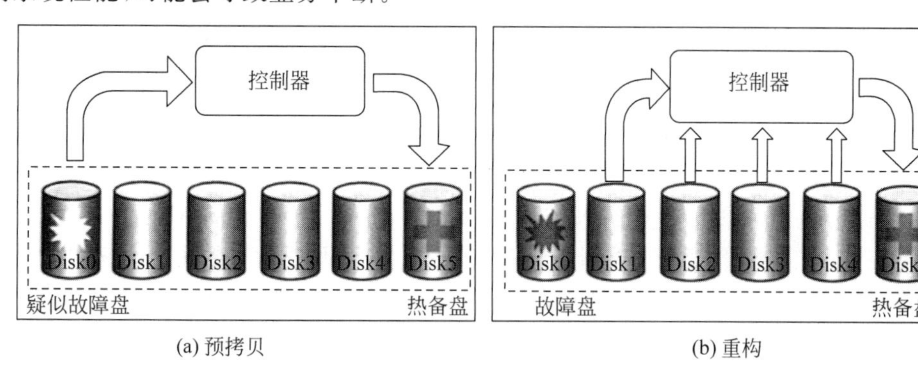

(a) 预拷贝　　(b) 重构

图 3.15　磁盘预拷贝技术和重构的差异

磁盘预拷贝技术可以充分利用从检测到磁盘即将失效至磁盘真正失效的这段时间,将数据拷贝到热备盘中,从而降低数据丢失的风险。在整个预拷贝过程中,RAID 组处于正常状态,所有成员盘均处于可用状态,而且 RAID 组的用户数据和检验数据都是完整的,用户数据无丢失的风险,可以正常地响应主机的 I/O 请求。而在重构过程中,RAID 组处于降级状态,RAID 组的用户数据或校验数据是不完整的,用户数据处于高风险状态。虽然重构过程中也可以响应主机下发的 I/O 请求,但由于故障盘之外的成员盘也需参与重构,响应性能将大大降低。如果重构期间再次出现其他磁盘故障,对于 RAID3、RAID5 等单重冗余保护阵列,用户数据就会丢失,即使是 RAID6 和使用镜像技术的多盘 RAID1 这样的拥有多重冗余保护的阵列,一旦故障磁盘数超过冗余磁盘数,用户数据同样会丢失。

4. RAID 状态

RAID 技术将多个物理磁盘组合在一起形成一个 RAID 组,RAID 组需要维护自身的状态,如图 3.16 所示,RAID 组存在创建、正常工作、降级和失效 4 种状态。

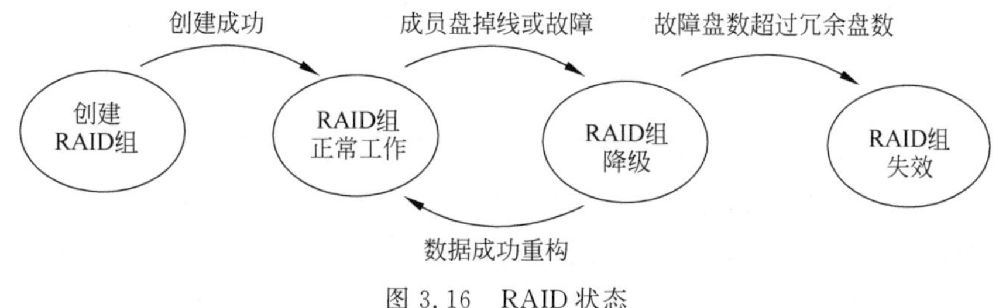

图 3.16　RAID 状态

首先系统按用户配置将若干物理磁盘组建成 RAID 组，当 RAID 组创建成功后，所有磁盘都正常工作时，RAID 组就进入了正常工作状态。正常工作状态下如有一定数量的磁盘掉线或者故障，但整个 RAID 组仍然能够保证数据是可用的，RAID 组就进入了降级状态。在降级状态下，对故障的磁盘进行更换或者使用系统中的热备盘，然后再触发数据重构，通过重构将数据恢复到新盘或热备盘中，成功恢复丢失数据之后，RAID 组将重新进入正常工作状态。但如果在重构过程中发生新的磁盘故障，且故障磁盘数超过该 RAID 类型所支持的冗余磁盘数，就会造成数据永久丢失，此时整个 RAID 组失效。降级状态下 RAID 组能否完成数据重构，取决于使用的 RAID 类型、磁盘故障的数量和替换的磁盘的可用性。

3.2.4 LUN 虚拟化

RAID 技术的设计初衷是将几块小容量廉价的磁盘组合成一个大的逻辑磁盘给大型计算机使用。随着磁盘技术的不断发展，单个磁盘的容量不断增大，组建 RAID 的目的就不限于构建一个大容量的磁盘，而是利用并行访问技术和数据编码方案来分别提高磁盘的读写性能和数据安全性。目前，单个磁盘容量已经较大，多个磁盘组建的 RAID 磁盘组容量则更大，此时，大容量的一个磁盘阵列，是映射给一台主机使用还是共享给多台主机？如果把整个 RAID 组作为一个逻辑单元映射给一台主机使用，就有可能造成存储资源的浪费，因为不是所有的主机都需要如此大的存储空间。如果通过增减阵列成员磁盘的方式适应主机存储空间的需求，那么会造成以下两种消极影响。

（1）影响阵列整体的存储性能，因为磁盘数目过少性能将得不到很好的提升，磁盘数目过多故障率会提高，失效重构会影响用户响应性能。

（2）影响存储空间的利用率，增减磁盘意味着存储容量调整粒度是单个磁盘容量，主机可能只使用一小部分空间，造成存储空间的闲置和浪费。

为了更好地提高阵列存储性能和存储空间利用率，设计者提出了一种 RAID 组进行细粒度切分管理方案，即 LUN 虚拟化。具体地，将一个 RAID 组划分成多个逻辑单元，并分别映射给多台主机使用；同时，一个主机也可以使用多个逻辑单元。

逻辑单元号（Logical Unit Number，LUN）本身用于标记逻辑单元，后来人们系统地用 LUN 来指代逻辑单元。如图 3.17 所示，多个硬盘既可以构成一个 LUN，也可以创建出多个 LUN。

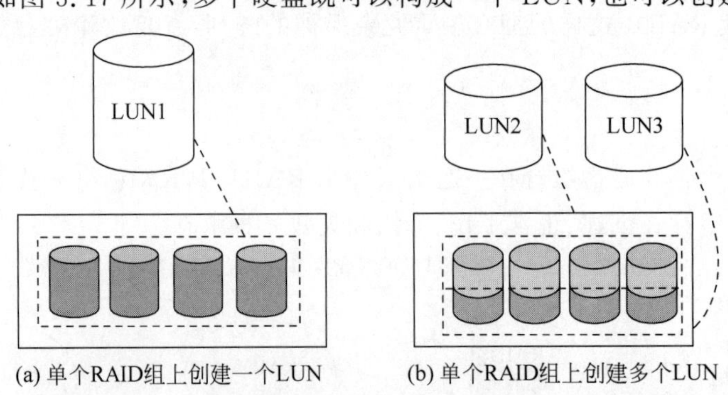

图 3.17　RAID 和 LUN 的关系

若干磁盘组成一个 RAID 组，从逻辑的角度，多个磁盘组成了一个大物理卷，物理卷按照指定容量创建一个或多个 LUN，LUN 可以灵活地映射给主机使用。

设定好相关映射之后，主机可以看到分配给它的磁盘，即RAID组中划分出的LUN。此时主机便可以进行分区、格式化等常规磁盘的操作。在主机看来，这个LUN和一个普通的物理磁盘没有什么区别，即LUN对主机是透明的，主机无须知道这个LUN是来自一块普通的物理磁盘还是一个磁盘阵列，也无须知道磁盘阵列的具体配置（如磁盘数量、RAID级别）。

为了更好地使用LUN，操作系统通常采用卷管理器来管理存储空间。为了更好地理解逻辑卷，这里先解释几个相关概念。

逻辑卷管理器（Logical Volume Manager，LVM）：位于操作系统和存储设备之间，是将操作系统识别到的磁盘进行组合再分配的软件。LVM屏蔽了存储设备映射给主机的物理磁盘或逻辑磁盘的复杂性，通过将这些磁盘做成卷，以逻辑卷的方式灵活地呈现给操作系统磁盘管理器。

物理卷（Physical Volume，PV）：存储设备映射给主机使用的LUN或物理磁盘，都将被操作系统识别为一个物理磁盘，这个物理磁盘在卷管理器层面上被称为物理卷。创建PV时，可以把整个磁盘当成一个PV，也可以将磁盘的一部分创建为一个PV。

卷组（Volume Group，VG）：多个PV首尾相连，组成了一个逻辑上连续编址的卷组，VG的形成相当于屏蔽了底层多个物理磁盘的差异，向上可以提供一个统一管理的磁盘资源池，实现存储空间的动态分配。

逻辑卷（Logical Volume，LV）：是逻辑卷管理器对存储映射给主机的LUN、物理磁盘或物理磁盘分区进行整合，再划分出来的一个虚拟磁盘分区。LV是在VG中创建的最终可供操作系统使用的卷。

如图3.18所示，若干磁盘组成了一个RAID组，在RAID组中按照指定容量创建一个或多个LUN映射给主机使用，LUN在LVM上被称为PV，多个物理卷逻辑上连续编址形成了一个VG，在这个卷组上再划分出了一个个LV。逻辑卷将被提供给操作系统的磁盘管理器进行分区、格式化等。

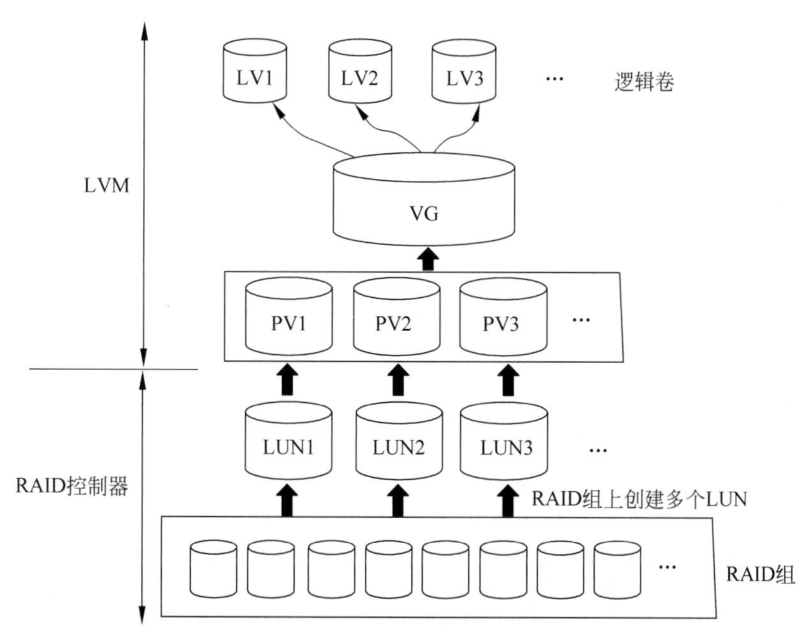

图3.18 RAID组与逻辑卷的关系

对于操作系统而言，逻辑卷就像一个物理磁盘，可以像操作本地磁盘分区一样来管理逻辑卷，比如在逻辑卷之上创建一个文件系统，逻辑卷的实际组成对操作系统是透明的。逻辑卷可以由不连续的物理分区组成，也可以跨越多个物理卷。相对于将 LUN 映射给主机直接安装文件系统进行使用，在逻辑卷上建立文件系统对存储空间进行管理具有以下三方面优势。

(1) 存储容量。逻辑卷可以跨越物理磁盘甚至是 RAID 卡，可随意扩容，而 LUN 划分好之后就无法增减容量，除非删除所有数据进行重新划分，过程复杂且成本高。

(2) 访问性能。逻辑卷可以通过配置来为应用程序提供优化的性能。

(3) 数据安全性。逻辑卷可以通过配置内部镜像来提高数据的安全性。

3.2.5 磁盘及磁盘分区

磁盘根据使用方式可以分为两类：基本磁盘和动态磁盘。按照磁盘的分区机制可分为 MBR 磁盘和 GPT 磁盘。

1. 基本磁盘

基本磁盘只允许将同一硬盘上的连续空间划分为一个分区。人们平时使用的磁盘类型一般都是基本磁盘。在基本磁盘上最多只能建立 4 个分区，并且扩展分区数量最多也只能 1 个，因此 1 个硬盘最多可以有 4 个主分区或者 3 个主分区加 1 个扩展分区。如果想在一个硬盘上建立更多的分区，需要创建扩展分区，然后在扩展分区上划分逻辑分区。

2. 动态磁盘

动态磁盘上没有分区的概念，它以“卷”命名。卷和分区差别很大：同一分区只能存在于一个物理磁盘上，而同一个卷却可以跨越多达 32 个物理磁盘。基于此，服务器可以拥有大容量存储的卷(跨区卷)，这在服务器上是非常实用的功能。卷还可以提供多种卷集(Volume)，卷集分为简单卷、跨区卷、带区卷、镜像卷、RAID5 卷。基本磁盘和动态磁盘相比，有以下区别。

(1) 卷集或分区的数量。动态磁盘在一个硬盘上可创建的卷集个数没有限制。而基本磁盘在一个硬盘上最多只能分 4 个主分区。

(2) 磁盘空间管理。动态磁盘可以把不同磁盘的分区创建成一个卷集，并且这些分区可以是非邻接的，这样，磁盘空间就是几个磁盘分区空间的总和。基本磁盘则不能跨硬盘分区，并且要求分区必须是连续的空间，因此，每个分区的容量最大只能是单个硬盘的最大容量，存取速度与单个硬盘相比没有提升。

(3) 磁盘容量大小管理。动态磁盘允许在不重新启动机器的情况下调整动态磁盘大小，而且不会丢失和损坏已有的数据。而基本磁盘的分区一旦创建，就无法更改容量大小，除非借助于第三方磁盘工具软件，如 PQ Magic。

(4) 磁盘配置信息管理和容错。动态磁盘将磁盘配置信息存放在磁盘中，如果是 RAID 容错系统，这些信息将会被复制到其他动态磁盘上，如果某个硬盘损坏，系统将自动调用另一个硬盘的数据，确保数据的有效性。而基本磁盘将配置信息存放在引导区，没有容错功能。

基本磁盘转换为动态磁盘可以直接进行，但是该过程是不可逆的。若要转回基本磁盘，只有将数据全部拷出，然后删除硬盘所有分区后才能实现动态磁盘转为基本磁盘。

3. MBR 磁盘

主引导记录(Master Boot Record，MBR)，又称为主引导扇区，仅包含一个 64B 的硬盘分区表。由于每个分区信息需要 16B，所以对于采用 MBR 型分区结构的硬盘，最多只能识别 4 个主要分区(Primary Partition)。也就是说，要想在一个采用此种分区结构的硬盘上得到 4 个以上的主要分区是不可能的。如果要得到4个以上的分区，就需要采用前面所提的扩展分区了。扩展分区也是主要分区的一种，但它与主分区的不同在于理论上扩展区可以划分无数个逻辑分区。另外，最关键的是MBR分区方案无法支持超过2TB容量的磁盘。因为MBR分区用4B存储分区的总扇区数，最大能表示2的32次方的扇区个数，按每扇区512B计算，所以每个分区最大不能超过2TB。如果磁盘容量超过2TB，分区的起始位置就无法表示了。

4. GPT磁盘

GUID分区表类型的磁盘，这种磁盘通常称为GPT磁盘，GPT全称为Globally Unique Identifier Partition Table Format，是一种基于Itanium计算机中的可扩展固件接口（Extensible Firmware Interface，EFI）使用的磁盘分区架构。与MBR磁盘相比，GPT具有更多的优点，具体如下。

（1）支持2TB以上的大硬盘。

（2）每个磁盘的分区数量可以达到128个。

（3）分区大小支持18PB。

（4）分区表自带备份。在磁盘的首尾分别保存了一份相同的分区表。其中一份被破坏后，可以通过另一份恢复。

（5）每个分区可以有一个名称（不同于卷标）。

5. 磁盘分区格式

（1）FAT32。

FAT32是Windows系统硬盘分区格式的一种，这种格式采用32位的文件分配表，突破了FAT16对每一个分区容量只有2GB的限制，使其对磁盘的管理能力大大增强。由于硬盘生产成本下降，硬盘容量也越来越大，运用FAT32的分区格式后，可以将1个大硬盘定义成1个分区而不必分为几个分区使用，大大方便了对磁盘的管理。但由于FAT32分区内无法存放大于4GB的单个文件，且性能不佳，易产生磁盘碎片。目前已被性能更优异的NTFS分区格式所取代。

（2）NTFS。

NTFS（New Technology File System）是一种能够提供各种FAT版本所不具备的性能，以及安全性、可靠性与先进特性的高级文件系统。例如，NTFS可通过标准事务日志功能与恢复技术确保卷的一致性。即如果系统出现故障，NTFS能够使用日志文件与检查点信息来恢复文件系统的一致性。

（3）ReFS。

ReFS（Resilient File System）称为弹性文件系统，是在Windows 8.1和Server 2012中新引入的一个文件系统。目前只能应用于存储数据，还不能引导系统，并且在移动媒介上也无法使用。

ReFS与NTFS大部分是兼容的，其主要目的是为了保持较高的稳定性，可以自动验证数据是否损坏，并尽力恢复数据。如果和引入的Storage Spaces（存储空间）联合使用则可以提供更佳的数据防护，同时对于上亿级别大小文件的处理性能也有所提升。

3.3 项目实施

3.3.1 基本磁盘的配置与管理

本案例使用在VMware虚拟机上安装的Windows Server 2019操作系统。

视频讲解

1. 磁盘的安装与初始化

（1）选择相应的虚拟机操作系统，单击右键，在弹出的快捷菜单中选择“设置”选项，弹出“虚拟机设置”对话框，单击“添加”按钮，添加三块60GB磁盘，如图3.19所示。

图3.19 “虚拟机设置”对话框

（2）在Windows Server 2019操作系统中，打开服务器管理器，选择“工具”→“计算机管理”选项，弹出“计算机管理”窗口，选择“存储”→“磁盘管理”选项，如图3.20所示。

（3）以磁盘0为例，选择磁盘0，单击鼠标右键，在弹出的快捷菜单中，选择“联机”选项，如图3.21所示。

（4）完成联机设置后，再单击鼠标右键，在弹出的快捷菜单中，选择“初始化磁盘”选项，如图3.22所示，弹出“初始化磁盘”对话框，如图3.23所示，在“初始化磁盘”对话框中，单击“确定”按钮，完成初始化磁盘工作任务，如图3.24所示。

视频讲解

2. 新建主分区和逻辑分区

在容量为60GB的磁盘0上创建主分区30GB，其余空间划入扩展分区，并分别创建逻辑分区

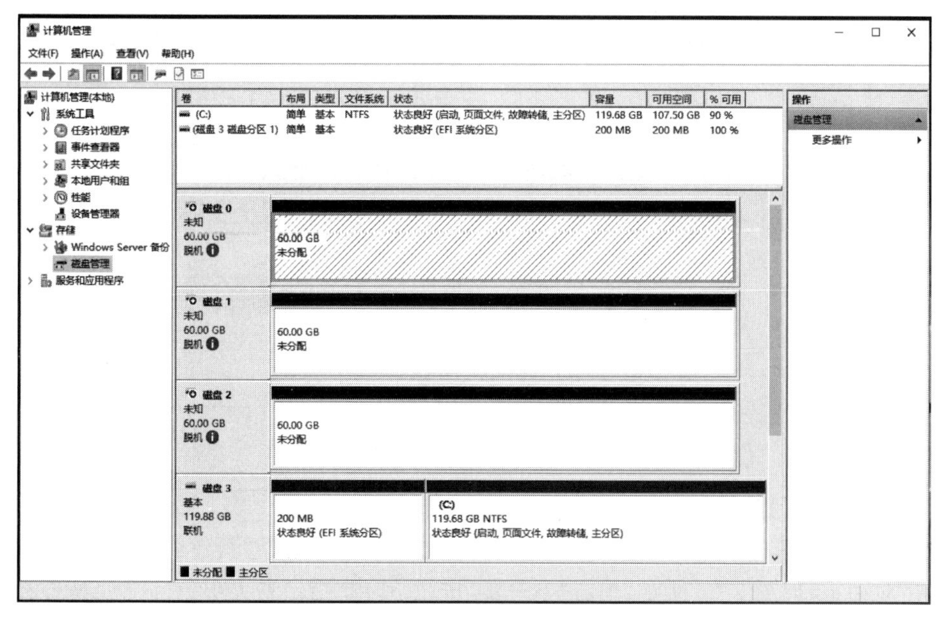

图 3.20 “磁盘管理”选项窗口

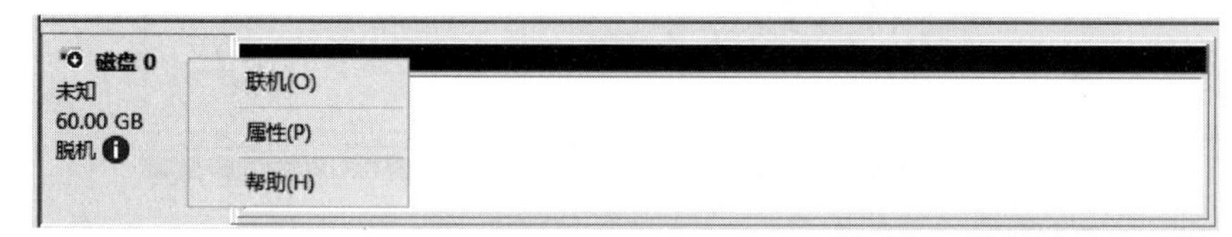

图 3.21 “联机”选项

图 3.22 “初始化磁盘”选项

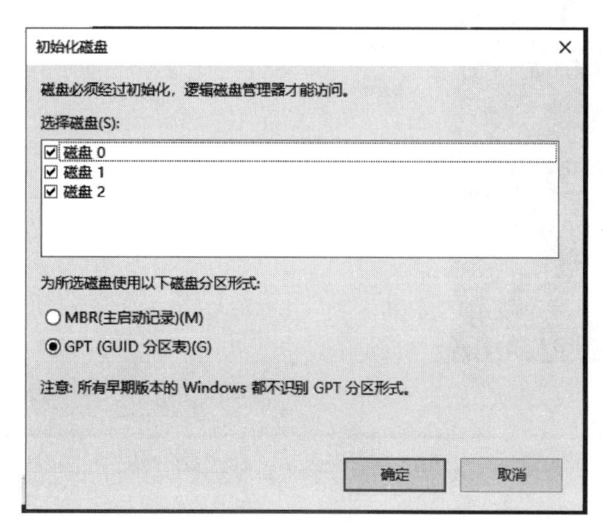

图 3.23 “初始化磁盘”对话框

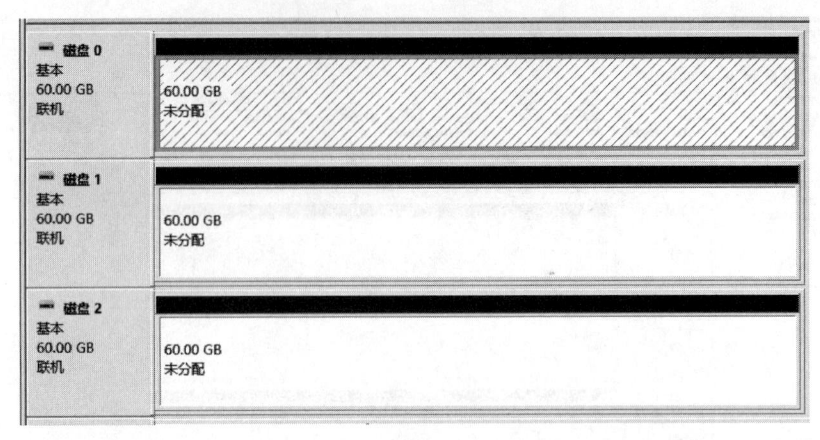

图 3.24　完成“初始化磁盘”

20GB 和 10GB，操作过程如下。

(1) 选择磁盘 0，单击右键，弹出快捷菜单，如图 3.25 所示，选择“新建简单卷”选项，弹出“新建简单卷向导”对话框，如图 3.26 所示，单击“下一步”按钮，弹出“指定卷大小”对话框，如图 3.27 所示。

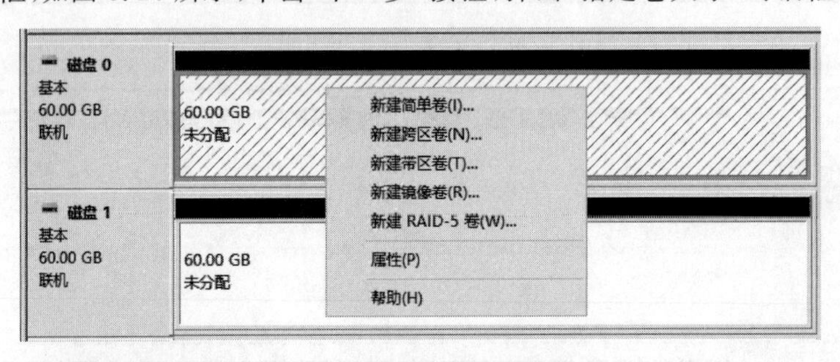

图 3.25　右键属性菜单

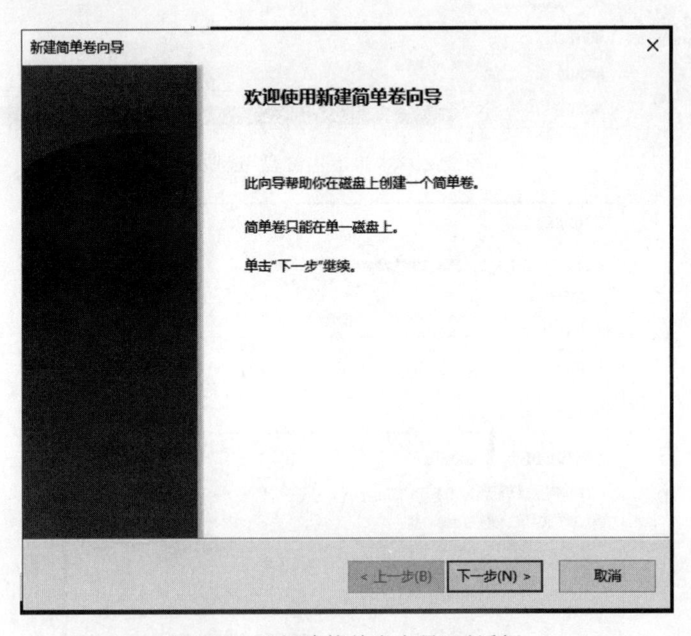

图 3.26　“新建简单卷向导”对话框

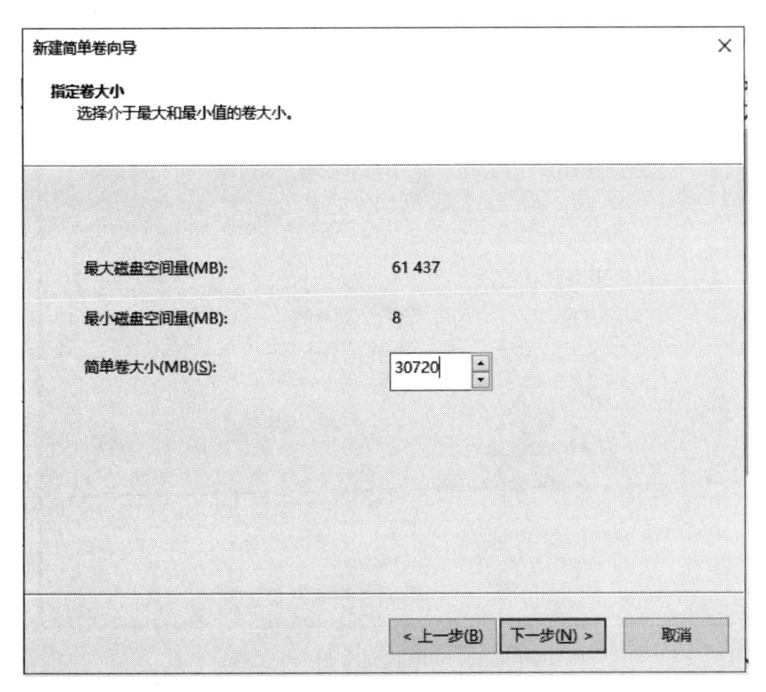

图 3.27　“指定卷大小”对话框

(2) 在“指定卷大小”对话框中，输入简单卷大小，单击“下一步”按钮，弹出“分配驱动器号和路径”对话框，如图 3.28 所示，单击“下一步”按钮，弹出“格式化分区”对话框，如图 3.29 所示。

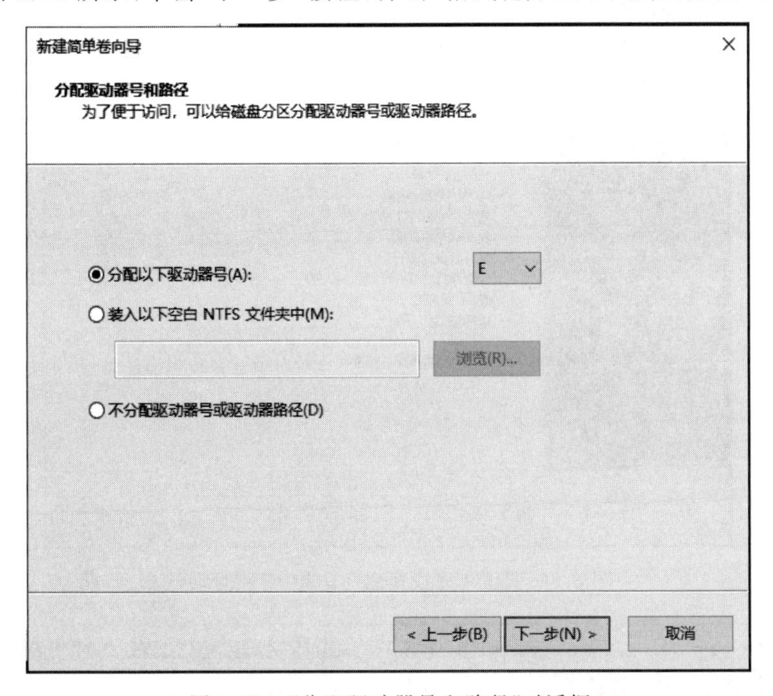

图 3.28　“分配驱动器号和路径”对话框

(3) 在“格式化分区”对话框中，选择“按下列设置格式化这个卷”单选按钮，单击“下一步”按钮，弹出“正在完成新建简单卷向导”对话框，如图 3.30 所示，单击“完成”按钮，返回“磁盘管理”窗

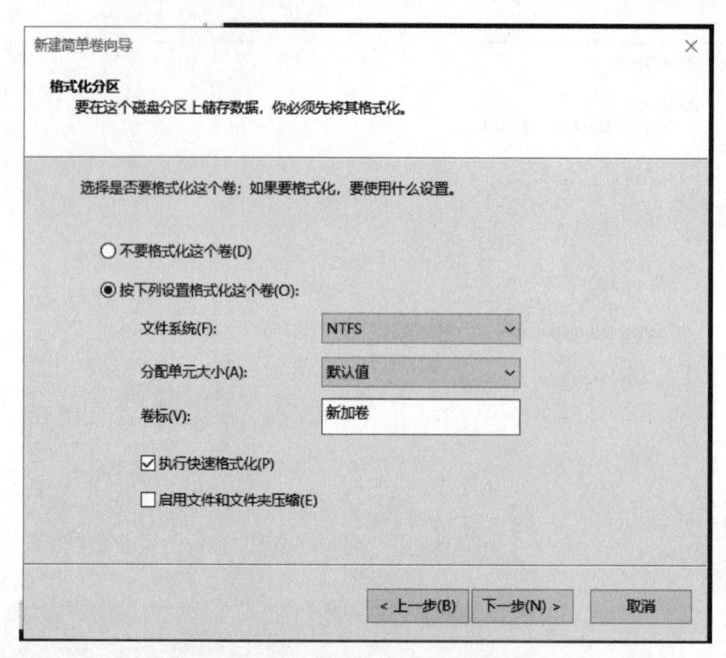

图 3.29 “格式化分区”对话框

口,完成磁盘创建主分区和格式化,如图 3.31 所示。

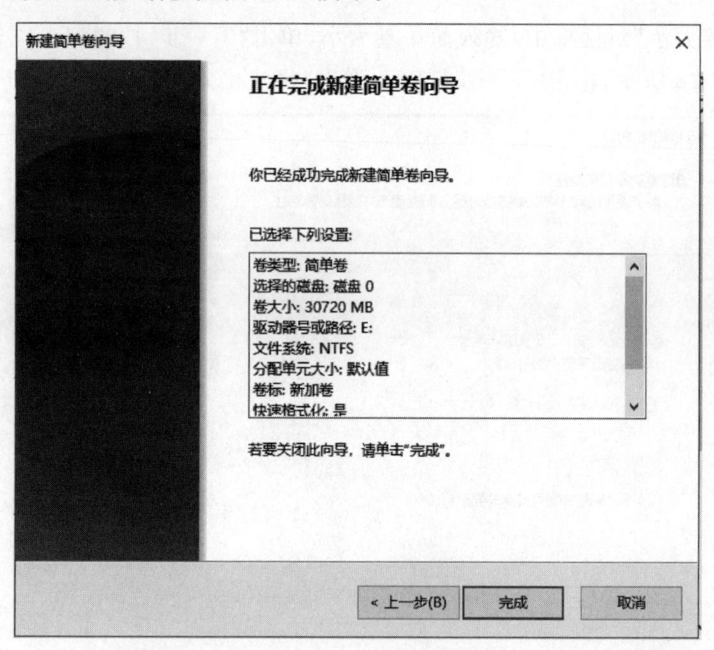

图 3.30 “正在完成新建简单卷向导”对话框

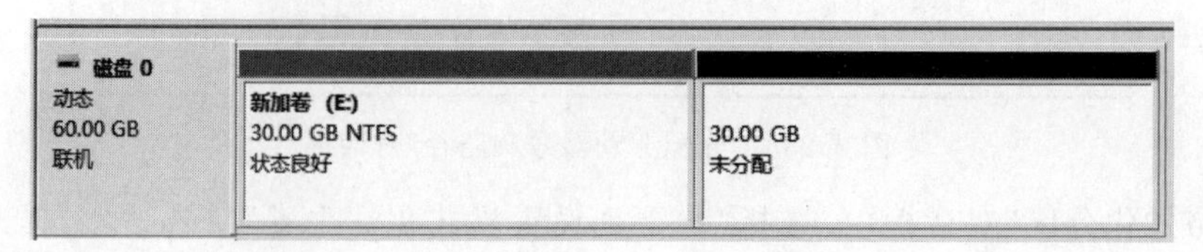

图 3.31 完成磁盘创建主分区和格式化

(4) 创建扩展分区。在 Windows Server 2019 操作系统图形化页面，是不能直接创建扩展分区的，必须通过命令行窗口去创建，可以使用 Diskpart 命令来进行管理分区管理。

Diskpart 命令是 Windows 环境下的一个命令，利用 Diskpart 可实现对硬盘的分区管理，包括创建分区、删除分区、合并(扩展)分区，完全可取代分区魔术师等第三方工具软件，它还有分区魔术师无法实现的功能，如设置动态磁盘、镜像卷等，而且设置分区后不用重启计算机也能生效。这些命令的使用方法可以在 Diskpart 命令提示符下输入“Help”或者通过网络查询，如果不清楚命令的使用方法，可以使用 Help 命令进行查看。

建立分区使用的命令顺序及操作解释如下。

```
List Disk:显示本机的所有磁盘,以便正确操作目标磁盘
Select Disk 0:选择 0 号磁盘
Clean:清除 0 号磁盘上的所有分区
Create:Partition Primary Size = 512000 创建主分区,容量为:512000MB
Active:激活主分区
Format Quick:快速格式化当前分区
Create Partition Extended:创建扩展分区
Create Partition Logical Size = 512000:创建逻辑分区一,容量为:512000MB
Format Quick:快速格式化当前分区
Create Partition Logical Size = 512000:创建逻辑分区二,容量为:512000MB
Format Quick:快速格式化当前分区
Create Partition Logical:创建逻辑分区三,大小为剩余的容量
Format Quick:快速格式化当前分区
Exit:退出 Diskpart 命令环境
Exit:退出命令窗口
```

打开“命令行提示符”窗口，将磁盘 0 的剩余空间创建扩展分区，执行命令如下。

```
C:\Users\Administrator > diskpart
DISKPART > select disk 0
DISKPART > create partition extended
DISKPART > exit
```

执行命令结果，如图 3.32 所示，查看创建扩展分区结果，如图 3.33 所示。

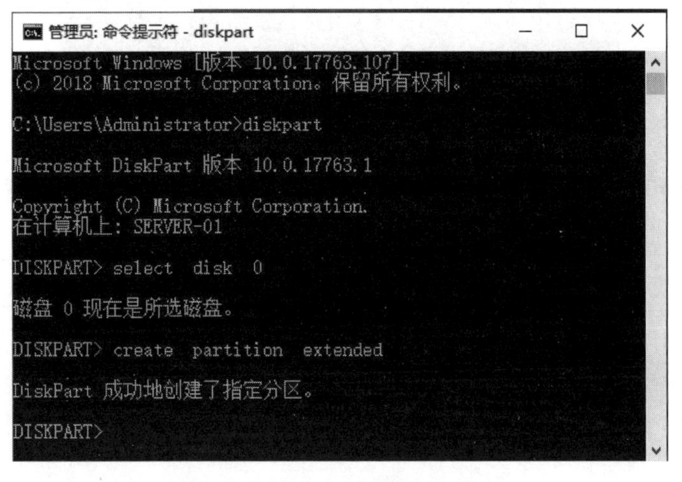

图 3.32　命令行“创建扩展分区”

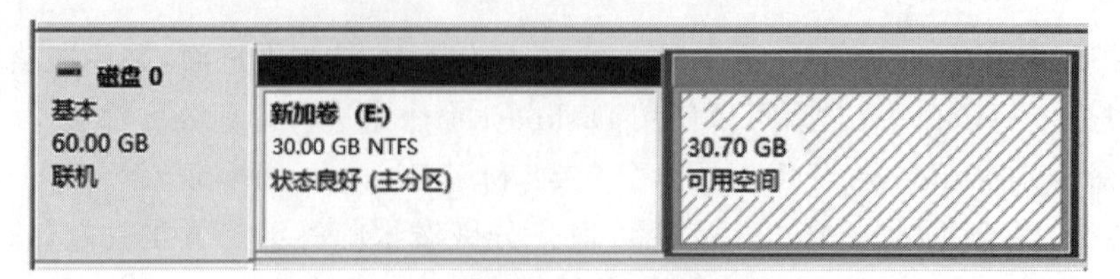

图 3.33　完成磁盘创建扩展分区

(5) 创建逻辑分区。在扩展分区上，创建逻辑分区，执行命令如下。

```
DISKPART > list disk
DISKPART > select partition logical size = 20480
DISKPART > format quick
DISKPART > select partition logical size = 10240
DISKPART > format quick
DISKPART > exit
```

执行命令结果，如图 3.34 所示，查看创建逻辑分区结果，如图 3.35 所示。

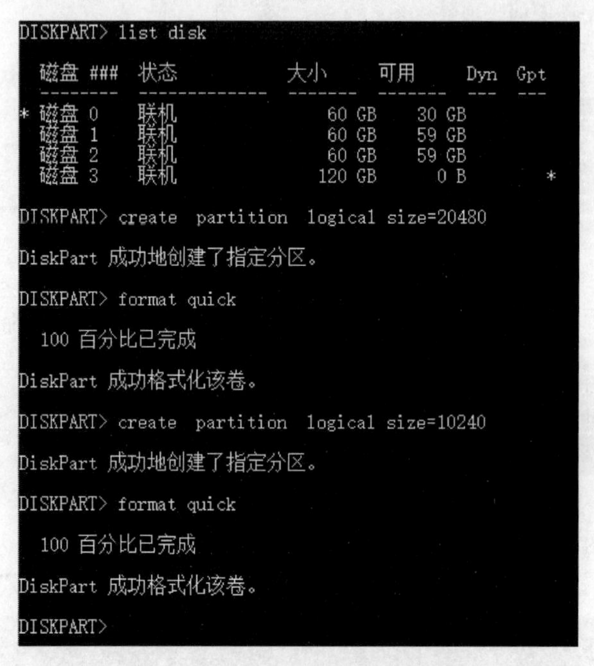

图 3.34　命令行"创建逻辑分区"

图 3.35　完成磁盘创建逻辑分区

3.3.2　动态磁盘的配置与管理

RAID 技术产生的初衷主要是为大型服务器提供高端的存储功能和冗余的数据安全。在系统

中，RAID 被看作是由多个硬盘组成的(最少两块)一个逻辑分区，它通过在多个硬盘上同时存储和读取数据来大幅提高存储系统的数据吞吐量，由于在很多 RAID 模式中都有较为完备的相互校验/恢复的措施，甚至是直接相互的镜像备份，因此大大提高了 RAID 系统的容错度，同时也提高了系统的稳定冗余性。RAID 与卷的性能比较，如表 3.2 所示。

表 3.2 RAID 与卷的性能比较

卷 种 类	磁盘数/块	可用来存储数据的容量	性能(与单一磁盘比较)	排 错
简单卷	1	全部	不变	无
跨区卷	2～32	全部	不变	无
带区卷(RAID0)	2～32	全部	读、写都提升许多	无
镜像卷(RAID1)	2	一半	不变	有
RAID5 卷	3～32	磁盘数－1	读提升多、写下降稍多	有

1. 简单卷的建立与扩展

视频讲解

将 3 块 60GB 磁盘全部安装到存储服务器并进行初始化磁盘。

(1) 将新磁盘进行“联机”和“初始化”，如图 3.36 所示。

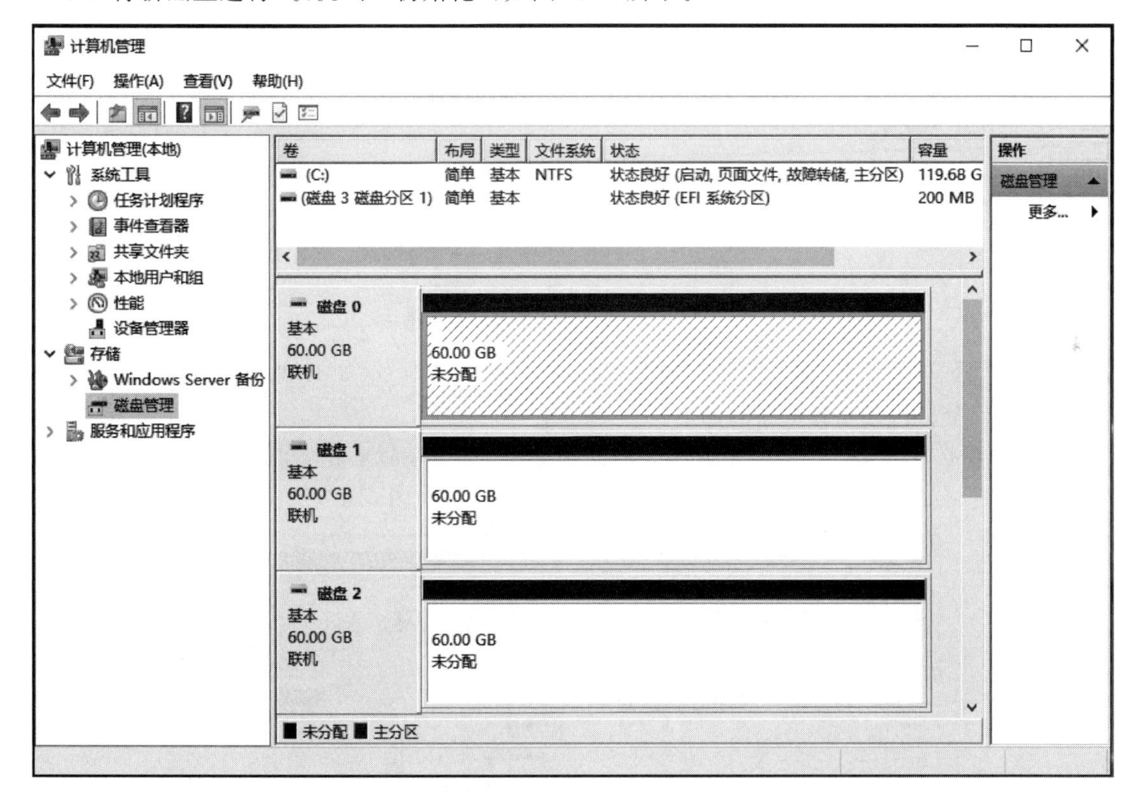

图 3.36 联机和初始化新磁盘

(2) 将新磁盘转换为“动态磁盘”，在新磁盘的最左边磁盘信息栏，单击鼠标右键，在弹出的快捷菜单中，选择“转换到动态磁盘”选项，如图 3.37 所示，弹出“转换为动态磁盘”对话框，如图 3.38 所示。

(3) 在“转换为动态磁盘”对话框中，选择要转换的磁盘，单击“确定”按钮，完成动态磁盘的创建，选择磁盘 0，单击鼠标右键，在弹出的快捷菜单中，选择“新建简单卷”选项，弹出“新建卷向导”

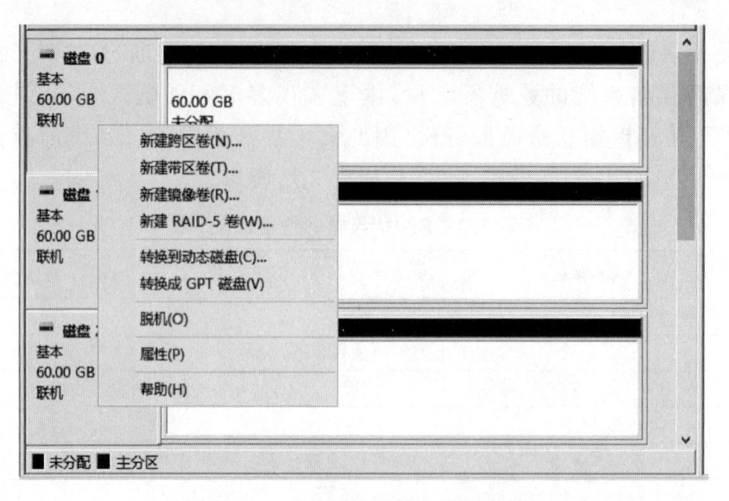

图 3.37 “转换到动态磁盘”选项

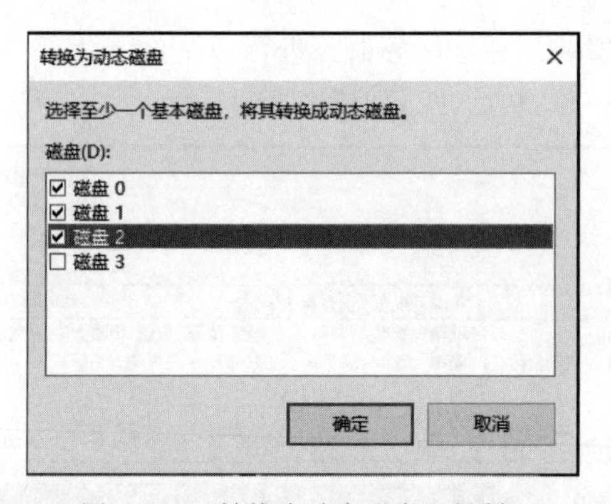

图 3.38 “转换为动态磁盘”对话框

对话框，单击“下一步”按钮，输入新建卷的大小，分配一个驱动器号（如 E 盘），勾选“执行快速格式化”，单击“完成”按钮，完成简单卷的创建。

（4）简单卷扩展 30GB 容量。在磁盘 0 的简单卷中，单击鼠标右键，在弹出的快捷菜单中，选择“扩展卷”选项，如图 3.39 所示，弹出“扩展卷向导”对话框，如图 3.40 所示。

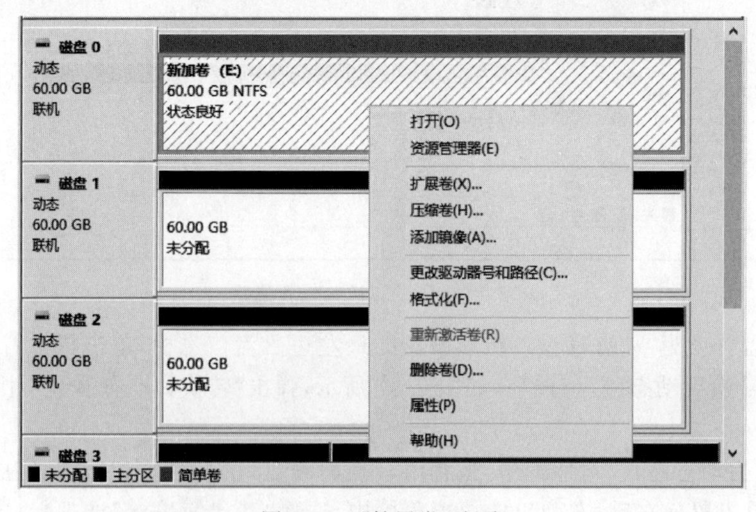

图 3.39 “扩展卷”选项

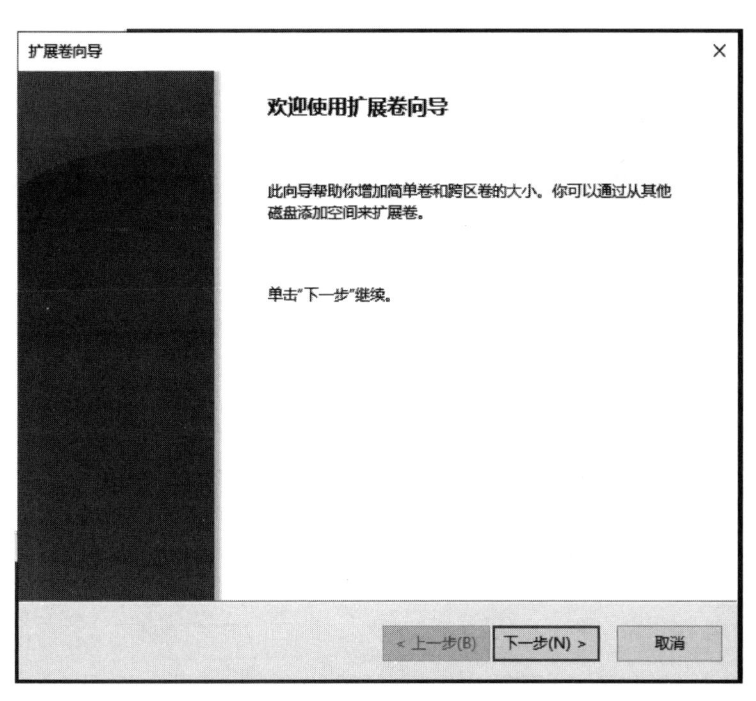

图 3.40　"扩展卷向导"对话框

(5) 在"扩展卷向导"对话框中，单击"下一步"按钮，弹出"选择磁盘"对话框，如图 3.41 所示，在左侧"可用"区域中选择磁盘 1，单击"添加"按钮，将磁盘 1 添加到右侧的"已选的"区域，输入磁盘的大小，单击"下一步"按钮，弹出"完成扩展卷向导"对话框，如图 3.42 所示。

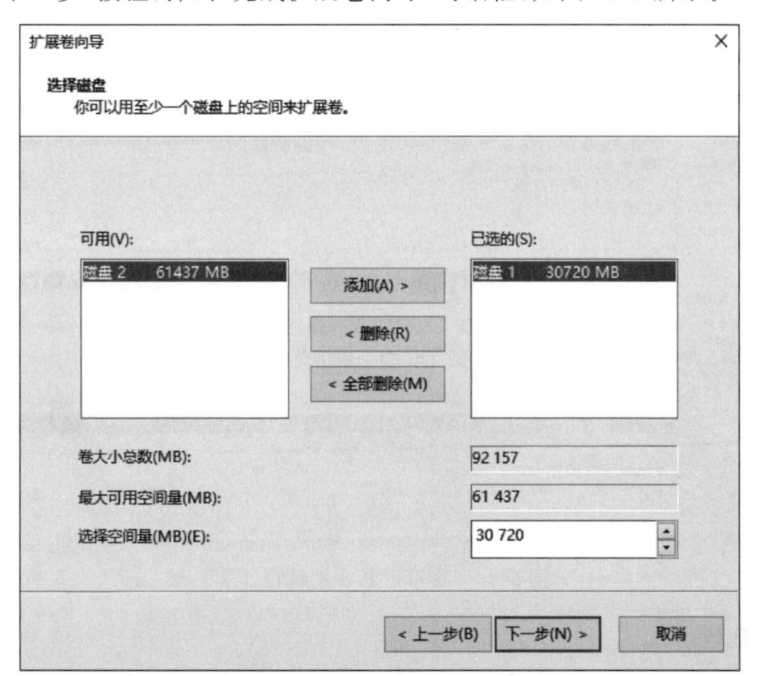

图 3.41　"选择磁盘"对话框

(6) 查看扩展后的磁盘，如图 3.43 所示，此时打开"文件资源管理器"窗口，可以看到新加卷(E

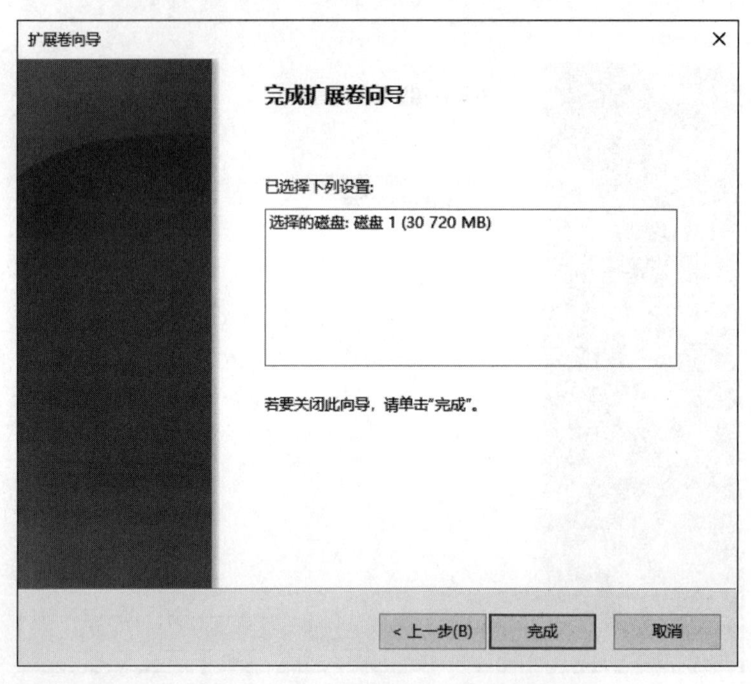

图 3.42 “完成扩展卷向导”对话框

盘)，磁盘容量扩展为 90GB，如图 3.44 所示。

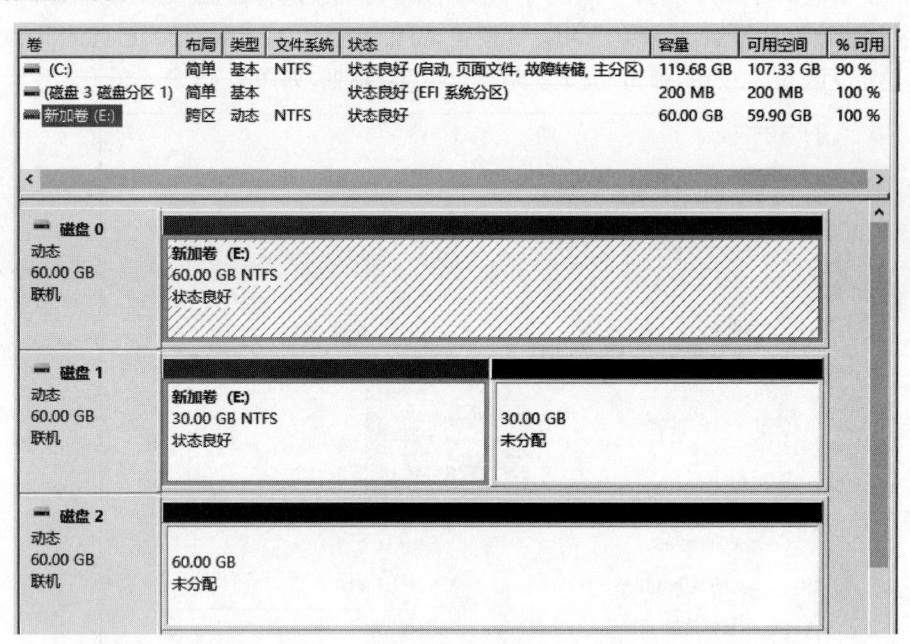

图 3.43 查看扩展容量后的磁盘

视频讲解

2. 跨区卷的创建

将 3 块 60GB 磁盘全部安装到存储服务器并进行初始化磁盘，将新磁盘进行“联机”和“初始化”，并将磁盘转换为动态磁盘。

(1) 在 3 块磁盘之间新建 150GB 的跨区卷。选择磁盘 0，单击鼠标右键，在弹出的快捷菜单

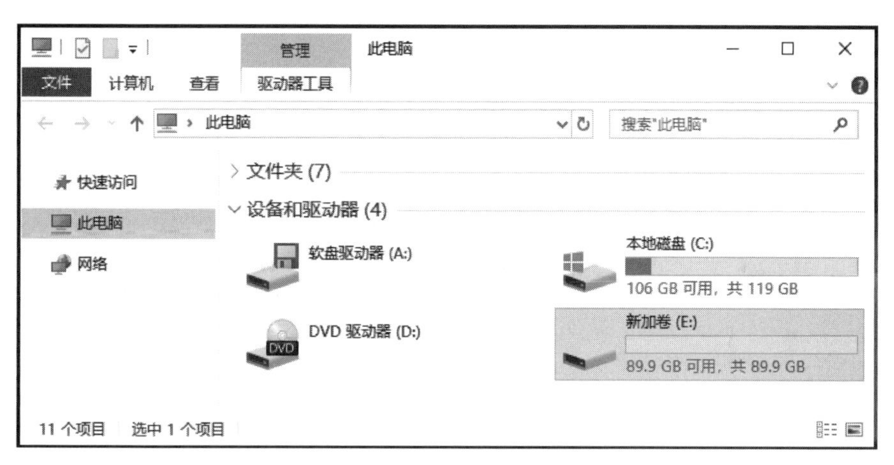

图 3.44　查看磁盘管理器

中，选择“新建跨区卷”选项，弹出“新建跨区卷”对话框，如图 3.45 所示，单击“下一步”按钮，弹出“选择磁盘”对话框，在左侧“可用”区域中选择磁盘 1 和磁盘 2，单击“添加”按钮，将磁盘 1 和磁盘 2 添加到右侧的“已选的”区域，在“选择空间量(MB)”区域中输入“30720”，如图 3.46 所示。

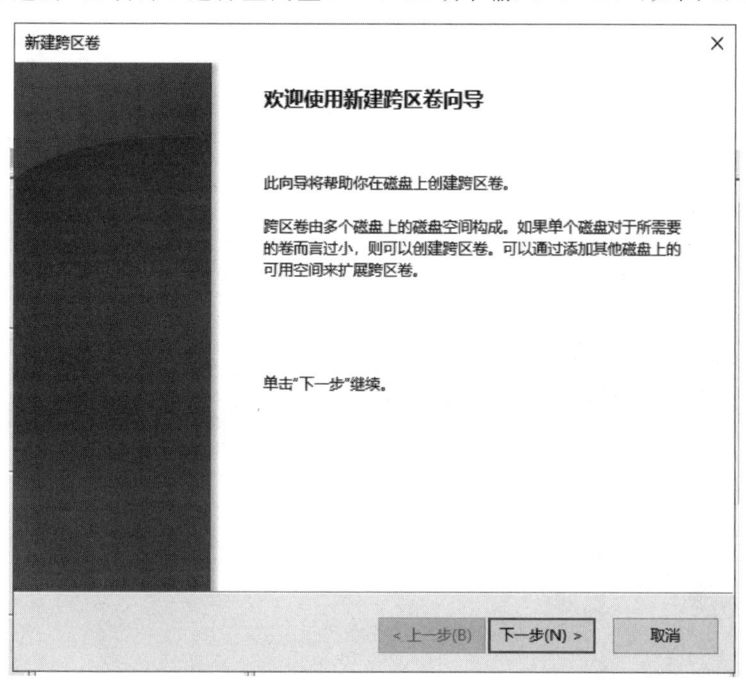

图 3.45　“新建跨区卷”对话框

(2) 在“选择磁盘”对话框中，单击“下一步”按钮，选择分配驱动器号和路径，勾选“执行快速格式化”复选框，单击“完成”按钮，完成跨区卷创建，如图 3.47 所示，查看跨区卷创建情况，如图 3.48 所示。

3. 带区卷(RAID0)的创建

将 3 块 60GB 磁盘全部安装到存储服务器并进行初始化磁盘，将新磁盘进行“联机”和“初始化”，并将磁盘转换为动态磁盘。

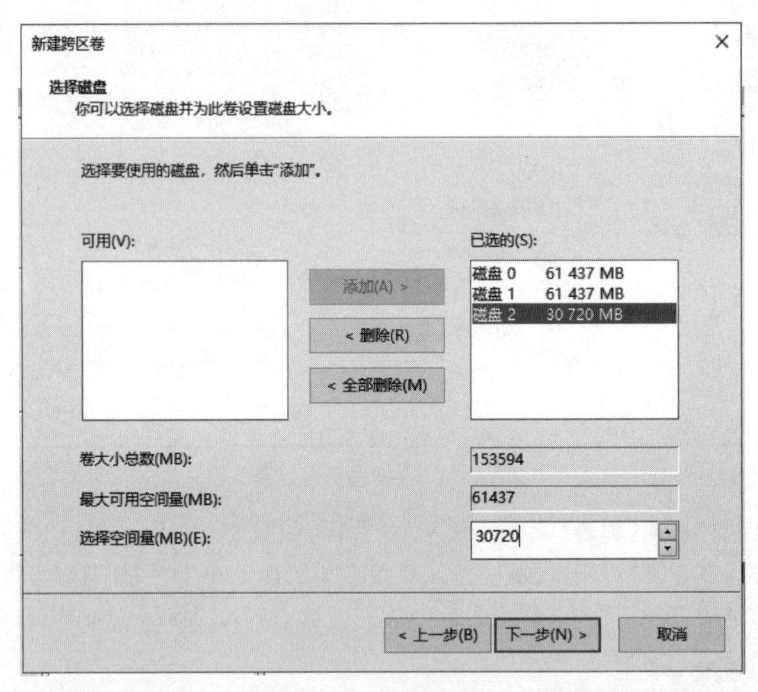

图 3.46 "选择磁盘"对话框

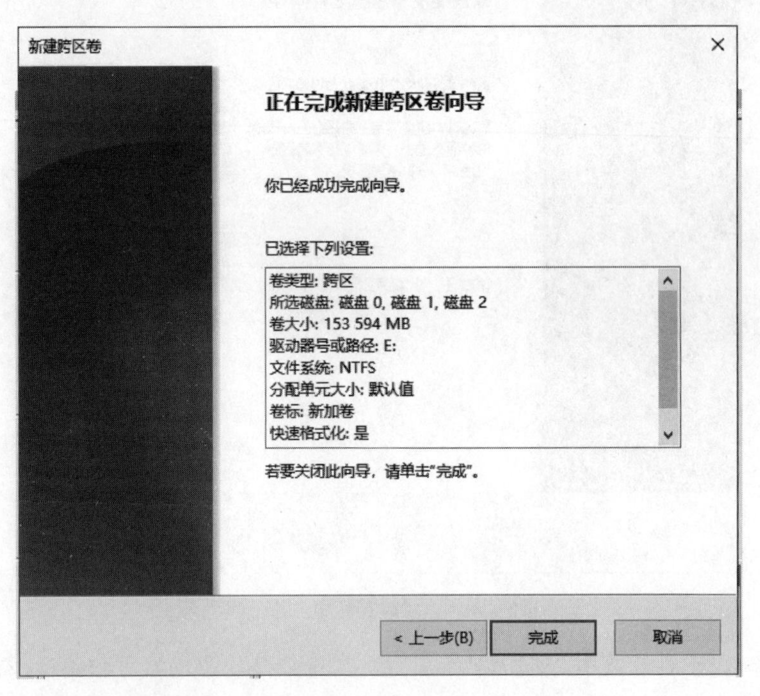

图 3.47 "正在完成新建跨区卷向导"对话框

(1) 分别取 3 块磁盘的 30GB 空间创建一个 90GB 大小的带区卷。选择磁盘 0，单击鼠标右键，在弹出的快捷菜单中，选择"新建带区卷"选项，弹出"新建带区卷"对话框，如图 3.49 所示，单击"下一步"按钮，弹出"选择磁盘"对话框，在左侧"可用"区域中选择磁盘 1 和磁盘 2，单击"添加"按钮，将磁盘 1 和磁盘 2 添加到右侧的"已选的"区域，在"选择空间量(MB)"区域中输入"30720"，

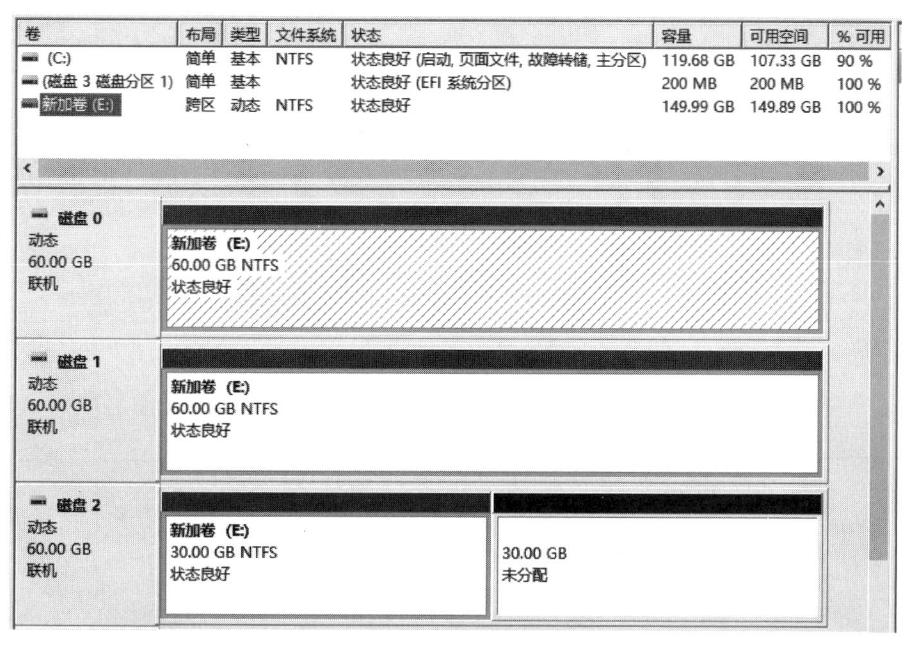

图 3.48　查看跨区卷磁盘

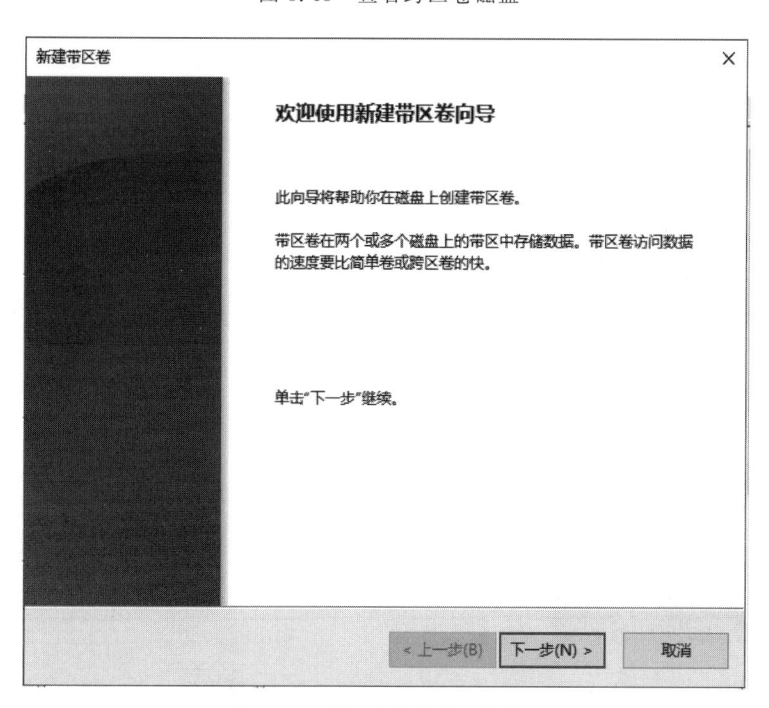

图 3.49　“新建带区卷”对话框

如图 3.50 所示。

(2) 在“选择磁盘”对话框中，单击“下一步”按钮，选择分配驱动器号和路径，勾选“执行快速格式化”复选框，单击“完成”按钮，完成带区卷创建，如图 3.51 所示，查看带区卷创建情况，如图 3.52 所示。

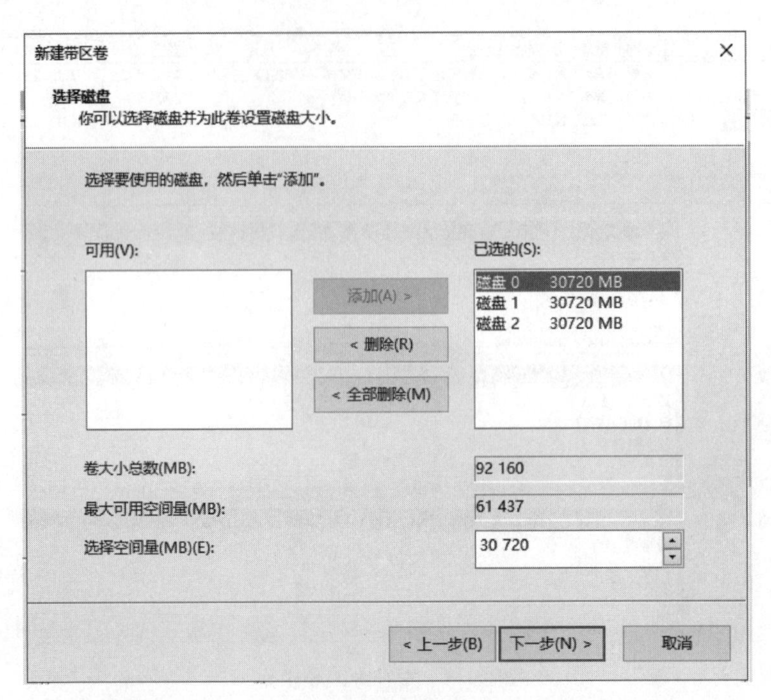

图 3.50 "选择磁盘"对话框

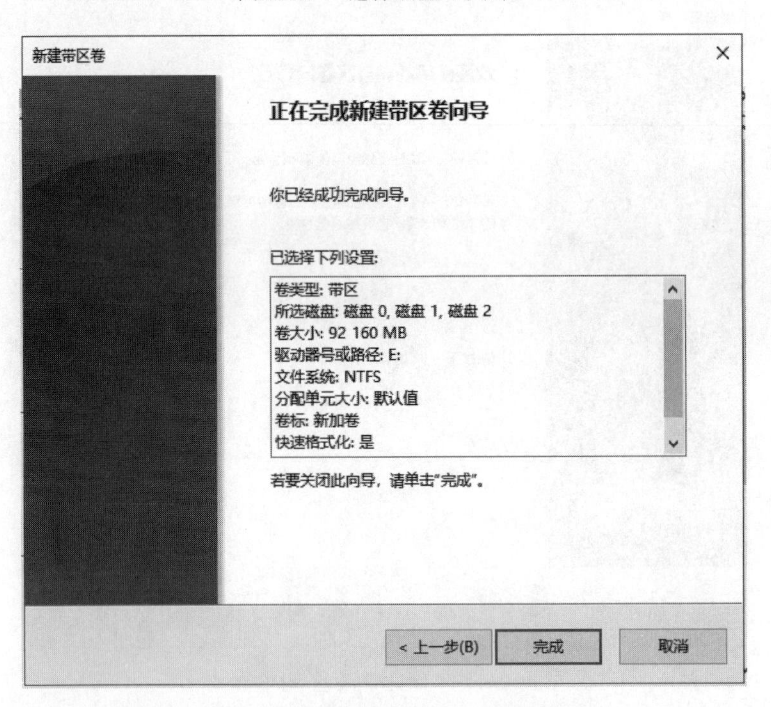

图 3.51 "正在完成新建带区卷向导"对话框

4. 镜像卷(RAID1)的创建

将 3 块 60GB 磁盘全部安装到存储服务器并进行初始化磁盘，将新磁盘进行"联机"和"初始化"，并将磁盘转换为动态磁盘。

(1) 分别取两块磁盘的 30GB 空间创建一个 30GB 大小的镜像卷。选择磁盘 0，单击鼠标右

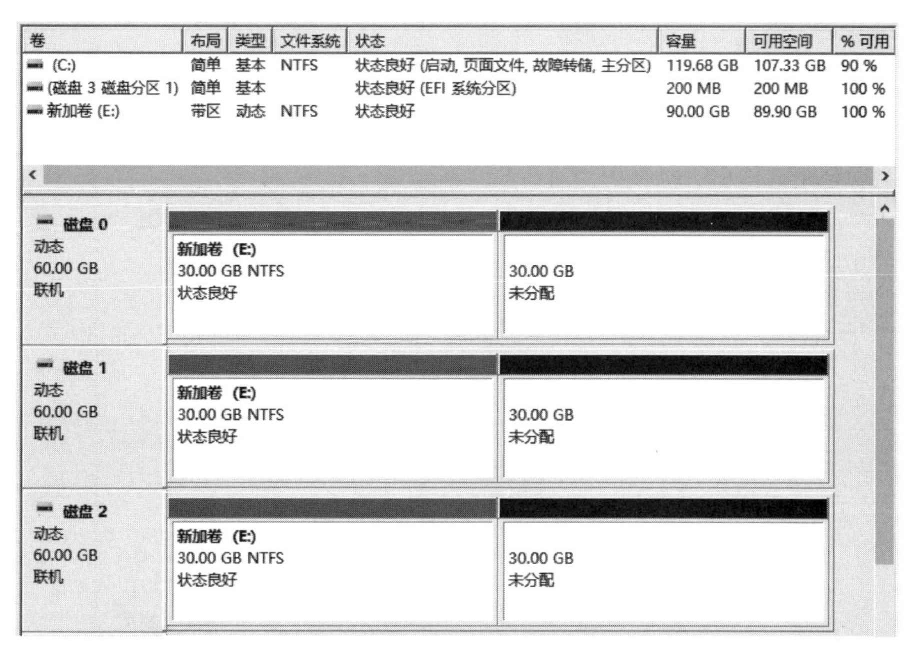

图 3.52　查看带区卷磁盘

键，在弹出的快捷菜单中选择“新建镜像卷”选项，弹出“新建镜像卷”对话框，如图 3.53 所示，单击“下一步”按钮，弹出“选择磁盘”对话框，在左侧“可用”区域中选择磁盘 1，单击“添加”按钮，将磁盘 1 添加到右侧的“已选的”区域，在“选择空间量(MB)”区域中输入“30720”，如图 3.54 所示。

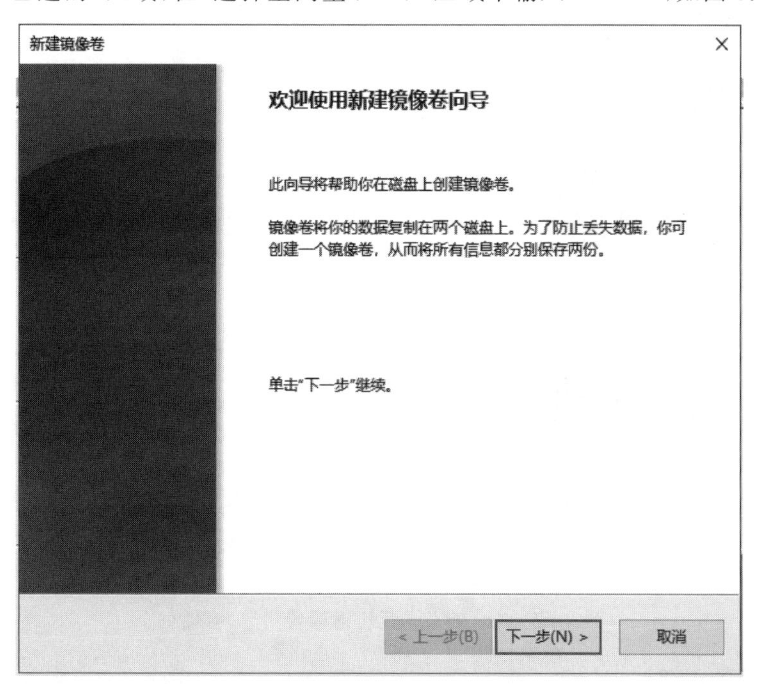

图 3.53　“新建镜像卷”对话框

（2）在“选择磁盘”对话框中，单击“下一步”按钮，选择分配驱动器号和路径，勾选“执行快速格式化”复选框，单击“完成”按钮，完成镜像卷创建，如图 3.55 所示，查看镜像卷创建情况，如图 3.56 所示。

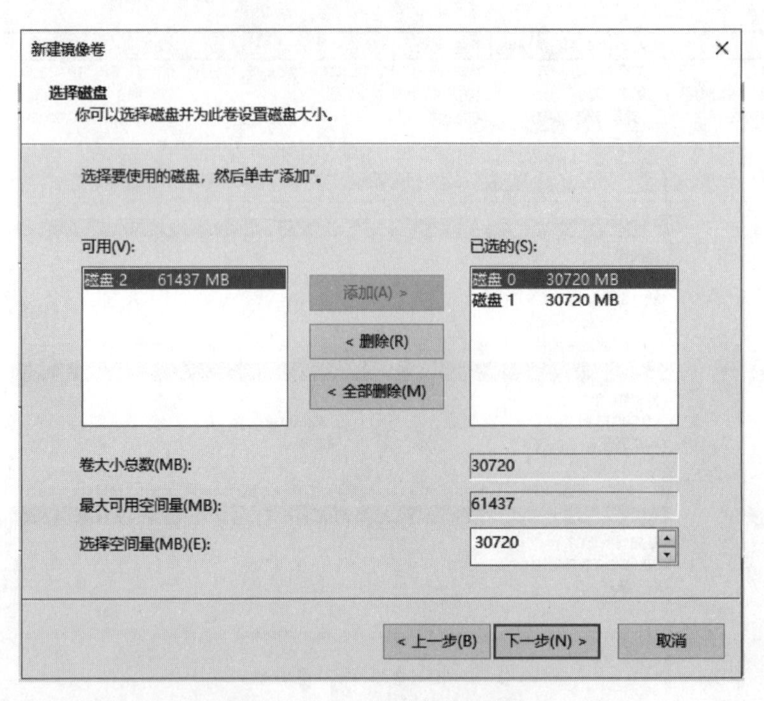

图 3.54 “选择磁盘”对话框

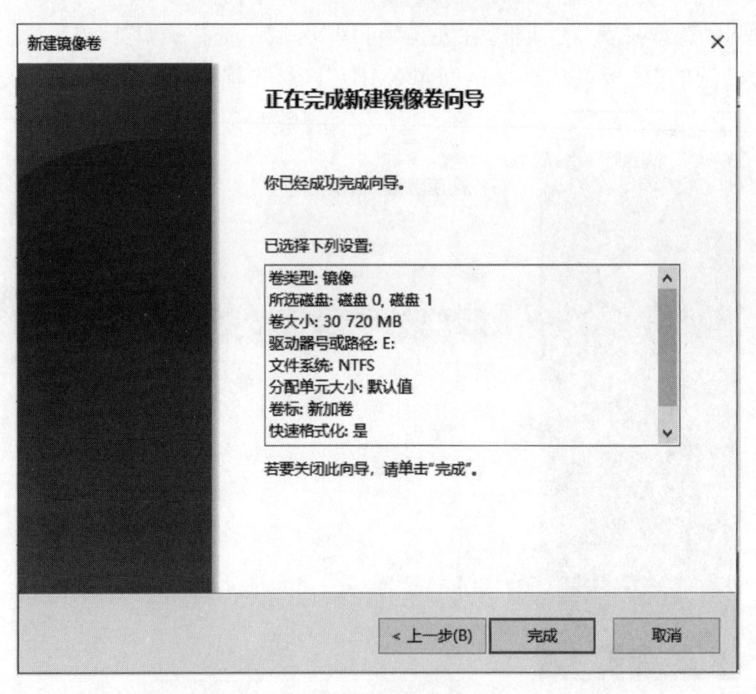

图 3.55 “正在完成新建镜像卷向导”对话框

视频讲解

5. RAID-5 卷的创建

将 3 块 60GB 磁盘全部安装到存储服务器并进行初始化磁盘，将新磁盘进行“联机”和“初始化”，并将磁盘转换为动态磁盘。

(1) 分别取 3 块磁盘的 30GB 空间创建一个 60GB 大小的 RAID-5 卷。选择磁盘 0，单击鼠标

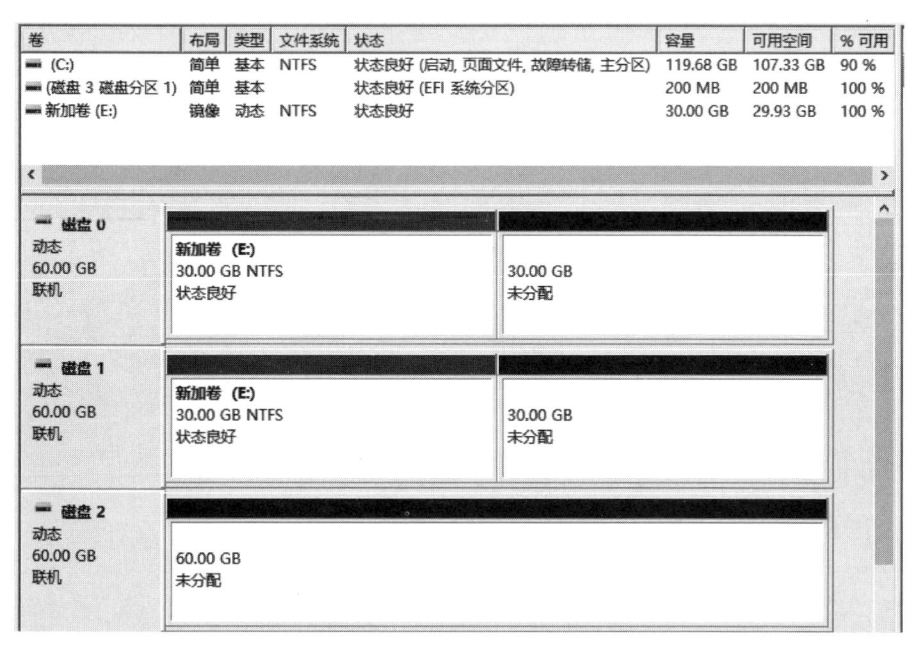

图 3.56　查看镜像卷磁盘

右键，在弹出的快捷菜单中，选择“新建 RAID-5 卷”选项，弹出“新建 RAID-5 卷”对话框，如图 3.57 所示，单击“下一步”按钮，弹出“选择磁盘”对话框，在左侧“可用”区域中选择磁盘 1 和磁盘 2，单击“添加”按钮，将磁盘 1 和磁盘 2 添加到右侧的“已选的”区域，在“选择空间量(MB)”区域中输入“30720”，如图 3.58 所示。

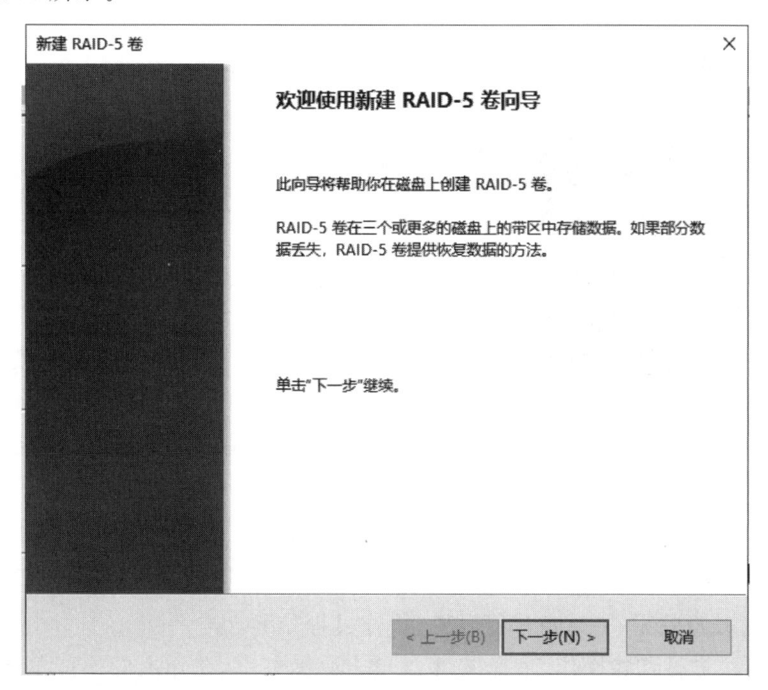

图 3.57　“新建 RAID-5 卷”对话框

(2) 在“选择磁盘”对话框中，单击“下一步”按钮，选择分配驱动器号和路径，勾选“执行快速格

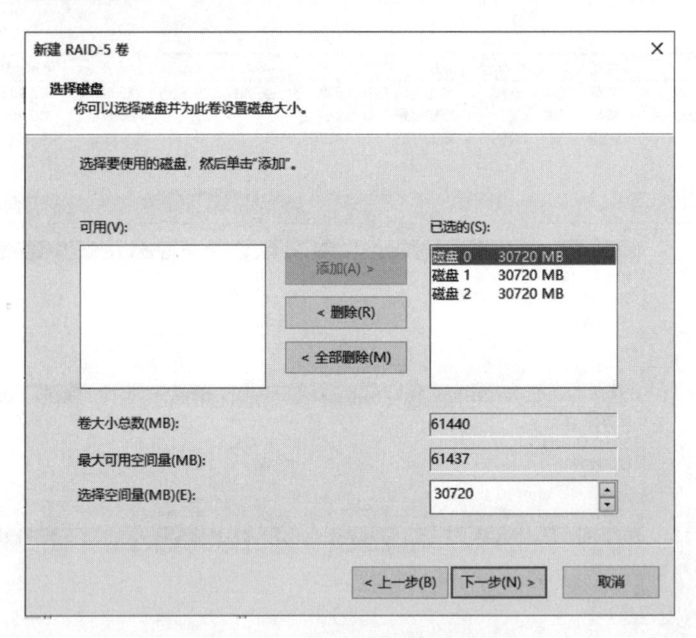

图 3.58 "选择磁盘"对话框

式化"复选框，单击"完成"按钮，完成 RAID-5 卷创建，如图 3.59 所示，查看镜像卷创建情况，如图 3.60 所示。

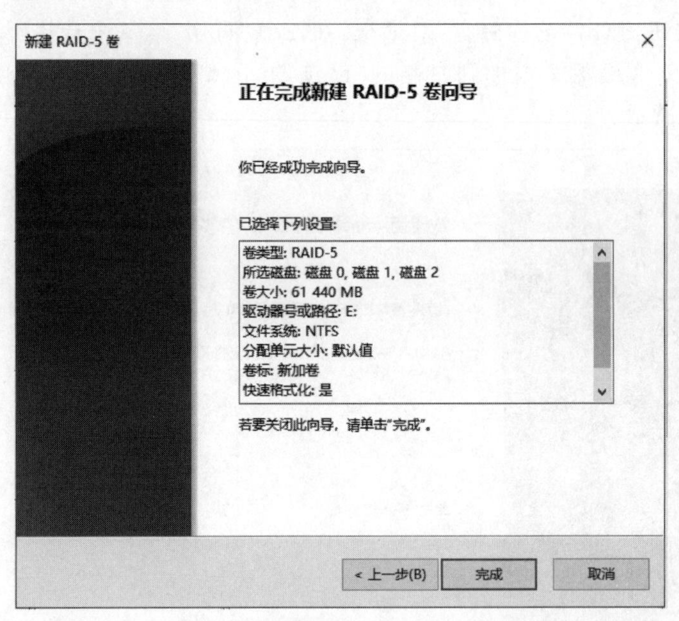

图 3.59 "正在完成新建 RAID-5 卷向导"对话框

视频讲解

6. RAID-5 卷的故障修复

为了模拟磁盘故障效果，将磁盘进行移除，操作过程如下。

(1) 现将磁盘 2 进行移除操作，选择磁盘 2，单击鼠标右键，在弹出的快捷菜单中，选择"脱机"选项，此时，RAID-5 卷中的磁盘所有数据并未丢失，但需要尽快使用新磁盘进行修复，添加一块 100GB 的磁盘，如图 3.61 所示。

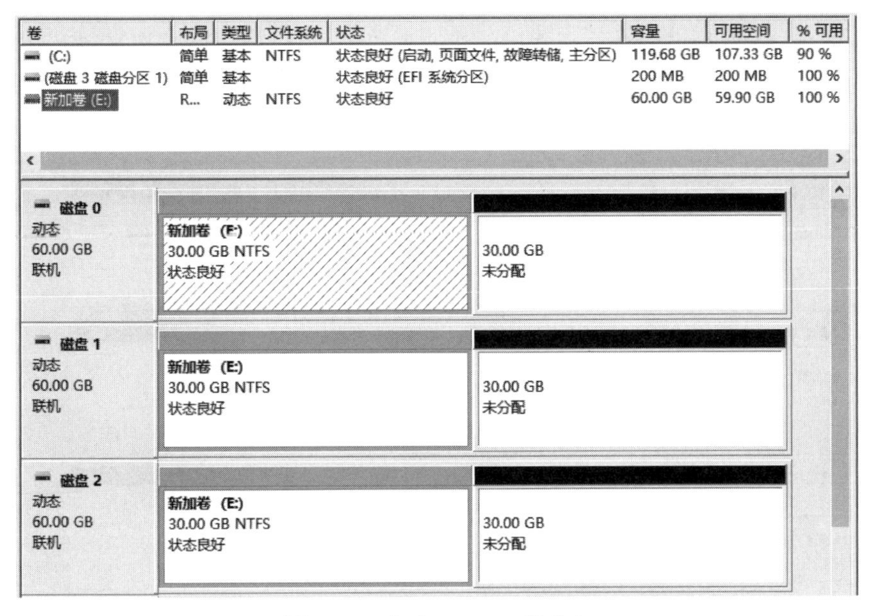

图 3.60 查看 RAID-5 卷磁盘

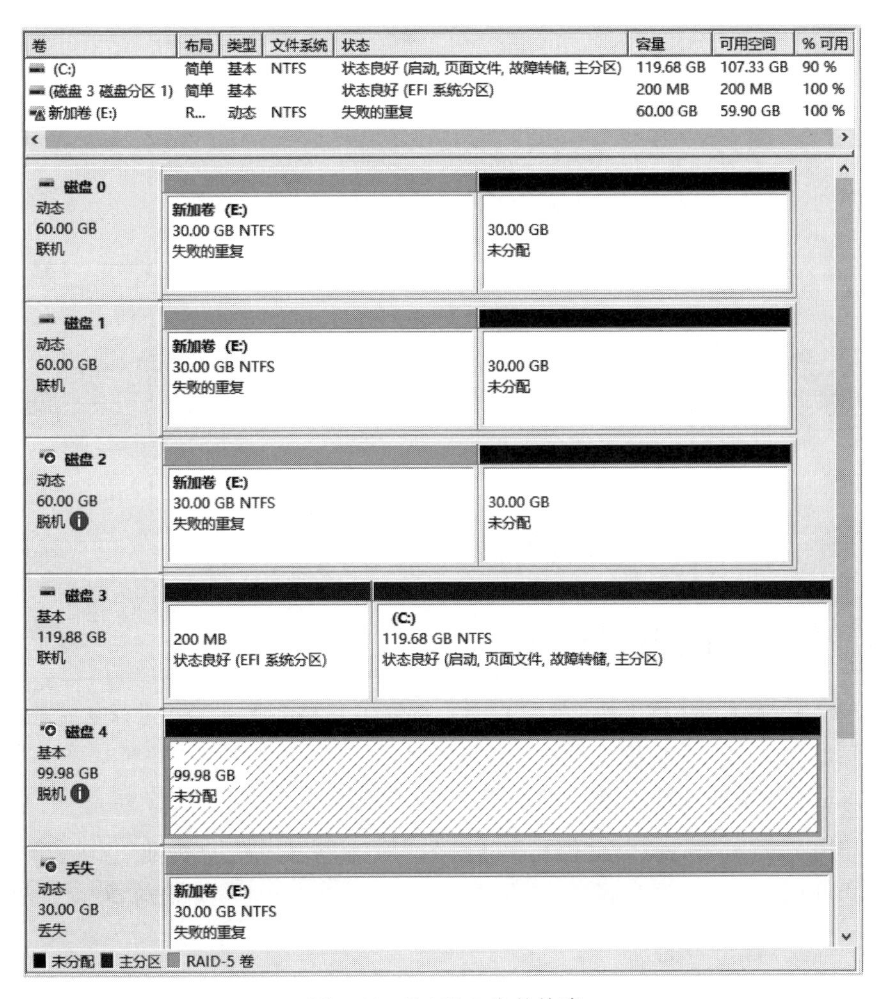

图 3.61 RAID-5 卷的故障

（2）选择磁盘 0，单击鼠标右键，在弹出的快捷菜单中，选择“修复卷”选项，如图 3.62 所示，弹出“修复 RAID-5 卷”对话框，如图 3.63 所示，选择磁盘 4，单击“确定”按钮，完成 RAID-5 卷的修复，如图 3.64 所示。

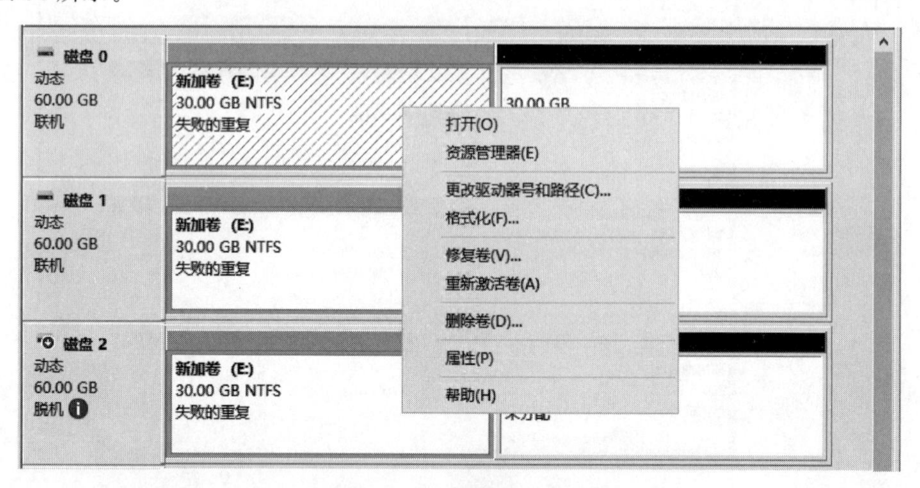

图 3.62　选择“修复卷”选项

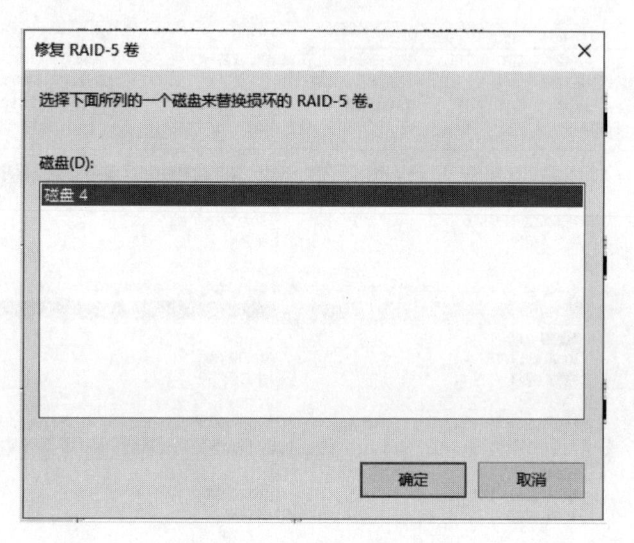

图 3.63　修复 RAID-5 卷

3.3.3　存储池的配置与管理

在服务器上创建存储池，将 3 块 60GB 磁盘全部安装到存储服务器并进行初始化磁盘，将新磁盘进行“联机”和“初始化”，并将磁盘设置为基本磁盘。

1. 存储服务器磁盘的池化配置与管理

（1）打开服务器管理器，选择“文件和存储服务”→“服务器”→“存储池”选项，单击鼠标右键，弹出快捷菜单，如图 3.65 所示，选择“新建存储池”选项，弹出“新建存储池向导”对话框，如图 3.66 所示。

（2）在“新建存储池向导”对话框中，单击“下一步”按钮，弹出“指定存储池名称和子系统”窗口，

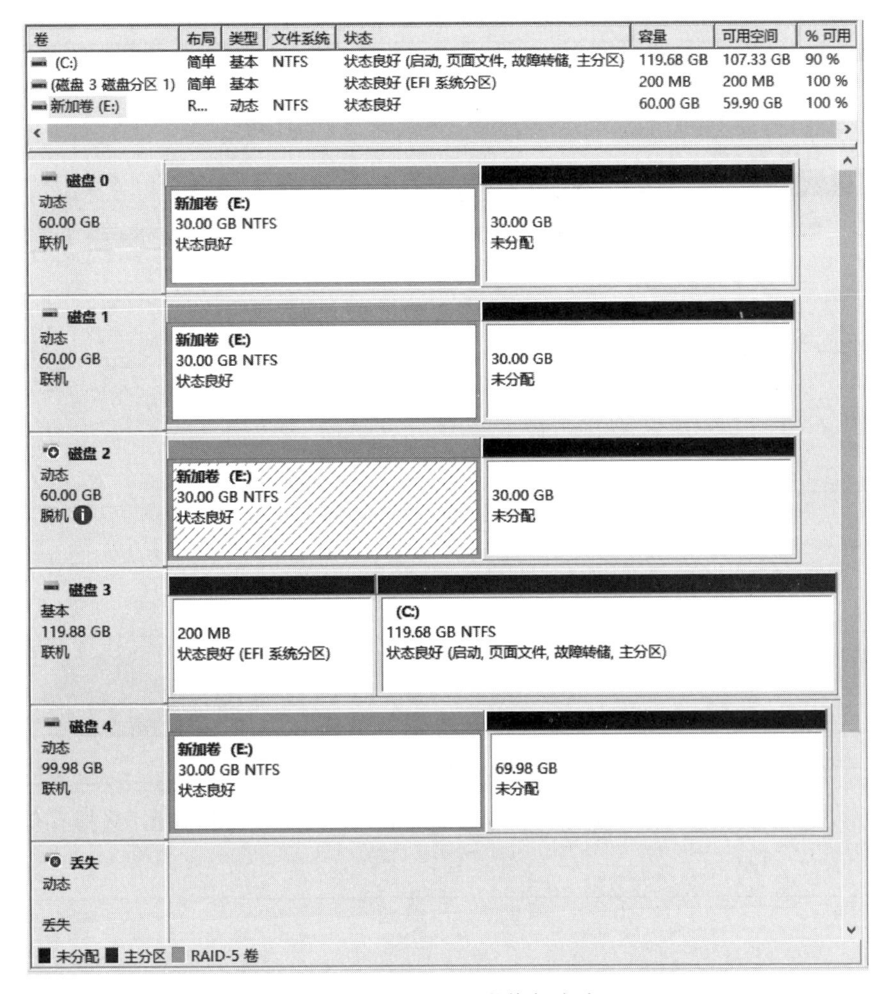

图 3.64 RAID-5 卷修复成功

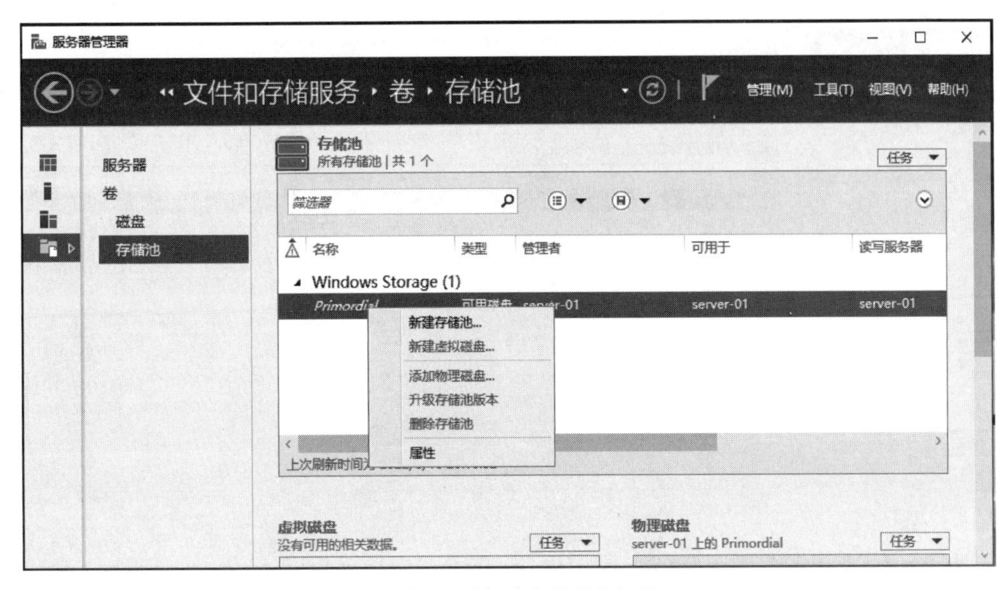

图 3.65 “新建存储池”选项

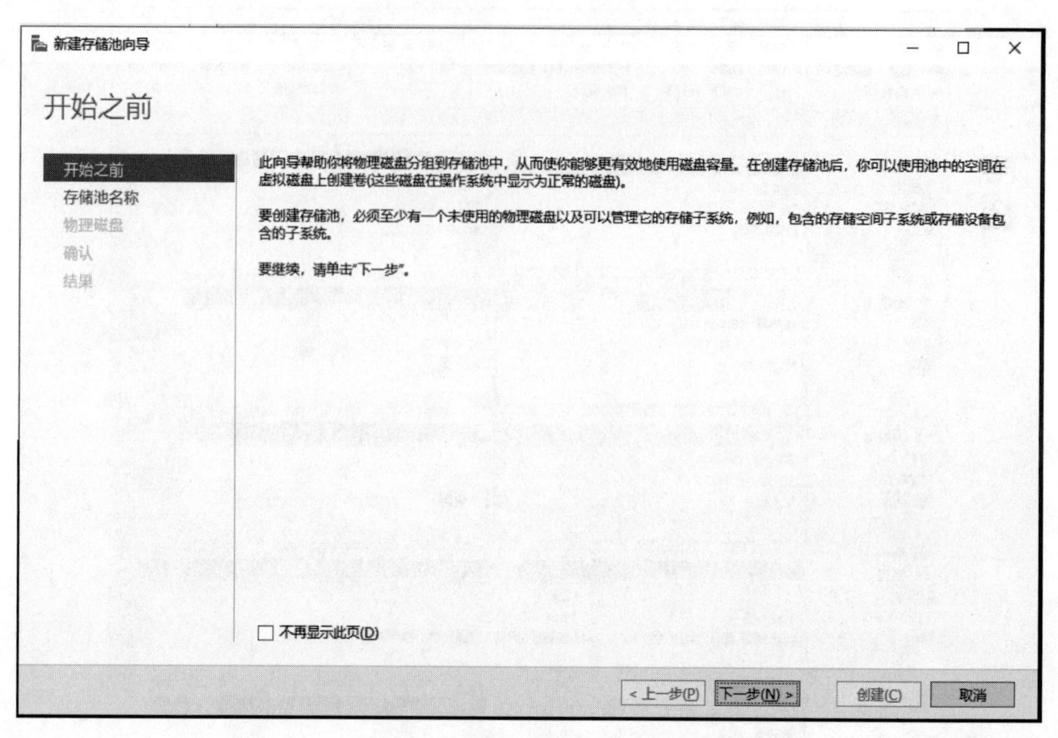

图 3.66 “新建存储池向导”对话框

如图 3.67 所示，输入存储池名称“storage-pool01”，单击“下一步”按钮，弹出“选择存储池的物理磁盘”窗口，如图 3.68 所示。

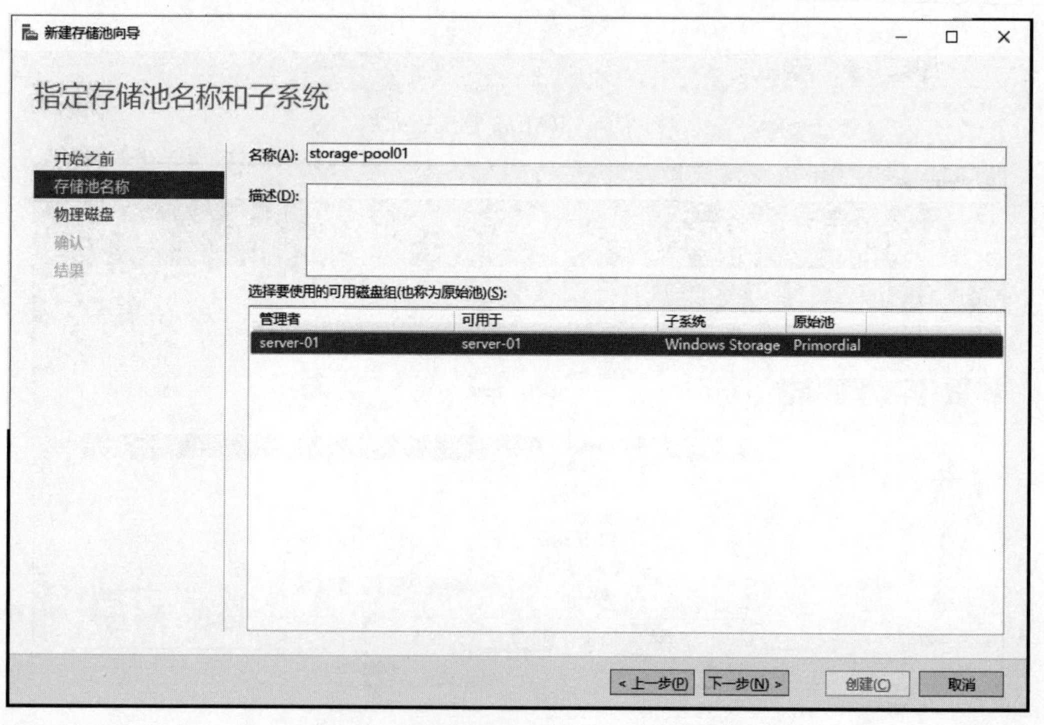

图 3.67 “指定存储池名称和子系统”窗口

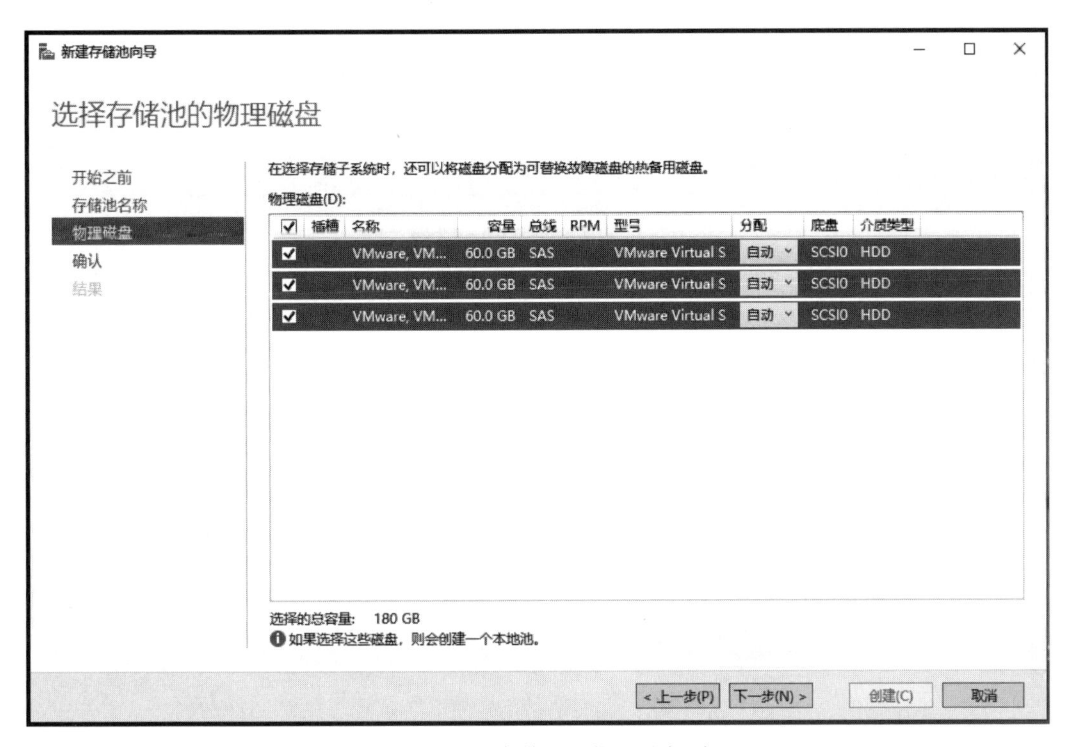

图 3.68　“选择存储池的物理磁盘”窗口

(3) 在“选择存储池的物理磁盘”窗口中，单击“下一步”按钮，弹出“确认选择”窗口，如图 3.69 所示。单击“创建”按钮，弹出“查看结果”窗口，如图 3.70 所示，单击“关闭”按钮，返回“存储池”列表窗口，如图 3.71 所示。

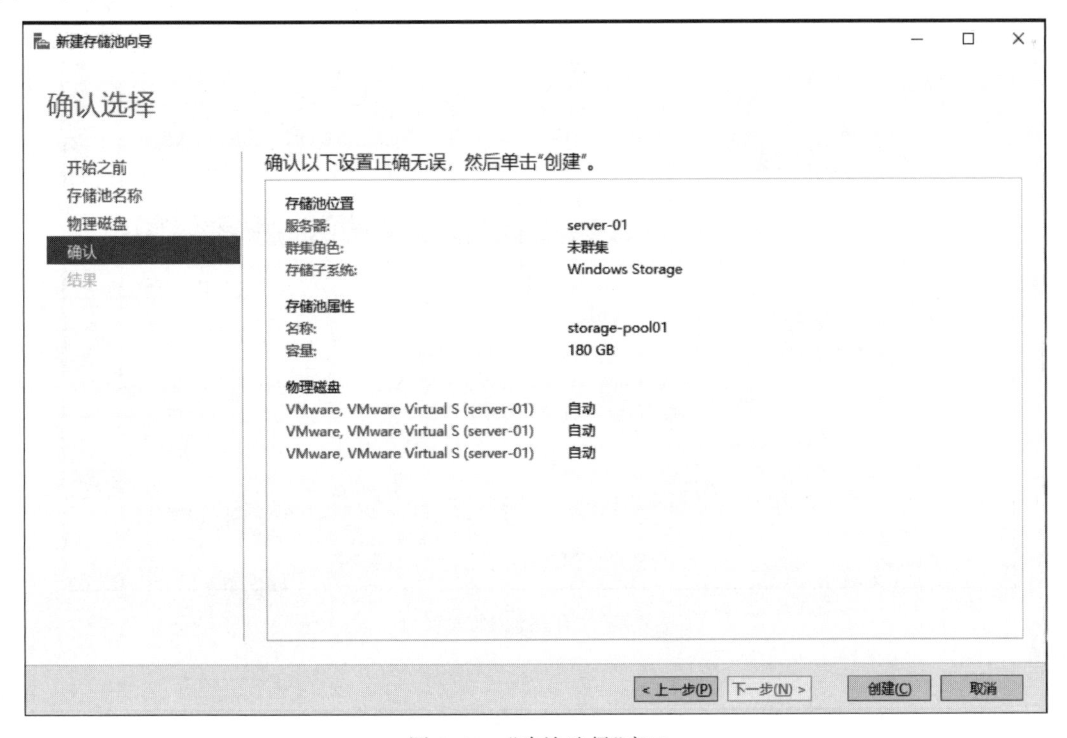

图 3.69　“确认选择”窗口

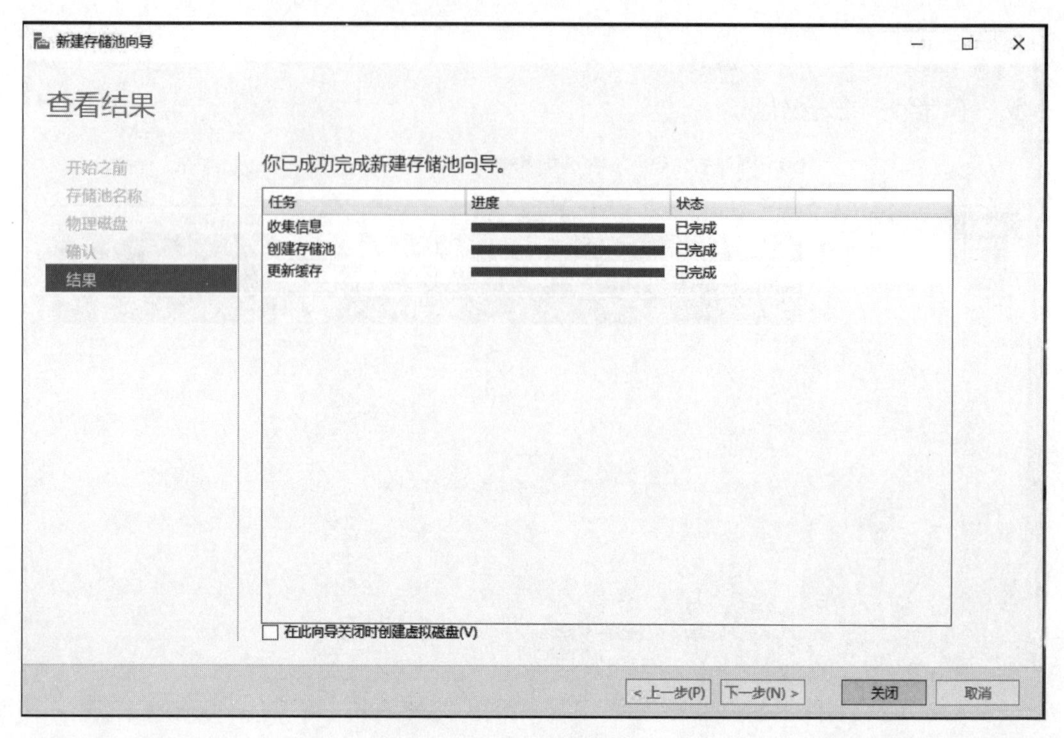

图 3.70 “查看结果”窗口

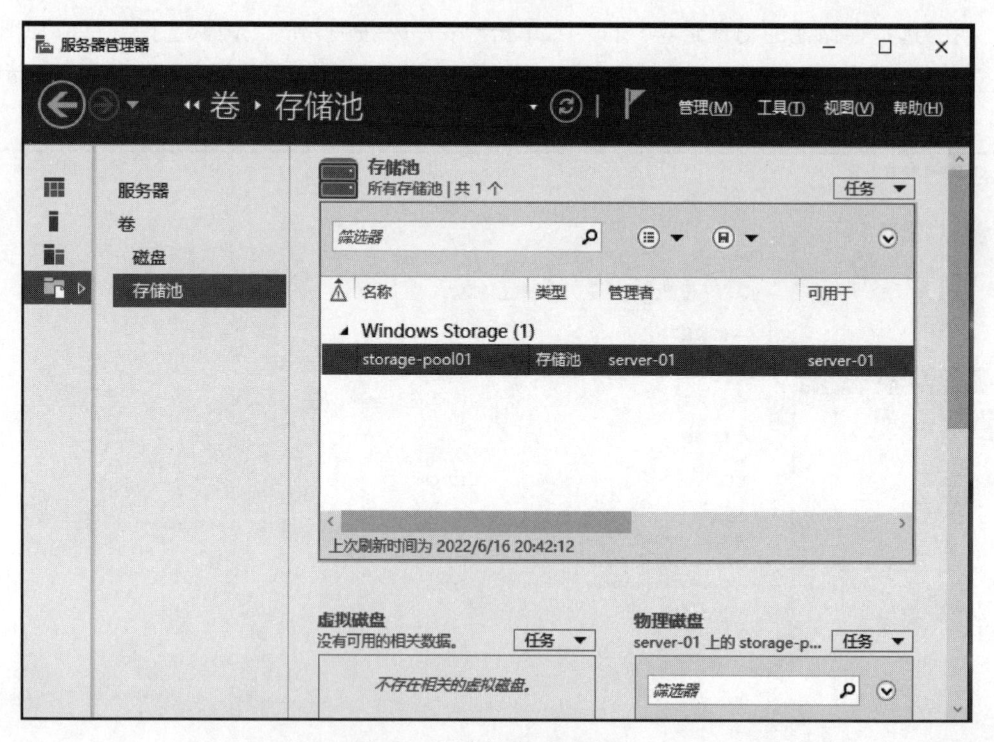

图 3.71 “存储池”列表窗口

2. 创建简单逻辑磁盘

（1）在“存储池”列表窗口中，选择相应的存储池，单击鼠标右键，弹出快捷菜单，如图 3.72 所示，选择“新建虚拟磁盘”选项，弹出“选择存储池”窗口，如图 3.73 所示。

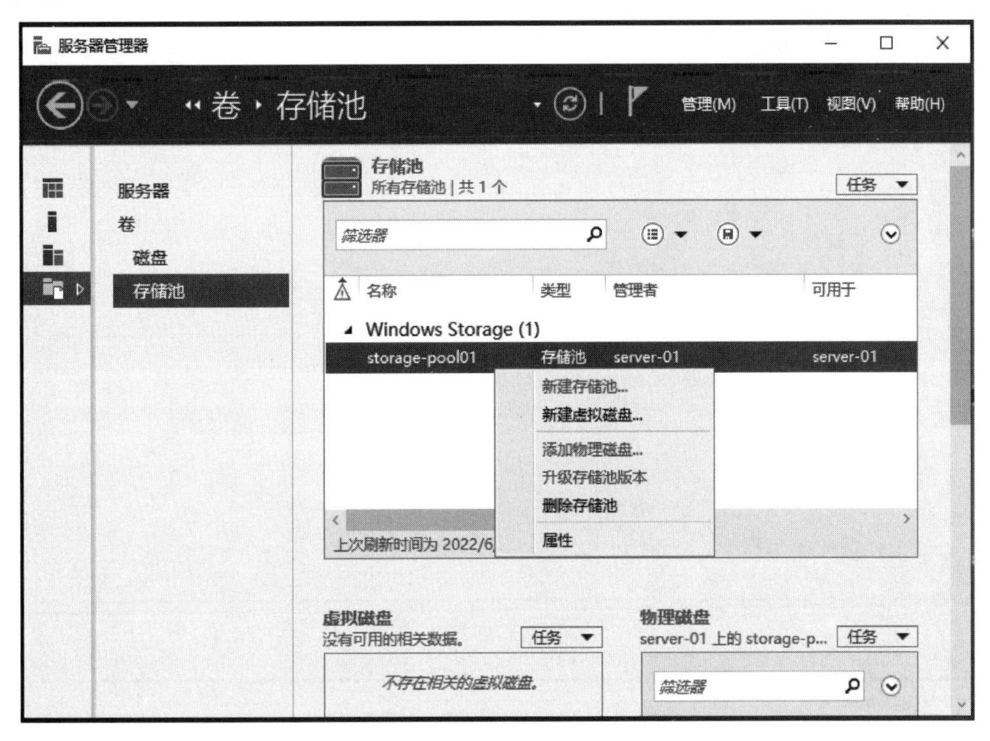

图 3.72　“新建虚拟磁盘”选项

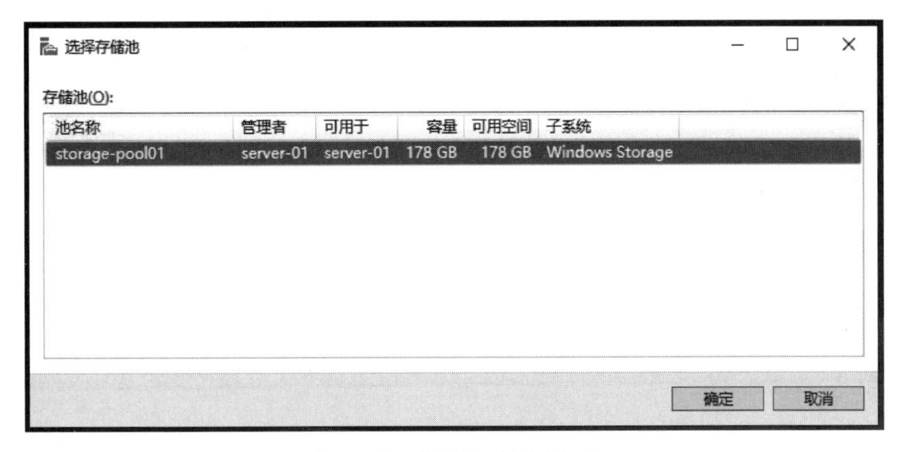

图 3.73　“选择存储池”窗口

（2）在“选择存储池”窗口中，选择相应的存储池，单击“确定”按钮，弹出“开始之前”窗口，如图 3.74 所示，单击“下一步”按钮，弹出“指定虚拟磁盘名称”窗口，如图 3.75 所示。

（3）在“指定虚拟磁盘名称”窗口中，输入虚拟磁盘名称“simple-01”，单击“下一步”按钮，弹出“指定机箱复原”窗口，如图 3.76 所示，单击“下一步”按钮，弹出“选择存储数据布局”窗口，如图 3.77 所示。

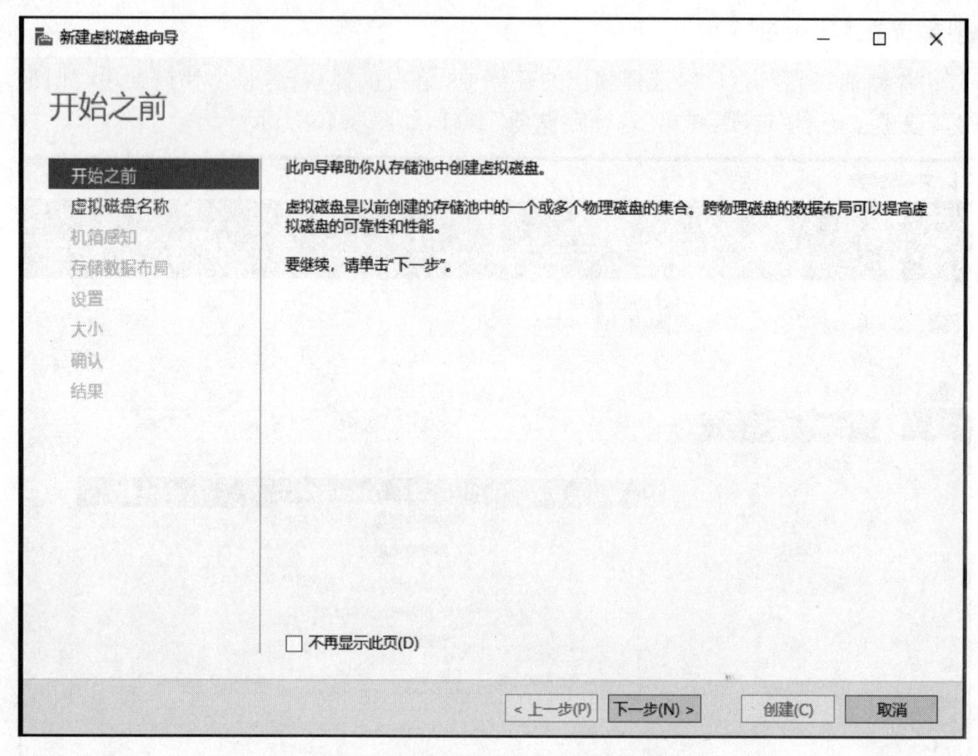

图 3.74 “开始之前”窗口

图 3.75 “指定虚拟磁盘名称”窗口

图 3.76 “指定机箱复原”窗口

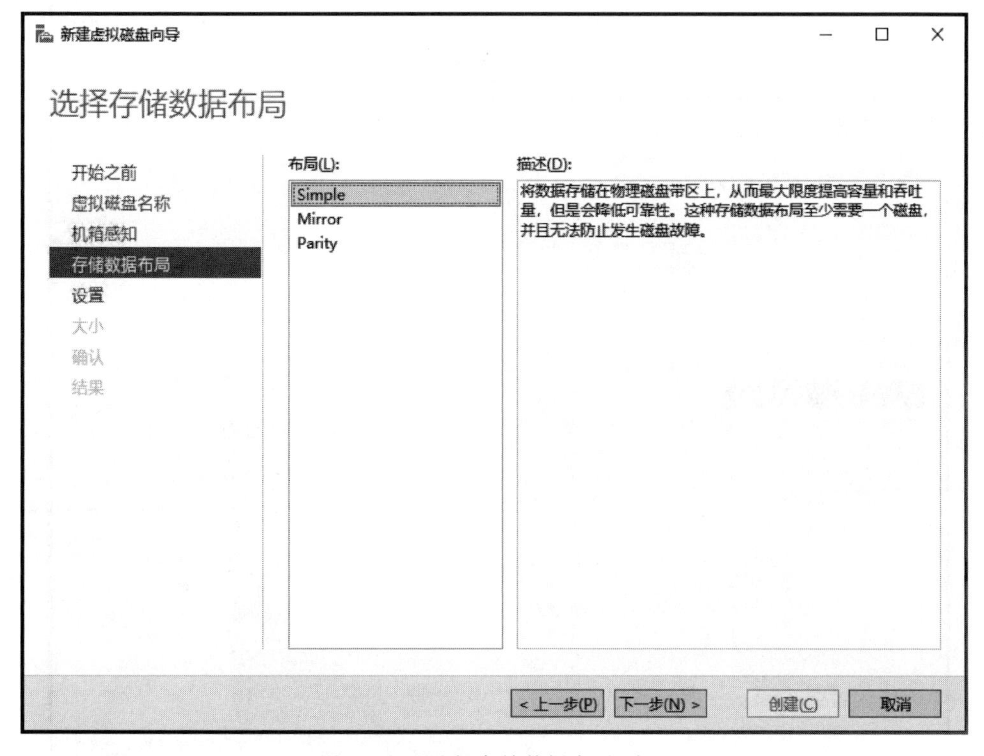

图 3.77 “选择存储数据布局”窗口

(4) 在“选择存储数据布局”窗口中,在布局区域中,选择 Simple 选项,单击“下一步”按钮,弹出“指定设置类型”窗口,如图 3.78 所示,选择“固定”单选按钮,单击“下一步”按钮,弹出“指定虚拟磁盘大小”窗口,如图 3.79 所示。

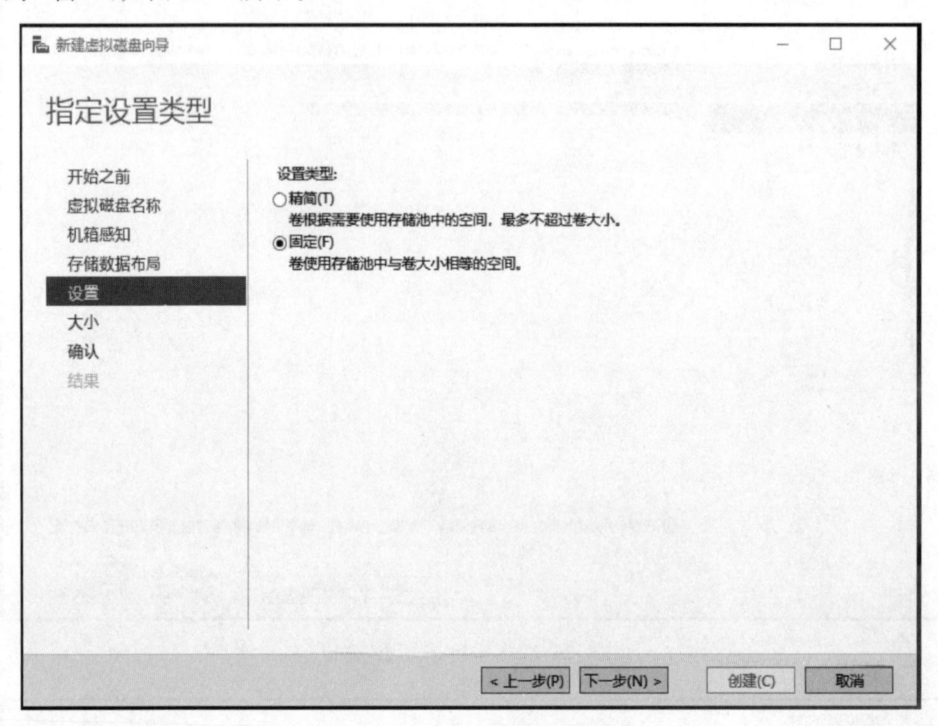

图 3.78 “指定设置类型”窗口

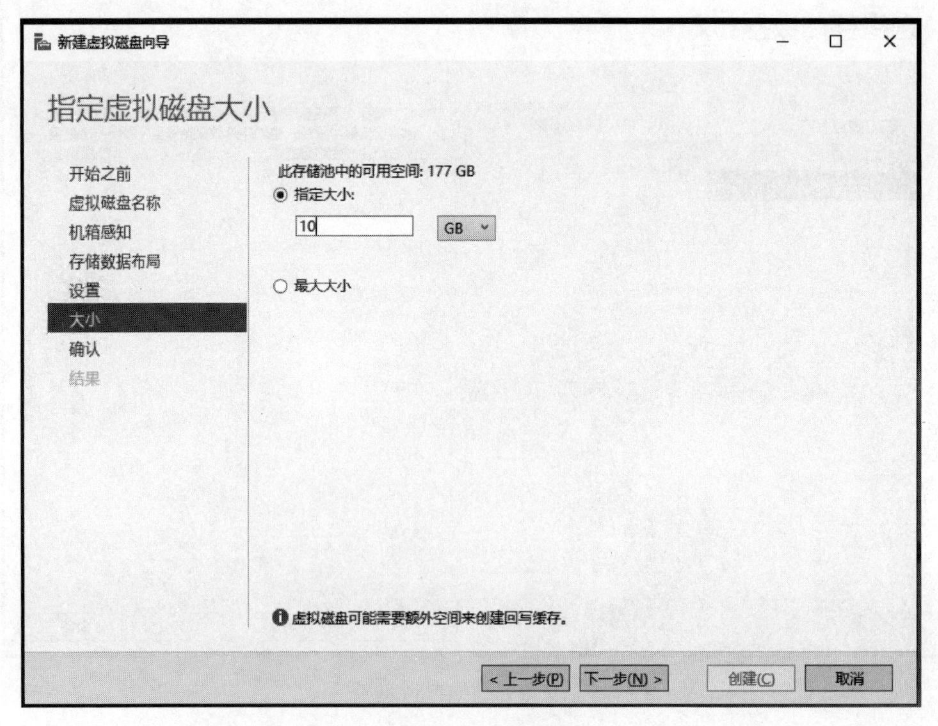

图 3.79 “指定虚拟磁盘大小”窗口

（5）在“指定虚拟磁盘大小”窗口中，选择“指定大小”单选按钮，输入虚拟磁盘大小“10GB”，单击“下一步”按钮，弹出“确认选择”窗口，如图 3.80 所示，单击“创建”按钮，弹出“查看结果”窗口，如图 3.81 所示。

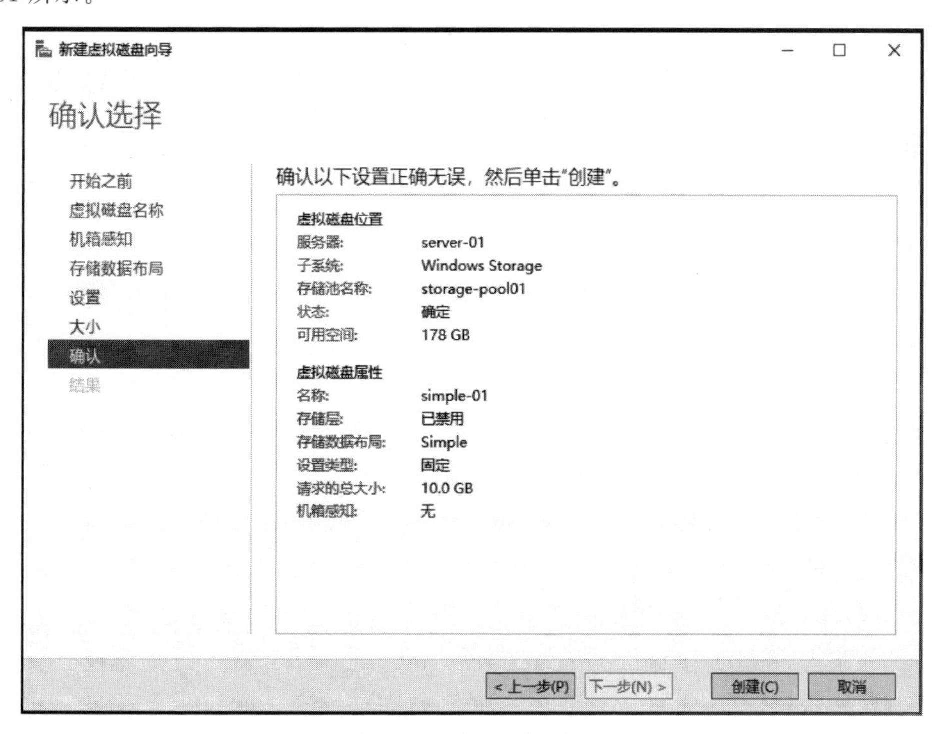

图 3.80　“确认选择”窗口

图 3.81　“查看结果”窗口

(6) 在“查看结果”窗口中，单击“关闭”按钮，弹出“开始之前”窗口，如图 3.82 所示，单击“下一步”按钮，弹出“选择服务器和磁盘”窗口，如图 3.83 所示，

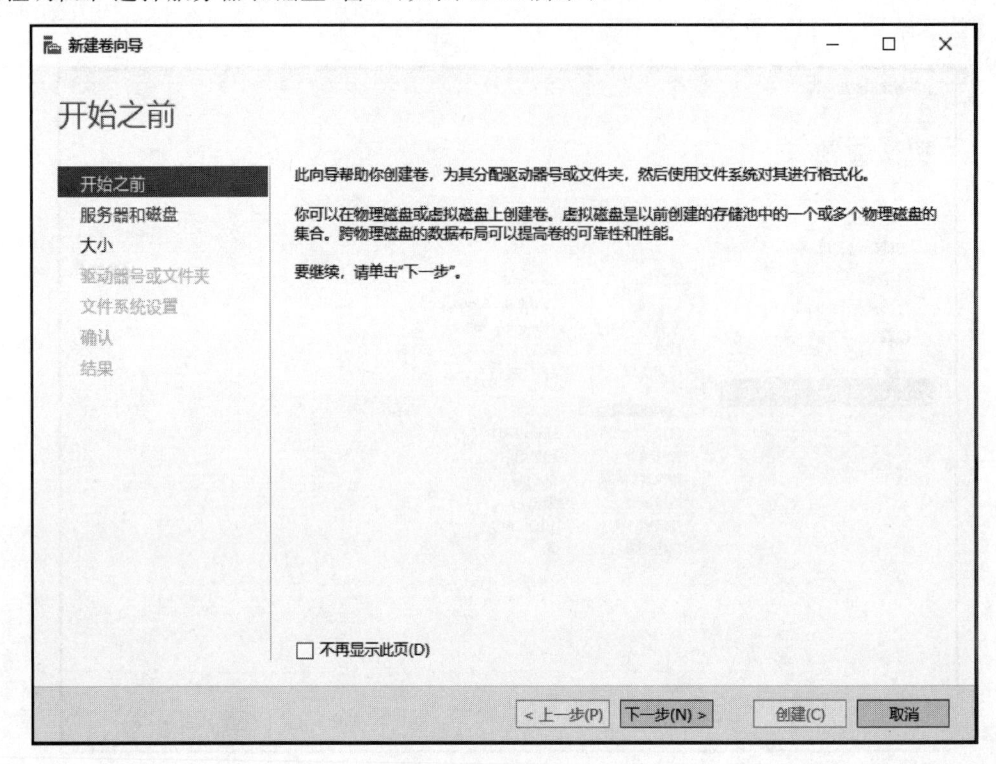

图 3.82 “开始之前”窗口

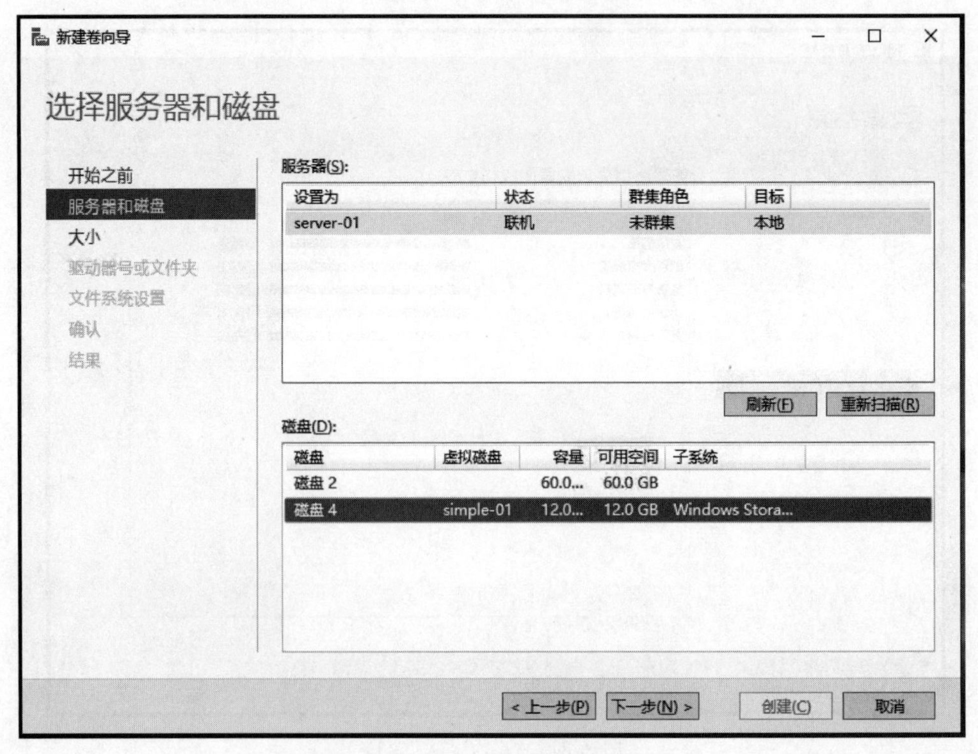

图 3.83 “选择服务器和磁盘”窗口

(7) 在"选择服务器和磁盘"窗口中,单击"下一步"按钮,弹出"指定卷大小"窗口,如图3.84所示,单击"下一步"按钮,弹出"分配到驱动器号或文件夹"窗口,如图3.85所示。

图 3.84　"指定卷大小"窗口

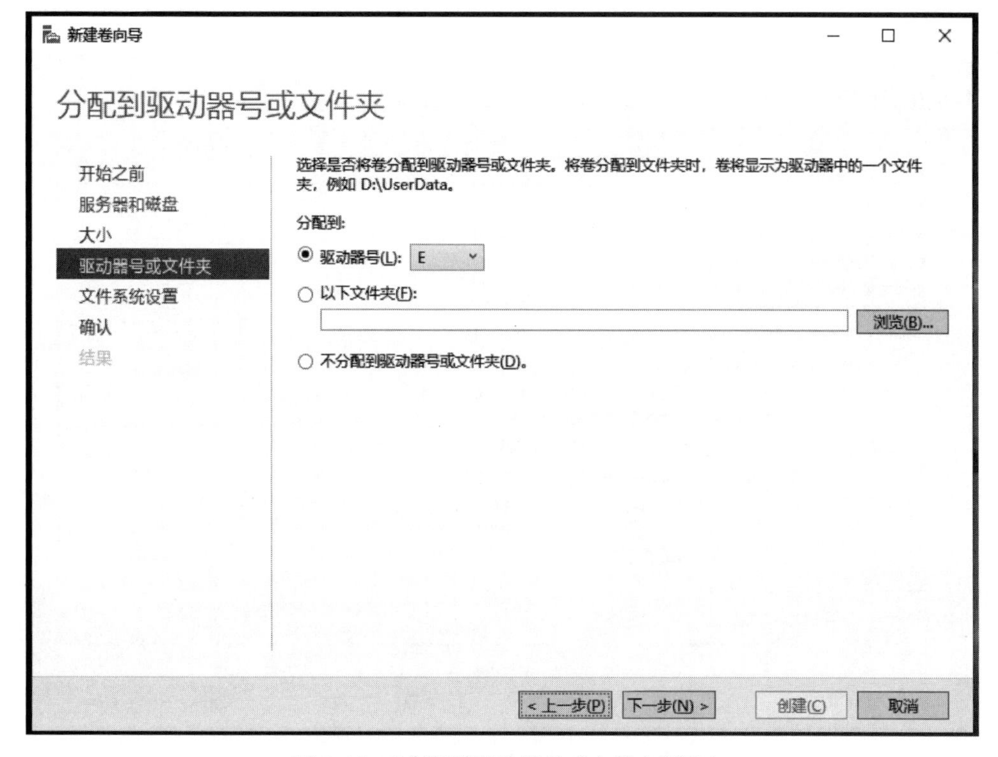

图 3.85　"分配到驱动器号或文件夹"窗口

(8) 在“分配到驱动器号或文件夹”窗口中，选择相应的驱动器号，单击“下一步”按钮，弹出“选择文件系统设置”窗口，如图 3.86 所示，单击“下一步”按钮，弹出“确认选择”窗口，如图 3.87 所示。

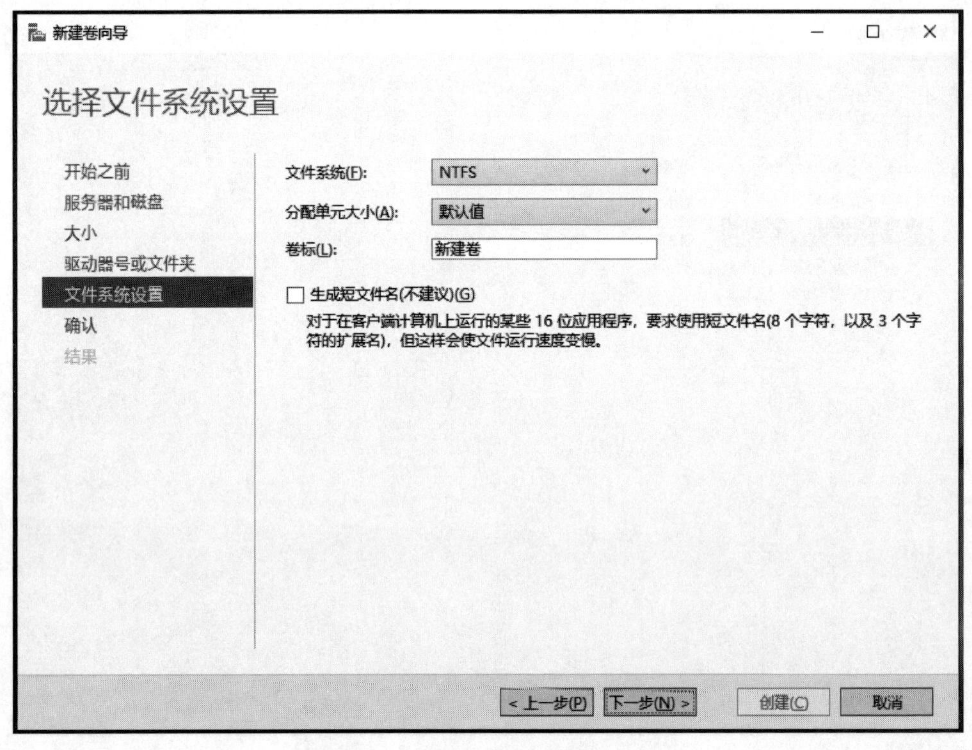

图 3.86 “选择文件系统设置”窗口

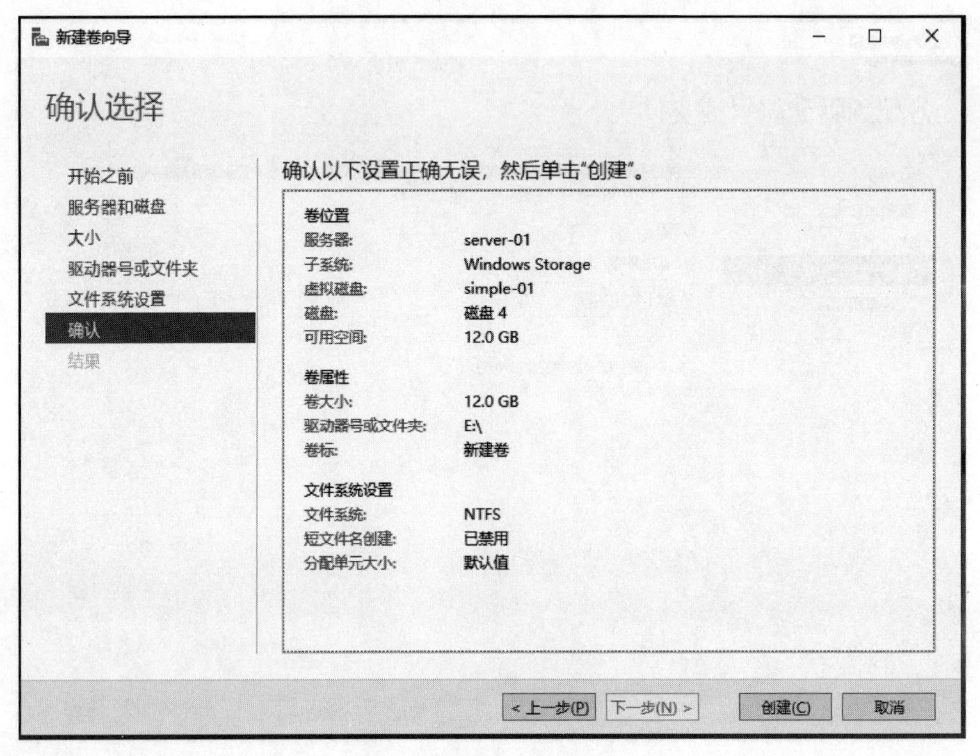

图 3.87 “确认选择”窗口

(9) 在“确认选择”窗口中,单击“创建”按钮,弹出“完成”窗口,如图 3.88 所示,查看磁盘创建情况,如图 3.89 所示。

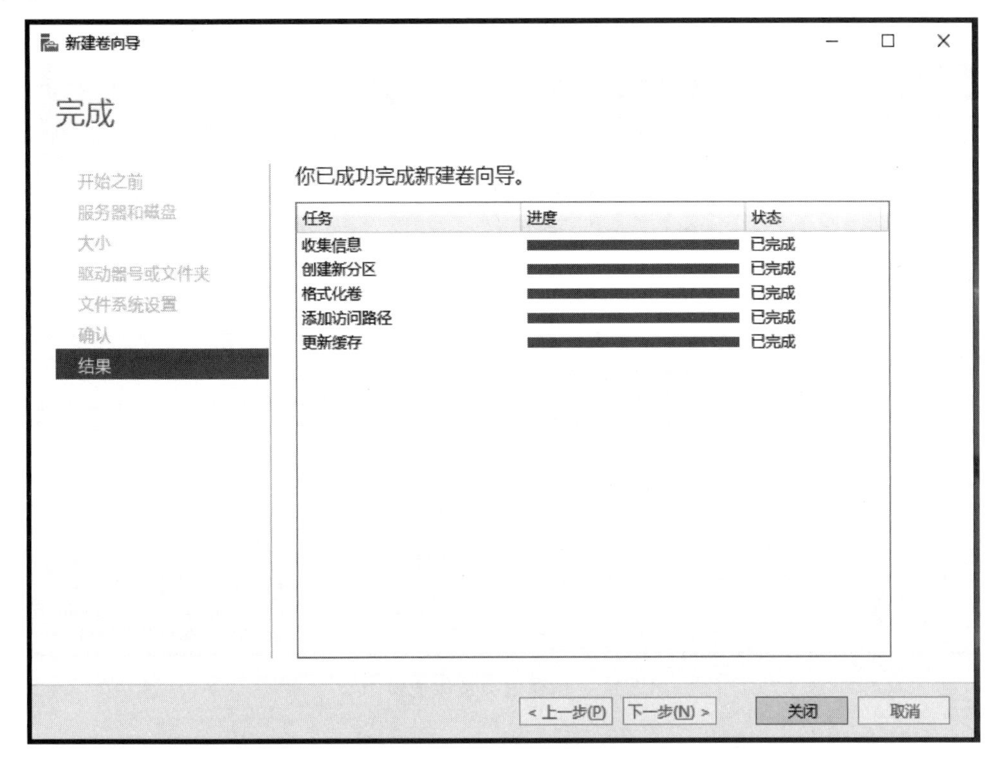

图 3.88　“完成”窗口

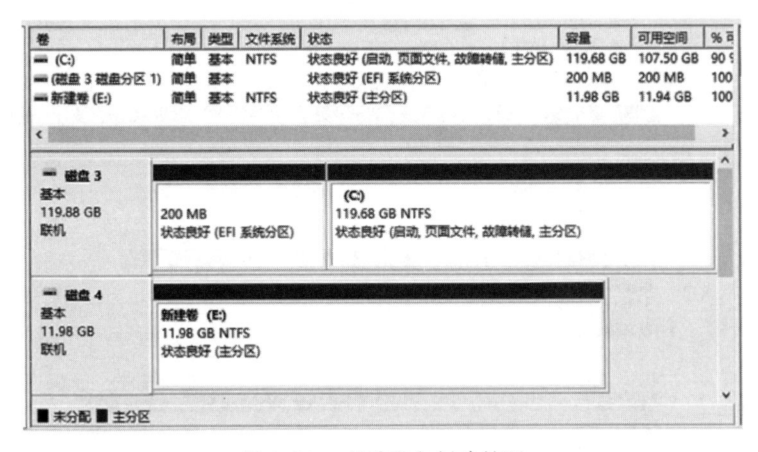

图 3.89　查看磁盘创建情况

3. 创建镜像逻辑磁盘

在“存储池”列表窗口中,选择相应的存储池,单击鼠标右键,弹出快捷菜单,选择“新建虚拟磁盘”选项,指定虚拟磁盘名称为“mirror-01”,选择存储数据布局 Mirror,选择“固定”选项,大小为 20GB,确认无误后,单击“创建”按钮,如图 3.90 所示,虚拟镜像逻辑磁盘创建成功之后,查看虚拟镜像磁盘创建情况,如图 3.91 所示,查看存储池中虚拟磁盘情况,如图 3.92 所示。

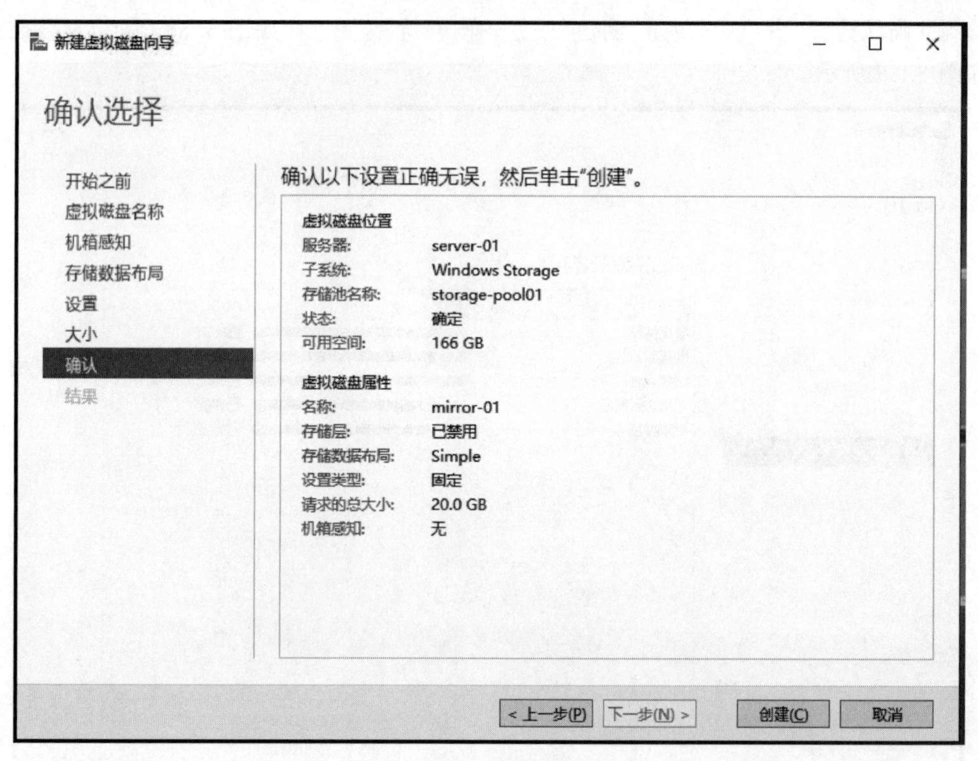

图 3.90　创建虚拟镜像逻辑磁盘

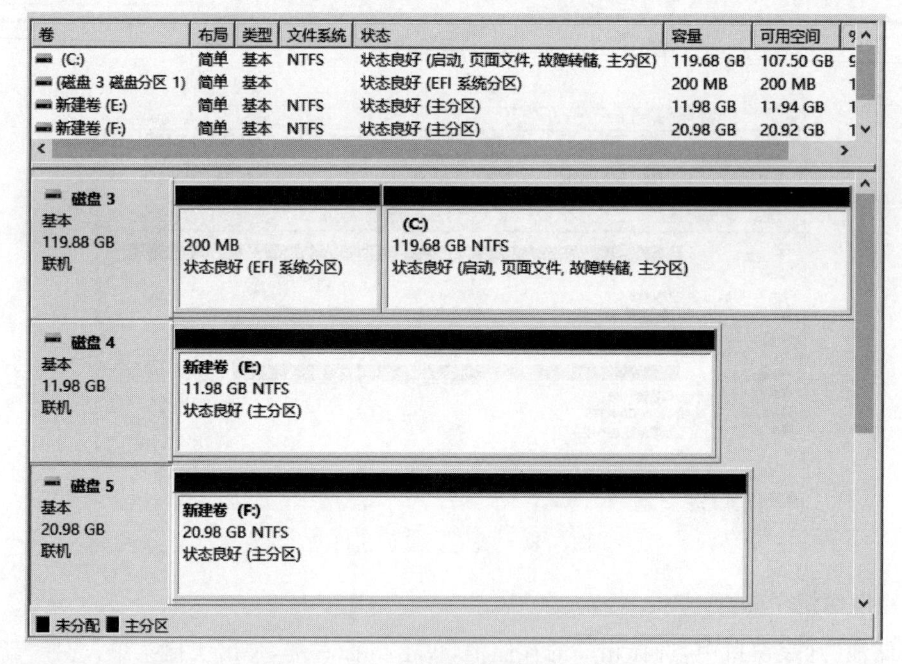

图 3.91　查看虚拟镜像磁盘创建情况

4. 逻辑磁盘扩容

当某个虚拟磁盘的空间不足时，可以直接进行在线扩容。

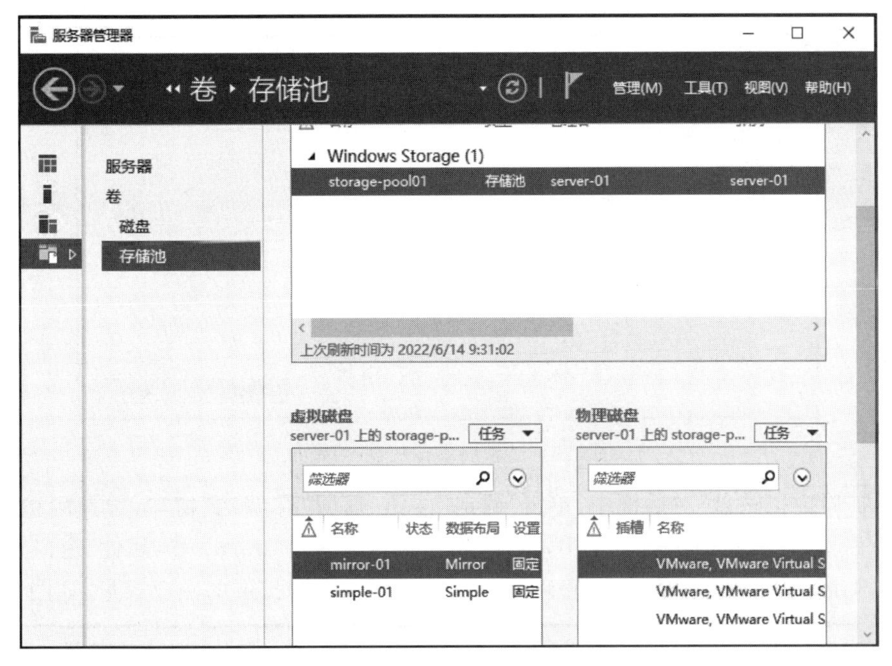

图 3.92　查看存储池中虚拟磁盘情况

（1）选择“存储池”窗口中的虚拟磁盘，在需要扩容的虚拟磁盘上单击鼠标右键，在弹出的快捷菜单中，选择“扩展虚拟磁盘”选项，如图 3.93 所示，弹出“扩展虚拟磁盘”对话框，如图 3.94 所示。

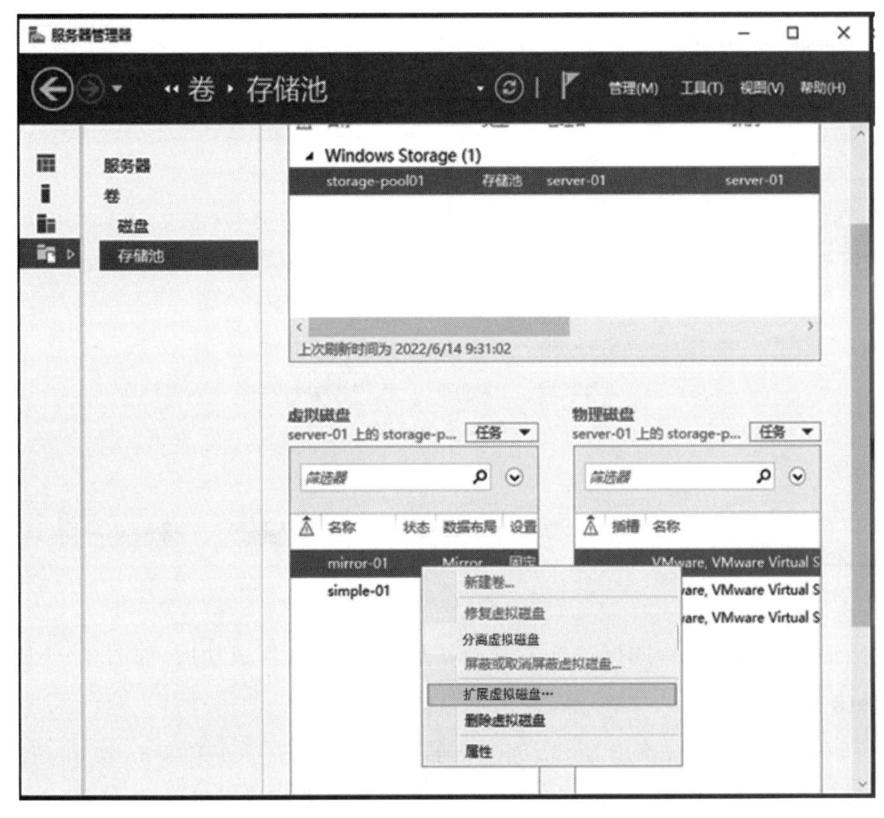

图 3.93　“扩展虚拟磁盘”选项

图 3.94 “扩展虚拟磁盘”对话框

(2) 在“扩展虚拟磁盘”对话框中，单击“确定”按钮，返回“存储池”窗口，选择刚扩容的虚拟磁盘，单击鼠标右键，在弹出的快捷菜单中，选择“属性”选项，弹出“mirror-01 属性”窗口，可以查看相关属性信息，如图 3.95 所示，在“磁盘管理”窗口中，可以查看刚扩展的磁盘容量，如图 3.96 所示。

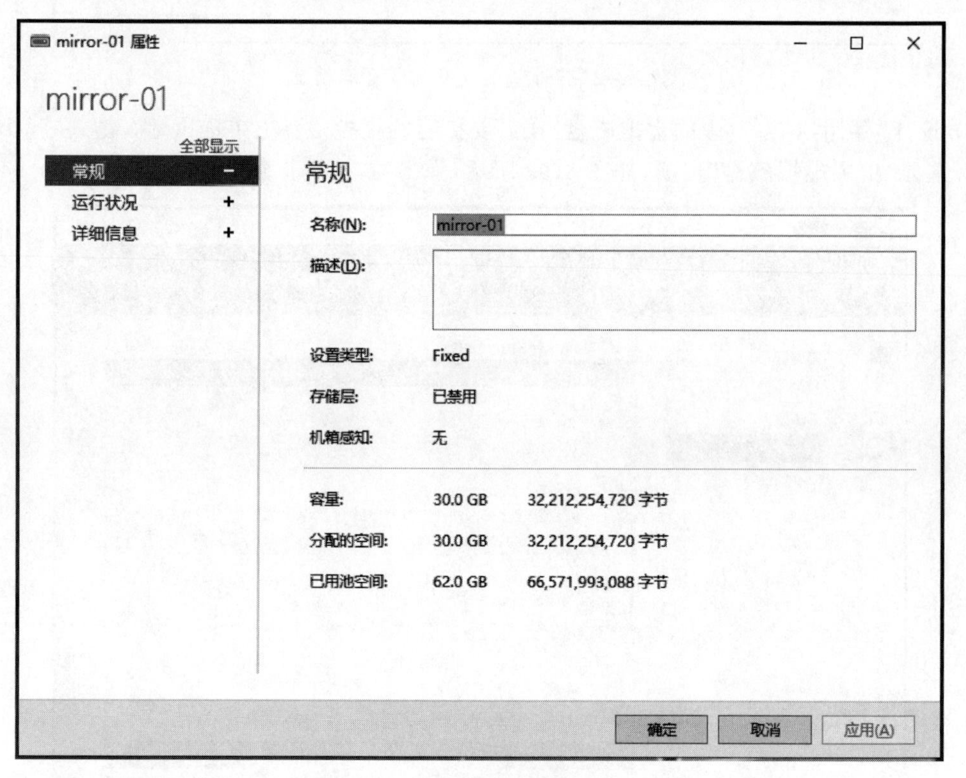

图 3.95 “mirror-01 属性”窗口

(3) 在“磁盘管理”窗口中，选择磁盘 5，执行扩展卷操作，操作成功后，如图 3.97 所示。

5. RAID10 磁盘的创建

添加 3 块 60GB 和 3 块 100GB 磁盘，创建存储池 storage-pool01 和 storage-pool02，创建虚拟磁盘 mirror-01 和 mirror-02，容量大小为 30GB，将两个磁盘创建成带区卷。

(1) 创建存储池 storage-pool01，选择 3 块 60GB 的磁盘；创建存储池 storage-pool02，选择 3

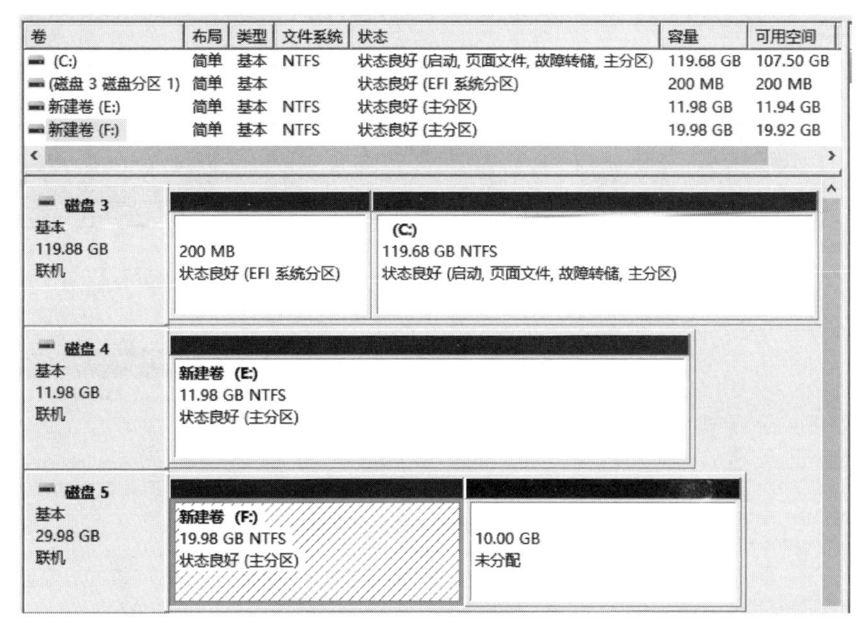

图 3.96　“磁盘管理”窗口

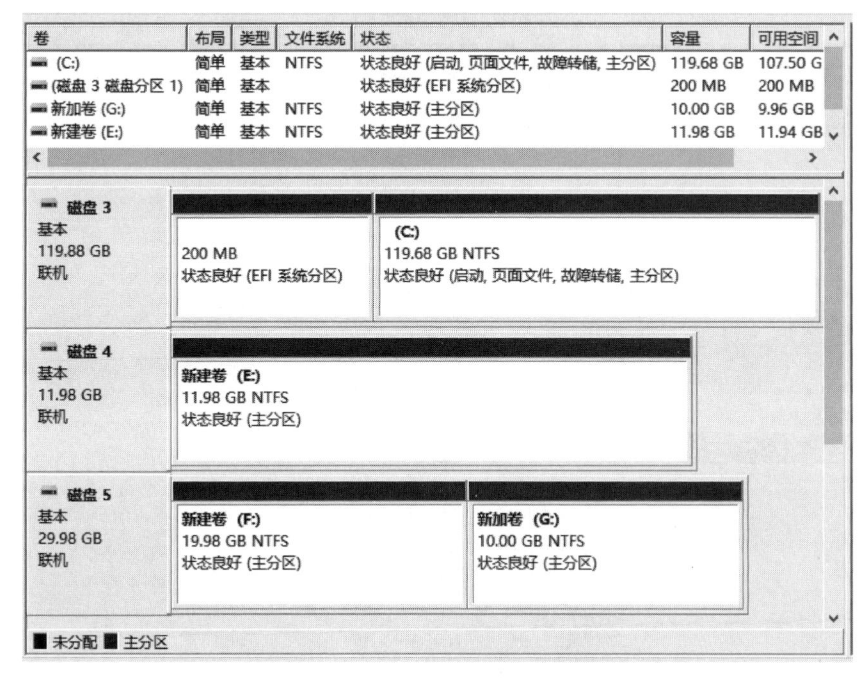

图 3.97　查看扩容后的磁盘情况

块 100GB 的磁盘，完成存储池创建，如图 3.98 所示，选择存储池 storage-pool01，创建虚拟磁盘 mirror-01，选择 Mirror 类型，容量大小为 30GB，如图 3.99 所示。

（2）选择存储池 storage-pool02，新建虚拟磁盘 mirror-02，选择 Mirror 类型，容量大小为 30GB，如图 3.100 所示，虚拟磁盘 mirror-02 创建完成，如图 3.101 所示。

（3）虚拟磁盘创建成功之后，在磁盘管理器中，查看刚创建的虚拟磁盘 7 和磁盘 8，如图 3.102

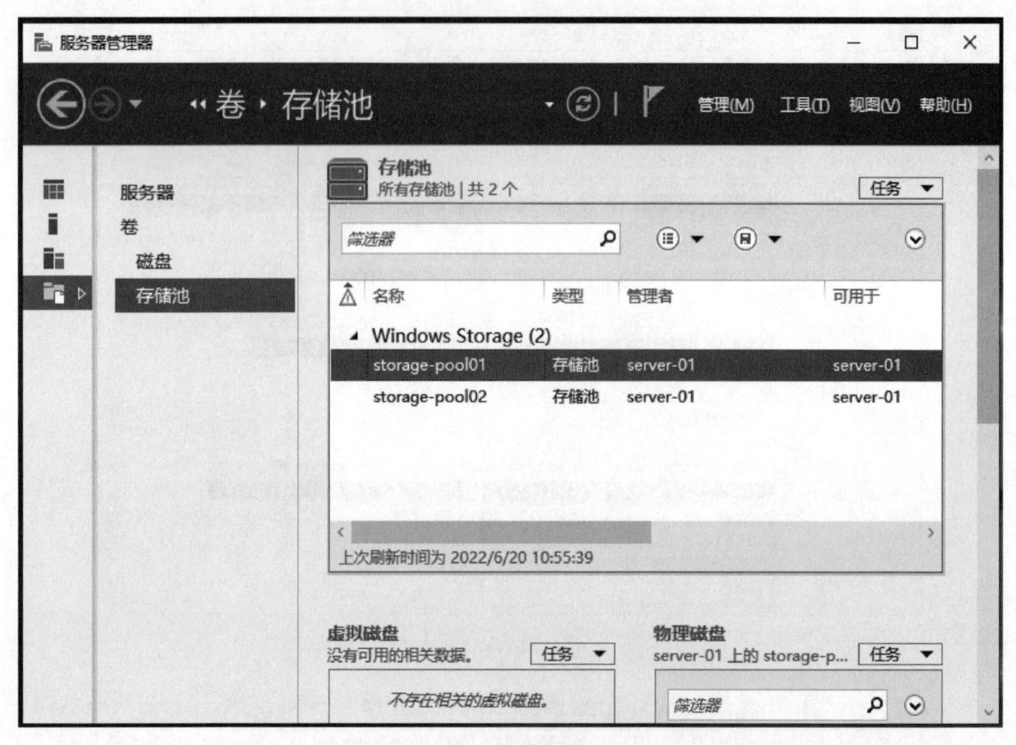

图 3.98　完成存储池创建

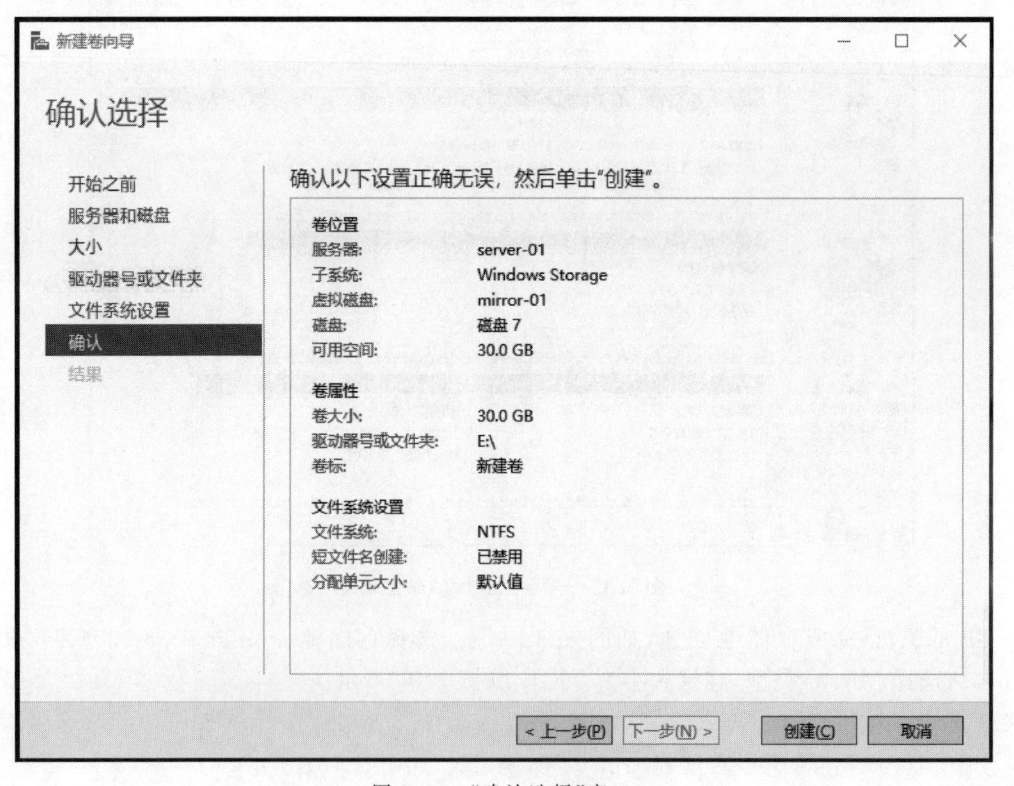

图 3.99　"确认选择"窗口

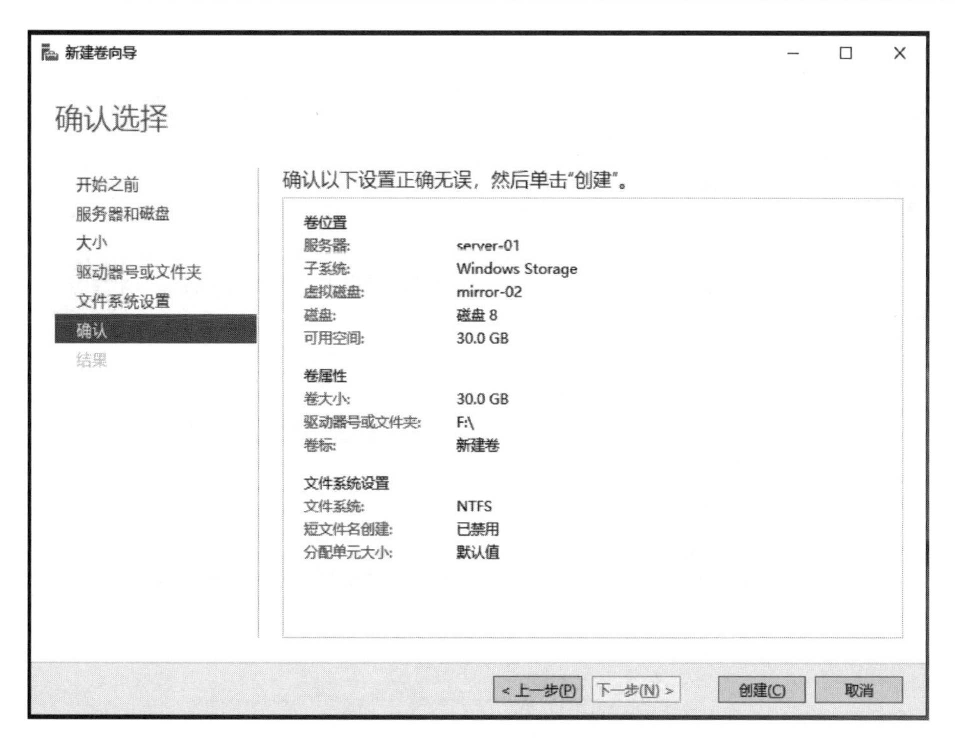

图 3.100　新建虚拟磁盘 mirror-02

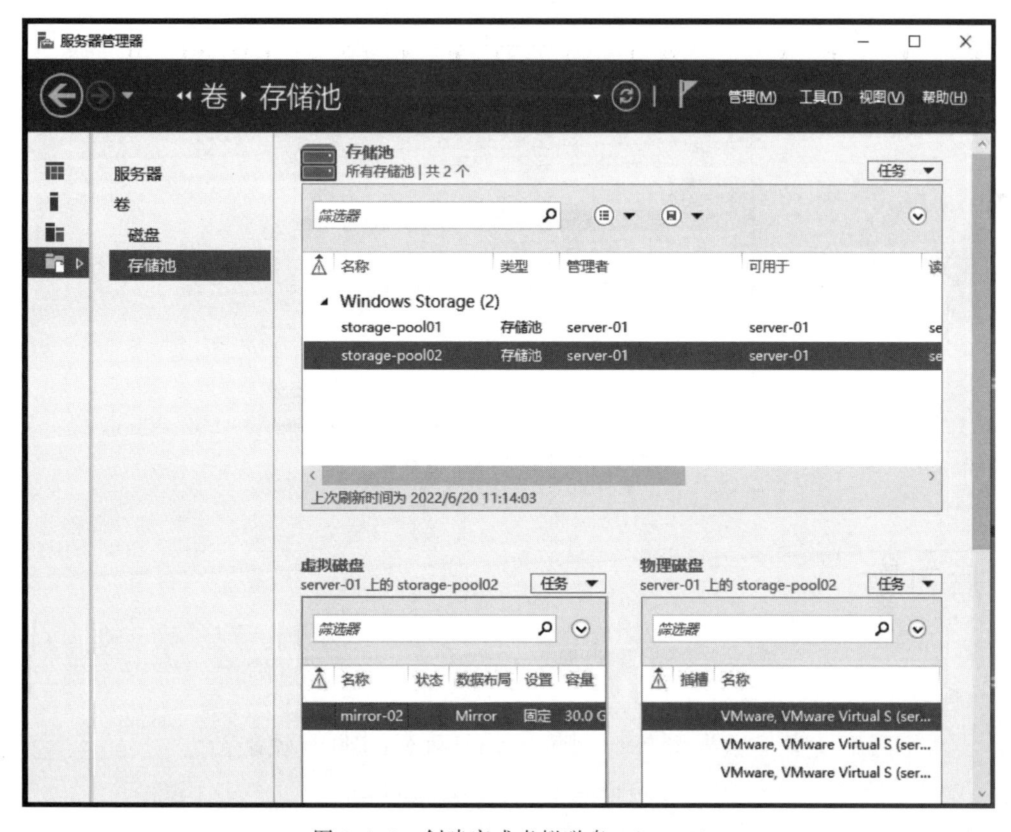

图 3.101　创建完成虚拟磁盘 mirror-02

所示，选择磁盘 7 和磁盘 8，将磁盘转换到动态磁盘，完成动态磁盘的转换，如图 3.103 所示。

卷	布局	类型	文件系统	状态	容量	可用空间	% 可用
(C:)	简单	基本	NTFS	状态良好 (启动, 页面文件, 故障转储, 主分区)	119.68 GB	107.50 GB	90 %
(磁盘 3 磁盘分区 1)	简单	基本		状态良好 (EFI 系统分区)	200 MB	200 MB	100 %
新建卷 (E:)	简单	基本	NTFS	状态良好 (主分区)	29.98 GB	29.91 GB	100 %
新建卷 (F:)	简单	基本	NTFS	状态良好 (主分区)	29.98 GB	29.91 GB	100 %

磁盘 3
基本
119.88 GB
联机

200 MB
状态良好 (EFI 系统分区)

(C:)
119.68 GB NTFS
状态良好 (启动, 页面文件, 故障转储, 主分区)

磁盘 7
基本
29.98 GB
联机

新建卷 (E:)
29.98 GB NTFS
状态良好 (主分区)

磁盘 8
基本
29.98 GB
联机

新建卷 (F:)
29.98 GB NTFS
状态良好 (主分区)

■ 未分配 ■ 主分区

图 3.102　新建虚拟磁盘 7 和磁盘 8

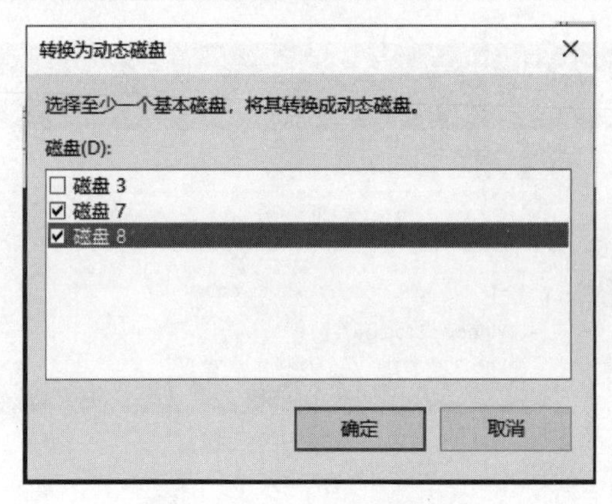

图 3.103　转换为动态磁盘

课后习题

1. 选择题

(1) 有 4 块磁盘，每块容量为 500GB，创建 RAID5 阵列，实际有效容量为(　　)。

A. 2.0TB　　B. 1.50TB　　C. 1.0TB　　D. 500GB

(2) 有 4 块磁盘，每块容量为 500GB，创建 RAID6 阵列，实际有效容量为(　　)。

A. 2.0TB　　B. 1.50TB　　C. 1.0TB　　D. 500GB

(3) 有 4 块磁盘,每块容量为 500GB,创建 RAID0 阵列,实际有效容量为(　　)。
A. 2.0TB　　B. 1.50TB　　C. 1.0TB　　D. 500GB

(4) 有 4 块磁盘,每块容量为 500GB,创建 RAID10 阵列,实际有效容量为(　　)。
A. 2.0TB　　B. 1.50TB　　C. 1.0TB　　D. 500GB

(5) 有 4 块磁盘,每块容量为 500GB,创建 RAID3 阵列,实际有效容量为(　　)。
A. 2.0TB　　B. 1.50TB　　C. 1.0TB　　D. 500GB

(6) 创建 RAID5 至少需要几块磁盘?(　　)
A. 2　　B. 3　　C. 4　　D. 5

(7) 创建 RAID6 至少需要几块磁盘?(　　)
A. 2　　B. 3　　C. 4　　D. 5

(8) 创建 RAID0 至少需要几块磁盘?(　　)
A. 2　　B. 3　　C. 4　　D. 5

(9) 创建 RAID1 至少需要几块磁盘?(　　)
A. 2　　B. 3　　C. 4　　D. 5

(10) 创建 RAID3 至少需要几块磁盘?(　　)
A. 2　　B. 3　　C. 4　　D. 5

(11) 创建 RAID10 至少需要几块磁盘?(　　)
A. 2　　B. 3　　C. 4　　D. 5

(12) 创建 RAID50 至少需要几块磁盘?(　　)
A. 3　　B. 4　　C. 5　　D. 6

(13) 直连式存储简称为(　　)。
A. DAS　　B. NAS　　C. SAN　　D. IP-SAN

(14) 【多选】DAS 的优点有(　　)。
A. DAS 能实现大容量存储　　B. 提高存取性能
C. 实现了应用数据和操作系统的分离　　D. 实施简单

(15) 【多选】RAID 技术的优势有(　　)。
A. 将多个磁盘组合成一个逻辑盘组,以提供更大容量的存储
B. 将数据分割成数据块,由多个磁盘同时进行数据块的写入/读出,以提高访问速度
C. 存储空间利用率低
D. 通过数据镜像或奇偶校验提供数据冗余保护,以提高数据安全性

(16) 【多选】RAID 中的关键技术包括(　　)。
A. 镜像　　B. 克隆　　C. 数据条带　　D. 数据校验

2. 简答题

(1) 简述直连式存储 DAS 的优缺点以及适用环境。

(2) 简述 RAID 中的关键技术。

(3) 简述常见的 RAID 类型以及特点。

(4) 简述 RAID 数据保护。

(5) 简述 LUN 虚拟化。

(6) 简述磁盘及磁盘分区。

第4章

NAS服务器配置与管理

学习目标

- 理解 NAS 基础知识、NAS 网络结构、CIFS 文件共享协议、NFS 文件共享协议以及 NAS 的 I/O 访问路径等相关理论知识。
- 掌握成员服务器用户与组的配置与管理、域控制器共享文件的配置与管理以及 NFS 共享配置与管理等相关知识与技能。

4.1 项目陈述

网络附加存储(Network Attached Storage,NAS)是一种将分布、独立的数据进行整合,集中化管理,以便于对不同主机和应用服务器进行访问的技术。从结构上来讲,NAS 是功能单一的精简型计算机,因此在架构上不像服务器那么复杂,只需要通过一根网线连接到各个终端客户机上,就可以完成 NAS 的数据传输和控制。NAS 是一种专业的网络文件存储及文件备份设备,它是基于网络,按照 TCP/IP 进行通信,以文件的 I/O 方式进行数据传输,通过文件级的数据访问和共享提供存储资源的网络存储架构。在 LAN 环境下,NAS 已经完全可以实现不同平台之间的数据级共享。本章讲解 NAS 基础知识、NAS 网络结构、CIFS 文件共享协议、NFS 文件共享协议以及 NAS 的 I/O 访问路径等相关理论知识,项目实践部分讲解成员服务器用户与组的配置与管理、域控制器共享文件的配置与管理以及 NFS 共享配置与管理等相关知识与技能。

4.2 必备知识

4.2.1 NAS基础知识

随着网络技术的飞速发展，企业在网络中共享资料、共享数据的需求越来越大。跨平台的、安全的、高效的文件共享是网络附加存储(NAS)产生的内在驱动力。

1. NAS产生的背景

信息技术工程师为了实现文件网络共享，将大量的文件存储在一台专用的文件服务器上，其他用户可以通过网络对这些文件进行存取。随着企业的发展和数据的海量产生，网络中不同主机间的数据共享需求越来越大，而NAS设备能够提供大量存储空间，并支持高效文件共享功能，恰好满足企业的存储需要。在过去，KB级别的文件共享使软盘变得普及，而随着企业的不断发展，大容量数据的跨平台共享需求也在不断上升，此时出现了可移动存储介质，如闪存，它提供GB量级的存储空间，并取代了软盘的位置。然而，企业不仅需要大量存储空间，还需要通过网络便利地共享和使用数据，因此具备存储和网络双重特性的NAS是一个不错的选择。对于服务器/主机而言，NAS是一个外部设备，可灵活部署在网络中，同时，NAS提供文件级共享，通过其客户端可以直接访问到所需文件。

2. NAS概述

NAS是一种将分布的、独立的数据进行整合，集中管理数据的存储技术，为不同主机和应用服务器提供文件级存储空间，其逻辑架构如图4.1所示。

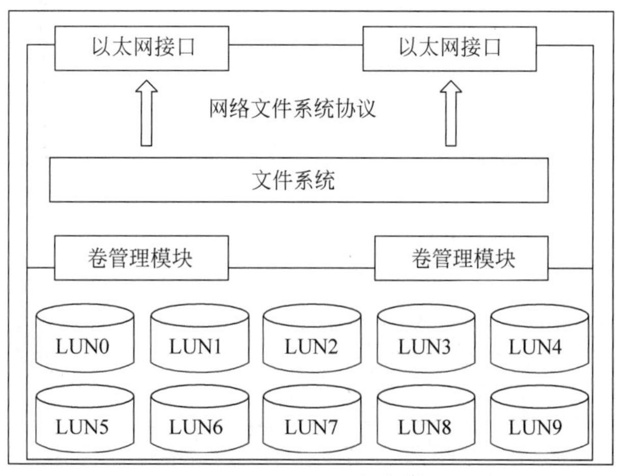

图4.1　NAS逻辑架构

从使用者的角度，NAS是连接到一个局域网的基于IP的文件共享设备。NAS通过文件级的数据访问和共享提供存储资源，使客户能够以最小的存储管理开销快速地共享文件，这一特征使得NAS成为主流的文件共享存储解决方案。另外，NAS有助于消除用户访问通用服务器时的性能瓶颈，NAS通常采用TCP/IP数据传输协议和通用网络文件系统(Common Internet File System, CIFS)/网络文件系统(Network File System, NFS)远程文件服务协议来完成数据归档和存储。

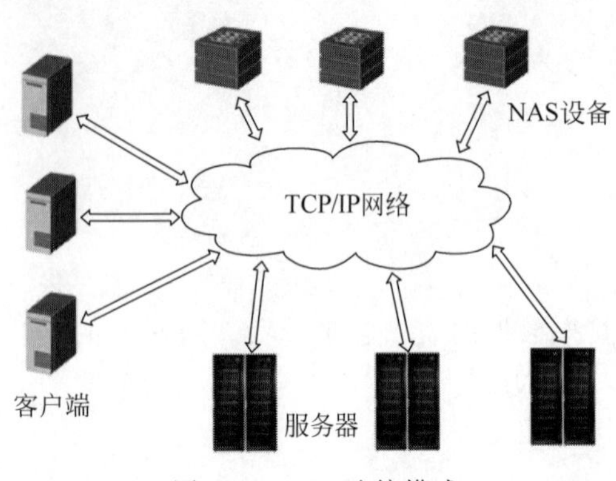

图 4.2 NAS连接模式

随着网络技术的快速发展，支持高速传输和高性能访问的专用 NAS 存储设备可以满足当下企业对高性能文件服务和高可靠数据保护的应用需求。如图 4.2 所示，给出一种 NAS 设备的部署情况，通过 IP 网络，各种平台的客户端都可以访问 NAS 设备。

NAS 是一种专用数据存储服务器，它以数据为中心，将存储设备与服务器彻底分离，集中管理数据，从而释放带宽，提高性能，降低总拥有成本，保护投资。其成本远远低于使用服务器存储，而效率却远远高于服务器存储。NAS 客户端和 NAS 存储设备之间通过 IP 网络通信，NAS 设备使用自己的操作系统和集成的硬/软件组件，满足特定的文件服务需求，NAS 客户端可以是跨平台的，可以为 Windows、Linux 和 Mac 系统。与传统文件服务器相比，NAS 设备支持接入更多的客户机，支持更高效的文件数据共享。

3. NAS 的技术特点

NAS 可以应用在任何网络环境下，主服务器和客户端可以非常方便地在 NAS 上存取任意格式的文件，包括 SMB 格式、NFS 格式以及 CIFS 格式，通过任何一台终端计算机，使用浏览器就可以对 NAS 设备进行直观的管理和运用。与传统的存储服务器相比，NAS 去掉了通用服务器原有的大多数计算功能，仅提供文件系统功能被用于存储服务，大大降低了存储设备的性能需求和成本，专门优化了系统硬软件体系结构，多线程、多任务的网络操作系统内核更适合用来处理来自网络的 I/O 请求，正因为如此，它不仅响应速度更快，传输速率也更高。

4.2.2 NAS 网络结构

NAS 可作为网络节点，直接接入网络中，理论上 NAS 可支持各种网络技术，支持多种网络拓扑，但是以太网是目前最普遍的一种网络连接方式，所以本书主要讨论的是基于以太网互连的网络环境。

1. NAS 网络拓扑

NAS 能够支持多种协议（如 NFS、CIFS、FTP、HTTP 等）以及多种操作系统。通过任何一台工作站，采用 IE 浏览器就可以对 NAS 设备进行直观方便的管理，如图 4.3 所示。

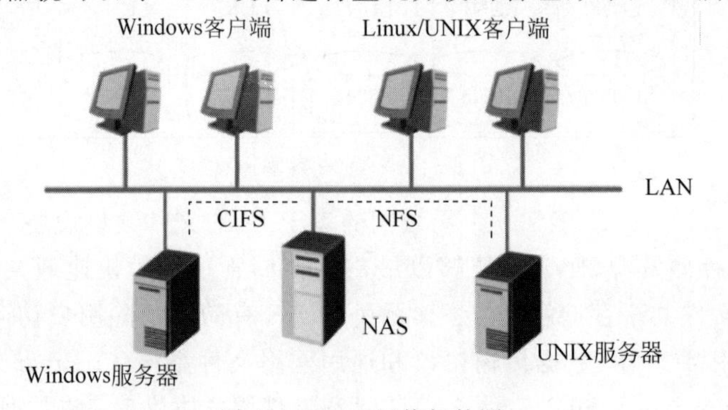

图 4.3 NAS 网络拓扑图

2. NAS 的实现方式

NAS 的实现方式有两种：统一型 NAS 和网关型 NAS。统一型 NAS 是指一个 NAS 设备包含所有 NAS 组件；而网关型 NAS 中 NAS 引擎和存储设备是独立存在的，使用时二者通过网络互连，存储设备在被共享访问时采用块级 I/O。

统一型 NAS 的部署示意图如图 4.4 所示。统一型 NAS 将 NAS 引擎和存储设备放在一个机框中，使 NAS 系统具有一个独立的环境。NAS 引擎通过 IP 网络对外提供连接，响应客户端的文件 I/O 请求。存储设备由多个硬盘构成，硬盘既可以是低成本的 ATA 接口硬盘，也可以是高吞吐量的 FC 接口硬盘。NAS 管理软件同时对 NAS 引擎和存储设备进行管理。

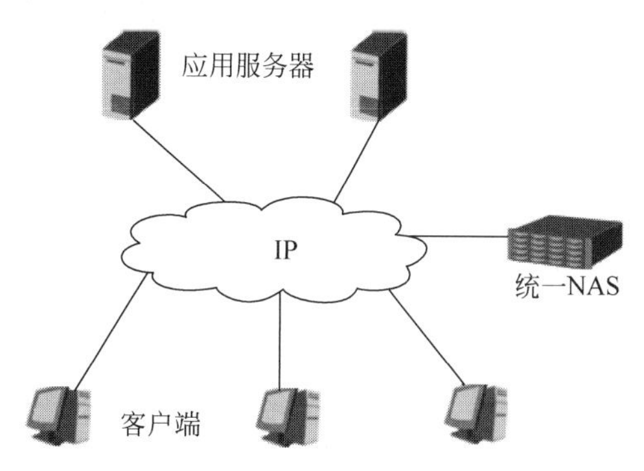

图 4.4　统一型 NAS 的部署

在网关型 NAS 的解决方案中，管理功能更加细分化，即对 NAS 引擎和存储设备单独进行管理。如图 4.5 所示，NAS 引擎和后端存储设备(如存储阵列)通常采用 FC 网络进行连接，与统一型 NAS 相比，网关型 NAS 存储更加容易扩展，因为 NAS 引擎和存储设备都可以独立地进行扩展。

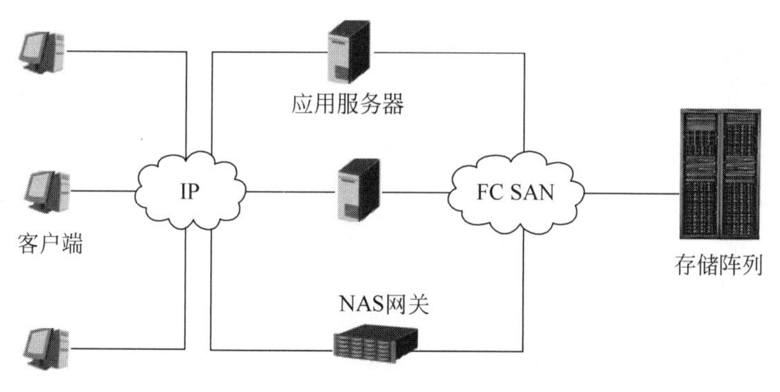

图 4.5　网关型 NAS 的部署

3. NAS 的管理环境

在统一型 NAS 系统的管理中，由于存储设备专用于 NAS 存储服务，属于独占式存储，所以 NAS 管理软件可以对 NAS 部件和后端存储设备同时进行管理。

在网关型 NAS 系统的管理中，网关型 NAS 系统采用共享式存储，这意味着传统的 SAN 主机也可以使用后端存储设备(如存储阵列)。NAS 引擎和存储阵列都通过自己的专门管理软件进行配置和管理。

4. NAS 与文件服务器对比

如图 4.6 所示，文件服务器的主要功能是为网络上的主机提供多种服务，如文件共享及处理、网页发布、FTP、电子邮件服务等。但是文件服务器在数据备份、数据安全等方面并不占据优势。而 NAS 本质上是存储设备而不是服务器，它专用于文件数据存储，将存储设备与服务器分离，提供文件集中存储与管理的功能。NAS 可以看作是优化的文件服务器，其对文件服务、存储、检索、访问等功能进行了优化。

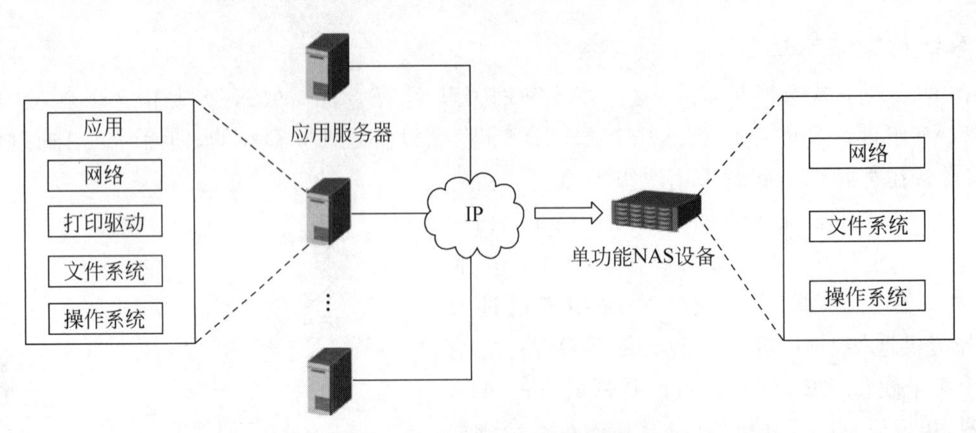

图 4.6　NAS 与传统文件服务器的对比

文件服务器可以用来承载任何应用程序，支持打印、文件下载等功能；而 NAS 专用于文件服务，通过使用开放标准协议为其他操作系统提供文件共享服务。另外，为了提升 NAS 设备的高可用性和高可扩展性，NAS 还支持集群功能。

5. NAS 组成与部件

NAS 的组成包括硬件与软件两部分，如图 4.7 所示。

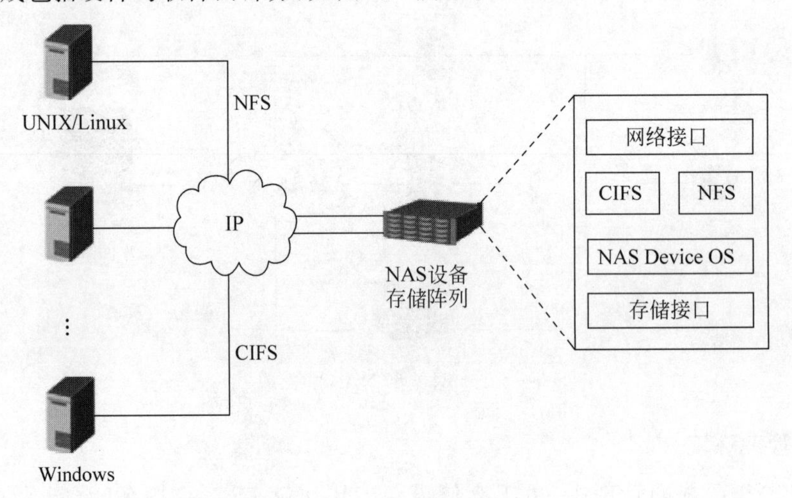

图 4.7　NAS 的组成

NAS 的硬件组成如下。

(1) NAS 引擎(CPU 和内存等)。

(2) 网络接口卡(NIC)，如千兆以太网卡、万兆以太网卡。

(3) 采用工业标准存储协议(如 ATA、SCSI、FC 等)的磁盘资源。

NAS 的软件组成如下。

(1) NAS 内嵌操作系统，通常是精简版的 Linux 系统，对 NAS 进行管理。

(2) 文件共享协议，如 NFS 和 CIFS。

(3) 网络互连协议，如通过使用 IP 协议支持 NAS 和客户端之间互连。

4.2.3 CIFS 文件共享协议

大多数 NAS 设备支持多种文件共享协议以处理远程文件系统的 I/O 请求。NFS 和 CIFS 是两种典型文件共享协议，其中，NFS 主要用于 UNIX 的操作环境；CIFS 用于 Windows 操作环境。用户使用文件共享协议可以跨越不同操作环境进行文件数据共享，文件共享协议支持不同操作系统间文件的透明迁移。

1. CIFS 协议

通用网络文件系统（Common Internet File System，CIFS）是一个网络文件共享协议，允许 Internet 和 Intranet 中的 Windows 主机访问网络中的文件或其他资源，达到文件共享的目的，如图 4.8 所示。CIFS 是服务器消息块（Server Message Block，SMB）协议的一个公共版本，SMB 协议让本机程序可以访问局域网内其他机器上的文件。

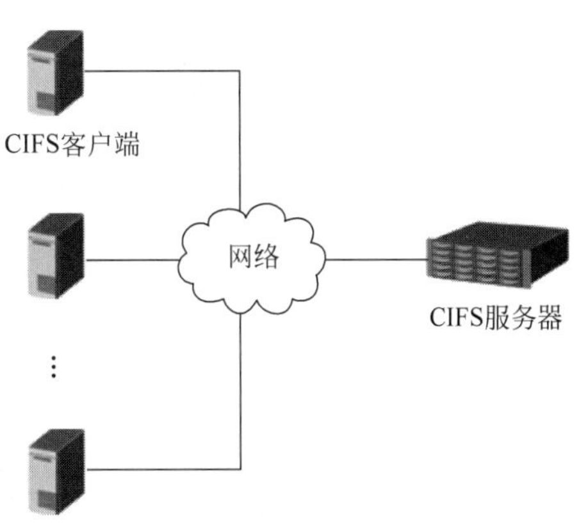

图 4.8 CIFS 协议应用

2. CIFS 协议工作原理

CIFS 协议是一个状态协议，在 OSI 模型的应用/表示层工作。CIFS 协议交互过程如图 4.9 所示，包括协议协商、建立会话、树连接、网络文件操作、断开连接等步骤。当客户端应用程序访问过程故障中断时，用户必须重新建立 CIFS 连接。CIFS 运行在 TCP/IP 之上，使用 DNS 域名服务进行名称解析。

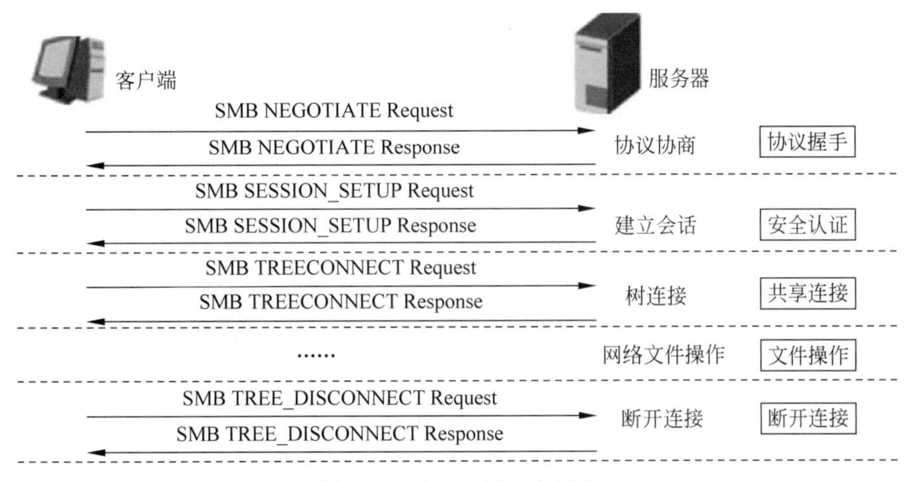

图 4.9 CIFS 协议工作原理

CIFS 是否可以自动恢复连接并重新打开被中断的文件，取决于应用程序是否启用 CIFS 的容错特性。CIFS 服务器会维护每个客户端的相关连接信息，因此 CIFS 是一个有状态的协议。在网络故障或 CIFS 服务器故障的情况下，客户端会接收到一个连接断开通知。如果应用程序能通过嵌入式智能软件来恢复连接，则中断影响最小化；反之，用户必须重新建立 CIFS 连接。

3. CIFS 共享环境

利用 CIFS 协议，NAS 设备以目录的形式把文件系统共享给某个用户，该用户可以查看或访问给予其权限（如只读、读写、只写等）的共享目录。CIFS 的共享环境有“无域”和“活动目录 AD 域”两种。如图 4.10 所示，为无域环境中的 CIFS 共享情形，此时 Windows 用户通过 CIFS 协议直接访问某特定存储系统。

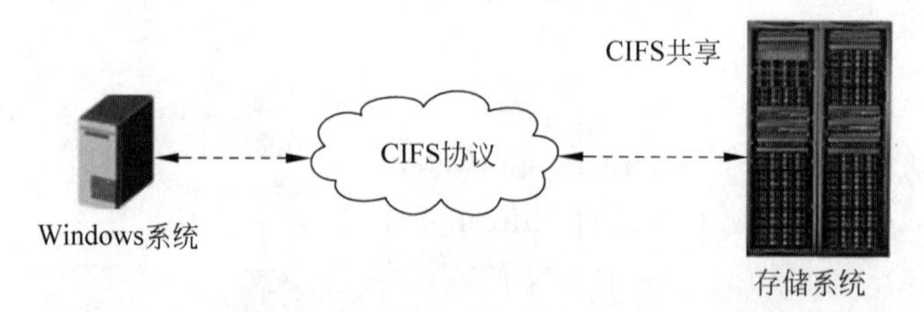

图 4.10　无域环境中的 CIFS 共享

如图 4.11 所示为 AD 域环境中的 CIFS 共享情形。AD 是 Active Directory 的简称，指的是 Windows 网络中的目录服务。随着局域网和广域网规模越来越大，利用 AD 域，企业能够更加便捷地实现 Windows 网络管理。存储系统能够加入 AD 域，作为 AD 域的客户端，实现和 AD 域环境的无缝对接。AD 域控制器中保存了域环境中所有的用户信息、群组信息等。AD 域客户端访问存储系统提供的 CIFS 共享时，需要进行身份认证，认证操作由 AD 域控制器完成。所有域用户均可以访问存储系统提供的共享目录。AD 域的管理员甚至可以进行基于文件的权限管理，对不同域用户访问每个文件夹进行不同的权限控制。通过开启 Homedir 功能，AD 域客户端只能访问与其名称相同的共享目录，无法查看并访问其他域客户端的共享目录。

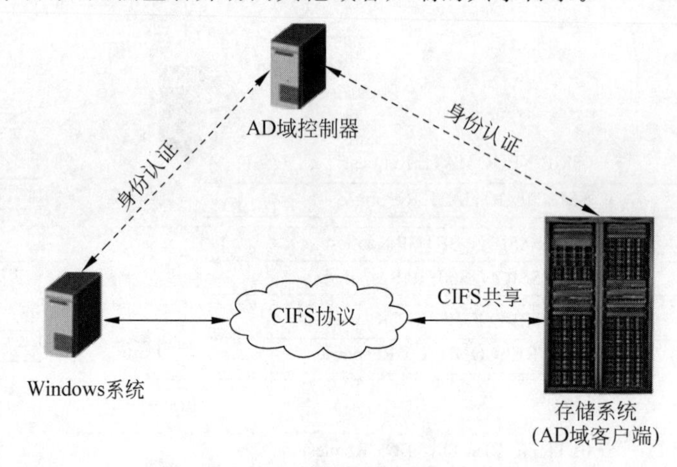

图 4.11　AD 域环境中的 CIFS 共享

4. CIFS 协议的优点

CIFS 具有如下优点。

(1) 高并发性。CIFS 提供文件共享和文件锁机制，允许多个客户端访问或更新同一个文件而不产生冲突。利用文件锁机制同一时刻只允许一个客户端更新文件。

(2) 高性能。客户端对共享文件进行的操作并不会立即写入存储系统，而是保存在本地缓存中。当客户端再次对共享文件进行操作时，系统会直接从缓存中读取文件，提高文件访问性能。

(3) 数据完整性。CIFS 采用抢占式缓存、预读和回写的方式保证数据的完整性。客户端对共享文件进行的操作并不会立即写入存储系统,而是保存在本地缓存中。当其他客户端需要访问同一文件时,保存在客户端缓存中的数据会被写入存储系统中,这时需要保证同一时刻只有一个拷贝文件处于激活状态,防止出现数据不一致的冲突。

(4) 高安全性。CIFS 支持共享认证,通过认证管理,设置用户对文件系统的访问权限,保证文件的机密性和安全性。

(5) 应用广泛性。支持 CIFS 协议的任意客户端均可以访问 CIFS 共享空间。

(6) 统一的字符编码标准。CIFS 支持各类字符集,保证 CIFS 可以在所有语言系统中使用。

4.2.4 NFS 文件共享协议

NFS 协议是由 Sun 公司开发的用于异构平台之间的文件系统共享协议,其在网络环境中提供分布式文件共享服务。

1. NFS 协议工作原理

NFS 使用客户端/服务器架构。服务器程序向其他计算机提供对文件系统的访问,客户端程序对共享文件系统进行访问。NFS 通过网络让不同类 UNIX 操作系统(如 Linux/UNIX/macOS)的客户端彼此共享文件。与 CIFS 不同,NFS 是一个无状态协议。当客户端应用程序访问过程故障中断时,系统能自动恢复工作。

NFS 支持面向流的协议(TCP)或者面向数据报的协议(UDP),如图 4.12 所示。通过 NFS 网络共享协议,客户端的应用可以像使用本地文件系统一样使用远程 NFS 服务端的文件系统。

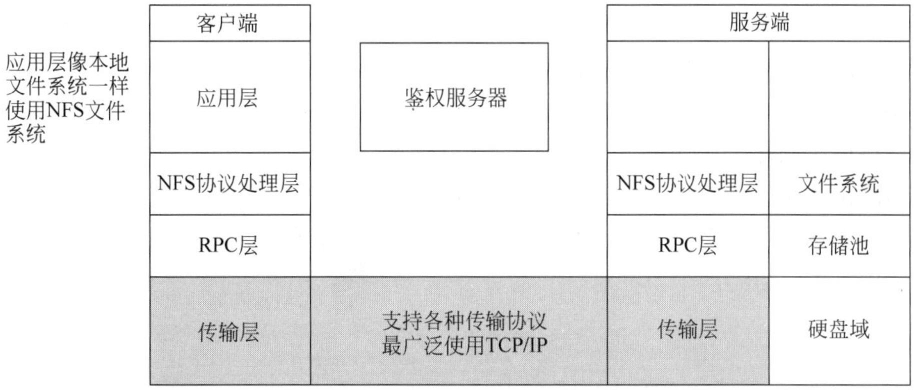

应用层像本地文件系统一样使用NFS文件系统

客户端
应用层
NFS协议处理层
RPC层
传输层

鉴权服务器

支持各种传输协议
最广泛使用TCP/IP

服务端
NFS协议处理层
RPC层
传输层
文件系统
存储池
硬盘域

图 4.12 NFS 协议工作原理

远程过程调用(Remote Procedure Call,RPC)的主要功能是向客户端回复每个 NFS 功能所对应的端口号,以实现客户端的正确连接。当启用 NFS 后,NAS 设备会主动向 RPC 注册自己随机选用的数个端口,然后由 RPC 监听客户端的请求并回复相应端口号。监控过程 RPC 使用 111 指定端口。启动 NFS 之前须先启动 RPC 机制,否则 NFS 端口号注册将失败。

2. NFS 共享环境

基于 NFS 的 NAS 系统支持以下三种共享环境。

(1) 无域环境下 NFS 共享。

(2) LDAP 域环境下 NFS 共享。

(3) NIS 域环境下 NFS 共享。

在无域环境下，存储系统作为NFS服务器，通过NFS协议向客户端提供对文件系统的共享访问。客户端将共享文件挂载到本地后，用户像访问本地文件系统一样远程访问服务器中的文件系统。在服务器端设置客户端标识后，可访问该文件系统的客户端信息，如图4.13所示。

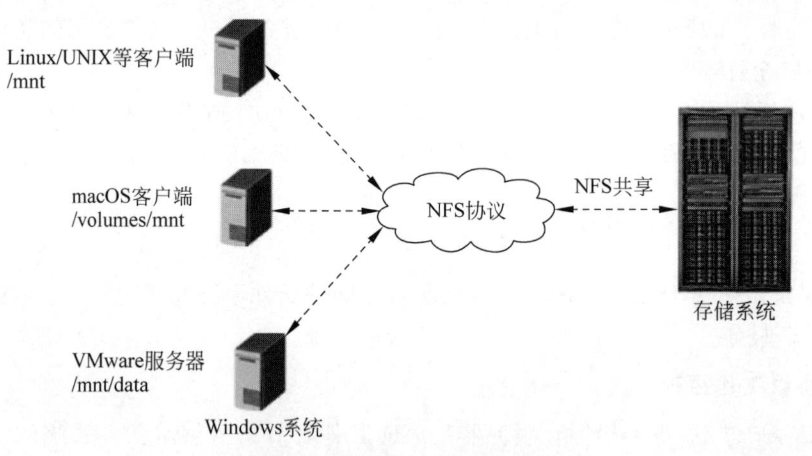

图4.13　无域环境下NFS共享

随着网络应用的日益丰富，用户管理成本越来越高，也越来越复杂。相对于提供单一服务的系统来说，采用“用户名-密码”的认证方式是相对成熟的方案。网络中的各种应用对每个用户有不同的权限，这导致对每个用户或每个应用都需要设定不同的用户名和密码。对于不同的应用系统，用户需要输入不同的用户名和密码，过程不仅烦琐，而且不易管理。针对此类问题，轻量级目录访问协议(Lightweight Directory Access Protocol，LDAP)被用于支持多应用系统下的目录服务。

由于其具有简单、安全、优秀的信息查询功能，并且支持跨平台的数据访问，LDAP已逐渐成为网络管理的重要工具。基于LDAP的认证应用主要是实现一个以目录为核心的用户认证系统，即LDAP域环境。相比无域环境下NFS共享，LDAP域环境下NFS共享多了一道认证环节。如图4.14所示，在LDAP域环境中，当用户需要访问应用程序时，客户端将用户名和密码提供给LDAP服务器，LDAP服务器将其与目录数据库中的认证信息进行比对来确定用户身份的合法性。

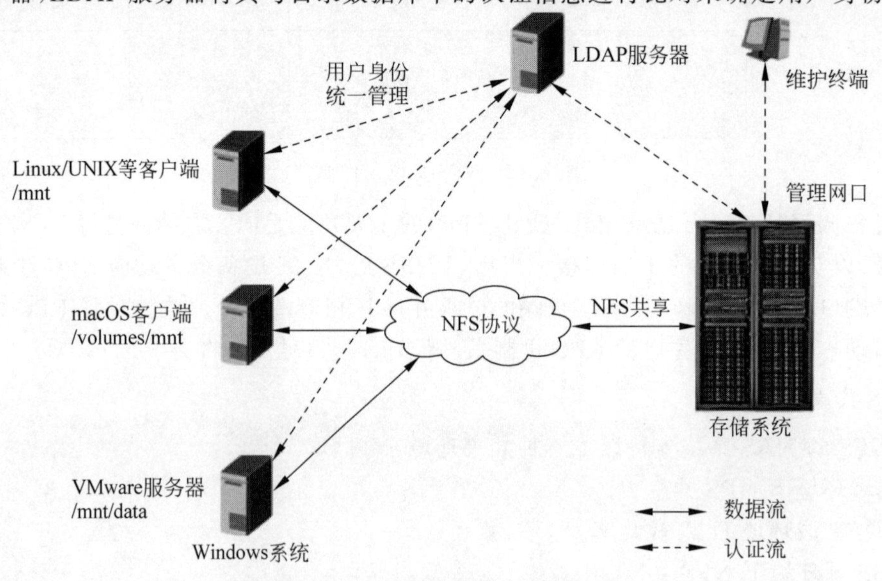

图4.14　LDAP域环境下NFS共享

在一个独立应用的局域网系统中，如果不同的主机分别维护各自的网络信息，包括用户名、密码、主目录、组信息等，一旦网络信息需要更改，将是非常复杂的事情。网络信息服务（Network Information Service，NIS）是一种可以集中管理系统数据库的目录服务技术，其提供了一个网络黄页的功能，为网络中所有的主机提供网络信息。NIS 使用客户端/服务器架构。如果某个用户的用户名以及密码保存在 NIS 服务器中的数据库中，NIS 允许此用户在 NIS 客户端上登录，并且可以通过维护 NIS 服务器中的数据库，统一管理整个局域网系统中的网络信息。如图 4.15 所示为 NIS 域环境下 NFS 共享。

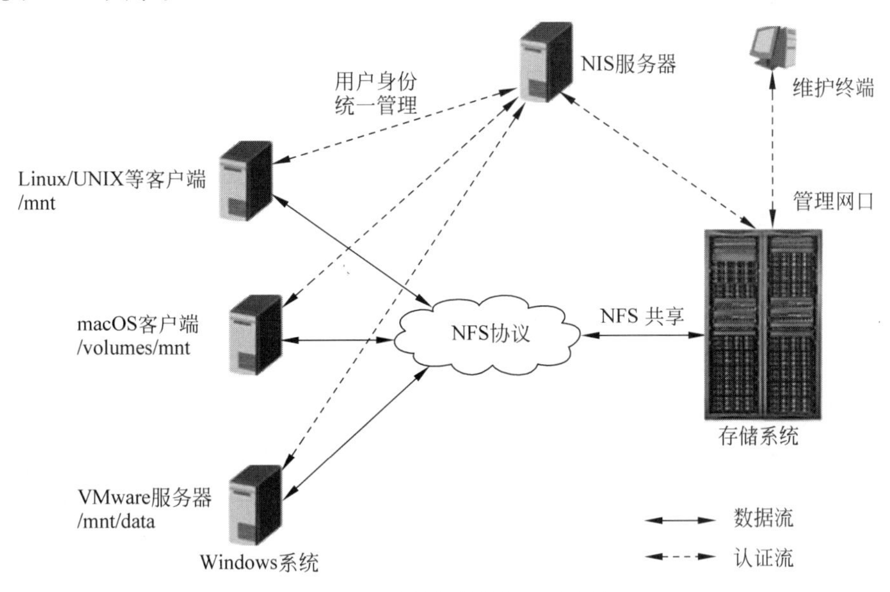

图 4.15　NIS 域环境下 NFS 共享

3. NFS 协议的优点

NFS 协议具有如下两方面的优点。

（1）高并发性。多台客户端可以使用同一文件，以便网络中的不同用户都可以访问相同的数据。

（2）易用性。文件系统的挂载和远程文件系统的访问对用户是透明的，当客户端将共享文件系统挂载到本地后，用户像访问本地文件系统一样远程访问服务器中的文件系统。

4. CIFS 和 NFS 协议对比

CIFS 协议和 NFS 协议都需要转换不同操作系统之间的文件格式。如果文件系统已经设置为 CIFS 共享，再添加 NFS 共享，则 NFS 共享只能设置为只读。与此类似，如果文件系统已经设置为 NFS 共享，再添加 CIFS 共享，则 CIFS 共享只能设置为只读。

CIFS 和 NFS 协议的各项对比，如表 4.1 所示。

表 4.1　CIFS 和 NFS 协议的各项对比

协　议	传输协议	客户端	故障影响	效　率	支持的操作系统
CIFS	TCP/IP	操作系统集成不需要其他软件	大	高	Windows
NFS	TCP 或 UDP	需要其他软件	小；交互进程中断可自动恢复连接	低	UNIX

(1) 平台：NFS 主要运行 UNIX 系列的平台；CIPS 主要运行 Windows 系列的平台。

(2) 软件：NFS 的客户端必须配备专用软件；CIFS 被集成到操作系统中，不需要额外的软件。

(3) 底层网络协议：NFS 使用 TCP 或 UDP；CIFS 是一个基于网络的共享协议，其对网络传输的可靠性要求很高，所以它通常使用 TCP/IP。

(4) 故障影响：NFS 是无状态的协议，可在连接故障后自动恢复连接；CIFS 是一个有状态的协议，连接故障时不能自动恢复连接。

(5) 效率：由于 NFS 是无状态的协议，每次进行 RPC 注册时都要发送较多的冗余信息，效率较低；而 CIFS 是有状态协议，仅发送少许的冗余信息，因此具有比 NFS 更高的传输效率。

4.2.5 NAS 的 I/O 访问路径

NFS 和 CIFS 协议支持访问远程文件系统的文件存取请求，其 I/O 过程由 NAS 设备进行管理。

1. NAS 的 I/O 访问流程

NAS 的 I/O 访问流程，如图 4.16 所示。

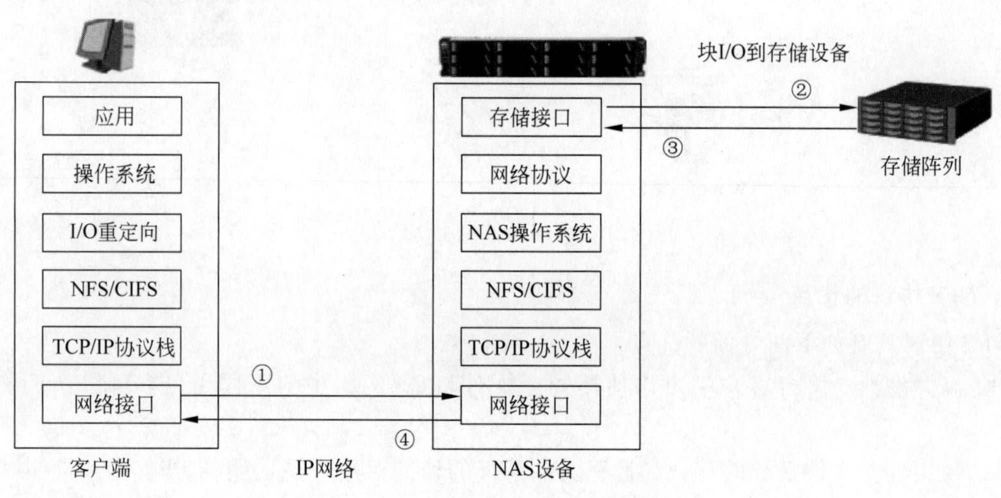

图 4.16 NAS 的 I/O 访问流程

(1) 客户端的 I/O 请求到达 TCP/IP 协议栈，封装成 TCP/IP 报文，并通过协议栈转发出去，NAS 设备从网络接收此请求。

(2) NAS 设备把收到的 I/O 请求转换为对应的物理存储请求，即块级 I/O 请求，然后对物理存储池执行相应的操作。

(3) 当请求数据块从物理存储池返回时，NAS 设备处理返回数据并重新打包、封装，将数据转换成相应的文件协议数据单元。

(4) 通过 TCP/IP，NAS 设备将协议数据单元返回给客户端。

NAS 设备与服务器、客户主机的应用业务共享同一网络——局域网(LAN)，因此增加了网络流量，造成网络的负担，容易导致拥塞。由于网络共用，NAS 本身的传输能力也受到限制，LAN 的性能通常是 NAS 系统的性能瓶颈。

2. NAS 的优点

NAS 具有如下优点。

(1) 支持全面地获取信息。NAS 实现高效的文件共享,既支持多个客户端同时访问一个 NAS 设备,也支持一个客户端同时连接多个 NAS 设备。

(2) 高访问效率。NAS 设备使用专用的操作系统提供文件服务,相比通用服务器的文件服务操作,NAS 设备具有更高的访问效率。

(3) 高应用灵活性。NAS 使用行业标准协议,支持 UNIX 客户端和 Windows 客户端。不同类型的客户端能够访问同一存储资源。

(4) 集中式存储。数据进行集中存储,减少客户端的数据量,简化数据管理。

(5) 可扩展性。根据不同的利用率配置和各种业务应用可提供高性能、低延迟扩展。

(6) 高可用性。NAS 设备可以使用集群技术用于故障切换。NAS 使用冗余的网络组件,提供多连接选项。NAS 还具有复制功能和恢复选项,可实现数据的高可用性。

(7) 安全。NAS 通过身份认证、文件锁定和安全架构三者相结合的方式确保数据安全性。

4.3 项目实施

4.3.1 成员服务器用户和组配置与管理

为了让网络管理更为方便容易,同时为了减轻以后维护的负担,需要使用成员服务器上本地用户账户和组或域控制器上用户账户和组来管理网络资源。

在成员服务器上使用本地用户账户和组来管理网络资源,用户可以在成员服务器上以本地管理员账户登录计算机,使用"计算机管理"中的"本地用户和组"管理单元来创建本地用户账户,而且用户必须拥有管理员权限。

1. 创建新用户账户

视频讲解

(1) 打开"服务器管理器"窗口,选择"工具"→"计算机管理"选项,弹出"计算机管理"窗口,在"计算机管理"窗口中,展开"本地用户和组"选项,在"用户"目录上单击鼠标右键,在弹出的快捷菜单中选择"新用户..."命令,如图 4.17 所示。

(2) 打开"新用户"对话框,输入用户名、全名、描述和密码,如图 4.18 所示。设置密码时,密码要满足密码策略的要求,否则会提示"密码不满足密码策略的要求。检查最小密码长度、密码复杂性和密码历史的要求。"可以设置密码选项,包括"用户下次登录时须更改密码""用户不能更改密码""密码永不过期""账户已禁用"等。设置完成后,单击"创建"按钮,新增用户账户 xx_student01。创建完成后,单击"关闭"按钮,返回"计算机管理"窗口。

2. 设置本地用户账户的属性

视频讲解

用户账户不只包括用户名和密码等信息,为了管理和使用方便,一个用户账户还包括其他属性,如用户隶属于的用户组、用户配置文件、远程控制、远程桌面服务配置文件等。

在"本地用户和组"的右侧窗格中,双击刚刚建立的用户账户 xx_student01,打开"xx_student01 属性"对话框,如图 4.19 所示。

图 4.17 选择"新用户..."命令

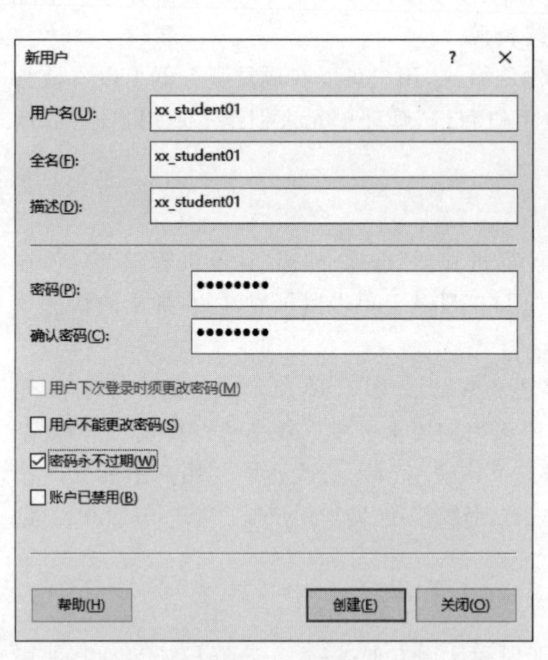

图 4.18 新增用户

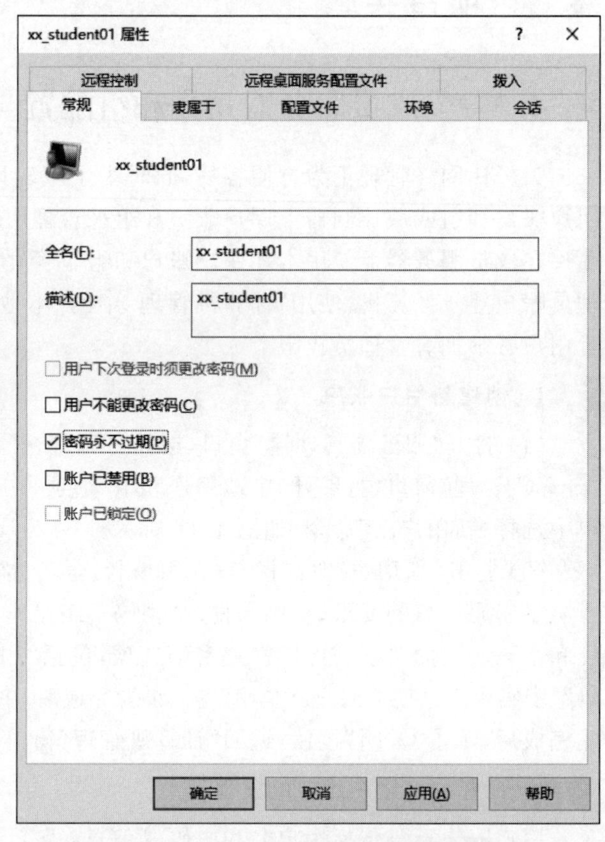

图 4.19 "xx_student01 属性"对话框

(1)"常规"选项卡。

可以设置与用户账户有关的描述信息,如全名、描述、密码选项等。

（2）“隶属于”选项卡。

在“隶属于”选项卡中，可以设置将用户账户加入其他本地组中。为了管理方便，通常都需要为用户组分配与设置权限。用户属于哪个组，就具有该用户组的权限。新增的用户账户默认加入Users组，如图4.20所示。Users组的用户一般不具备一些特殊权限，如安装应用程序、修改系统设置等。所以当要分配给这个用户账户一些权限时，可以将用户账户加入其他组，也可以单击“删除”按钮，将用户账户从用户组中删除。

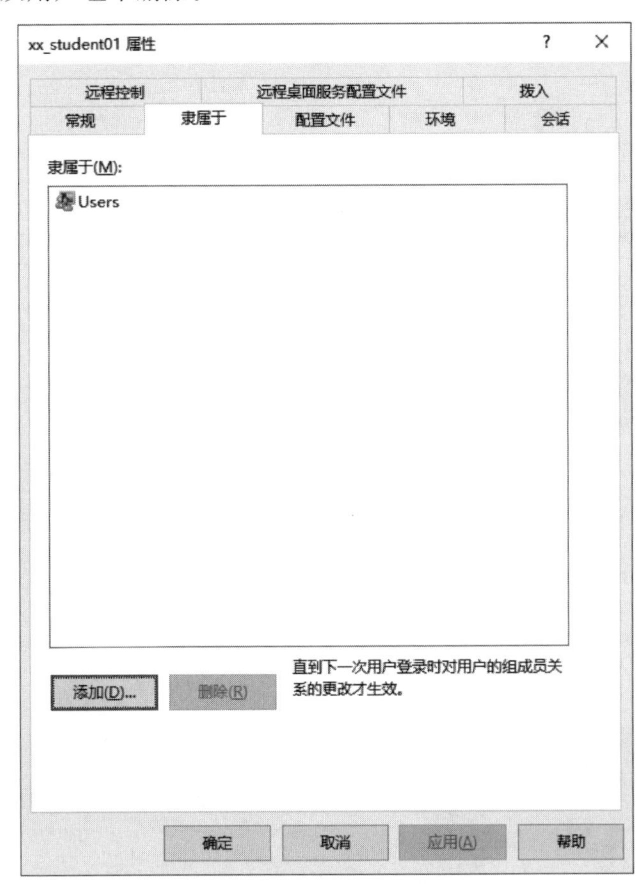

图4.20　“隶属于”选项卡

将用户账户xx_student01添加到管理员组的操作如下。

在“隶属于”选项卡中，单击“添加”按钮，弹出“选择组”对话框，如图4.21所示。在“选择组”对话框中，单击“高级”按钮，弹出“一般性查询”对话框，在“一般性查询”对话框中，单击“立即查找”按钮，选择要查询的组，如图4.22所示，单击“确定”按钮，返回“选择组”对话框，如图4.23所示，在“选择组”对话框中，单击“确定”按钮，返回“隶属于”选项卡。

（3）“配置文件”选项卡。

在“配置文件”选项卡中可以设置用户账户的配置文件路径、登录脚本和主文件夹路径，如图4.24所示。当用户账户第一次登录到某台计算机上时，Windows Server 2019根据默认用户配置文件自动创建一个用户配置文件，并将其保存在该计算机上。默认用户账户配置文件位于“c:\用户\default”文件夹下，该文件夹是隐藏文件夹（单击“查看”菜单，可选择是否显示隐藏项目），用户账户xx_student01的配置文件位于“c:\用户\ xx_student01”文件夹下。

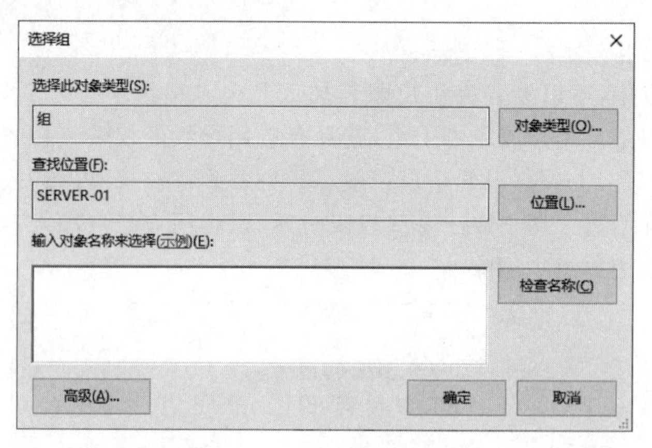

图 4.21 “选择组”对话框

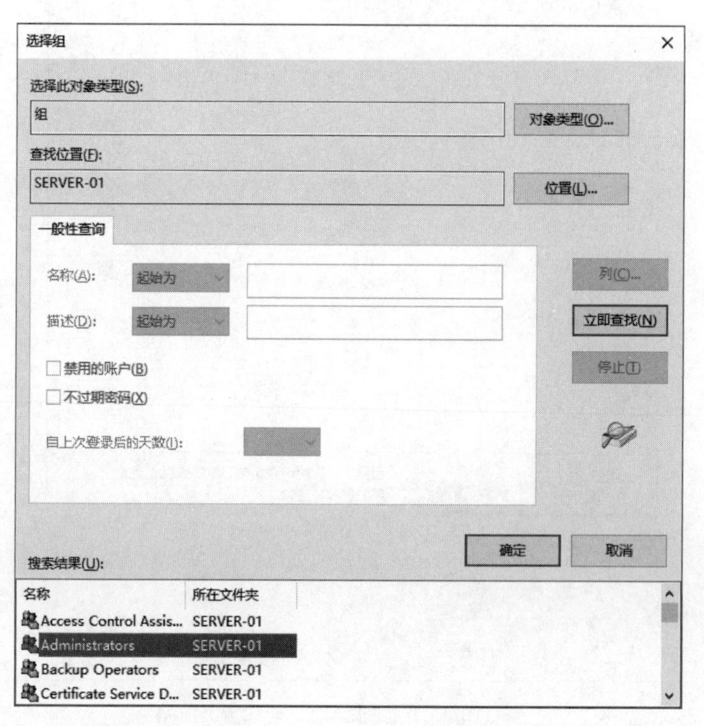

图 4.22 “一般性查询”对话框

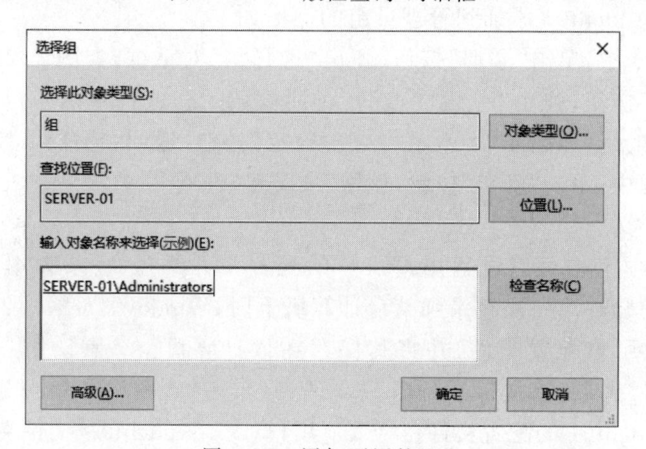

图 4.23 添加可用的组

图 4.24　“配置文件”选项卡

(4)“环境”选项卡。

在“环境”选项卡中可以配置远程桌面服务启动环境，这些设置会替代客户端所指定设置，如图 4.25 所示。

(5)“会话”选项卡。

在“会话”选项卡中可以配置远程桌面服务超时和重新连接设置，如图 4.26 所示。

(6)“远程控制”选项卡。

在“远程控制”选项卡中可以配置远程桌面服务远程控制设置，如图 4.27 所示。

(7)“远程桌面服务配置文件”选项卡。

在“远程桌面服务配置文件”选项卡中可以配置远程桌面服务用户配置文件，此配置文件中的设置适用于远程桌面服务，如图 4.28 所示。

(8)“拨入”选项卡。

在“拨入”选项卡中可以配置网络访问权限、回拨选项、分配静态 IP 地址、应用静态路由等相关设置，如图 4.29 所示。

3. 创建本地组

(1) 打开“服务器管理器”窗口，选择“工具”→“计算机管理”选项，弹出“计算机管理”窗口，在“计算机管理”窗口中展开“本地用户和组”选项，在“组”目录上单击鼠标右键，在弹出的快捷菜单中

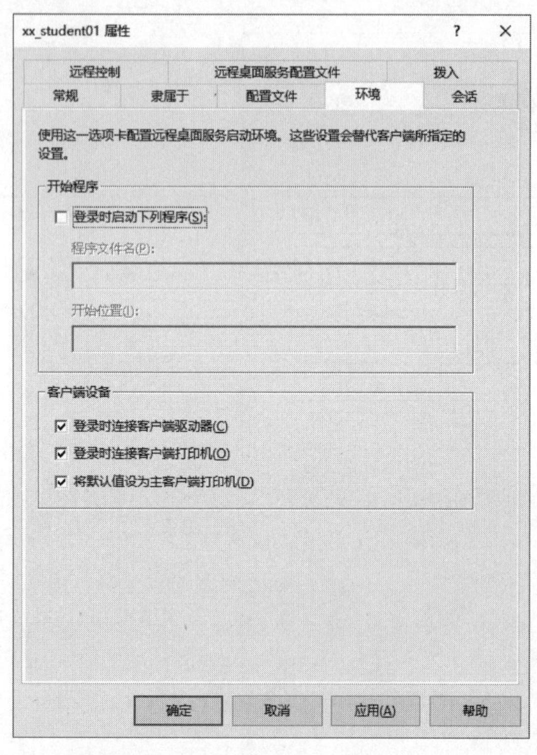

图 4.25 “环境”选项卡

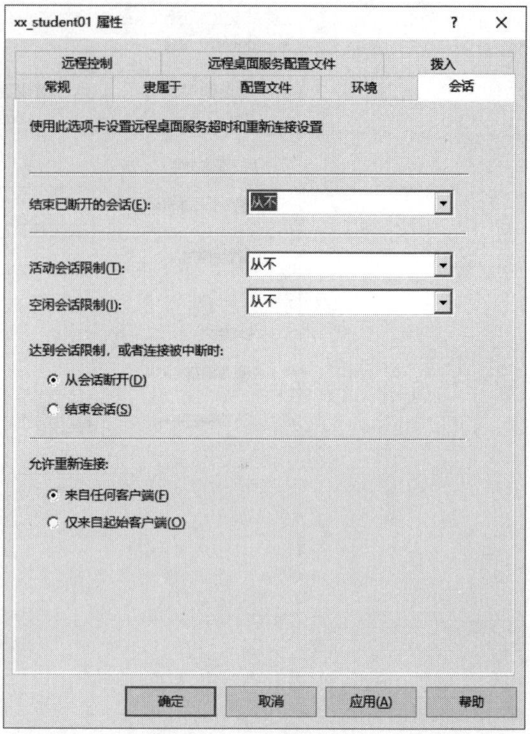

图 4.26 “会话”选项卡

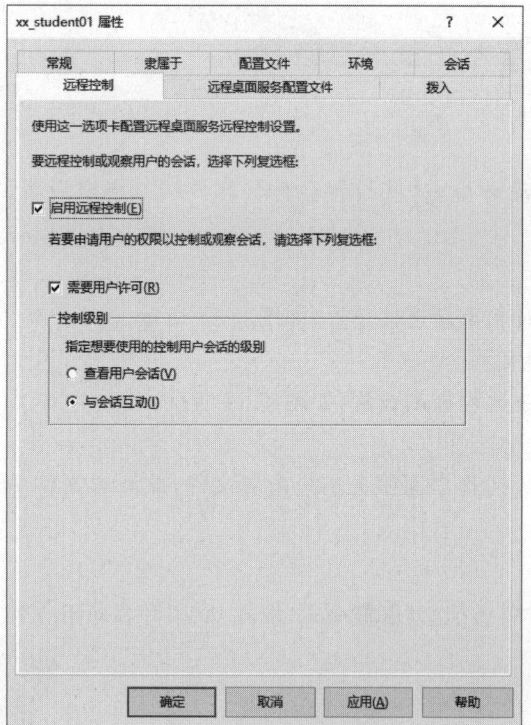

图 4.27 “远程控制”选项卡

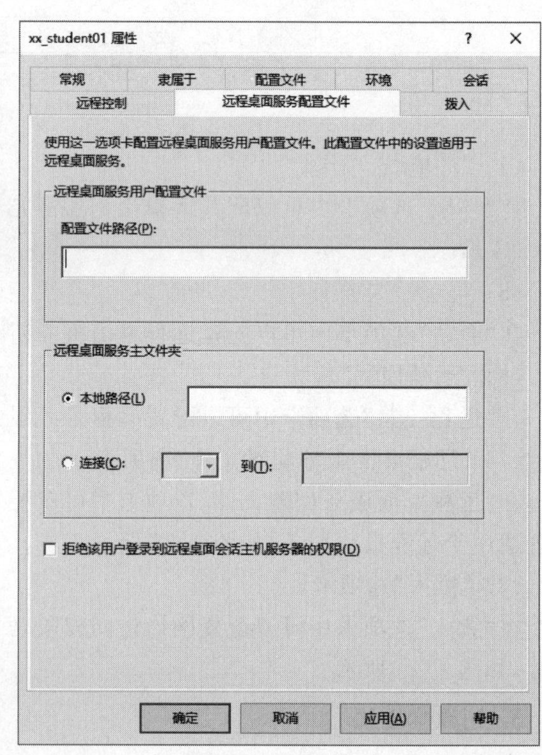

图 4.28 “远程桌面服务配置文件”选项卡

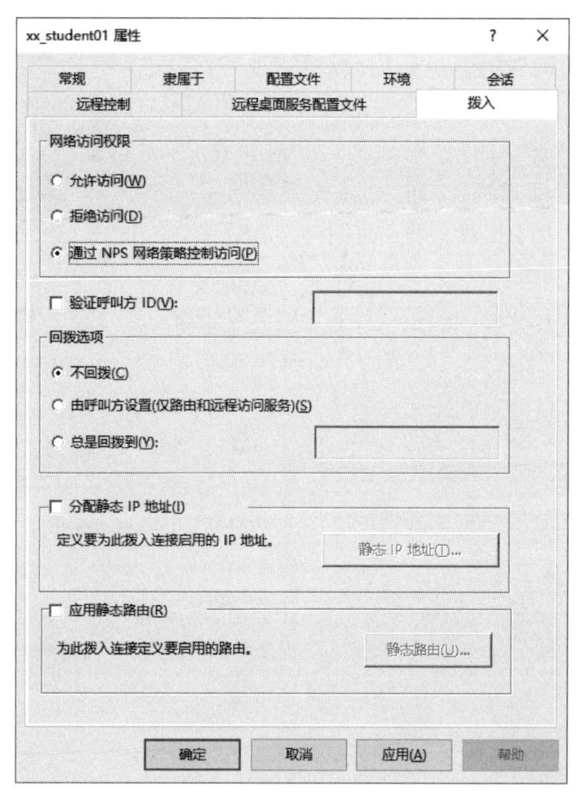

图 4.29 “拨入”选项卡

选择“新建组...”命令,如图 4.30 所示。

图 4.30 选择“新建组...”命令

(2) 打开“新建组”对话框,输入组名、描述,如图 4.31 所示,单击“创建”按钮,完成新建组 xx_group01 工作,单击“关闭”按钮,返回“计算机管理”对话框。

(3) 向组中添加用户。双击组 xx_group01,打开组“xx_group01 属性”对话框,如图 4.32 所示,单击“添加”按钮,弹出“选择用户”对话框,在“选择用户”对话框中,单击“高级”按钮,弹出“一般性查询”对话框,单击“立即查找”按钮,选择要添加的用户账户 xx_student01,如图 4.33 所示,单击“确定”按钮,返回“选择用户”对话框,如图 4.34 所示,单击“确定”按钮,返回“计算机管理”窗口。

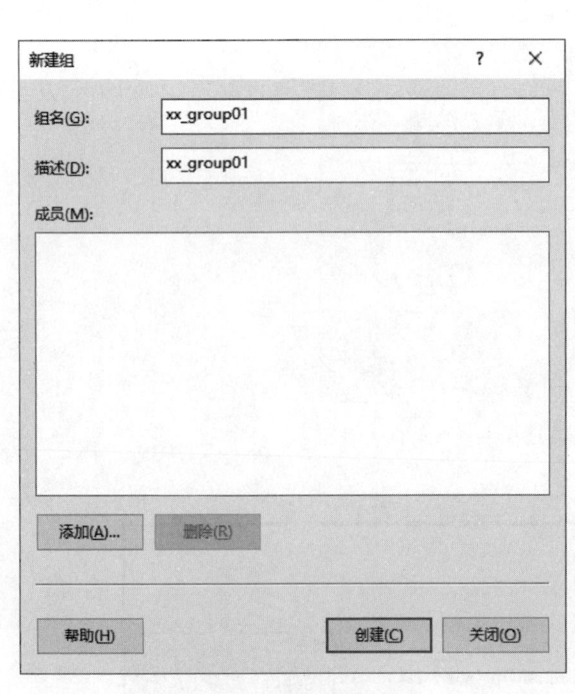

图 4.31 “新建组”对话框

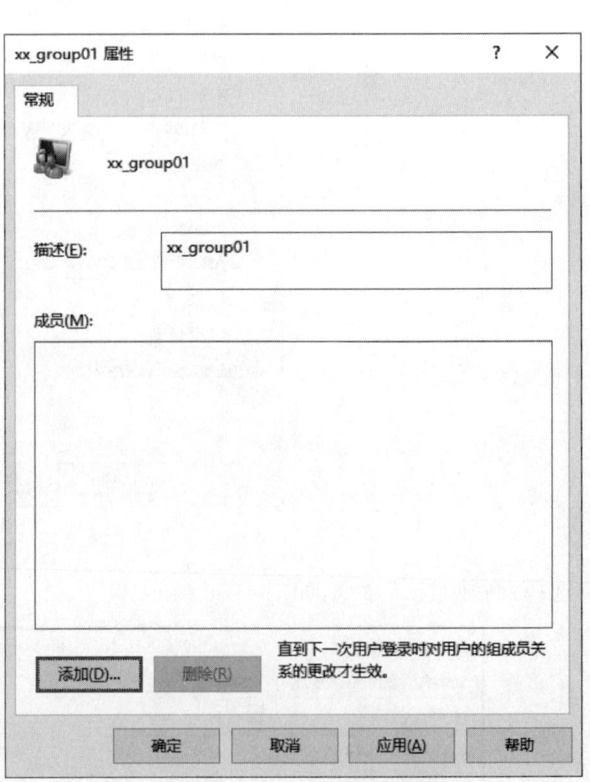

图 4.32 “xx_group01 属性”对话框

4. 删除本地用户账户和组

当用户和组不再需要使用时,可以将其删除。因为删除用户账户和组会导致与该用户账户和组有关的所有信息遗失,所以在删除之前,最好确认其必要性或者考虑用其他方法,如禁用账户。许多企业给临时员工设置了 Windows 账户,当临时员工离开企业时将其账户禁用,新来的临时员工需要用该账户时只需要改名即可。在“计算机管理”控制台中,用鼠标右键单击要删除的用户账户或组,就可以执行删除操作,但是系统内置用户账户是不能删除的,如 Administrator。

视频讲解

5. 使用命令管理本地用户账户和组

以管理员身份登录到成员服务器上,使用 Win+R 组合键打开“运行”窗口,输入 cmd 命令,如图 4.35 所示,单击“确定”按钮,弹出“命令行管理器”窗口。在“命令行管理器”窗口中,可以使用 net 命令来管理本地用户账户和组,可以用“net /?”命令来查看 net 命令的语法格式,如图 4.36 所示。

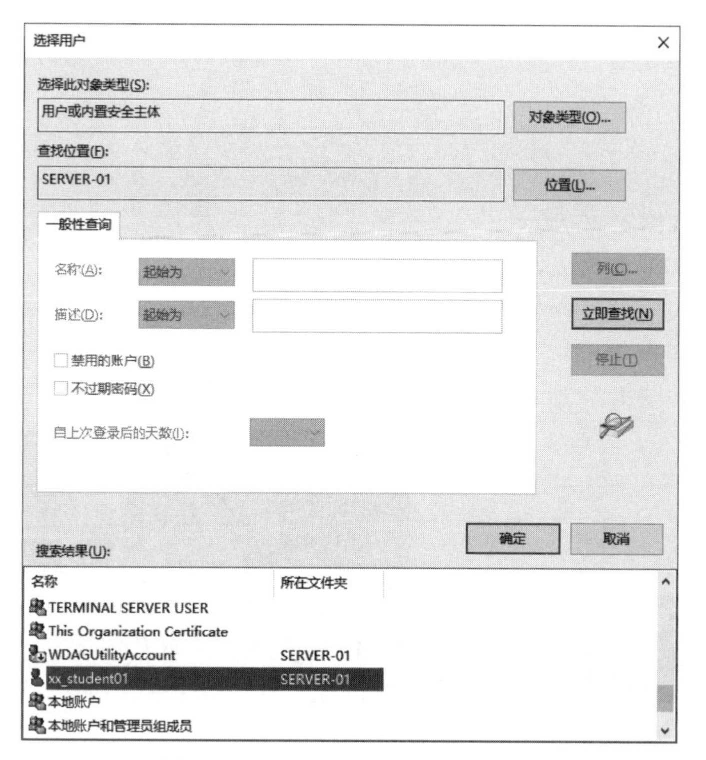

图 4.33　选择用户账户 xx_student01

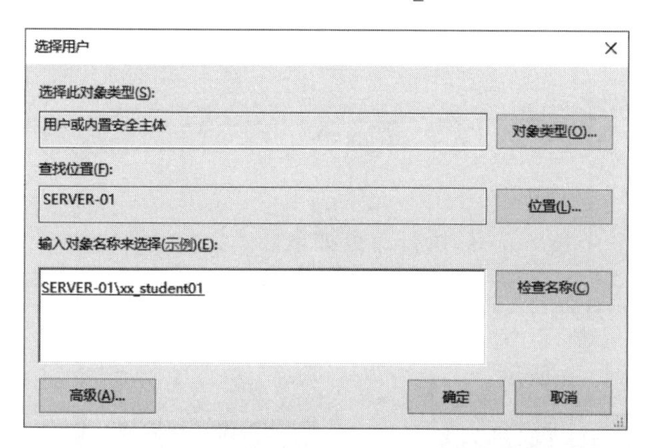

图 4.34　添加用户账户 xx_student01

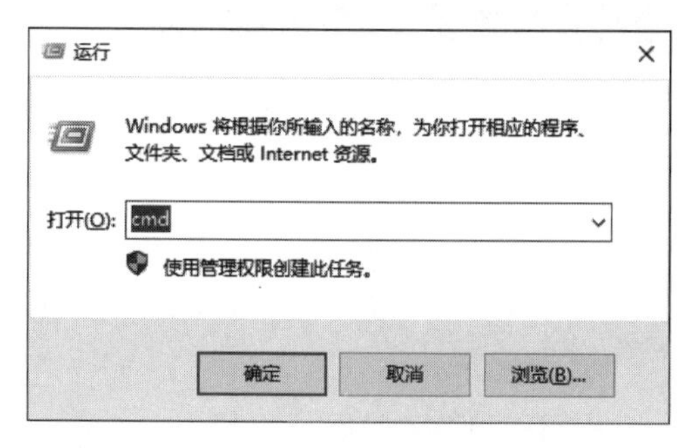

图 4.35　“运行”窗口

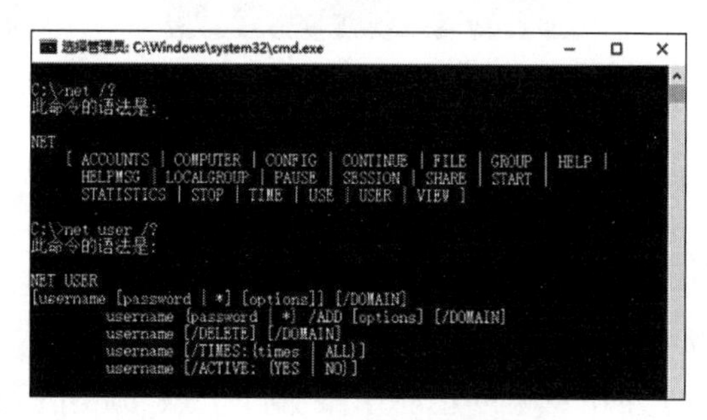

图 4.36　net 命令的语法格式

(1) 创建用户账户 user01,密码为 Lncc@123(注意必须符合密码复杂度要求),执行命令如下。

```
net user user01 Lncc@123 /add
```

执行命令结果,如图 4.37 所示。

(2) 查看当前用户账户列表,执行命令如下。

```
net user
```

执行命令结果,如图 4.38 所示。

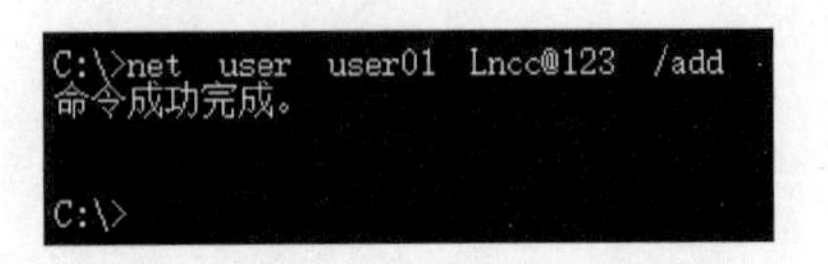

图 4.37 创建用户账户 user01

图 4.38 查看当前用户账户列表

(3) 修改用户账户 user01 的密码,密码修改为 Lncc@456(注意必须符合密码复杂度要求),执行命令如下。

```
net user user01 Lncc@456
```

执行命令结果,如图 4.39 所示。

(4) 创建本地组 xx_localgroup01,执行命令如下。

```
net localgroup xx_localgroup01 /add
```

执行命令结果,如图 4.40 所示。

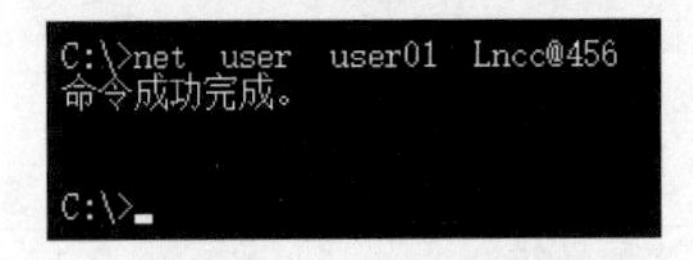

图 4.39 修改用户账户 user01 的密码

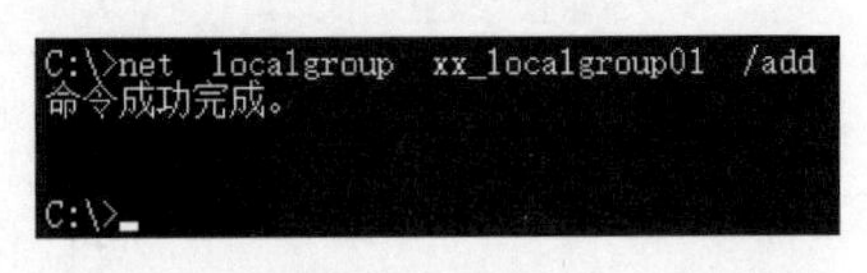

图 4.40 创建本地组 xx_localgroup01

(5) 查看当前本地组列表,执行命令如下。

```
net localgroup
```

执行命令结果,如图 4.41 所示。

(6) 将用户账户 user01 添加到组 xx_localgroup01 中,执行命令如下。

```
net localgroup xx_localgroup01 user01 /add
```

执行命令结果,如图 4.42 所示。

```
C:\>net  localgroup

\\DC2 的别名

-------------------------------------------------------------------------------
*Access Control Assistance Operators
*Administrators
*Backup Operators
*Certificate Service DCOM Access
*Cryptographic Operators
*Device Owners
*Distributed COM Users
*Event Log Readers
*Guests
*Hyper-V Administrators
*IIS_IUSRS
*Network Configuration Operators
*Performance Log Users
*Performance Monitor Users
*Power Users
*Print Operators
*RDS Endpoint Servers
*RDS Management Servers
*RDS Remote Access Servers
*Remote Desktop Users
*Remote Management Users
*Replicator
*Storage Replica Administrators
*System Managed Accounts Group
*Users
*xx_group01
*xx_localgroup01
命令成功完成。

C:\>_
```

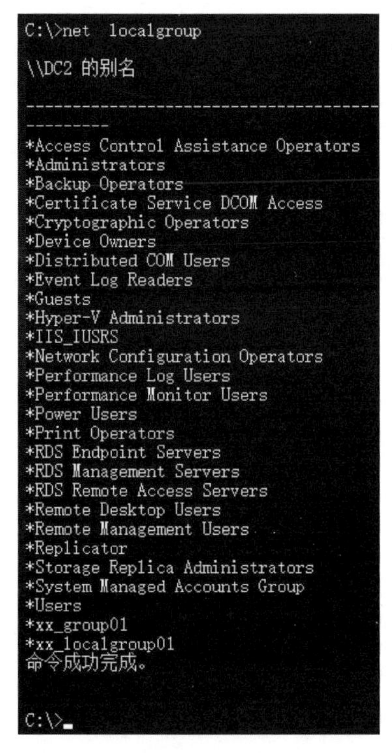

图 4.41　查看当前本地组列表

```
C:\>net  localgroup  xx_localgroup01  user01  /add
命令成功完成。

C:\>
```

图 4.42　将用户账户 user01 添加到组 xx_localgroup01

(7) 查看当前组 xx_localgroup01 内用户账户信息,执行命令如下。

```
net localgroup xx_localgroup01
```

执行命令结果,如图 4.43 所示。

(8) 删除组 xx_localgroup01 中用户账户 user01,执行命令如下。

```
net localgroup xx_localgroup01 user01 /del
```

执行命令结果,如图 4.44 所示。

```
C:\>net  localgroup  xx_localgroup01
别名     xx_localgroup01
注释

成员

-------------------------------------------------------------------------------
user01
命令成功完成。

C:\>
```

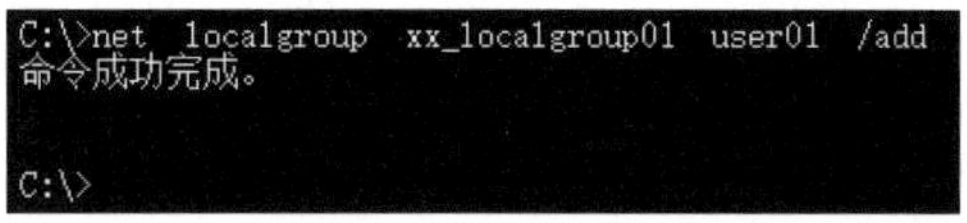

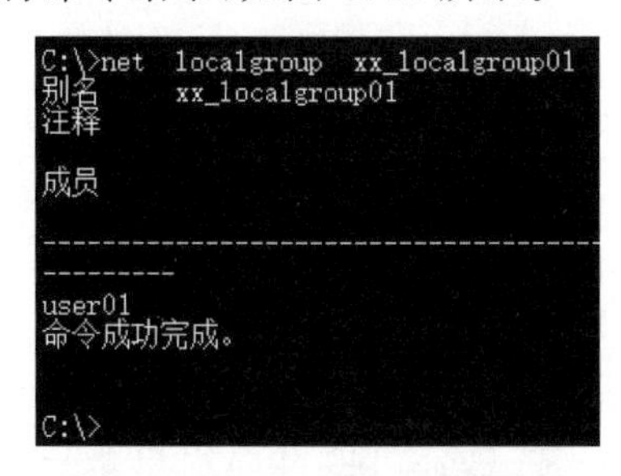

图 4.43　组 xx_localgroup01 内用户账户信息

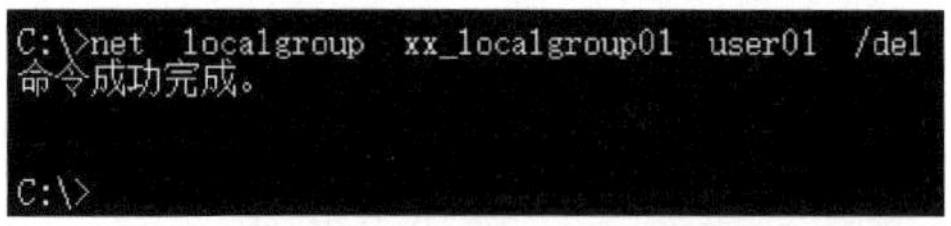

```
C:\>net  localgroup  xx_localgroup01  user01  /del
命令成功完成。

C:\>
```

图 4.44　删除组 xx_localgroup01 中用户账户 user01

(9) 删除用户账户 user01,执行命令如下。

```
net user user01 /del
```

执行命令结果,如图4.45所示。

(10) 删除组 xx_localgroup01,执行命令如下。

```
net localgroup xx_localgroup01 /del
```

执行命令结果,如图4.46所示。

图4.45 删除用户账户 user01

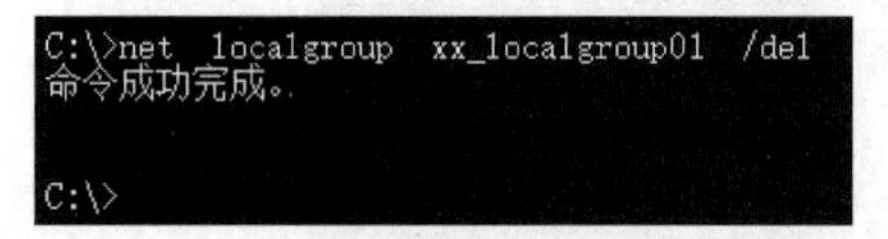

图4.46 删除组 xx_localgroup01

4.3.2 域控制器共享文件配置与管理

Windows Server 2019 支持域账户和组管理,域账户可以登录到域上,获得访问该网络的权限资源。

1. 项目规划

某公司目前正在实施项目,该项目由总公司项目部 OU_projectA01 和分公司项目部 OU_projectB01 共同完成,需要创建一个共享目录,总公司项目部和分公司项目部需要对共享目录有写入和删除权限,公司决定在子域控制器 lncc.abc.com 上临时创建共享目录 project_share01。网络拓扑结构图如图4.47所示。

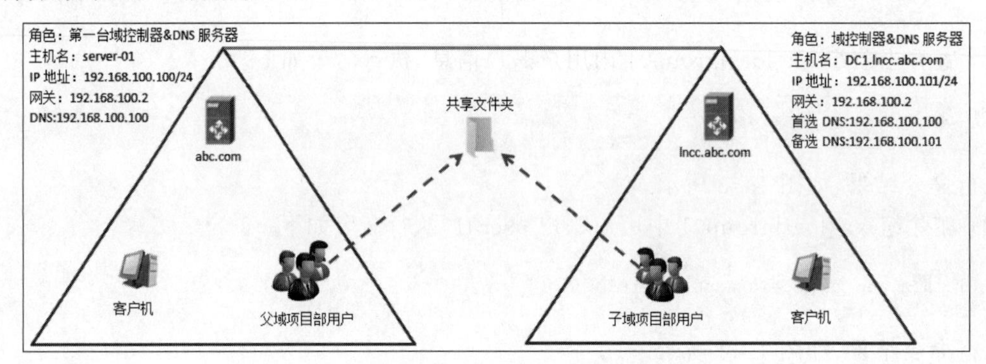

图4.47 网络拓扑结构图

(1) 父域控制器 abc.com,主机名 server-01,IP 地址 192.168.100.100/24,网关 192.168.100.2,DNS 192.168.100.100。

(2) 子域控制器 lncc.abc.com,主机名 DC1.lncc.abc.com,IP 地址 192.168.100.101/24,网关 192.168.100.2,首选 DNS 为 192.168.100.100,备用 DNS 为 192.168.100.101。

(3) 在父域控制器上,创建组织单位 OU_project_A01;创建总公司项目部用户账户 project_userA01、project_userA02;创建全局组 project_groupA01;将总公司项目部用户账户 project_userA01、project_userA02 加入全局组 project_groupA01 中。

(4) 在子域控制器上,创建组织单位 OU_project_B01;创建子公司项目部用户账户 project_userB01、project_userB02;创建全局组 project_groupB01;将总公司项目部用户账户 project_userB01、project_userB02 加入全局组 project_groupB01 中;创建本址域组 project_localgroupB01,

将全局组 project_groupB01 加入本址域组 project_localgroupB01 中。

2. 项目实施

(1) 在分公司 DC1 上创建组织单位 OU_project_B01。打开“Windows 管理工具”→“Active Directory 用户和计算机”,选择 lncc. abc. com 选项,单击鼠标右键,选择“新建”→“组织单位”,如图 4.48 所示,弹出“新建对象-组织单位”对话框,输入组织单位名称“OU_project_B01”,勾选“防止容器被意外删除”复选框,如图 4.49 所示。

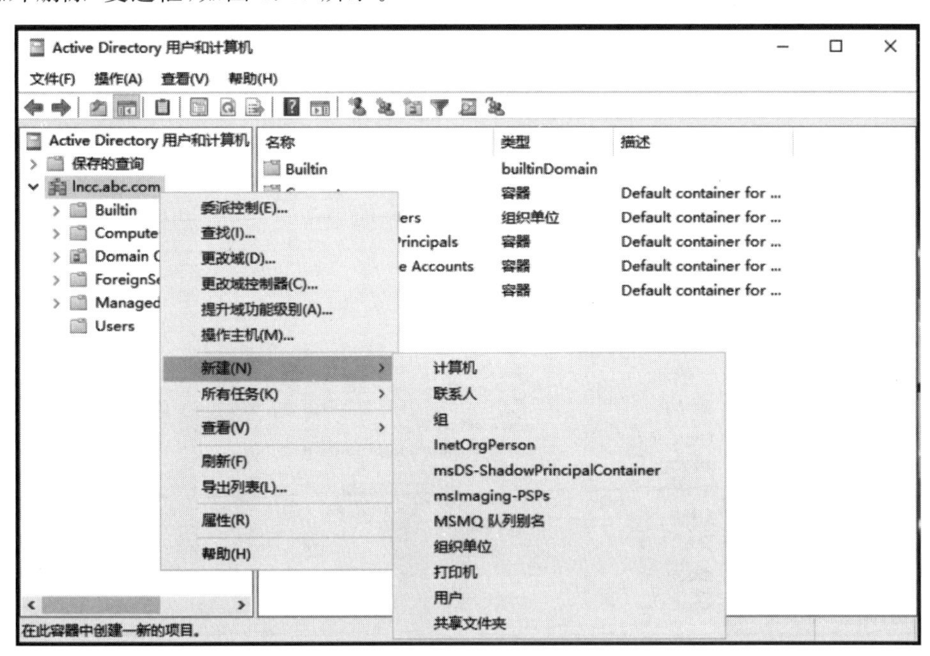

图 4.48 选择新建组织单位

图 4.49 “新建对象-组织单位”对话框

（2）在“新建对象-组织单位”对话框中，单击“确定”按钮，返回“Active Directory 用户和计算机”窗口，选择刚刚创建的组织单位 OU_project_B01 选项，单击鼠标右键，选择“新建”→“用户”，如图 4.50 所示，弹出“新建对象-用户”对话框，创建用户账户 project_userB01、project_userB02，如图 4.51 所示。

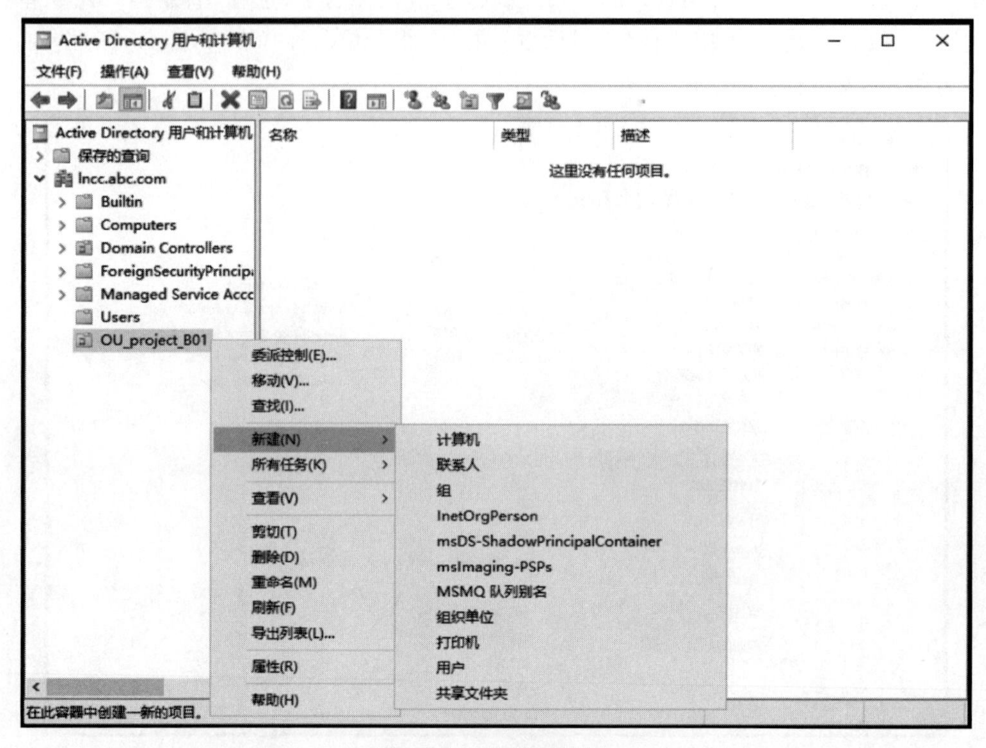

图 4.50　选择新建用户

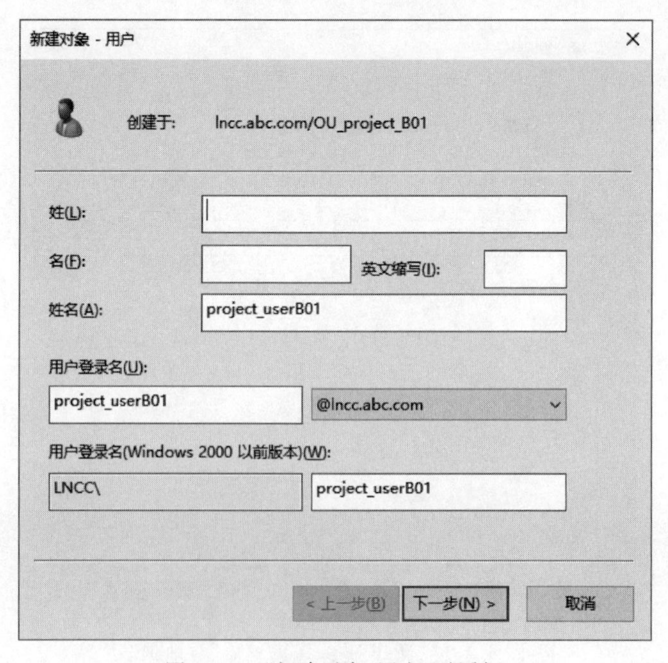

图 4.51　“新建对象-用户”对话框

(3) 在"新建对象-用户"对话框中,输入要创建的用户账户名称,单击"下一步"按钮,弹出"密码设置"对话框,如图 4.52 所示,输入密码,单击"下一步"按钮,弹出"用户创建完成"对话框,如图 4.53 所示。

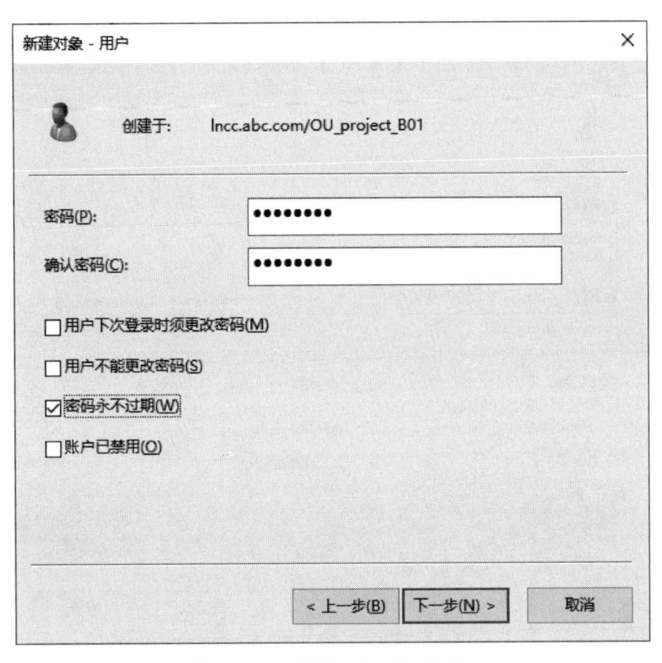

图 4.52 "密码设置"对话框

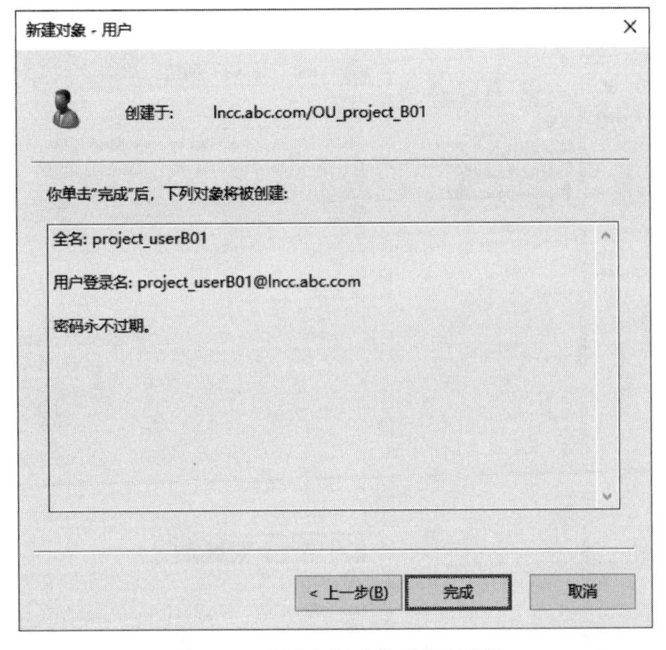

图 4.53 "用户创建完成"对话框

(4) 创建全局组 project_groupB01。选择刚刚创建的组织单位 OU_project_B01 选项,单击鼠标右键,选择"新建"→"组"选项,弹出"新建对象-组"对话框,如图 4.54 所示,输入组名"project_

groupB01”，在“组作用域”区域，选择“全局”单选按钮，创建全局组 project_groupB01，单击“确定”按钮，返回“Active Directory 用户和计算机”窗口，双击选择刚刚创建的全局组 project_groupB01，弹出“project_groupB01 属性”对话框，如图 4.55 所示。

图 4.54 “新建对象-组”对话框

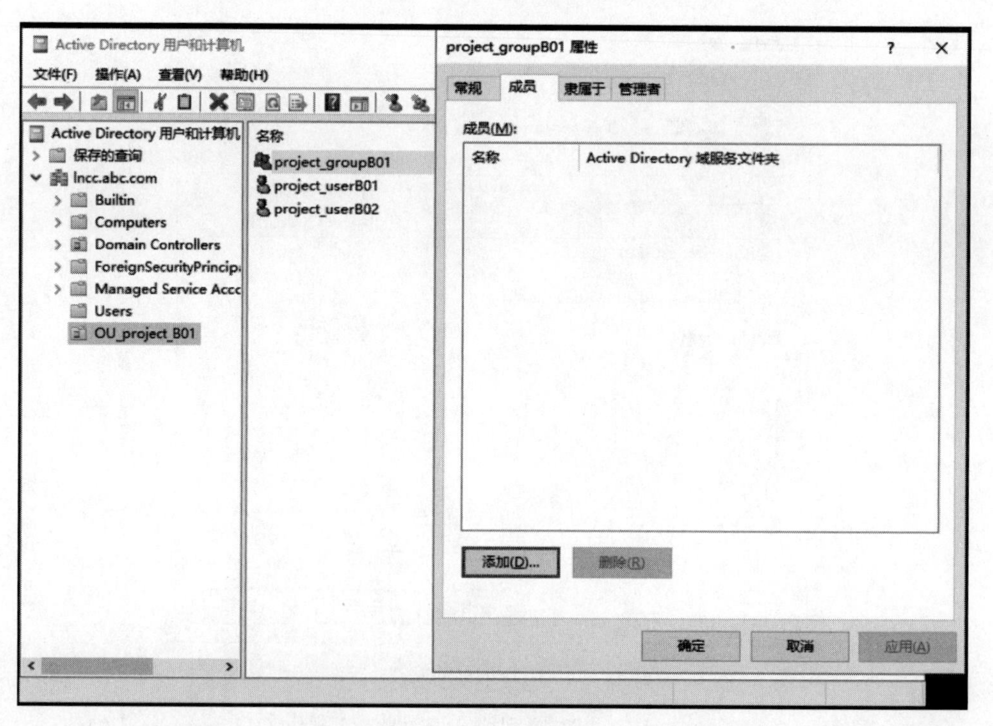

图 4.55 “project_groupB01 属性”对话框

（5）将总公司项目部用户账户 project_userB01、project_userB02 加入全局组 project_groupB01 中。

在“project_groupB01 属性”对话框中，单击“添加”按钮，弹出“选择用户、联系人、计算机、服务账户或组”对话框，如图 4.56 所示，在“选择用户、联系人、计算机、服务账户或组”对话框中，单击“高级”按钮，弹出“一般性查询”对话框，如图 4.57 所示。

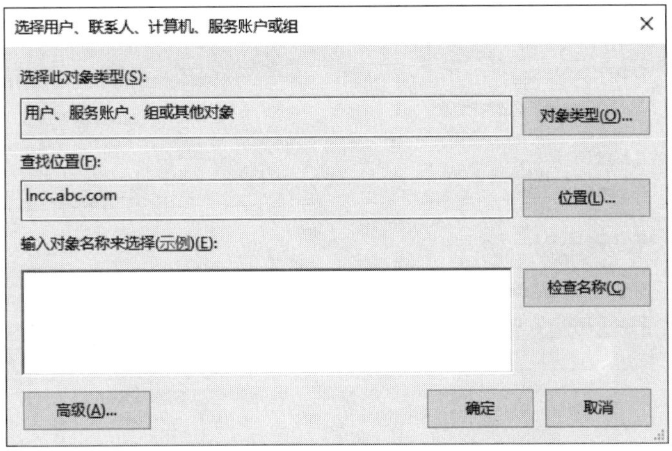

选择用户、联系人、计算机、服务账户或组
选择此对象类型(S):
用户、服务账户、组或其他对象
对象类型(O)...
查找位置(F):
lncc.abc.com
位置(L)...
输入对象名称来选择(示例)(E):
检查名称(C)
高级(A)...
确定
取消

图 4.56　“选择用户、联系人、计算机、服务账户或组”对话框

选择用户、联系人、计算机、服务账户或组
选择此对象类型(S):
用户、服务账户、组或其他对象
对象类型(O)...
查找位置(F):
lncc.abc.com
位置(L)...
一般性查询
名称(A):
起始为
描述(D):
起始为
列(C)...
立即查找(N)
停止(T)
禁用的账户(B)
不过期密码(X)
自上次登录后的天数(I):
确定
取消
搜索结果(U):
名称
电子邮件地址
描述
所在文件夹
Domain Guests
域的所有来宾
lncc.abc.com/...
Domain Users
所有域用户
lncc.abc.com/...
Group Policy Creator O...
这个组中的成...
lncc.abc.com/...
Guest
供来宾访问计...
lncc.abc.com/...
Key Admins
此组的成员可...
lncc.abc.com/...
project_groupB01
lncc.abc.com/...
project_userB01
lncc.abc.com/...
project_userB02
lncc.abc.com/...
Protected Users
此组的成员将...
lncc.abc.com/...
Read-only Domain Con...
此组中的成员...
lncc.abc.com/...

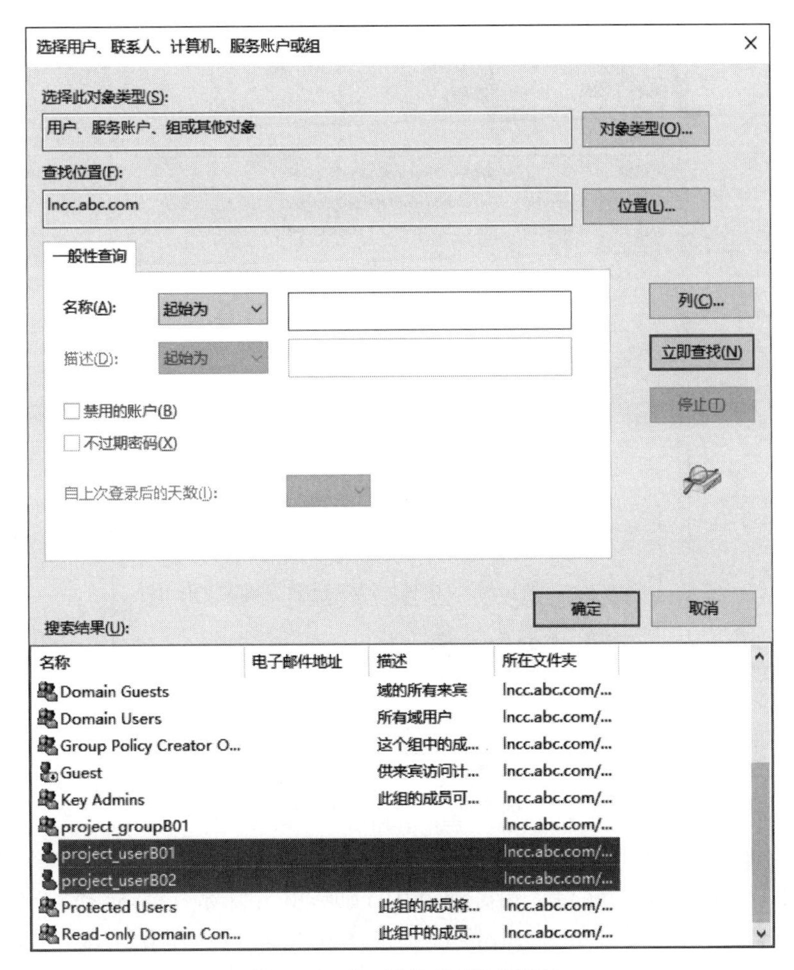

图 4.57　“一般性查询”对话框

（6）在“一般性查询”对话框中，单击“确定”按钮，返回“选择用户、联系人、计算机、服务账户或组”对话框，如图 4.58 所示，单击“确定”按钮，返回“project_groupB01 属性”对话框，如图 4.59 所示，单击“确定”按钮，返回“Active Directory 用户和计算机”窗口。

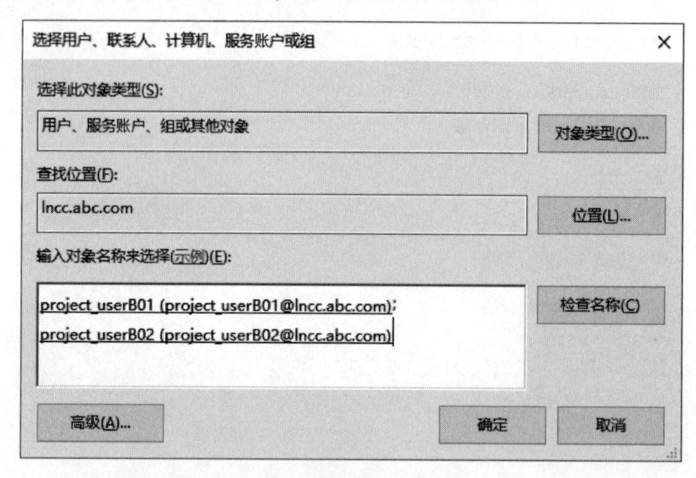

图 4.58　添加用户账户

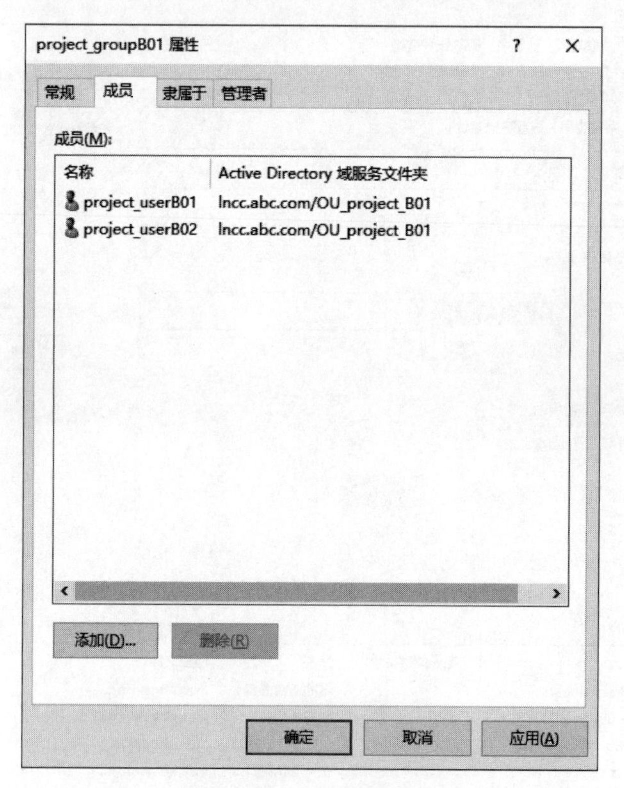

图 4.59　“成员”选项卡

（7）创建本址域组 project_localgroupB01，将全局组 project_groupB01 加入本址域组 project_localgroupB01 中。选择组织单位 OU_project_B01 选项，单击鼠标右键，选择“新建”→“组”选项，弹出“新建对象-组”对话框，输入组名“project_localgroupB01”，在“组作用域”区域中，选择“本地域”单选按钮，单击“确定”按钮，如图 4.60 所示，返回“Active Directory 用户和计算机”窗口，双击刚刚创建的本地域组 project_localgroupB01，弹出“选择用户、联系人、计算机、服务账户或组”对话框，如图 4.61 所示。

图 4.60 选择“本地域”单选按钮

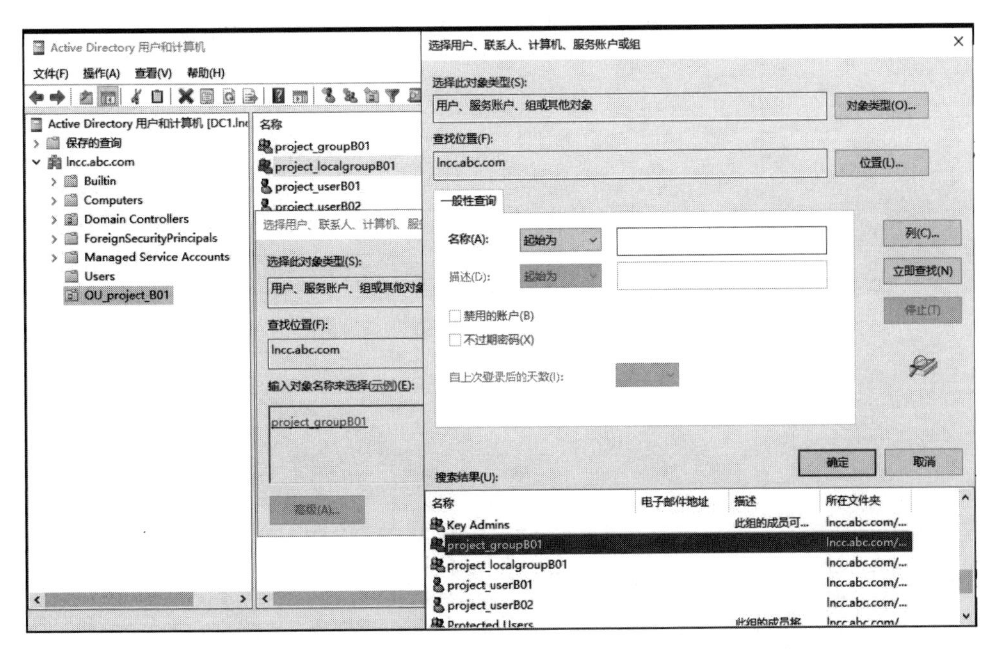

图 4.61 “选择用户、联系人、计算机、服务账户或组”对话框

(8) 在“选择用户、联系人、计算机、服务账户或组”对话框中，单击“立即查找”按钮，选择要加的全局组域 project_groupB01，单击“确定”按钮，返回“选择用户、联系人、计算机、服务账户或组”对话框，如图 4.62 所示，单击“确定”按钮，返回“project_localgroupB01 属性”对话框，如图 4.63 所示。

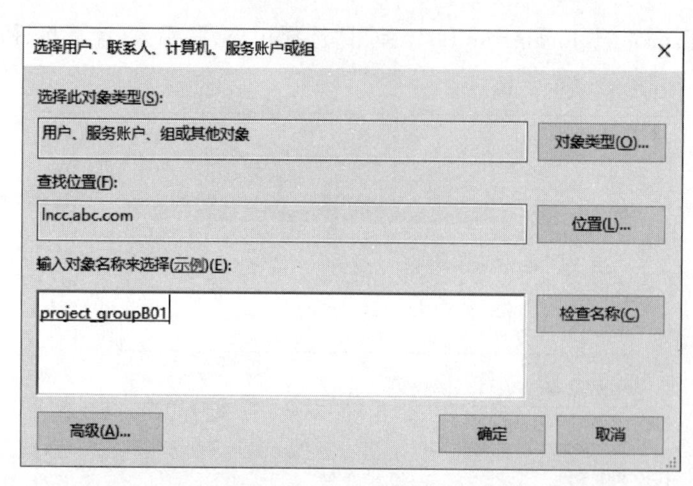

图 4.62　添加组

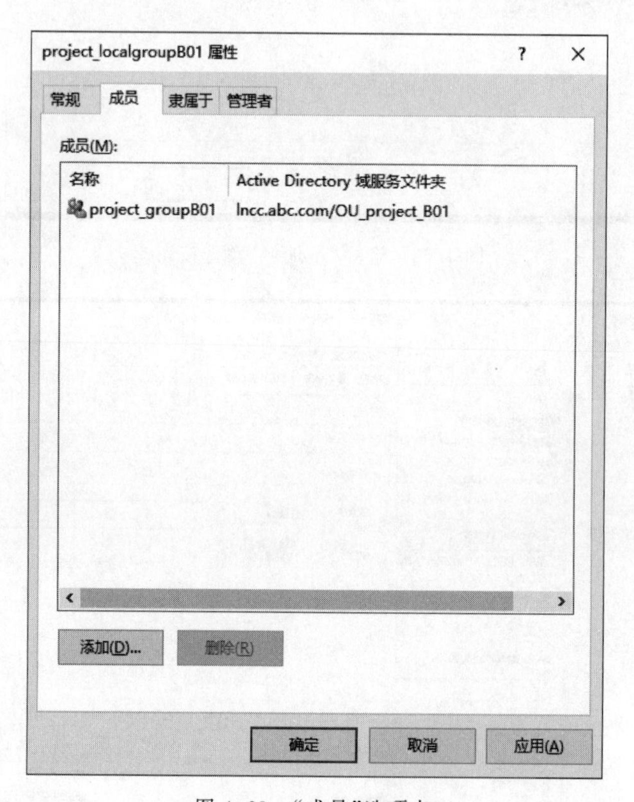

图 4.63　"成员"选项卡

(9) 在"project_localgroupB01 属性"对话框中，单击"确定"按钮，返回"Active Directory 用户和计算机"窗口，完成本地域组的添加，如图 4.64 所示。

(10) 在父域控制器 server-01 上，创建组织单位 OU_project_A01；创建总公司项目部用户账户 project_userA01、project_userA02；创建全局组 project_groupA01；将总公司项目部用户账户 project_userA01、project_userA02 加入全局组 project_groupA01 中，其创建过程与子域控制器 DC1 创建过程相似，这里不再赘述。

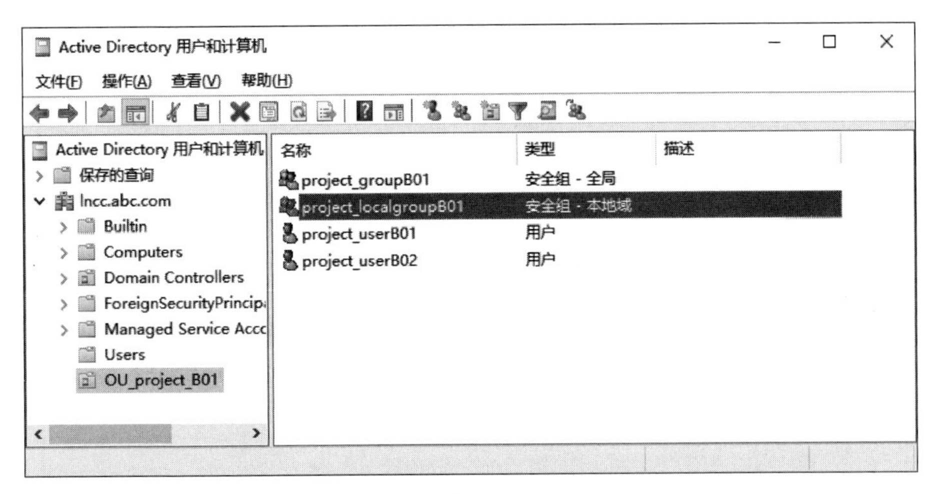

图 4.64　组织单位 OU_project_B01

3. 共享文件设置

设置共享文件夹,进行访问测试。

(1) 在子域控制器 DC1 上创建共享目录 project_share01,用鼠标右键单击该目录,在弹出的快捷菜单中选择"属性"选项,弹出"project_share01 属性"对话框,选择"共享"选项卡,如图 4.65 所示,在"网络路径"区域,单击"共享..."按钮,弹出"网络访问"对话框,如图 4.66 所示。

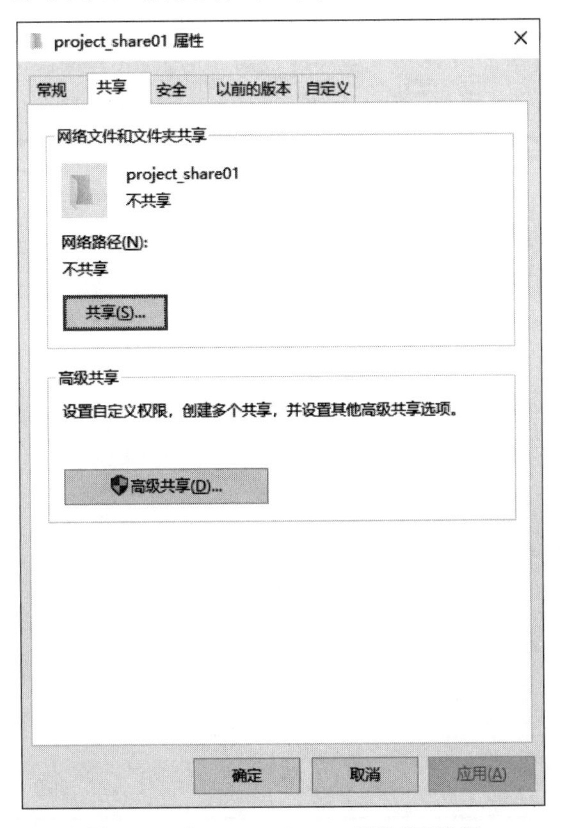

图 4.65　"project_share01 属性"对话框

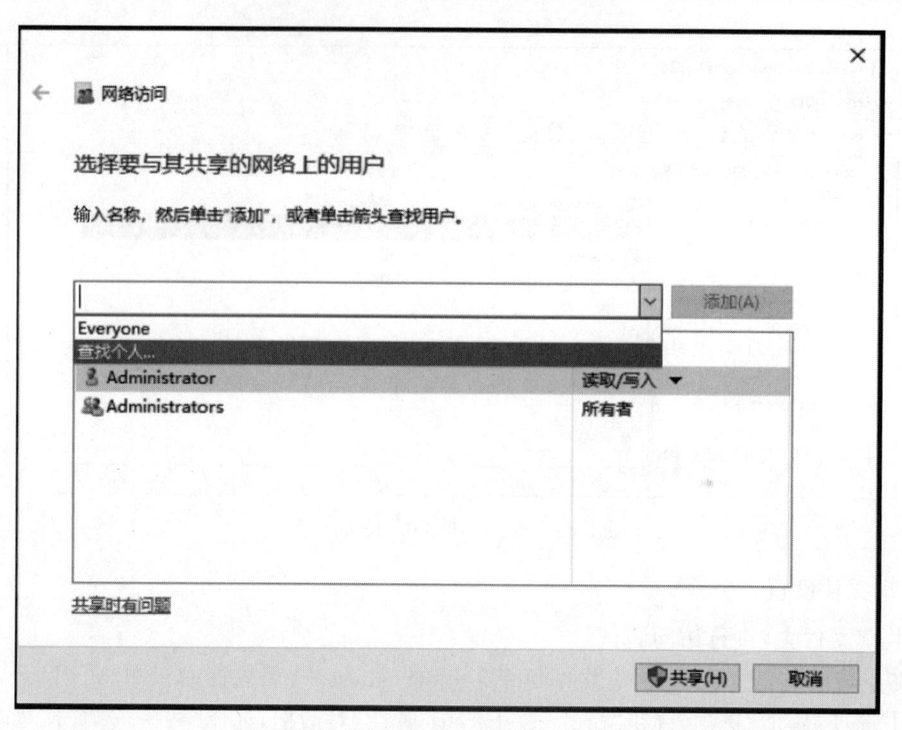

图 4.66 "网络访问"对话框

（2）在"网络访问"对话框中，从下拉列表中选择"查找个人..."选项，找到本地域组 project_localgroupB01 并添加，将读写的权限赋予该本地域组，如图 4.67 所示，单击"共享"按钮，弹出"你的文件夹已共享"对话框，单击"完成"按钮，完成共享目录的设置，如图 4.68 所示。

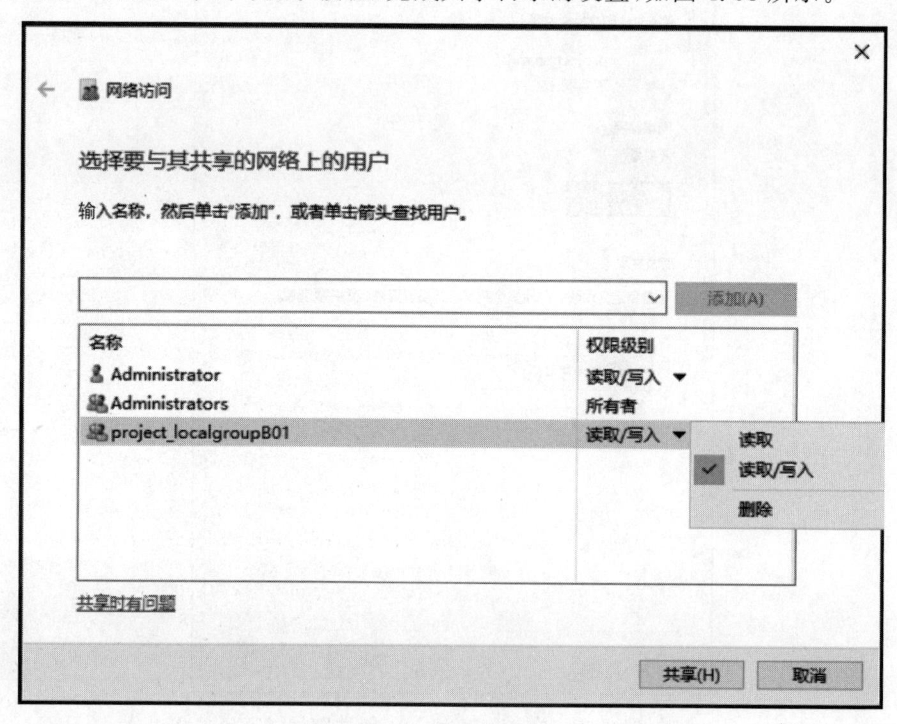

图 4.67 设置共享目录权限

图 4.68　完成目录共享设置

(3) 测试验证结果。在 Windows 10 客户机上(DNS 服务器地址必须要设置为 192.168.100.100 和 192.168.100.101)，如图 4.69 所示，使用 Win+R 组合键，打开“运行”对话框，如图 4.70 所示，输入“\\DC1.lncc.abc.com\project_share01”，弹出“输入网络凭据”对话框，如图,4.71 所示。

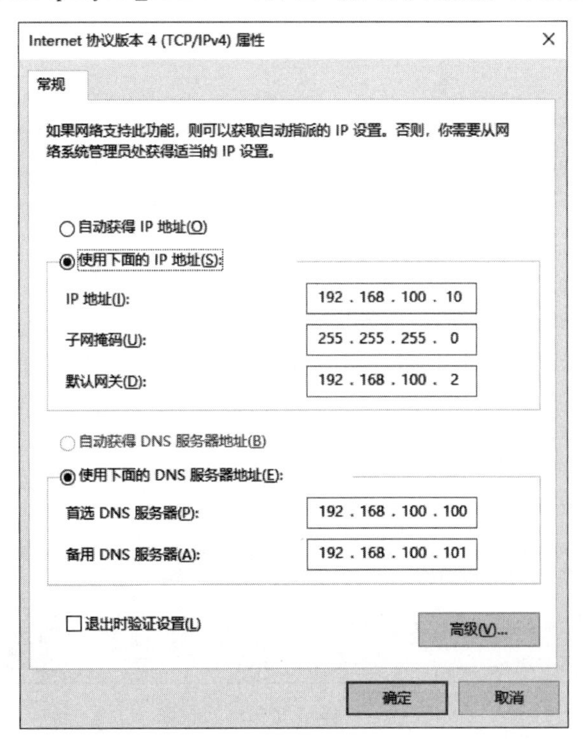

图 4.69　DNS 设置

图 4.70 “运行”对话框

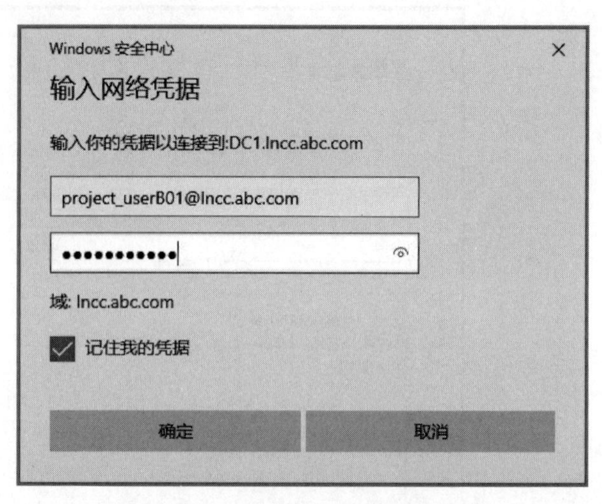

图 4.71 “输入网络凭据”对话框

(4) 使用分公司域用户账户 project_userB01@lncc. abc. com 和总公司域用户账户 project_userA01@abc. com 分别访问\\DC1. lncc. abc. com\project_share01 共享目录，如图 4.72 所示(注意测试用户账户需要设置访问权限，否则无法访问，为了测试成功，可以将测试用户账户添加管理员 Administrator 权限进行测试)。

图 4.72 访问共享目录

(5) 再次注销 Windows 10 客户机，重新登录后，使用总公司域用户名 userA03@abc. com 访问\\DC1. lncc. abc. com\project_share01 共享目录，提示没有访问权限，因为 userA03 用户账户不是项目部用户，如图 4.73 所示。

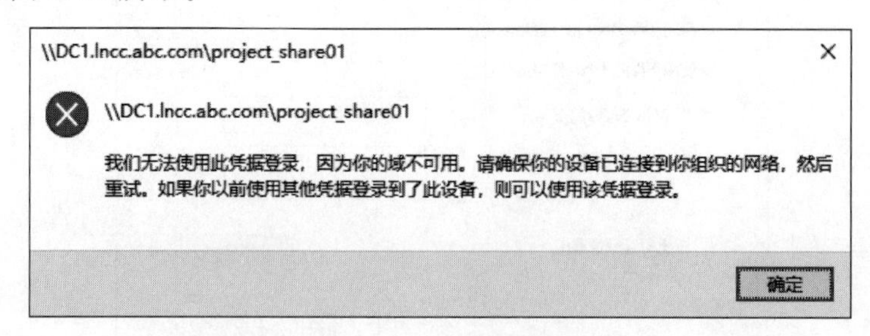

图 4.73 提示没有访问权限

4.3.3 NFS 共享配置与管理

网络文件系统(Network File System,NFS)是使不同的计算机之间能通过网络进行文件共享的一种网络协议。NFS 广泛应用于 Linux/UNIX 系统,由于该系统可以与 Windows 文件共享但不兼容,因此 Windows 和 Linux 间通常通过安装 NFS 服务器和客户端来实现资源共享。也就是说,Windows 文件共享仅支持 Windows 客户端,如果要让 Linux 客户端访问 Windows 共享,则必须在 Windows 服务器上安装 NFS 服务器;反之,如果要让 Windows 系统访问 Linux 上的文件共享,则必须在 Windows 客户端上安装 NFS 客户端。

1. NFS 服务器与客户端安装

视频讲解

(1) 打开"服务器管理器"窗口,选择"管理"→"添加角色和功能"选项,如图 4.74 所示,弹出"添加角色和功能向导"窗口,持续单击"下一步"按钮,直至出现"选择服务器角色"窗口,勾选"NFS 服务器"复选框,如图 4.75 所示。

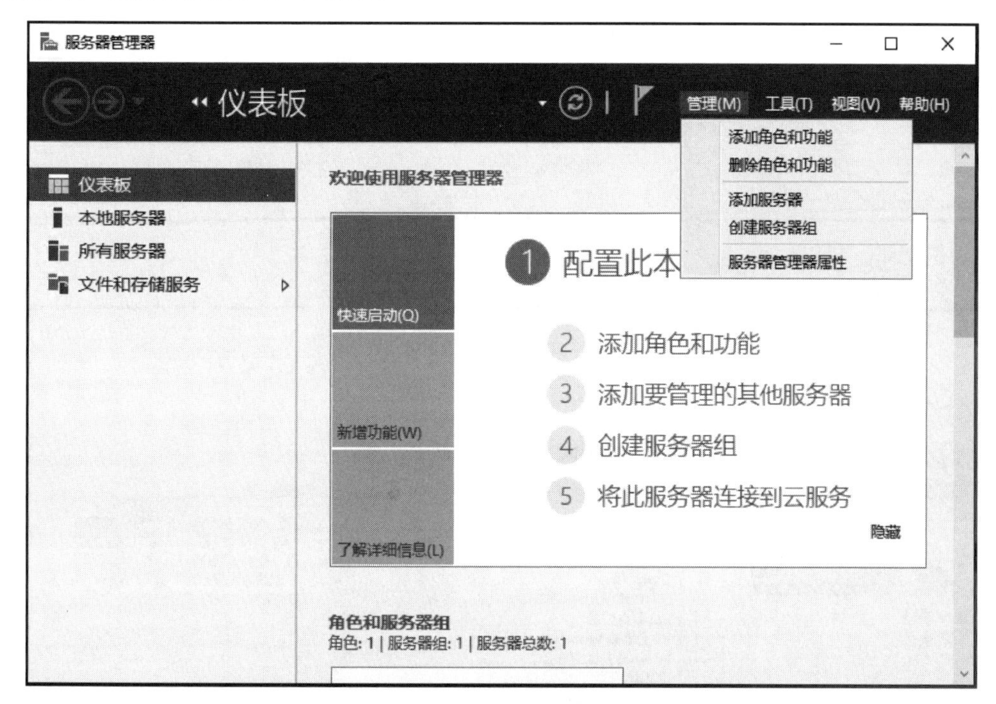

图 4.74 "添加角色和功能"选项

(2) 在"选择服务器角色"窗口中,单击"下一步"按钮,弹出"选择功能"窗口,勾选"NFS 客户端"复选框,如图 4.76 所示,单击"安装"按钮,完成 NFS 服务器与客户端的安装,如图 4.77 所示。

2. 创建共享文件夹和权限分配

视频讲解

在 NFS 服务器上创建共享文件夹并分配权限。

(1) 在 E 盘上新建共享文件夹 NFS-share01,并写入一些数据,如图 4.78 所示。

(2) 选择文件夹 NFS-share01,单击鼠标右键,在弹出的快捷菜单中选择"属性"选项,弹出"NFS-share01 属性"对话框,如图 4.79 所示,单击"管理 NFS 共享"按钮,弹出"NFS 高级共享"对话框,如图 4.80 所示,单击"权限"按钮,弹出"NFS 共享权限"对话框,如图 4.81 所示。

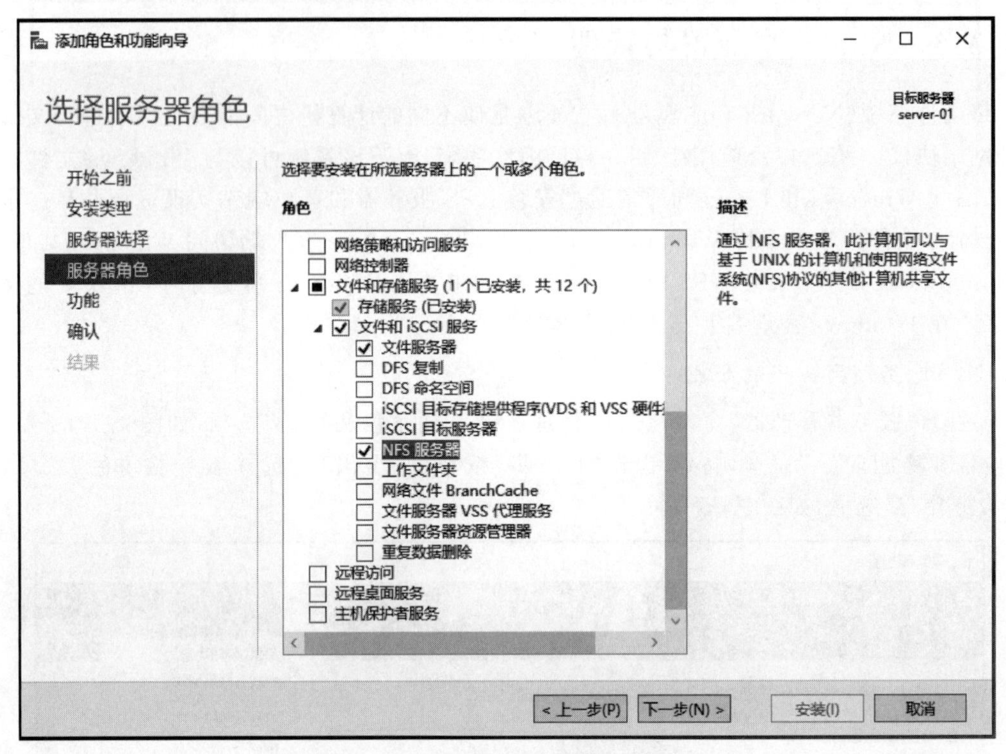

图 4.75 “选择服务器角色”窗口

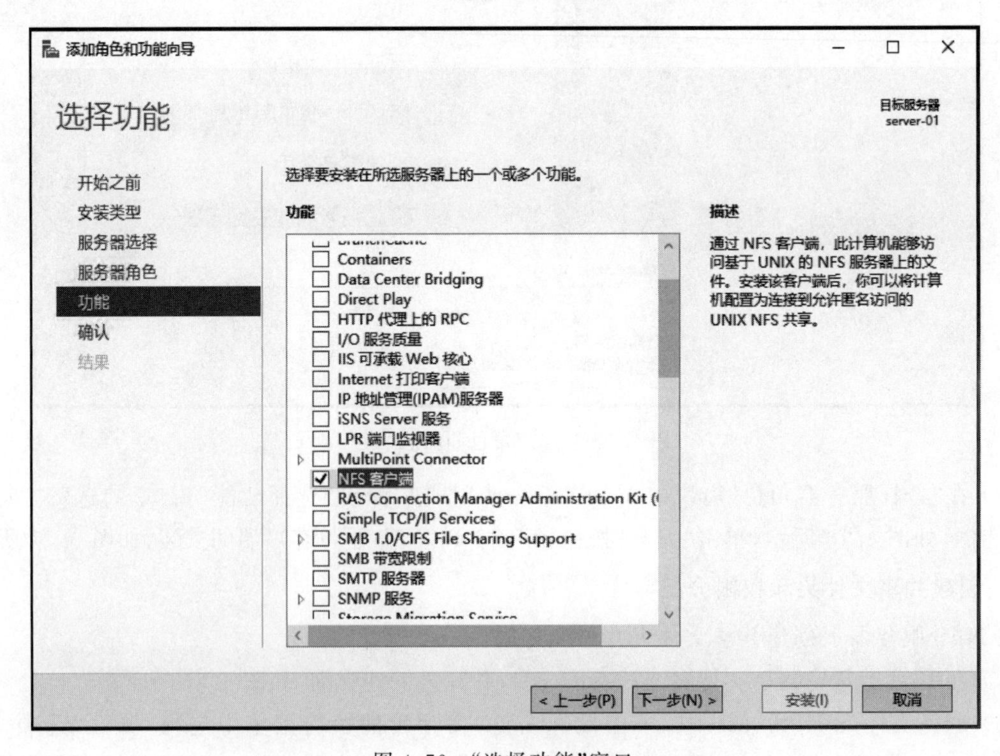

图 4.76 “选择功能”窗口

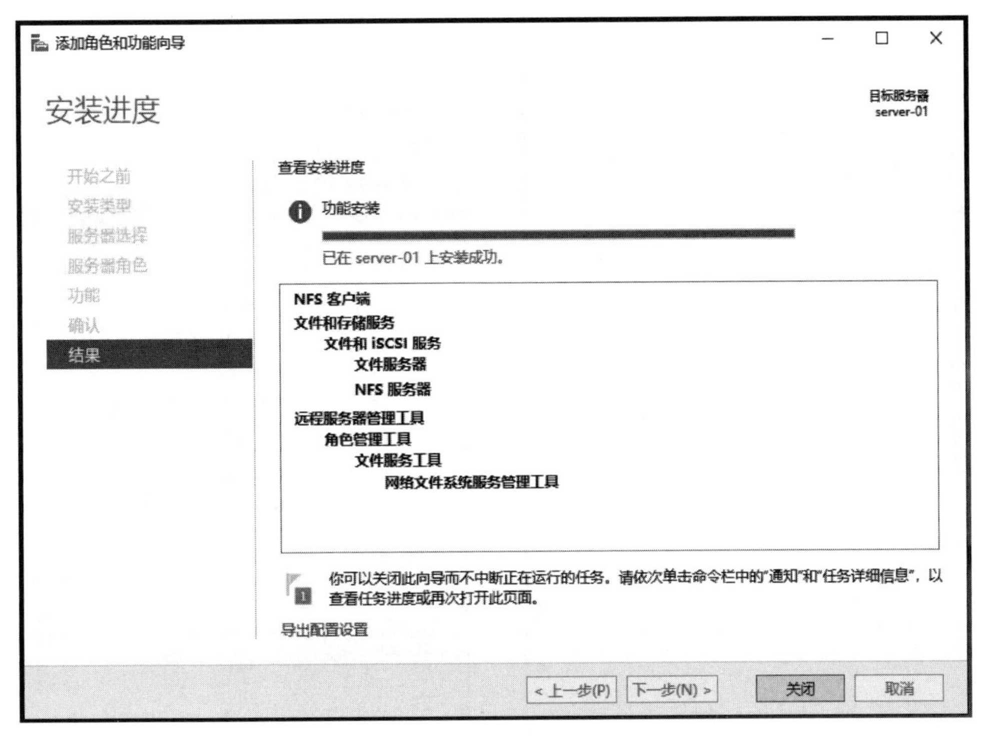

图 4.77　完成 NFS 服务器与客户端安装

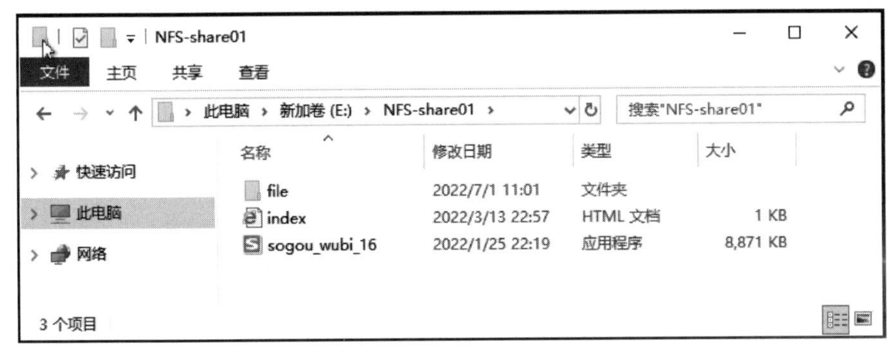

图 4.78　共享文件夹 NFS-share01

(3) 查看共享文件夹"NFS-share01 属性"对话框，如图 4.82 所示，此时可以看到网络路径已经变为 SERVER-01:/NFS-share01，SERVER-01 为服务器的名字，NFS-share01 是共享文件夹的名称。

3. Windows 系统访问 NFS 共享

在 Windows 客户端上挂载 NFS 共享目录。

(1) 打开命令提示符，执行命令如下。

```
showmount  - e 192.168.100.100                //查看共享情况
mount \\192.168.100.100\NFS - share01 k:     //将 NFS 挂载到 K 盘上
```

执行命令结果，如图 4.83 所示。

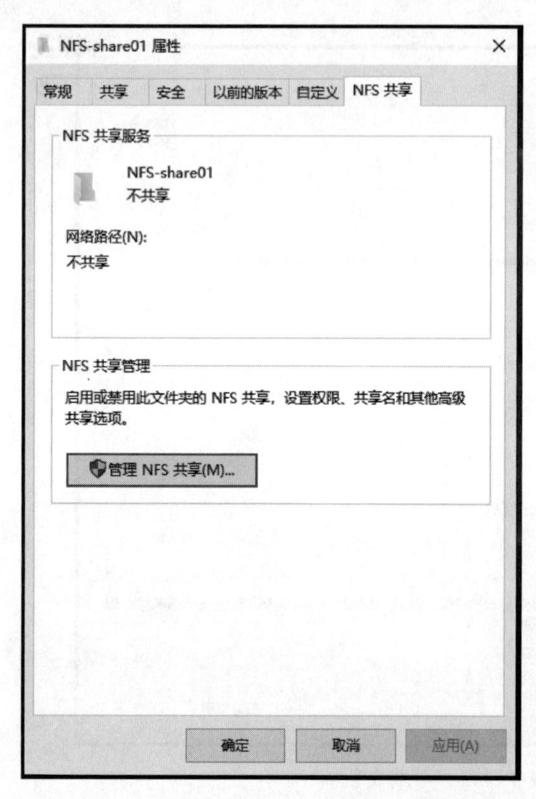

图 4.79 “NFS-share01 属性”对话框

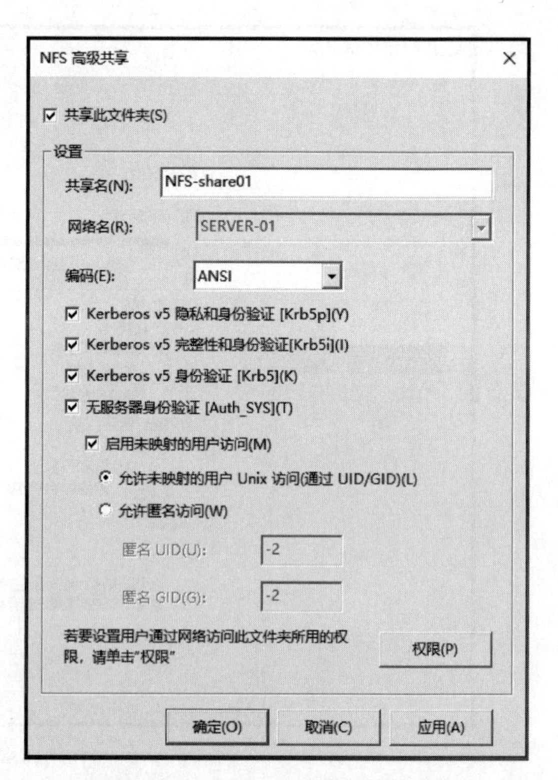

图 4.80 “NFS 高级共享”对话框

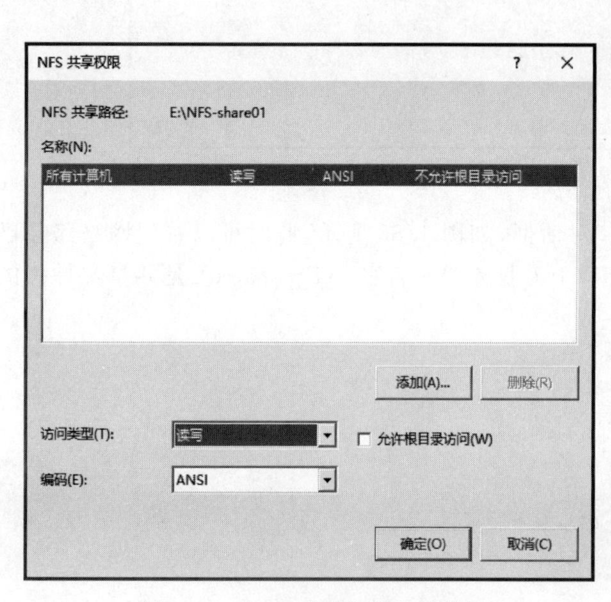

图 4.81 “NFS 共享权限”对话框

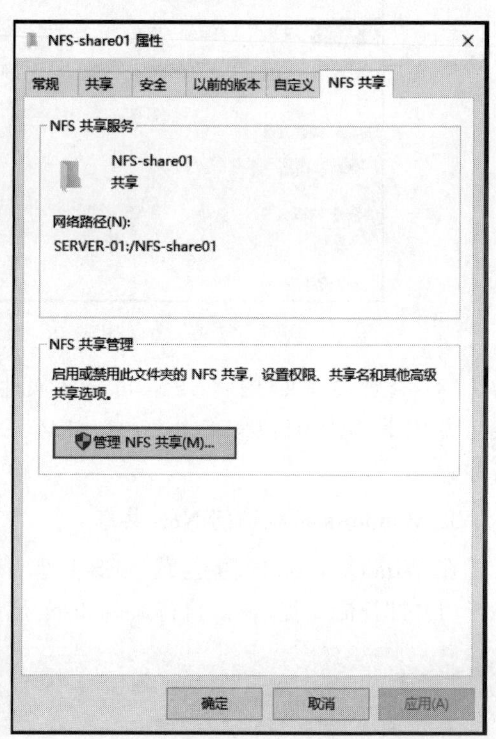

图 4.82 查看共享文件网络路径

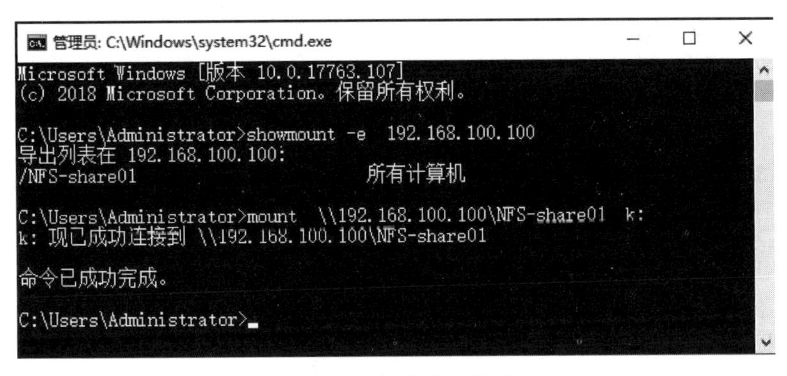

图 4.83　挂载共享目录

（2）打开文件资源管理器，可以看到网络位置中已经挂载了 K 盘，打开 K 盘可以看到 NFS 共享中的文件，如图 4.84 所示。

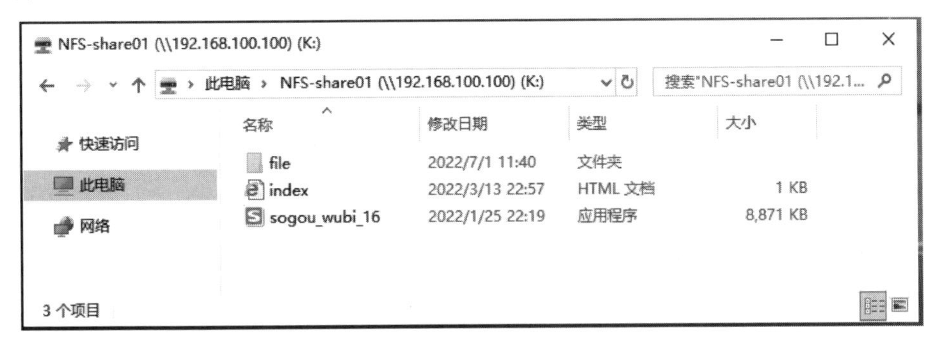

图 4.84　查看挂载的 NFS 共享目录

4. Linux 系统访问 NFS 共享

在 Linux 客户端挂载 NFS 共享目录，开启 Linux 客户端系统 CentOS 7.6。

（1）查看 Linux 系统地址信息，执行命令如下。

```
[root@controller ~]# ifconfig ens33
```

执行命令结果如图 4.85 所示。

```
[root@controller ~]# ifconfig  ens33
ens33: flags=4163<UP,BROADCAST,RUNNING,MULTICAST>  mtu 1500
        inet 192.168.100.10  netmask 255.255.255.0  broadcast 192.168.100.255
        inet6 fe80::20c:29ff:fe7d:de37  prefixlen 64  scopeid 0x20<link>
        ether 00:0c:29:7d:de:37  txqueuelen 1000  (Ethernet)
        RX packets 168  bytes 17198 (16.7 KiB)
        RX errors 0  dropped 0  overruns 0  frame 0
        TX packets 177  bytes 24767 (24.1 KiB)
        TX errors 0  dropped 0 overruns 0  carrier 0  collisions 0

[root@controller ~]#
```

图 4.85　查看 Linux 系统地址信息

（2）查看 NFS 存储服务器的 IP 地址，并将共享目录挂载到/mnt 目录上，执行命令如下。

```
[root@controller ~]# showmount -e 192.168.100.100
[root@controller ~]# mount 192.168.100.100:/NFS-share01 /mnt
[root@controller ~]# ll /mnt
```

执行命令结果如图 4.86 所示。

```
[root@controller ~]# showmount  -e  192.168.100.100
Export list for 192.168.100.100:
/NFS-share01 (everyone)
[root@controller ~]#
[root@controller ~]# mount  192.168.100.100:/NFS-share01  /mnt
[root@controller ~]# ll  /mnt
total 8873
drwx------. 2 nobody nobody       64 Jun 30 23:40 file
-rwx------. 1 nobody nobody       44 Mar 13 10:57 index.html
-rwx------. 1 nobody nobody 9082960 Jan 25 09:19 sogou_wubi_16.exe
[root@controller ~]#
```

图 4.86　挂载共享目录

课后习题

1. 选择题

(1) NAS 使用的网络传输协议是(　　)。

A. FC　　B. TCP/IP　　C. UDP　　D. IPX

(2)【多选】NAS 使用的文件共享协议是(　　)。

A. FTP　　B. CIFS　　C. NFS　　D. HTTP

(3)【多选】CIFS 协议的优点有(　　)。

A. 高并发性　　B. 数据完整性　　C. 高安全性　　D. 使用广泛性

(4)【多选】NAS 的优点有(　　)。

A. 高访问效率　　B. 分布式存储　　C. 高可用性　　D. 可扩展性

2. 简答题

(1) 简述 NAS 的实现方式。

(2) 简述 CIFS 协议工作原理。

(3) 简述 CIFS 协议的优点。

(4) 简述 NFS 协议工作原理。

(5) 简述 NAS 的 I/O 访问路径。

第5章

SAN服务器配置与管理

学习目标

- 理解 SAN 基础知识、FC SAN、IP SAN、iSCSI 协议栈以及 FCoE 等相关理论知识。
- 掌握 SAN 服务配置与管理以及多路径链路 iSCSI 虚拟磁盘应用部署等相关知识与技能。

5.1 项目陈述

存储区域网络是一种面向网络的、以数据存储为中心的存储架构。SAN 采用可扩展的网络拓扑结构连接服务器和存储设备,并将数据的存储和管理集中在相对独立的专用网络中,向服务器提供数据存储服务。以 SAN 为核心的网络存储系统具有良好的可用性、可扩展性、可维护性,能保障存储网络业务的高效运行。本章讲解 SAN 基础知识、FC SAN、IP SAN、iSCSI 协议栈以及 FCoE 等相关理论知识,项目实践部分讲解 SAN 服务配置与管理以及多路径链路 iSCSI 虚拟磁盘应用部署等相关知识与技能。

5.2 必备知识

5.2.1 SAN 基础知识

传统 SAN 的主要支撑技术是光纤通道技术。与 NAS 完全不同,它不是把所有的存储设备集中安装在一个服务器中,而是将这些设备单独通过光纤交换机连接起来,形成一个光纤通道存储在网络中,然后再与企业的局域网进行连接,这种技术的最大特性就是将网络、设备的通信协议与存储传输介质隔离开,因此存储数据的传输不会受网络状态的影响。

基于光纤交换机的SAN存储,通常会综合运用链路冗余与设备冗余的方式,同一服务器访问磁盘阵列有多条冗余路径,不论其中的部分线路或者部分光纤交换机出现故障,都不会导致服务器存储失败。这种方式部署成本较高,但对银行、数据中心等存储了大量关键数据且不允许业务中断的行业来说非常重要。

目前处于迅速成长的IP SAN存储,是在传统的FC SAN的基础上演变而来的。IP SAN是在以太网上架构一个SAN存储网络,把服务器或普通工作站与存储设备连接起来的存储技术。IP SAN在FC SAN的基础上更进一步,它把SCSI协议完全封装在IP协议之中。简单来说,IP SAN就是把FC SAN中光纤通道解决的问题通过更为成熟的以太网实现,从逻辑上讲,它是提供区块级服务的SAN架构。

1. SAN概述

传统数据存储DAS存在以下几方面的不足。

(1) 存储空间得不到有效的利用。DAS存储不管是使用内置的磁盘空间,还是通过直连磁盘陈列来获取空间,都避免不了主机系统之间形成多个数据孤岛的问题。每个单独的小"岛屿"都是一个专门直接连接的存储器应用,导致存储内容无法共享,存储空间无法合理利用。例如,有些应用服务器由于应用数据少而留着很大的存储空间处于空闲状态,而有些应用服务器的数据量相当大,空闲存储空间很小;因此,存储资源得不到合理利用,浪费了很多宝贵的存储资源,增加了用户的整体拥有成本。

(2) 存储空间无法满足日益增长的数据需求。存储空间主要依赖于服务器上自带硬盘,而每台服务器能够挂接的硬盘数量是有限的,随着业务的发展,需要保存的数据量必然陡增,所需存储空间也会越来越大,仅依靠本机的存储空间已经无法满足要求。况且,每一次安装硬盘,都需要给服务器断电,进而中断业务的运行;同时数据管理变得复杂,数据放置过于分散,大大加重了管理员的负担。

(3) 存储架构无法满足日益发展的业务需求。由于采用了硬盘挂接在服务器上这种存储架构,服务器上任意部件(如内存、硬盘、硬盘连接线等)发生故障,都会使服务器运行中断,业务和应用停止服务。对用户而言,业务的中断带来了经济损失,影响经济效益,而且业务的中断对企业信誉也是一种致命的打击,造成负面影响。所以需要一种高效、安全而且可靠的存储架构来保障信息数据的安全和可用性,保证业务的持续性。

(4) 存储架构可扩展性差。可扩展性是指现有投资在受到保护的情况下,不影响业务的前提下,通过添加新设备而达到客户新的规模要求和性能要求。以扩充容量(即扩容)为例,对于传统数据存储而言,扩容不仅意味着往服务器上增加新的硬盘,还需要将一部分数据从已有硬盘迁移到新增硬盘上。这种扩容意味着现有存储架构的可扩展性不好,理想的扩容应该是在保证业务连续性的前提下,通过添加存储设备(如硬盘)从而达到客户扩容要求的方案。

针对以上问题,业界提出了存储区域网络(Storage Area Network,SAN),通常人们将SAN技术视为DAS技术的一个替代者。存储网络工业协会(Storage Networking Industry Association,SNIA)对于SAN的标准定义是:"A network whose primary purpose is the transfer of data between computer systems and storage elements and among storage elements"，即 SAN 是用来在计算机系统和存储单元之间、存储单元与存储单元之间进行数据传输的网络系统。SAN 包含一个通信系统基础结构，包括物理连接、管理层、存储单元和计算机系统，以确保数据传输的安全性和稳定性。

SAN 是服务器和存储资源之间的一个高性能的专用网络体系，它提供存储装置、计算机主机及相关网络设备的管理机制，并且提供强而有力且安全的数据传输环境，它为了实现大量原始数据的传输而进行了专门的优化。SAN 通常被认为是提供数据块存取(Block I/O)服务而非档案存取服务，但这并不是 SAN 的必要条件，事实上，可以把 SAN 看成是对 SCSI 协议在长距离应用上的扩展。利用 SAN 可以构架理想的存储结构，这种理想的存储结构包括如下特征。

(1) 具有可伸缩能力。

(2) 可扩展到整个世界。

(3) 非常可靠。

(4) 提供尽可能高的传输速度。

(5) 易于管理。

例如，华为技术有限公司，在全球有超过 100 000 名员工，假设在荷兰工作的员工，希望能够访问存储在深圳总公司存储设备上的相关数据，那么要求它是"能扩展到整个世界"的存储架构设计。一个设计良好的存储架构，可以运行很多年。当设计一个庞大的信息通信(ICT)基础设施时，需要如下设计需求列表。

(1) 设计可以无限扩展，可以方便地增加方案中的设备数量。

(2) 设计能够允许各个组件之间的距离没有限制或限制较小。在实践中，相距 20 000km 的设备组件是允许互联的。

(3) 设计必须是可靠的，当发生硬件故障或者人为失误时，也不会给公司造成严重的问题。

(4) 相互连接的组件之间能够以最快的速度进行通信。

(5) 即使设计非常复杂，少数的技术员也可以维护和监控整个存储架构中的设备。ICT 部门不需要 100 个人来管理 100 台或者 200 台设备。低成本、高效率的管理也是一个大的设计需求。

(6) 设计应该是灵活的。在基础设施中改变、替换和增加组件不会有任何限制，这意味着即使经过几年技术的发展，仍然可以将新技术集成到当前的基础设施中。

(7) 设计应该支持异构。异构是指来自不同厂商的设备可以像来自同一个厂商的设备那样一起工作。支持异构是存储架构设计中的一个重要挑战，并不容易做到：一方面，大多数的客户只会购买一家公司的设备，因为客户往往只想和一个硬件供应商签订服务合同，以防止在发生技术问题时，需要去联系多个厂家的技术支持团队；另一方面，又不能过于依赖同一家公司，以免这家公司的产品出现批次问题或者其他问题时，影响本公司的正常运转。另外，如果系统支持异构，那么当从一家公司的产品切换到另外一家公司的设备时，将更容易进行迁移。

2. SAN 组网

SAN 也叫存储区域网络，它是将存储设备(如磁盘阵列、磁带库、光盘库等)与服务器连接起来的网络。结构上，SAN 允许服务器和任何存储设备相连，并直接存储所需数据，如图 5.1 所示为典型的 SAN 组网方式。

相对于传统数据存储方式，SAN 可以跨平台使用存储设备，可以对存储设备实现统一管理和

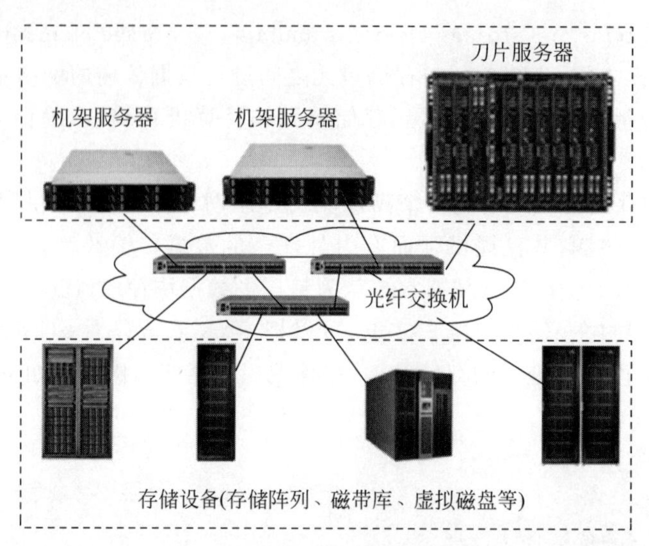

图 5.1　典型的 SAN 组网方式

容量分配，从而降低使用和维护的成本，提高存储的利用率。根据 Forrester 研究报告，使用传统独立存储方式时存储利用率为 40%～80%，平均利用率为 60%，存储通常处于低利用率状态。SAN 对存储资源进行集中管控，高效利用存储资源，有助于提高存储利用率。更高的存储利用率意味着存储设备的减少，网络中的电能能耗和制冷能耗降低，节能省电。

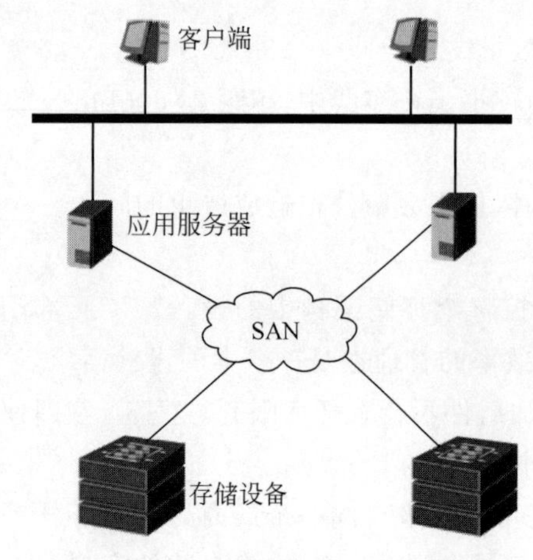

图 5.2　SAN 的网络拓扑架构示意图

此外，通过 SAN 网络主机与存储设备连通，SAN 为在其网络上的任意一台主机和存储设备之间提供专用的通信通道，同时，SAN 将存储设备从服务器中独立出来。SAN 支持通过光纤通道协议和 IP 协议组网，支持大量、大块的数据传输；同时满足吞吐量、可用性、可靠性、可扩展性和可管理性等方面的要求，如图 5.2 所示。

SAN 和 LAN 相互独立，这个特点的优势在前面已经提过，然而它会带来成本和能耗方面的一些不足。

(1) SAN 需要建立专属的网络，这就增加了网络中线缆的数量和复杂度。

(2) 应用服务器除了连接 LAN 的网卡之外，还需配备与 SAN 交换机连接的主机总线适配器（Host Bus Adapter，HBA）。

3. SAN 组件

SAN 由三个基本组件组成：服务器、网络基础设施和存储。这些组件可以进一步划分，分别是：端口、连接设备、集线器、存储阵列等。

(1) SAN 网络服务器。

在所有 SAN 解决方案中，服务器基础结构是其根本，其基础结构可以是多种服务器平台的混合体，包括 Windows、UNIX、Linux 和 macOS 等。

(2) SAN 网络存储。

光纤接口存储设备是存储基础结构核心。SAN 存储基础结构能够更好地保存和保护数据，能够提供更好的网络可用性、数据访问性和系统管理性。SAN 为了使存储设备与服务器解耦，使其不依赖于服务器的特定总线，将存储设备直接接入网络中。从另一个角度看，存储设备做到了外置或外部化，其功能分散在整个存储系统内部。

(3) SAN 网络互连。

实现 SAN 的第一个要素是通过 FC 等通道技术实现存储和服务器组件的连通。所使用的组件是实现 LAN 和 WAN 所使用的典型组件。与 LAN 一样，SAN 通过存储接口的互连形成很多网络配置，并能够跨越很长的距离。除了线缆和连接器，还包括如下具体互连设备。

交换机：交换机是用于连接大量设备、增加带宽、减少阻塞和提供高吞吐量的一种高性能设备。

网桥：网桥的作用是使 LAN/SAN 能够与使用不同协议的其他网络通信。

集线器：通过集线器，仲裁环线路上一个逻辑环路上可以连接多达 127 个设备。

网关：网关是网络上用来连接两个或更多网络或设备的站点，是一个网络连接到另一个网络的接口，也用于两个高层协议不同的网络互连，也被称为网间连接器、协议转换器。网关产品通常用来实现 LAN 到 WAN 的访问，通过网关，SAN 可以延伸和连接。

(4) SAN 网络端口有三种常用端口。

① FC 接口使用 FC 协议，使用该种协议的 SAN 架构，称为 FC SAN。

② ETH 接口使用 iSCSI 协议，使用该种协议的 SAN 架构，称为 IP SAN。

③ FCoE 接口使用 FCoE 协议，使用该种协议的 SAN 架构，称为 FCoE SAN。

4. DAS 和 SAN 的区别

SAN 网络和 DAS 直连一样，都是以 SCSI 块的方式发送数据，将数据从存储设备传送到服务器上。当然，SAN 网络和 DAS 直连有一些显著的区别，如价格，用户购买 SAN 网络所需花销远远大于 DAS，如 DAS 缆线的连接范围在 25m 以内，而 SAN 网络连接则可以长达数百或者数千千米等。

在一个基于 SAN 网络架构的解决方案中，SAN 不只会在网络上发送单独的 SCSI 协议块，而是将 SCSI 协议块封装到一个数据包或者数据帧中，利用网络将数据包传输到更远的距离。数据包就好像是一个信封，我们可以利用信封来把信传递给某人。信可以看成是用户数据，而信封就是数据包。事实上，我们不可能通过将信纸放在地上，然后让风将信纸送到收信人的地址。所以一个好的办法是将信纸装入信封，并且贴上邮票，然后写上正确的地址信息并把信塞入一个邮箱。国家邮政服务人员将信件从邮箱取出，并将它传递到收信人手中。当然，也有其他的办法可以将信送到收信人手中，一个替代办法是选择专业的快递服务公司，例如 UPS 或者 FedEx。它们有自己的投递系统，你需要将这封信放入一个特殊的信封中。然后，负责送货服务的传输系统将负责把信送到收信人手中。

现在有多种方法将 SCSI 块发送到跨 SAN 的连接中，这些方法被称为协议，每个协议都有不同的方法来描述处理 SCSI 块的传输方式。如上所述，FC、iSCSI 和 FCoE 是 SAN 网络架构中的三种常用协议，FC 协议通常和 iSCSI 协议用于现代的 SAN 架构中，而 FCoE 协议主要用于 SAN 和 LAN 业务融合场景，从协议、应用场景、优缺点等几方面来对比 DAS 和 SAN 两种存储架构，如表 5.1 所示。

表 5.1　DAS 和 SAN 的区别

指标对比	DAS	SAN
成本	低	高
扩展性	不易于扩展	易于扩展
是否集中管理	否	是
备份效率	低	高
网络传输协议	无	光纤通道协议

从连接方式上对比，DAS 采用了直接连接，即存储设备直接连接应用服务器，但是扩展性较差；SAN 网络则是通过多种技术来连接存储设备和应用服务器，具有很好的传输速率和扩展性。SAN 不受现今主流的、基于 SCSI 存储结构的布局限制。特别重要的是，随着存储容量的爆炸性增长，SAN 允许独立地增加它们的存储容量。SAN 网络的结构允许任何服务器连接到任何存储阵列，这样不管数据放置在哪里，服务器都可以直接存取所需的数据。因为采用了光纤接口，SAN 还具有更高的带宽。

SAN 的优点：将存储和服务器隔离，简化了存储管理，能够统一、集中地管理各种资源，使存储更为高效。通常的网络中，可能一个服务器可用空间用完了，另一个服务器还有很多可用空间。SAN 把所有存储空间有效地汇集在一起，每个服务器都享有访问组织内部的所有存储空间的同等权利，SAN 能屏蔽系统的硬件，可以同时采用不同厂商的存储设备。

SAN 的不足：跨平台性能没有 NAS 好，价格偏高，搭建 SAN 比在服务器后端安装 NAS 要复杂得多。

DAS 存储一般应用在中小企业，与计算机采用直连方式；NAS 存储则通过以太网添加到计算机上，SAN 和 NAS 的区别主要体现在操作系统在什么位置。NAS 和 SAN 混合搭配的解决方案为大多数企业带来最大的灵活性和性能优势。服务器环境越是异构化，NAS 就越是重要，因为它能无缝集成易购的服务器。而企业数据量越大，高效的 SAN 就越重要，SAN 网络则使用光纤接口，提供高性能、高扩展性的存储，其应用场景如下。

(1) 对数据安全性要求很高的企业，如金融、证券和电信。

(2) 对数据存储性能要求高的企业，如电视台、测绘部门和交通部运输部门。

(3) 具有本质上物理集中、逻辑上又彼此独立的数据管理特点的企业，如银行、证券和电信等行业。

5.2.2　FC SAN 概述

随着当今社会对信息存储需求的空前增加，对信息存储系统的性能、信息网络的利用率和信息的备份、容灾能力都有更高的要求，SAN 可以很好地满足数据统一存储、企业数据共享、远程数据容灾等的需要。随着 IT 技术的迅速发展及各种数据的集中化，建立一个基于 SAN 的存储体系结构也已经成为信息化的必然之路。FC SAN 是当今 SAN 网络中的主流，在高性能应用环境中占主要份额。

1. FC SAN 基础知识

20 世纪 80 年代，随着计算机处理器运算能力的提高，外部设备的 I/O 带宽成为整个存储系统的一大瓶颈。为了解决 I/O 瓶颈对整个存储系统所带来的消极影响，提高存储系统的存取性能，美国国家标准委员会(American National Standard Institute,ANSI)的X3T11工作组于1988年开始制定一种高速串行通信协议——光纤通道协议。FC协议制定的初衷是用来提高硬盘传输带宽,侧重于数据的快速、高效、可靠传输。随着技术发展,该协议将快速可靠的通道技术和灵活可扩展的网络技术有机地融合在一起,既提供通道所需要的指令集,也提供网络所需要的各种协议,因此,它不仅能够进行数据的高速传输、音频和视频信号的串行通信,而且为网络、存储设备和数据传送设备提供了实用、廉价和可扩展的数据交换标准,并能广泛用于高性能大型数据仓库、数据存储备份和恢复系统、基于网络的存储、高性能的工作组、数据的视/音频网络等。这些特点使得FC协议在整个20世纪90年代都得到了人们的认可,并且从20世纪90年代末开始,FC SAN得到广泛应用。目前,现协议被用在绝大多数高容量、高端直连存储设备卡上。

FC SAN是指使用FC协议的SAN网络。作为SAN网络中第一个成功的千兆位串行传输技术,FC已成为最适合块I/O应用的体系结构。FC满足存储网络对传输技术的下列需求。

(1) 高速长距离的串行传输。

(2) 大规模网络应用中的异步通信。

(3) 较低的传输误码率。

(4) 较低的数据传输延迟。

(5) 模块化和层次化结构。

(6) 传输协议可在BA上以硬件方式实现,减少对服务器CPU的占用。

2. FC协议栈

光纤通道协议其实并不能翻译成光纤协议,只是协议普遍采用光纤作为传输线缆,因此很多人把FC称为光纤通道协议。在逻辑上,可以将FC看作一种用于构造高性能信息传输的、双向的、点对点的串行数据通道。在物理上,FC是一到多对应的点对点的互连链路,每条链路终结于一个端口或转发器。FC的链路介质可以是光纤、双绞线或同轴电缆。

光纤通道是一种通用的传输通道,它能够为多种高层协议(Upper Level Protocols,ULP)提供高性能的传输通道,协议包括智能外设接口(Intelligent Peripheral Interface,IPI)命令集、小型计算机系统接口(Small Computer System Interface,SCSI)命令集或高性能并行接口(High-Performance Parallel Interface,HiPPI)数据帧、互联网协议(Internet Protocol,IP)、IEEE 802.2等。

光纤通道是一种基于标准的网络结构。它的标准定义了物理层的特征、传输控制方法以及与TCP/IP、SCSI-3、HiPPE和其他一些协议的上层接口。光纤通道是一种千兆位传输技术,目前的实现支持最高可达64Gb/s的传输速率。

光纤通道标准定义了一个通过网络移动数据的多层结构。它的协议被划分为5个层次,如图5.3所示。

FC-0层描述物理接口,包括传送介质、发射机和接收机及其接口。FC-0层规定了各种介质和与之有关的能以各种速率运行的驱动器和接收机。

FC-1层中定义了FC的底层传输协议,包括串行编码、解码和链路状态维护。它描述了8B/10B的编码规则,使控制字节与数据字节分离且可简化比特,字节和字同步,该编码还具有检测某些传送和接收误差的机制。在FC-1层中由几个专用字符组合在一起,并通过字符命令集来表示一定的特殊含义,如帧边界、简单传输请求或通过周期性的交互维持链路传输状态。

FC-2层是信令协议层,它规定了需要传送成块数据的规则和机制。在所有协议层中,FC-2层

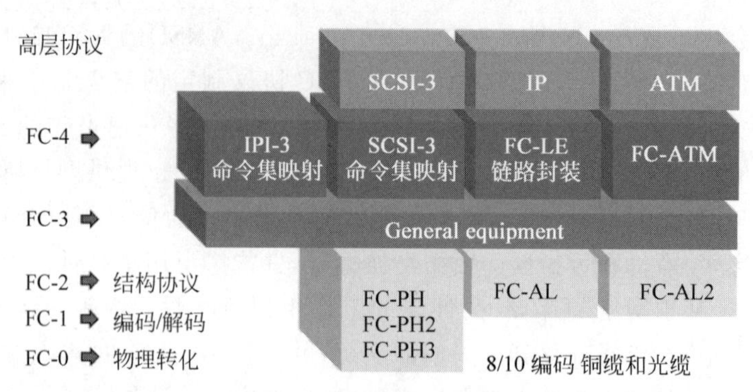

图 5.3　光纤通道协议栈

是最复杂的一层，它提供不同类型的服务、分组、排序、检错、传送数据的分段重组，以及协调不同容量的端口之间的通信需要的注册服务。

FC-3 层提供的一系列服务，是光纤通路节点的多个端口所共用的。尽管这一层没有明确定义，但是它所提供的功能适用于整个体系结构未来的扩展，例如，多路复用和地址绑定功能。

FC-4 层提供了光纤通路到已存在的更上层协议的映射，这些协议包括 IP、SCSI 协议、HiPPI 等。例如，串行 SCSI 必须将光纤通道设备映射为可被操作系统访问的逻辑设备。对于主机总线适配器，这种功能一般要由厂商提供的设备驱动器程序来实现。

FC 协议数据帧及数据包的发送和接收是在 FC-2 层实现的，每个光纤通道帧由多个 4B 的传输字组成。一个光纤通道帧最多由 537 个传输字组成，最大传输 2148B 的数据。

3. FC 与 SCSI 协议关系

总线是计算机与存储系统间进行数据通信的主要通道，是源设备到目标设备的数据传输路径。在数据通信过程中，控制器首先向总线处理器发出请求信号，请求使用总线，该请求被接受后，控制器高速缓存开始进行数据的发送。在整个过程中，控制器占用总线，总线上连接的其他设备都无法占用总线。但是，总线具备中断功能，因此总线处理器可以随时中断传输过程并且将总线控制权转交给其他设备，以便其他拥有更高优先级的设备执行操作。

例如，将移动手机或数码相机连接到计算机时，一般使用通用串行总线（Universal Serial Bus，USB）端口。对于存储音频文件、图元文件等的小型电子设备，如 MP3 或移动手机，USB 端口已经可以满足传输数据和充电的工作。然而，USB 串行总线并不足以同时支持整台计算机和服务器以及其他多台设备的数据传输使用。在这种情况下，计算机就需要使用 SCSI 这种并行总线。

（1）SCSI 协议。

小型计算机系统接口（SCSI）是一种用于计算机及其周边设备之间（如硬盘、光驱、打印机、扫描仪等）系统级接口的独立处理器标准。如图 5.4 所示，SCSI 总线上的数据操作和管理是由 SCSI 控制器控制的，SCSI 控制器可以看成是一块小型 CPU，它有自己的命令集和缓存空间。SCSI 总线结构可以对计算机中连接到 SCSI 总线上的多个设备进行动态分工操作，并可以对系统中的多个工作灵活地进行资源分配，动态完成。

SCSI 协议是主机与存储磁盘通信的基本协议，也是计算机和外围存储设备之间进行数据传输的通用接口标准，支持并行数据传输。SCSI 协议除了被 DAS 用于实现主机服务器与存储设备的互连，也是 SAN 网络传输的基本协议，承载在 FC 协议和 iSCSI 协议中进行传输。

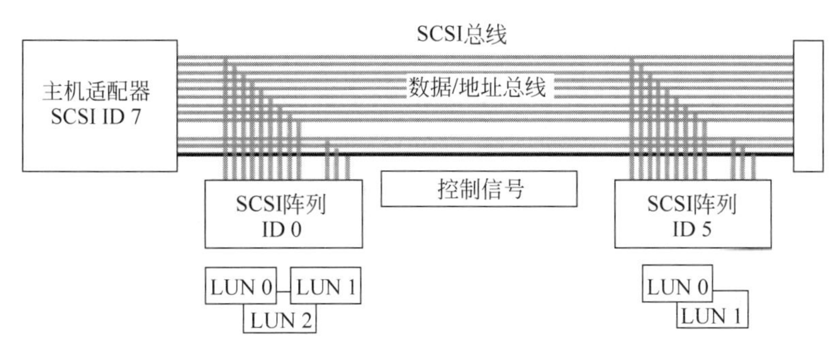

图 5.4 SCSI 总线模型

（2）并行 SCSI 的演变。

SCSI 协议最初由 Shugart Associates 和 NCR 公司在 1981 年开发出来，并命名为 SASI（Shugart Associates System Interface）。两家公司开发 SASI 的目的是建立一个专用的、高性能的系统接口标准。后来，为了增加 SASI 在行业的接受度，将 SASI 协议更新升级成了一个更强大的接口协议，并更名为 SCSI。1986 年，美国国家标准委员会（ANSI）认可 SCSI 作为行业标准。SCSI 经历了 SCSI-1、SCSI-2、SCSI-3 的演变过程。

SCSI-1 是最初的 SCSI 标准。SCSI-1 又称为 Narrow SCSI，它定义了线缆长度、信号特性、命令和传输模式。其支持的最大数据传输率为 5MB/s，使用 8 位窄总线，最大支持接入 7 个设备。SCSI-1 是在 1986 年开发的原始规范，现已不再使用。

SCSI-2 标准是 1992 年制定的，SCSI-2 是 SCSI-1 的发展，在 SCSI-1 标准中加入一些新功能。SCSI-2 提供了两种传输选择：一种为 Fast SCSI，同步传输速率可达 10MB/s；另一种是 Wide SCSI，最大同步传输速率为 20MB/s，并且由 8 位窄总线扩展到 16 位，最大支持接入 15 个设备。

SCSI-3 是 SCSI 最新版本，也称为 UltraSCSI，由多个相关的标准组成。SCSI-3 最大支持 15 个设备的接入，最大传输速率可达 640MB/s。同时，SCSI-3 大大地提高了总线频率，降低了信号干扰，增强了数据传输的稳定性。

（3）SCSI 通信过程。

从本质上讲，SCSI 是一个智能传输协议。多个设备连接到同一组总线上的并行通信通道，这些设备可以相互进行通信。也就是说，两个连在同一组总线上的设备可以互相通信，不需要 CPU 或者特别的适配卡协助。

SCSI 协议在传输过程中经历以下 5 个阶段。

① 总线忙。在总线通信开始之前，总线必须处于空闲状态。发起连接的设备（启动器）首先会发一个测试信号来确认总线是否空闲。

② 寻址：通过发送方的地址和接收方的地址来确认通信的双方。

③ 协商：通信双方协商确定后面数据包的大小和数据包发送的速度。

④ 连接：数据包传输阶段。

⑤ 断开连接：数据传输完成，释放总线。

一旦启动器监测到总线处于空闲状态，则该启动器设备就获得了该总线的传输数据专有权，从而占有总线。然后，启动器通过寻址来确定目标器设备。由于 SCSI 协议拥有多个版本，不同版本在数据包发包速度和支持的设备地址位数等方面存在不同，因此需要两个设备之间事先协商好通信参数，协商内容包括数据包发包的速度和地址的位数等。尽管这种协商过程比较耗时，但只有协商成功之后,启动器和目标器设备才能够进行真正的数据内容传输。

两个 SCSI 设备的每次连接通信都要经历以上 5 个阶段。由于协商阶段的时间较长,影响了整体的传输效率,但是协商阶段是必需的,只有协商成功之后,启动器和目标器设备才能进行数据传输。为了保障传输性能又能保证通信连接,下面介绍一种断开重连技术。

断开重连技术有助于缩短设备通信连接时间。采用断开重连技术时,只有在第一次连接时需要执行"总线忙→寻址→协商→连接→断开连接"这五个步骤,之后当同一个启动器跟同一个目标器进行通信数据传输时,可以直接省略协商这一步骤,这是由于双方之前在建立通信时已经协商好相关参数,因此再次连接时可以使用上一次的协商结果。

为了提升整体性能效率,SCSI 还引入了标签指令队列技术,其工作方式如下:启动器设备在发送数据时一次发送多个 SCSI 数据包,目标器设备收到这些数据包后进行内部处理,然后再将数据包的内容写到相应的物理存储介质中。当目标器设备接收到数据包并缓存到内部存储之后,立即释放其对总线的使用权,便于其他设备可以使用总线。利用标签指令队列技术,既可以减少设备间建立连接的次数,也可以减少对总线的占用次数,增加了总线的整体利用率。

(4) SCSI 数据传输原理。

如图 5.5 所示,SCSI 协议中数据传输原理具体如下。

① 当设备 B 要向设备 D 传输数据时,数据的发起端(即设备 B)以电信号的方式将数据发送出去,数据从设备 B 与总线的接入点发送到总线上。

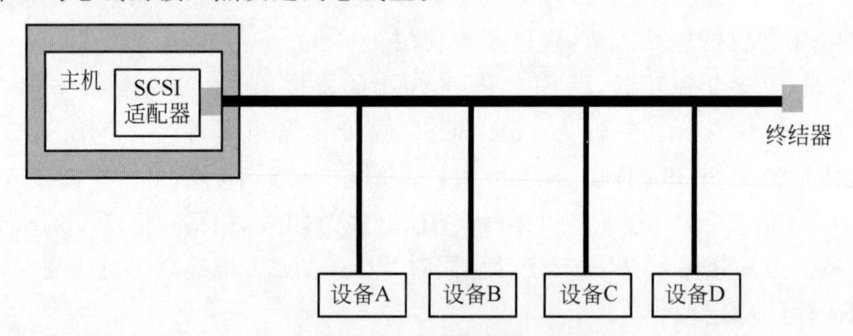

图 5.5　SCSI 协议数据传输原理

② 信号到达总线上的交叉点后被分成两份,分别朝分叉的两个方向继续传输,并且在每个交叉口分份,再沿着各个分叉的方向进行传输。因此,当承载着数据的电信号从设备 B 传输到设备 B 与总线的交叉点后,信号将分成两份,分别向总线的两个相反的方向进行传输。当信号到达设备 A 或设备 C 与总线的交叉点时,信号再次会分成两份,分别沿着总线方向和设备方向进行传输。当信号到达设备 D 与总线的交叉点时,也会以同样的方式进行传输。

③ 当设备 D 收到信号时,其中一份信号向设备 D 传输,另一方则继续向前传输到达总线的尽头。在传输的信号里,包含数据包目标设备等信息。因此,当设备 A 和设备 C 接收到这个数据包后,发现这个数据包不是传输给它们的,数据包将被丢弃。而设备 D 发现这个数据包是传输给自己的,就会接收并处理这个数据包的数据。

④ 除了设备 D 收到的数据包,还有一份数据继续往下传输并到达总线的尽头。为了避免信号被反射回总线,需要在总线的尽头安装一个终结器以吸收信号。

终结器位于 SCSI 总线的尽头,用于吸收接收到的信号以防止反射,减小信号相互影响,维持 SCSI 总线上的电平稳定。因此,每一个 SCSI 总线系统都需要安装终结器,以保证正常地进行信号传输。另外,在传输过程中会有一份信号传输到总线的另一端,即 SCSI 适配器端,与终结器一样,传输到这一端的信号同样也会被吸收,防止信号被反射回去。

（5）SCSI 数据传输方式。

SCSI 通信传输方式有两种：异步方式和同步方式。

在异步传输方式下，两组数据传输之间没有固定的时间间隔。SCSI 协议发送额外的信息或者命令来发起通信。例如，在发送内容数据前，首先由发起方发送状态信息，接收方根据状态信息获悉马上要发送内容数据。额外状态信息或者命令的发送时间可以不是固定的，因此，内容数据之间的传输间隔也可以不是固定的。这是异步传输方式的重要特点。

同步传输方式下，数据包会按照定时器设定的时间间隔进行传输。首先，通信双方通过异步方式来确定对方设备是否已经准备好接收数据；建立连接之后，通信双方会采用最高效的传输方式进行实际内容数据的传输，这种方式就是同步传输方式。在同步传输方式中，发起方发送数据的时间间隔是固定的，而接收方知道这个时间间隔，就能快速地接收和处理数据。

（6）SCSI ID。

在 SCSI 总线体系结构中，任何连接到总线的设备都可以互相通信。为实现这一点，信号从发送端设备发出后，最终会在多点总线（多分支总线）上结束。在多点总线上，信号将被传输到目标设备上。在这个通信流程中，需要保证总线上的多个并发用户不会互相干扰。如果总线上多个设备同时发送信息就会产生线路拥塞，发生线路拥塞时，多个设备发送的信息之间会互相冲突、干扰，最终导致所有设备的发送操作都不成功，而发送端必须重新进行发送，这就导致数据的发送效率变低，因此需要保证连接到总线上的多个设备不会同时发送信息。

为了保证 SCSI 总线系统同一时刻在整条总线上只有一个设备在发送信息，开发者们设计出了一种带优先级的等候机制，即总线上的每个 SCSI 设备都有不同的优先级。SCSI ID 用于唯一标识总线上的设备，即标识着数据的发送方和接收方，这里采用设备的 SCSI ID 来标记设备的优先级，用于决定每个设备在检测到总线忙时需要等待多久再尝试发送数据。

如果是 8 位窄线，则优先级从高到低为 7＞6＞5＞4＞3＞2＞1＞0。

如果是 16 位窄线，则优先级从高到低为 7＞6＞5＞4＞3＞2＞1＞0＞15＞14＞13＞12＞11＞10＞9＞8。

无论是 8 位窄线还是 16 位窄线，能连接的设备数都是 $n-1$（n 表示总线宽度），其中一位被 SCSI 控制器占用。由于控制器需要控制整条总线，因此控制器的优先级必须是最高的 7。

当一个设备需要发送数据时，它必须要检测总线是否在忙，即是否有另外一个设备正在发送数据。当设备检测到总线在忙（例如，有其他设备正在发送数据），它就需要等待一定的时间再尝试发送。这个等待的时间长短是由其 SCSI ID 决定的。设备的优先级越高，则它等待的时间就越少，因而，在等待时间结束后，能够成功发送数据的概率就越大。通常来说，总线上的设备中，速度快的设备（如硬盘）比速度慢的设备（如磁带库）拥有更高的优先级。

（7）SCSI 协议寻址。

在 SCSI 总线的通信过程中，除了保证总线上的多个并发用户不会互相干扰之外，还要组织通信流程，以保证数据最终到达总线上正确的目标设备。借助 SCSI 寻址，将信息准确无误地发送到正确的目标设备上。上文提过，SCSI ID 用于唯一标识总线上的设备，但是，仅依靠 SCSI ID 是不能寻找到目标设备的。如图 5.6 所示，SCSI 总线的寻址过程是通过总线号（Bus ID）—设备号（SCSI ID）—逻辑单元号（LUN ID）来实现的。

总线号用于区分每一条总线。传统的 SCSI 适配卡连接单个总线，相应地，只有一个总线号。一个服务器可能配置了多个 SCSI 控制器，从而可能有多条 SCSI 总线。

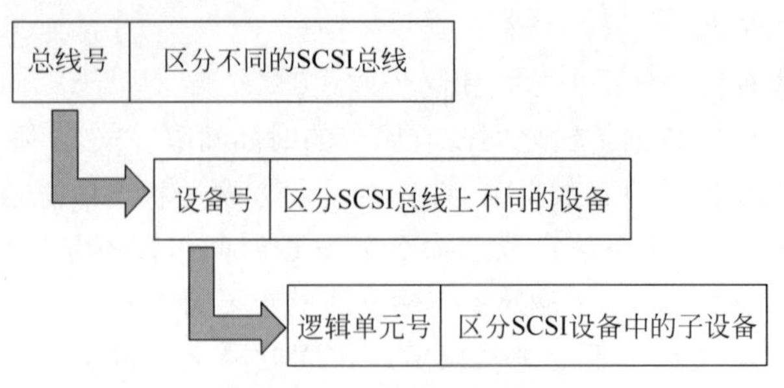

图 5.6　SCSI 协议寻址内容

设备号用于识别某 SCSI 总线上的每一个存储设备,每条总线最多可允许有 8 个或者 16 个设备号。服务器中的主机总线适配器也拥有独立设备号。

逻辑单元号用于识别某存储设备上的每一个子设备。子设备包括虚拟磁盘、磁带驱动器和介质更换器等。利用逻辑单元号,可以对存储设备中的子设备进行寻址。

(8) FC 与 SCSI 协议对比。

FC 通道并不是替代 SCSI 的,FC 可以通过构建帧来传输 SCSI 指令、数据和状态信息单元。SCSI 是位于光纤通道协议栈 FC-4 的上层协议,SCSI 是 FC 协议的子集,FC 与 SCSI 协议之间的关系如图 5.7 所示。

4. FC 典型组网拓扑和连接设备

FC(Fibre Channel)可称为 FC 协议,或者 FC 网络、FC 互联。由于其性能较高,逐渐发展到前端作为主机接口,并逐渐发展出点对点、交换机等组网。存储中的 FC 如图 5.8 所示。

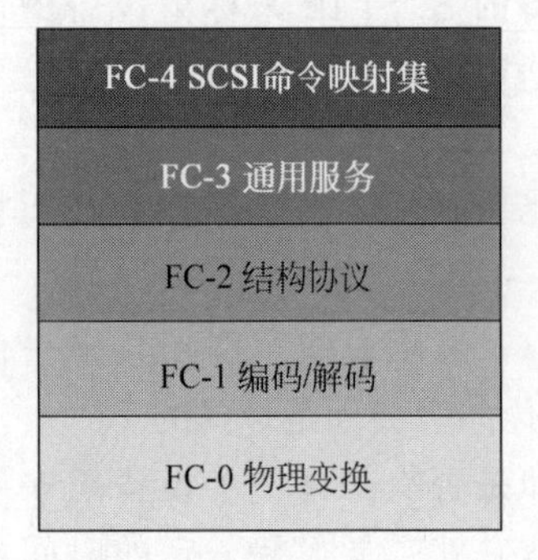

图 5.7　FC 与 SCSI 协议之间的关系

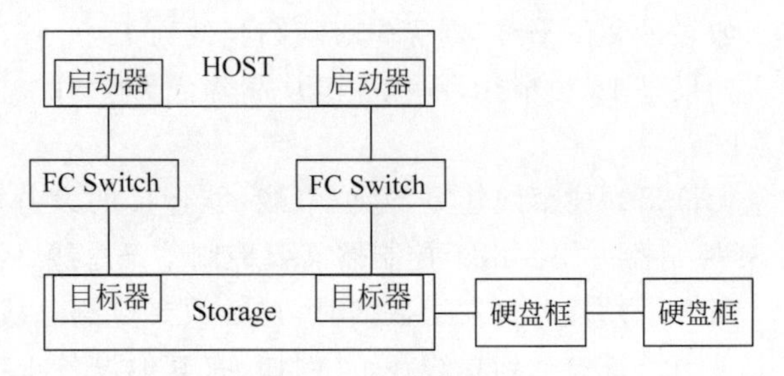

图 5.8　存储中的 FC

存储网络引入 FC 后,具有的优势:提高扩展性,增加传输距离,解决安全性问题。

光纤通道的层次基本上相当于 OSI 参考模型的较低层,并且可以看成是链路层的网络。光纤通道呈现为单个不可分割的网络,并在整个网络中使用统一的地址空间。虽然在理论上这个地址空间可以非常大,在单个网络中可以有千万个地址,但实际上光纤通道通常在一个 SAN 中只支持数十台设备,或者在某些大型数据中心应用中支持上百台设备。

光纤通道用拓扑结构来描述各个节点的连接方式。光纤通道术语中的“节点”是指通过网络进行通信的任何实体,而不一定是一个硬件节点,这个节点通常是一个设备,如一个磁盘存储器、服务器上的一个主机总线适配器或者是一个光纤网交换机。如图 5.9 所示,列出三种光纤通道的拓扑结构。

点对点(Fibre Channel Point-to-Point):两个设备直接连接到对方,这是最简单的一种拓扑,

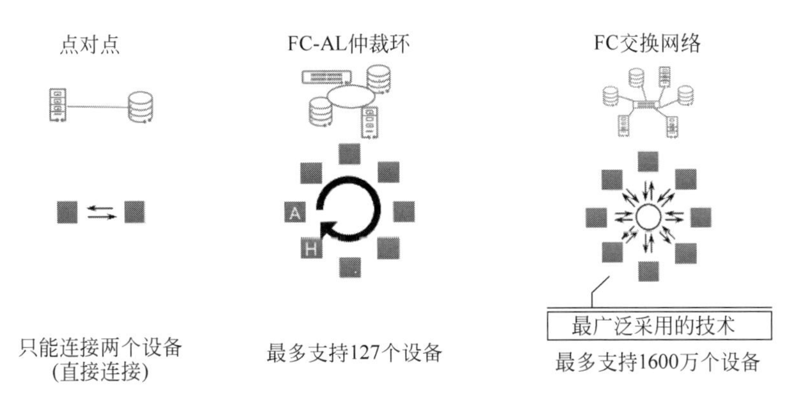

图 5.9 光纤通道的拓扑结构

连接能力有限。

FC-AL 仲裁环(Fibre Channel Arbitrated Loop)：在这种连接方式中,所有设备连接在一个类似于令牌环的环路上。在这个环路中添加或者移除一个设备会导致环路上所有活动中断。环路上一个设备的故障将导致整个环路不能进行工作。通过添加光纤通道集线器的方法,能够将众多设备连接到一起,形成一个逻辑上的环路,并且能够旁路故障节点,使得环上节点的故障不会影响整个环路的通信。仲裁环曾经用于小型的 SAN 环境中,但是现在已经不再使用,其原因在于一个仲裁环最多只能容纳 127 个设备,而现在 SAN 环境中使用的设备基本上都多于 127 个设备。

FC 交换网络(Fibre Channel Switched Fabric)：这是构建现代 FC SAN 所采用的连接方式。它使用 FC 交换机连接主机和存储设备。在现代的 SAN 中,最好使用两个交换机来连接主机和存储设备,这样可以形成链路冗余,增强 SAN 的可靠性。

光纤通道既支持光纤介质,也支持铜缆介质。由于光纤介质对噪声不敏感,用它来作传输介质是最好的,例如,光缆具有如下优点：可以达到更长的距离,对电磁干扰不敏感,无电磁辐射,在设备之间无电连接和无交叉干扰的问题。但是,铜介质也得到了许多的使用,尤其是对小型光纤通道磁盘驱动器的连接,原因在于与光缆相比,铜缆较为便宜。

光缆及其接插件也有多种不同的类型。用于长距离传输的光缆比用于短距离的光缆更为昂贵。

人们通常用模来区分光纤类型。多模光纤使用短波激光,其纤芯直径为 50μm 或 62.5μm,包层直径为 125μm。其中,纤芯为光通路,包层用来把光线反射到纤芯上。由于短波激光流是由数百种模(即所传输的光波的波长)组成的,它们在光纤内以不同的角度发生全反射,因此称为多模。光的散射效应限制了原始信号所能达到的总长度。如表 5.2 所示,可以看到多模光纤的最长距离是 500m。

表 5.2 常用的光纤连接介质

介质类型	发射器	速率	距离
9μm 单模光纤	1550nm 长波光激光器	1Gb/s	2m～50km
		2Gb/s	2m～50km
	1300nm 长波光激光器	1Gb/s	2m～10km
		2Gb/s	2m～2km
		4Gb/s	2m～2km

续表

介质类型	发射器	速率	距离
50μm 多模光纤	850nm 短波光激光器	1Gb/s	0.5～500m
		2Gb/s	0.5～300m
		4Gb/s	0.5～170m
62.5μm 多模光纤		1Gb/s	0.5～300m
		2Gb/s	0.5～150m
		4Gb/s	0.5～70m

不管是光纤介质还是铜缆介质，光纤通道都要求误码率达到每传递 10^{12}b 不超过 1b 错。这就意味着对于一条 1000Mb/s 的连接，在全负荷情况下平均每 16.6min 最多可以发生 1 位错。这一误码率要求也适用于光纤通道中所有的部件，如中继器和交换机。

光纤通信的原理：在发送端首先把要传送的信息（如话音）变成电信号，然后调制到激光器发出的激光束上，光的强度随电信号的幅度（频率）变化而变化，光通信利用全反射原理，当光的注入角满足一定的条件时，光便能在光纤内形成全反射，从而达到长距离传输的目的。基于光射线在纤芯和包层界面上的全反射，使光线限制在纤芯中传输。如果光以一个不正确的角度射到界面，光将离开包层，那么，这部分光信号将丢失。这意味着，由于光不太亮，导致信号微弱，最后光电传感器不能检测到。光纤中有两种光线，即子午光线和斜射光线，子午光线是位于子午面上的光线，而斜射光线是不经过光纤轴线传输的光线。

从上述光纤通信原理可知，光纤传输对线缆是有要求的，因此处理线缆是非常重要的。例如，工程师在处理光纤线时，不能将光纤线弯曲太多，并且需要保持线缆两端的收发器没有灰尘。很多原因会导致光信号的衰减，需要在使用中注意，这些原因如下。

(1) 最大弯曲度：光纤路径的弯曲度即使与规格有微小的差异，也会导致信号失真。

(2) 最小弯曲度：将光纤线扎得过紧会导致信号丢失。

(3) 散射：杂质有不同的折射率。当光通过杂质时，光将发生散射。

(4) 吸收：当光以不合适的角度射到包层时，在包层光将被吸收。

光纤收发器，通常又称为 FC 光模块，光纤收发器就是光纤发射器加上光纤接收器，包含一个激光器或者发光二极管以创建光脉冲，包含探测光的一个光学传感器，如图 5.10 所示。光纤收发器存在于存储设备、交换机和服务器主机总线适配器（Host Bus Adapter，HBA）卡上，可以单独地移除和更换。

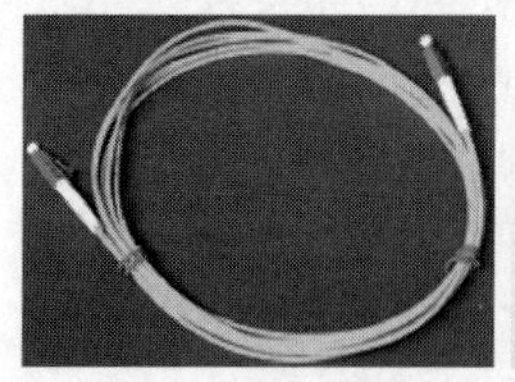

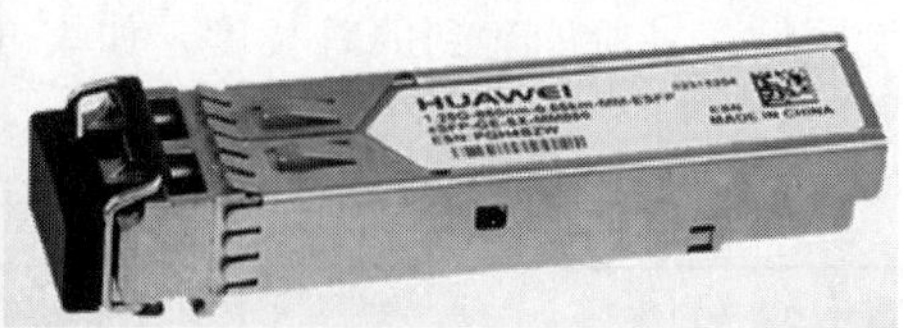

图 5.10　FC 光模块

主机总线适配器，是一种能插入计算机、服务器或大型主机的板卡或集成电路适配器，在服务器和存储设备之间提供 I/O 处理和物理连接。支持连接 FC 网络的应用，实现高带宽高性能存储组网方案。光纤通道 HBA 卡是将主机接入 FC 网络必不可少的设备，如图 5.11 所示。HBA 能减轻主处理器在数据存储和检索任务方面的负担，提高服务器的性能。

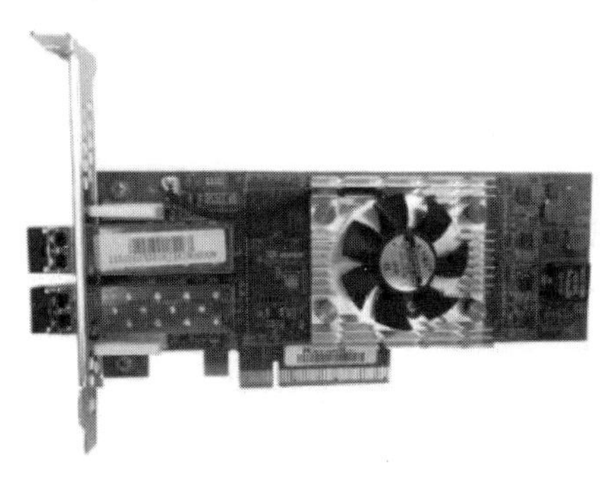

图 5.11　HBA 卡

存储设备的 FC 接口模块与 FCoE 接口模块，如图 5.12 所示。

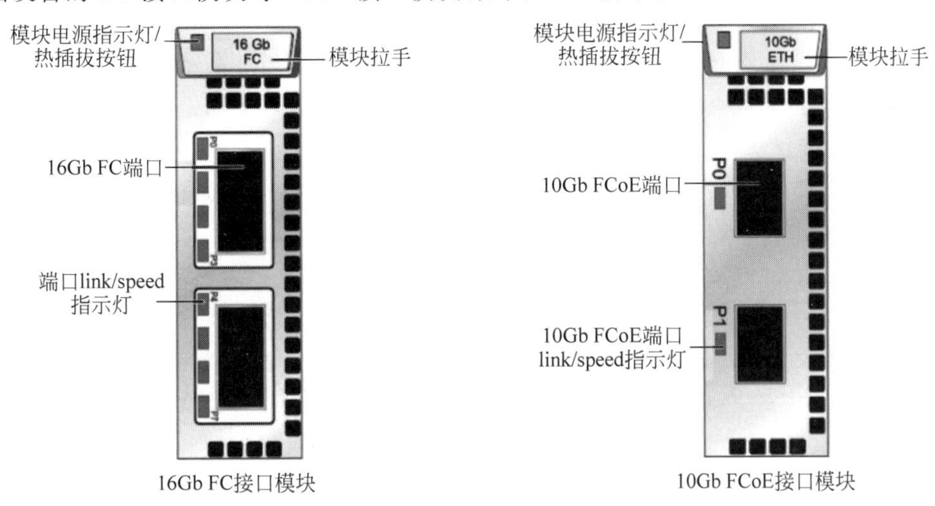

图 5.12　FC 接口模块与 FCoE 接口模块

5. FC 端口

在所有的拓扑结构中，设备(包括服务器、存储设备和网络连接设备)都必须配置一个或多个光纤通道端口。在服务器上，端口一般借助主机总线适配器实现。一个端口总是由两个通道构成：一个是输入通道；另一个是输出通道。在两个端口之间的连接称作链路。在点到点和交换网拓扑中，链路总是双向的。在交换网的情况下，链路所涉及的两个端口的输出通道和输入通道通过一个交叉装置连接在一起，使得每一个输出通道都连接到一个输入通道。另外，仲裁环拓扑的链路是单向的，每个输出通道都连接到下一个端口的输入通道，直到圆周闭合为止。仲裁环的线缆连接可以借助一个集线器简化，形成星状环，此时，端点设备双向连接到集线器，在集线器内部的线缆连接保证在仲裁环内部维持单向的数据流。FC 协议通过对端口标识，即端口标识符进行寻址并在不同设备间互连时定义了不同的接口类型。

如图 5.13 所示，根据不同的功能，如自适应式管理员设定可以将 FC 端口分为以下几种类型。

N 端口(节点端口)：光纤通道通信是围绕 N 端口和 F 端口开发的，这里的 N 表示 Node(节点)，F 表示 Fabric(交换网)。N 端口描述一个端点设备(服务器，存储设备)，也称节点，具有加入交换网拓扑或点到点拓扑的能力。

F 端口(交换端口)：F 端口是 N 端口在光纤通道交换机中的对接点。F 端口知道怎样把一个

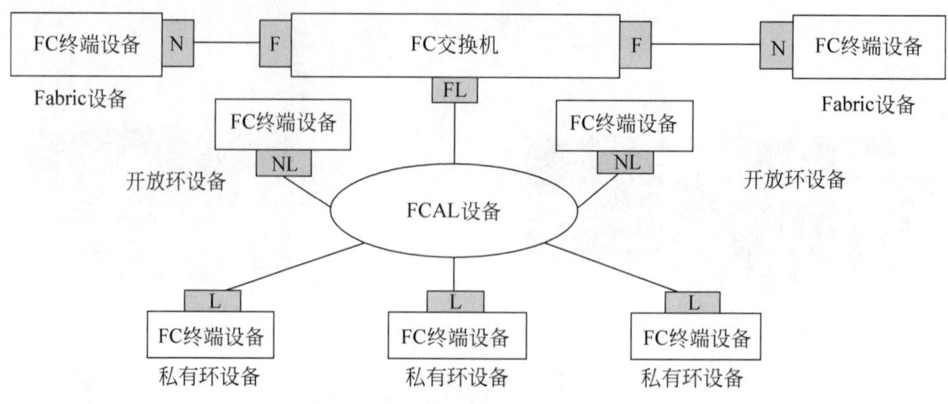

图 5.13　FC 协议端口类型

N 端口发送给它的帧通过光纤通道网络传递给所有目标端点设备。

NL 端口(节点和环端口)：NL 端口同时具有 N 端口和 L 端口的能力。一个 NL 端口既可以连到一个交换网，也可以连到一个仲裁环。

FL 端口(交换网环端口)：交换机的 FL 端口允许把一个交换网连接到一个仲裁环。FL、NL 和 L 端口都可以用来构成仲裁环。

E 端口(扩展端口)：两个光纤通道交换机通过 E 端口连接在一起。E 端口使得连接到两个不同交换机的端点设备可以互传数据。光纤通道交换机通过 E 端口在整个光纤通道网络上中转信息。

G 端口(通用端口)：现代光纤通道交换机具有一些可以自动地配置的通用端口，即 G 端口。例如，如果一个光纤通道交换机通过一个 G 端口连接到另一个光纤通道交换机，那么 G 端口就把它自己配置成一个 E 端口。

在一个光纤网络环境中，可能会有成千上万的组件，所以必须用一个唯一的标识符来识别每一个设备。光纤通道使用的标识符是全球唯一名称(World Wide Name，WWN)。光纤网络里，每一个设备(包括光纤通道兼容的设备)的唯一标识就是 WWN，用于标识存储设备中 I/O 模块的单个接口。如图 5.14 所示，WWN 有两种不同的定义：WWNN 和 WWPN。

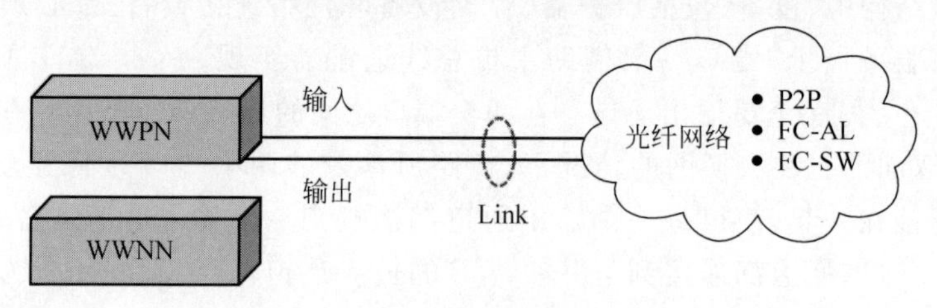

图 5.14　WWNN 和 WWPN 表示

全球唯一节点号(World Wide Node Number，WWNN)是分配给每一个上层节点的一个全球唯一的 64 位标识符。一个 WWNN 被分配给一个连接光纤通道网络中的节点。一个 HBA 卡上的所有端口共享一个 WWNN，即 WWNN 可以被属于同一个节点的一个或者多个不同的端口(每个端口拥有不同的 WWPN，并且属于同一个节点)共同使用。

全球唯一端口号(World Wide Port Number，WWPN)是分配给每一个光纤通道端口的一个唯一的 64 位标识符。每个 WWPN 被该端口独享，WWPN 在存储区域网络中的应用就等同于 MAC

地址在以太网协议中的应用。

6. FC 分区的概念

光纤通道协议提供有安全机制，例如，它支持分区（Zone）功能，可以规定不同分区的设备能否交互。一个设备节点或 WWN 处于单独的分区，也可以同时处于多个分区之中。

FC 分区有两种类型：软分区和硬分区，如图 5.15 所示。

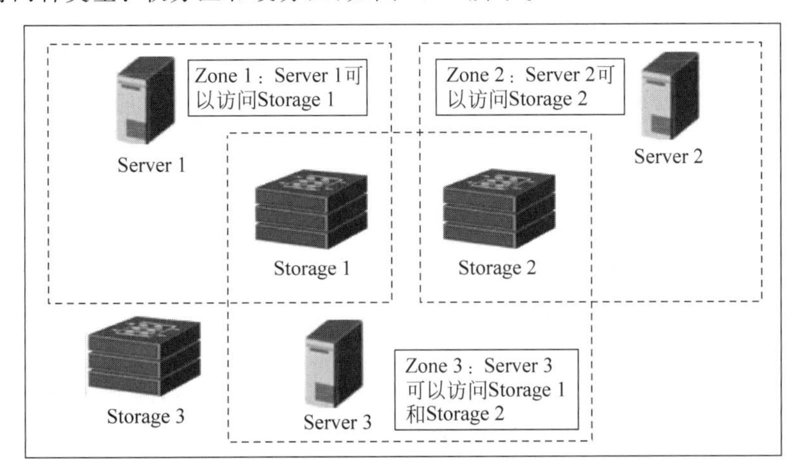

图 5.15　FC 分区

软分区意味着交换机将设备的 WWN 分配到一个区之中，这和设备所连接的端口无关。例如，如果 A 和 B 在同一个软分区内，它们就能够彼此互访。同理，如果 A 和 C 处于另一个软分区之中，此时，A 和 B 就能够看到对方，但是 A 看不到 C。软分区要依赖光纤通道中节点的 WWN。通过使用软分区，可以连接交换机上的任何端口，可以看到应该看到的其他节点。

硬分区和以太网里的 VLAN 类似。当一个端口被分配到一个分区里，任何连接到这个端口的设备都属于这个分区。为了防止有人破坏光纤连接，在交换机上进行硬分区时，将 WWN 和目标上的 LUN 地址绑定。通过使用存储阵列的 WWN masking，多个 Initiator 都能够看到这个 Target。

5.2.3　IP SAN 概述

早期 SAN 网络采用光纤通道进行块数据传输，因此早期 SAN 指的是 FC SAN。在实际应用中，如果企业要使用 SAN 网络进行数据存储，需要购买 FC SAN 存储网络相关的设备组件，其昂贵的价格和复杂的配置限制了中小型企业，尤其是小型企业的部署使用。因此，为了提高 SAN 存储网络的使用，满足中小型企业的需求，工程师们提出并设计了 IP SAN 方案。

IP SAN 指基于 IP 传输的网络存储系统，其使用标准的 TCP/IP，可在以太网上进行块数据的传输，无须配置专门的 FC 网络。如图 5.16 所示为 IP SAN 的拓扑结构。

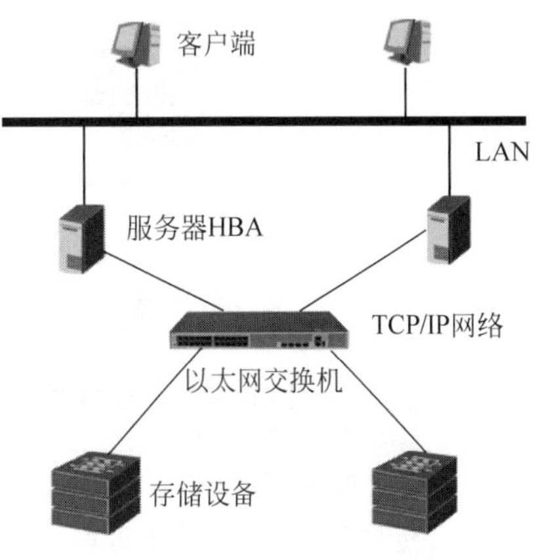

图 5.16　IP SAN 的拓扑结构

1. IP SAN 网络架构的优缺点

IP SAN 具有如下优点。

（1）接入标准化。IP SAN 的部署不需要专用的光纤

HBA 卡和光纤交换机，可直接利用现有网络中的以太网卡和以太网交换机。

(2) 传输距离远。只要 IP 网络可达的地方，就可以部署 IP SAN 存储网络。

(3) 可维护性好。IP 网络的维护工具非常发达，具有较多的专业技术人员支持。

(4) 带宽扩展方便。iSCSI 承载于以太网，现在以太网已经发展为 10Gb/s 速率，目前已知的最高速率可达 400Gb/s。

(5) 成本低。整体降低产品的总体拥有成本。

IP SAN 的缺点如下。

(1) 数据安全性。数据在 IP SAN 网络中传输时，尽管 IP 协议可以应用 IPSec 以保障数据的安全性，但也只能提供数据在网络传输过程中的动态安全性，并不能保证数据被保存在存储设备上的静态安全性。另外，使用 IP 网络构建的 IP SAN 和传统的 IP 业务很难从物理上完全隔离，而 IP 网络是开放式网络，仍然存在众多安全漏洞，这对 IP SAN 也构成安全性威胁。

(2) TCP 负载空闲引擎。由于 IP 是无连接不可靠的传输协议，数据的可靠性和完整性是由 TCP 来提供的，而 TCP 为了完成数据的排序工作需要占用较多的主机 CPU 资源，导致用户业务处理延迟的增加。

(3) 占用 IP 网络资源。由于 IP SAN 是直接部署在现有的网络资源上，而 IP 网络尤其是以太网络的效率和 QoS 都较低，因此 IP SAN 网络将占用系统资源。

2. IP SAN 组网形式

IP SAN 组网形式可分为直连组网、单交换组网和双交换组网。

(1) 直连组网。

主机与存储设备之间直接通过以太网卡、iSCSI HBA 卡连接，如图 5.17 所示。

直连组网方式具有构建简单、经济省钱的优点，但存在主机存储资源分享比较困难的问题。

(2) 单交换组网。

主机与存储设备之间通过一台以太网交换机进行通信，同时主机安装以太网卡、iSCSI HBA 卡实现连接，如图 5.18 所示。

单交换组网结构使多台主机能共同分享同一台存储设备，扩展性强，但存在单点故障问题。

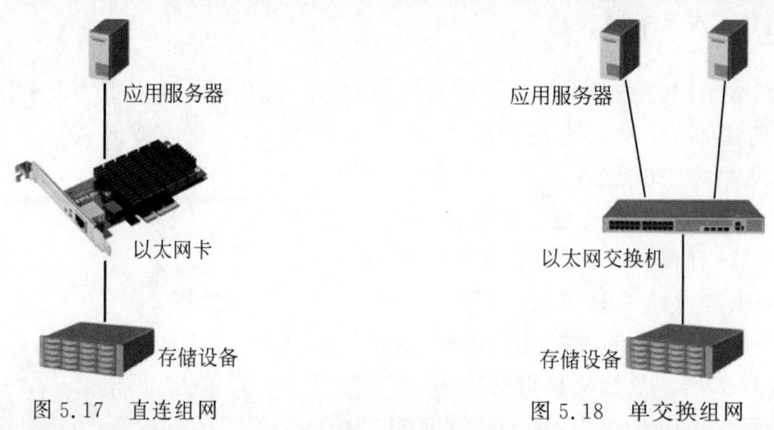

图 5.17　直连组网　　图 5.18　单交换组网

(3) 双交换组网。

主机与存储设备之间通过两台以太网交换机进行通信，同时主机安装以太网卡、iSCSI HBA 卡实现连接，如图 5.19 所示。同一台主机到存储设备端由多条路径连接，可靠性强，避免了在单交换组网中以太网交换机处存在的单点故障。

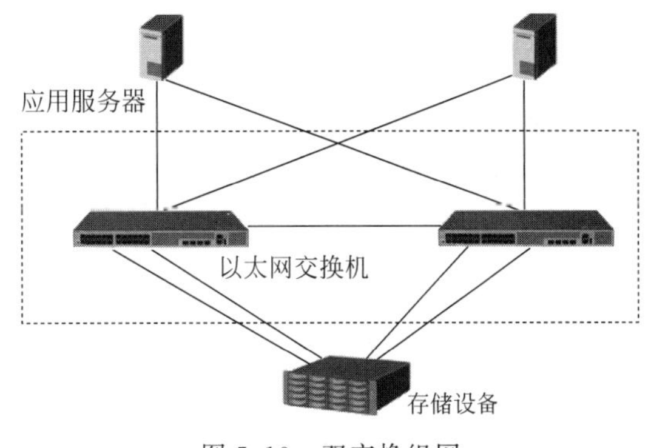

图 5.19 双交换组网

3. FC SAN 和 IP SAN 对比

下面从网络速度、网络架构、传输距离、管理维护、兼容性、性能、成本、容灾、安全性等方面对 FC SAN 和 IP SAN 进行分析和对比。

(1) 网络速度。FC SAN 支持 4Gb/s、8Gb/s、16Gb/s；IP SAN 支持 1Gb/s、10Gb/s。

(2) 网络架构。FC SAN 需要单独建设光纤网络和 HBA 卡；IP SAN 可直接使用现有 IP 网络。

(3) 传输距离。FC SAN 的传输距离受到光纤传输距离的限制；IP SAN 理论上没有距离限制，只要 IP 网络可达的地方，都能部署。

(4) 管理维护。FC SAN 技术和管理较复杂；IP SAN 的管理维护与 IP 设备一样操作简单。

(5) 兼容性。FC SAN 的兼容性差；IP SAN 与所有 IP 网络设备都兼容。

(6) 性能。FC SAN 具有非常高的传输和读写性能；IP SAN 目前主流 1Gb、10Gb 正在发展。

(7) 成本。FC SAN 网络的搭建需要购买光纤交换机、HBA 卡、光纤磁盘阵列等，同时需要培训人员、系统设置与监测等，成本高；IP SAN 购买与维护成本都较低，有更高的投资收益比例。

(8) 容灾。FC SAN 搭建容灾的硬件、软件成本都比较高；IP SAN 本身可以实现本地和异地容灾，且成本低。

(9) 安全性。FC SAN 与传统业务 IP 网络从物理上隔离，保证了 SAN 网络下传输和存储的数据安全性；IP SAN 网络中，尽管 IP 协议可以应用 IPSec 以保障数据的安全性，但只能提供数据在网络传输过程中的动态安全性，并不能保证数据在存储设备上的静态安全性。由于 IP 网络是开放式网络，仍然存在众多安全漏洞，这对于使用传统 IP 网络构建的 IP SAN 是一个安全威胁。

5.2.4 iSCSI 协议栈

SCSI 允许连接设备数量较少，SCSI 连接设备距离非常有限，基于 IP 网络的 iSCSI 诞生。iSCSI 是层次协议，iSCSI 节点将 SCSI 命令描述符块(Command Descriptor Block，CDB)和数据封装成 iSCSI 包协议数据单元(Protocol Data Unit，PDU)后传送给 TCP/IP 层，再由 TCP/IP 将 iSCSI 包封装成 IP 数据，然后发送到以太网上进行传输，如图 5.20 所示。

所有的 SCSI 命令都被封装成 iSCSI 协议数据单元 PDU，利用 TCP/IP 协议栈中传输层的 TCP 封装 TCP/IP 数据包，提供可靠的传输机制。

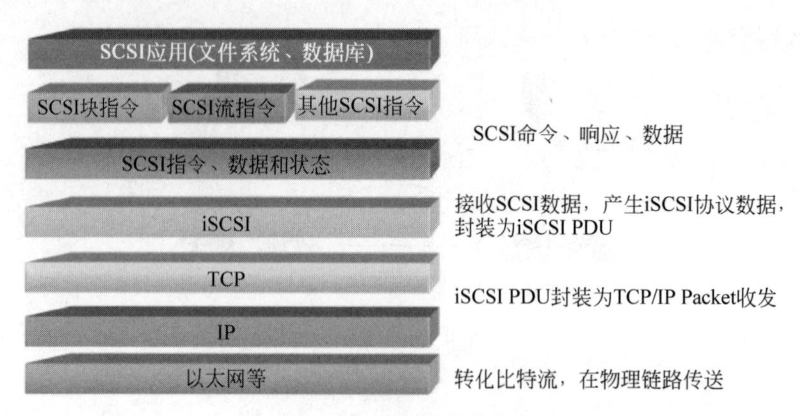

图 5.20　iSCSI 协议栈

1. iSCSI 协议栈工作原理

iSCSI 架构是基于 C/S 模型进行数据传输的,如图 5.21 所示,在 iSCSI 系统中,用户在一台 SCSI 存储设备上发出 I/O 请求,操作系统对该请求进行处理,并将该请求转换成 SCSI 指令,再传给目标 SCSI 控制卡。iSCSI 节点将指令和数据封装形成一个 iSCSI 包,然后将数据单元传送给 TCP/IP 层,由 TCP/IP 将 iSCSI 包封装成 IP 数据,以适合在网络中传输。此过程也可以对封装的 SCSI 命令进行加密处理,以保证在不安全的网络上传送的安全性。

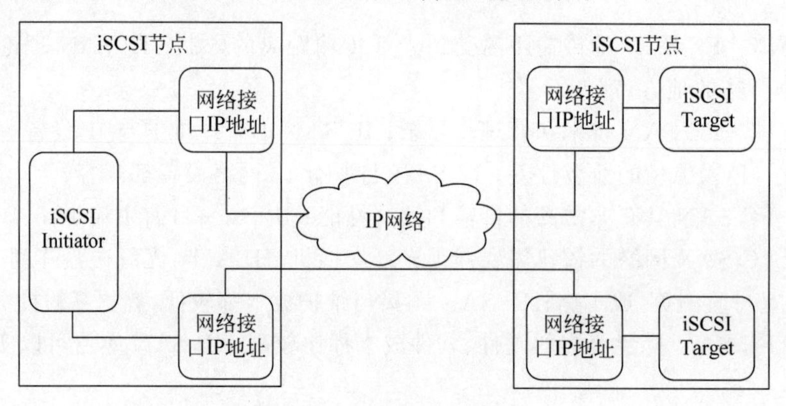

图 5.21　iSCSI 体系结构

由于 iSCSI 的通信体系仍然继承了 SCSI 的部分特性,因此在 iSCSI 通信中,需要一个发起 I/O 请求的启动器和一个响应并执行实际 I/O 操作的目标器(Target)。在 Initiator 和 Target 建立连接后,Target 在操作中作为主设备控制整个工作过程。

iSCSI 具体的传输过程如图 5.22 所示。

发起端(Initiator):SCSI 层负责生成命令描述符块 CDB,将 CDB 传给 iSCSI 层,iSCSI 层负责生成 iSCSI 协议数据单元 PDU,并通过 IP 网络将 PDU 发给 Target。发起端可以是软件 Initiator 驱动程序、硬件的 TCP 卸载引擎(TCP/IP Offloading Engine,TOE)网卡,或者是 iSCSI HBA 卡等。

目标器(Target):与发起端的处理流程相反,Target 端点通过 TCP/IP 收到 iSCSI PDU 后,执行解封装操作,并将解封后的 CDB 传给 SCSI 层,SCSI 层负责解释 CDB 的意义,必要时发送响应,目标器可以是磁盘阵列、服务器上的硬盘或磁带库。

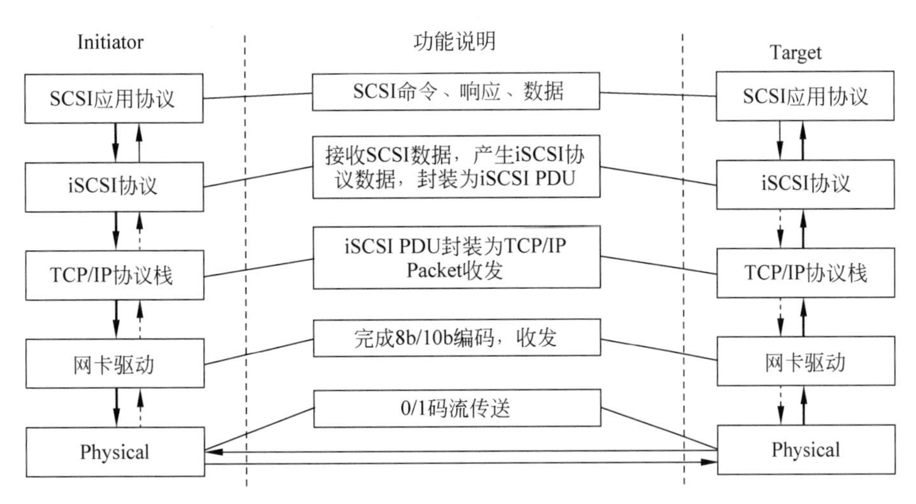

图 5.22　iSCSI 传输过程

2. iSCSI 存储设备与主机连接方式

实现 IP SAN 的典型协议是 iSCSI，它定义了 SCSI 指令集在 IP 网络中传输的封装方式。iSCSI(Internet SCSI)是因特网工程特别工作组在 2003 年制定的一项标准，iSCSI 协议是建立在 SCSI 协议和 TCP/IP 基础上的标准化协议，用于将 SCSI 数据块封装成 IP 数据包，并在以太网中进行传输。

iSCSI 设备一般采用 IP 接口作为主机接口，连接到以太网交换机，构建一个基于 TCP/IP 的 IP SAN 存储网络。根据主机端所采用的不同连接方式，iSCSI 设备与主机的连接有以下三种形式。

(1) NIC＋Initiator 软件。

如图 5.23 所示，主机使用标准的以太网卡(Network Interface Card，NIC)与网络连接。由主机 Initiator 软件完成 iSCS1 报文到 TCP/IP 报文转换。NIC＋Initiator 软件的方式直接使用传统主机系统通用的 NIC 卡，其成本最低。但由于 iSCSI 协议和 TCP/IP 处理需要占用主机 CPU 资源，降低了主机系统性能。

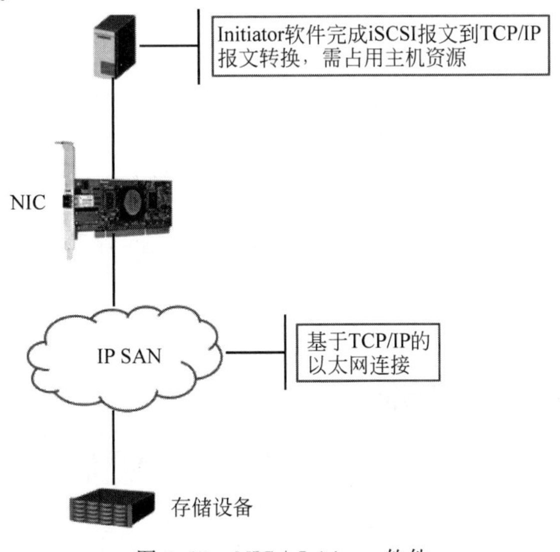

图 5.23　NIC＋Initiator 软件

(2) TOE+Initiator 软件。

如图 5.24 所示，在 TOE+Initiator 软件方式下，主机使用 TCP 卸载引擎(TOE)来专门处理 TCP/IP 转换，而 iSCSI 报文的转换由主机的 CPU 实现，与 NIC+Initiator 软件的方式相比，TOE+Initiator 软件将主机 CPU 实现 TCP 处理功能下放给 TOE 网卡，降低了主机的运行开销，同时提高了数据的传输速率。

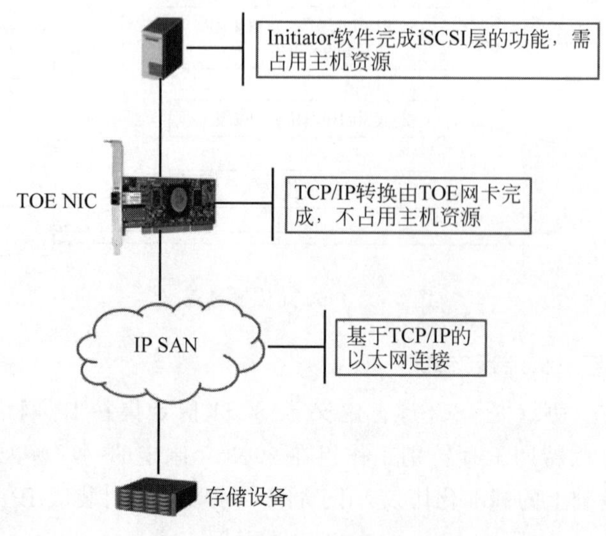

图 5.24　TOE+Initiator 软件

(3) iSCSI HBA。

如图 5.25 所示，在主机上安装一个 iSCSI HBA 卡，iSCSI HBA 卡完成 iSCSI 报文转换和 TCP/IP 报文转换功能，最大限度释放主机 CPU 资源，使得 IP SAN 操作对主机的开销占用最小，相比上述两种实现方式，iSCSI HBA 方式能获得最好的传输性能。而 iSCSI HBA 方式的代价是系统构建成本高。

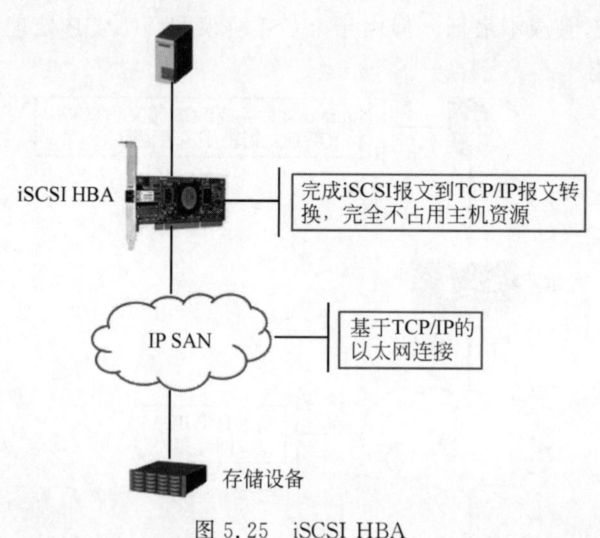

图 5.25　iSCSI HBA

3. iSCSI 应用场景

iSCSI 构建的 IP SAN 存储网络广受中小企业的欢迎，因为中小企业大都以 TCP/IP 为基础构建网络环境，iSCSI 可以直接部署在 IP 网络上，降低搭建成本。

基于 iSCSI 存储技术的 IP 存储主要用于解决远程存储问题，实现异地间的数据传输，两个典型的 iSCSI 应用场景是异地数据交换和异地数据备份。

华为大多数的存储设备都支持 iSCSI 协议。以 OceanStor S5500 存储阵列为例，其支持两种不同传输性能的 iSCSI 接口模块，包括 1Gb/s 和 10Gb/s。

(1) 1Gb/s iSCSI 接口模块提供了存储设备接收应用服务器读写请求的服务。每一个 1Gb/s iSCSI 接口模块有 4 个端口用于接收应用服务器发出的数据交换命令。

(2) 10Gb/s TOE 接口模块提供了存储设备接收应用服务器读写请求的服务。每一个 10Gb/s TOE 接口模块有 4 个端口用于接收应用服务器发出的数据交换命令。

5.2.5　FCoE 概述

以太网光纤通道(Fibre Channel over Ethernet，FCoE)是由美国国家标准委员会 ANSI 定义的一种融合网络技术，是以光纤通道 FC 存储协议为核心的 I/O 整合方案。FCoE 是将 FC 帧封装到以太网帧中，以实现在以太网基础设施上传输光纤信道信号的功能。

1. FCoE 产生背景

通常情况下，数据中心运行的网络包括前端业务网络和后端存储网络。前端业务网络通常是以太网网络 Ethernet，用于客户端到服务器、服务器到服务器的通信；后端存储网络可以是 FC SAN，也可以是 IP SAN，用于服务器和存储设备、存储设备和存储设备之间的通信。一个数据中心运行多个独立的网络，服务器需要为每种网络配置单独的接口，包括连接以太网的网络接口卡 NIC 和连接光纤通道网络的主机总线适配器 HBA。

多个独立网络并存的设计方案满足了数据中心的性能追求，同时也带来了一系列问题：首先，数据中心服务器需为每种网络专门配置一块甚至多块 HBA 卡，每种网络需要部署专用的交换机、线缆等硬件设备，投资成本高；其次，多个网络相互独立，彼此隔离，管理维护过程复杂，需要更多的人员运行维护，增加了人才培养成本投入；再次，服务器部署难度大，多物理接口卡造成软硬件之间耦合性强，削弱了业务灵活性，造成业务迁移复杂、困难；最后，存储网络和业务网络相互独立这种设计方式，难以充分利用以太网的扩展性的同时保留光纤通道的高可靠性和高效率，同时，相隔甚远的两个存储局域网也难以通信交互。

FC 通道和以太网各有其优势，加之以太网迅速发展，人们自然想到把两种网络相融合，于是工程师提出了 FCoE 的设计构想，即将 FC 帧封装到以太网帧中借助以太网链路进行传输。FCoE 技术的产生，极大程度上降低了数据中心基础设施和运行维护的投资成本，实现了数据中心在以太网和 FC 基础设施的无缝互通，使用户享受融合网络带来的优势。

FCoE 协议是指在增强型以太网基础设施上传输光纤信道信号功能的规范，它目前已被大部分网络和存储供应商支持，FCoE 将光纤通道协议映射到以太网上，这是一个独立的以太网转发协议，被视为极具应用前景的新一代存储区域网协议。当一个生产系统的前端业务网和后端存储网络融合后，存储网络和以太网可共享同一个单一的、集成的网络基础设施，实现不同类型网络的共存和网络基础设施精简整合的目标。

2. FCoE 的优点

FCoE 的优点如下。

(1) 精简网络结构,增强业务灵活性。

在存储网络 SAN 和业务网络 LAN 分开部署的情况下,组网比较复杂。当现有 LAN 网络中的主机需要增加 FC SAN 进行存储连接时,必须对主机进行停机,以另外部署 FC 交换机、光纤线缆以及在主机上安装 FC HBA 卡,这种双重组网部署结构相对复杂而且增加了网络管理难度。由于两种网络相互独立,业务运作时主机需要通过不同的网络进行客户端的交互和存储的访问,对于没有接入存储网络的主机而言,无法访问到 SAN 中的存储设备,业务灵活性受到了一定的限制。

而在 SAN 和 LAN 网络融合部署的情况下,组网结构相对简单。当现有 LAN 网络中的主机需要进行存储连接时,直接通过 FCoE 交换机将流量发送给 SAN 中的存储阵列即可;与此同时,基于以太网的业务数据同样可以通过 FCoE 交换机传送至 LAN 上的客户端。由此可见,FCoE 组网的部署简化了生产系统的组网结构,不仅网络设备数量减少,而且管理和维护也变得方便。此外,原本以太网和 FC 网络领域的架构依然可以延续,连入融合网络中的所有的服务器,既能与客户端交互通信,又能访问存储设备,特别是在虚拟机迁移的应用场景下,可为虚拟机提供一致的存储连接,提高了系统的灵活性和可用性,增强了业务灵活性。

FCoE 交换机包含传统的 FC 模块与接口、增强型以太网接口,可以实现传统以太网设备、传统 FC 设备和 FCoE 设备之间的交互通信。FCoE 卡也叫 CNA 卡,即硬 FCoE HBA 卡,是 FC HBA 卡和以太网卡的融合网卡,通过卡上的控制芯片,可以实现 FCoE 协议、FC 协议和以太网协议的处理。

(2) 节约资源,降低成本。

LAN 和 SAN 网络通过 FCoE 技术共享网络资源,更有效地整合和利用分散的资源。双重网络分开部署情况下,需要投入以太网卡、以太网线缆、以太网交换机、FC HBA 卡、FC 线缆和 FC 交换机,所有的网络设备都要双重部署,而利用 FCoE 技术进行融合网络部署的情况下,只需投入 FCoE 卡、FCoE 交换机和以太网线缆即可。网络的融合不仅减少了网络基础设施的投资,而且简化了网络复杂度,降低了网络的管理和维护成本;同时,服务器采用融合网络适配器,一定程度上减少了生产系统的电力和冷却成本;FCoE 可以和现有的以太网及 FC 基础设施无缝互通,现有网络设施投资得到了保护。

(3) 兼备以太网的扩展性,保留光纤通道的高可靠性。

FCoE 技术实现了在增强型以太网基础设施上传输光纤信道信号的功能,获得了光纤通道存储网络所具有的高性能和高可靠性优势,达到了将存储网络融入以太网架构的目标。FCoE 依然可以提供标准的光纤通道原有的多种服务,而且这些服务都可以按照原有标准运作,保有 FC 网络的低延迟性、高性能和高可靠性等特点,为服务器提供访问存储设备的后端存储网络。FCoE 采用增强型以太网作为物理网络传输通道,可以传输以太网数据帧,可以为前端的业务提供数据传输通道。FCoE 并不是要代替传统的光纤通道技术,而是对光纤通道进行拓展。如图 5.26 所示为多台 FCoE 交换机组网情况。

3. FCoE 协议栈

光纤通道和以太网都是使用数据链路层协议在网络节点间进行数据帧传输的,如果要实现将 FC 帧封装在以太网帧中通过成熟的以太网络来完成终端到终端的数据传输,必须要有相关协议的支撑,即 FCoE 协议。

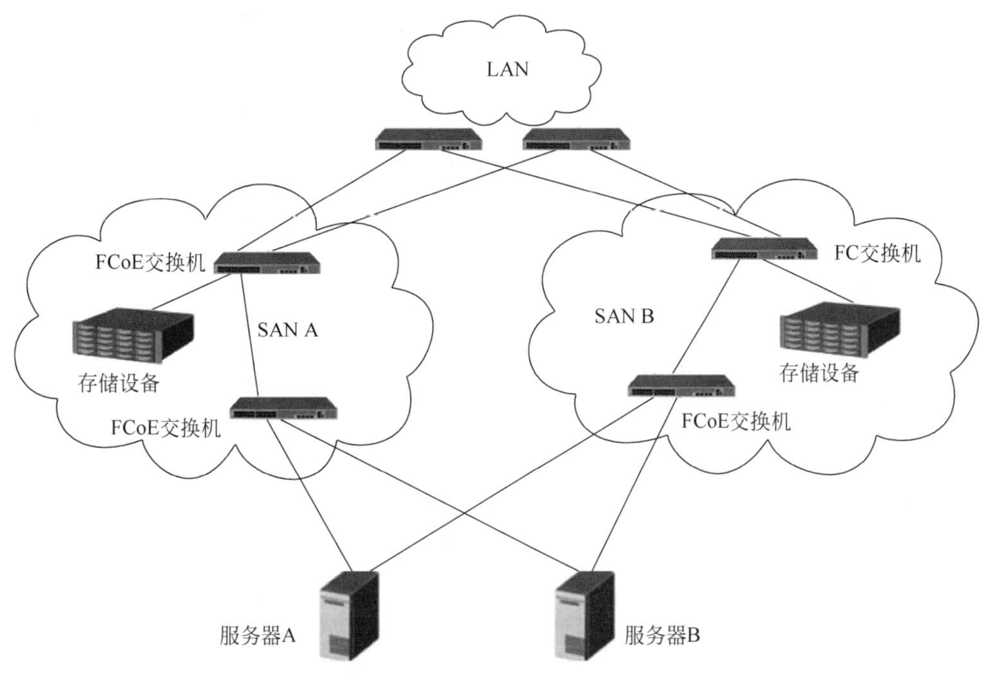

图 5.26　多台 FCoE 交换机组网

开放系统互连(Open System Interconnect,OSI)参考模型把网络通信的工作分为 7 层,从下往上分别是物理层、数据链路层、网络层、传输层、会话层、表示层和应用层。物理层是传输网络信号的物理媒介,在设备之间传输比特流,规定了电平、速度和电缆针脚;数据链路层是帧协议层,将比特组合成字节,再将字节组合成帧,使用链路层地址(以太网使用 MAC 地址)来访问介质,并进行差错检测。在 FCoE 协议栈中,FC-0 和 FC-1 被映射成为 Ethernet 协议的数据链路层和物理层,把 FC-2 层以上的内容封装到以太网报文中进行承载,并添加了 FCoE 映射层作为上层 FC 协议栈与底层 Ethernet 协议栈之间的适配层。

FCoE 协议实现了将一个完整的 FC 帧封装在以太帧中的功能,其报文封装格式如图 5.27 所示。其中,以太帧头中指定了报文的源 MAC 地址、目的 MAC 地址、以太帧类型和 FCoE 的 VLAN,FCoE 帧头指定了 FCoE 帧版本号和控制信息。FC 帧头和传统 FC 帧头相同,指定了 FC 帧的源地址、目的地址等信息,FC 帧内容即为 SCSI 的指令、数据和状态信息单元。

以太网帧头	FCoE帧头	FC帧头	光纤通道的有效载荷	CRC校验	帧结束	总线控制系统

图 5.27　FCoE 报文封装格式

通常情况下,一个以太网的帧最大为 1500B,而一个典型的 FC 帧最大约为 2112B,因此在以太网上打包 FC 帧时往往需要进行分段发送,然后在接收方进行重组。这种分段再重组的传输方式会产生额外的处理开销,影响 FCoE 端到端的传输效率。既然以太网和光纤通道各自所传输的帧之间存在这种差异,那自然需要一个更大的以太网帧来平衡差异,于是便出现了 FCoE 以太网巨型帧,尽管这种巨型帧不是正式的 IEEE 标准,但它允许以太网帧在长度上达到 9KB。

4. FCoE 面临的挑战

FCoE 面临的挑战如下。

(1) 扩展性。FCoE 技术将 FC 帧封装在以太网帧中，承载在以太网二层链路上，实现了两个相隔甚远的存储区域网络的互通，让业务主机可以访问到距离更远的存储设备，极大地提高了存储区域网络的扩展性能，理论上，遍布世界各地的 IP 网络可达之处，存储网络便可达。

(2) 可靠性。FC 协议不允许出现丢包，而以太网可以容忍网络丢包，那么 FCoE 借助现有普通以太网链路来传输 FC 帧，是存在网络丢包现象的，因此需要对以太网做一定的增强来避免丢包。融合增强型以太网(Converged Enhanced Ethernet，CEE)作为 FCoE 物理网络传输架构，不仅能够提供标准的光纤通道有效内容载荷，避免类似 TCP/IP 的开销和数据包损失，而且通过基于优先级的流量控制、增强传输选择和拥塞通告，达到 FCoE 对以太网提出的无丢包要求。

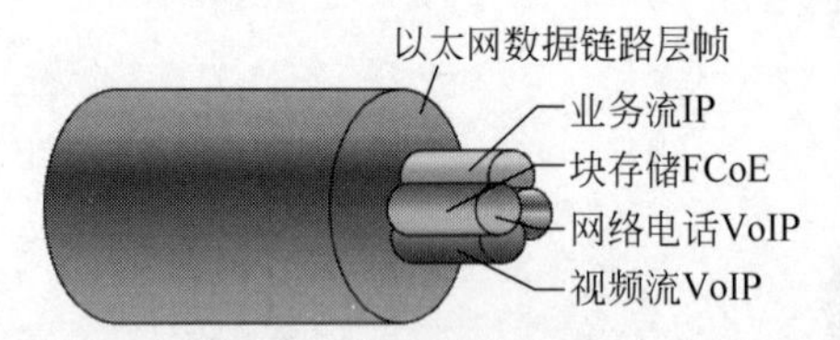

图 5.28　融合增强型以太网

基于优先级的流量控制(Priority-based Flow Control，PFC)是对以太网 Pause 机制的一种增强。以太网 Pause 机制能够实现网络不丢包的要求，但它会阻止一条链路上的所有流量。如图 5.28 所示，PFC 可以在一条以太网物理链路上创建多个独立的虚拟链路，并允许暂停和重启其中任意一条虚拟链路，通过对单个虚拟链路创建无丢包类别的服务供 FCoE 使用，实现同一物理链路上多种类型流量的共存，如业务流 IP、块存储 FCoE、网络电话 VoIP、视频流 VoIP 等。

增强传输选择(Enhanced Transmission Selection，ETS)通过为不同的业务流量设定优先级，从而保证了高优先级业务的带宽，也允许低优先级流量使用高优先级队列的闲置带宽，提高整个网络的效率。

拥塞通告是一种在二层网络对持续拥塞流量的端到端管理方法。当网络中发生拥塞时，由拥塞点向数据源发送指示来限制引起拥塞的流量，并在拥塞消失时通知其取消限制。

5. FCoE 应用场景

存储区域网络的一个重要应用场景是大型数据中心。在传统的数据中心组网中，服务器与服务器、客户端之间的通信基于以太网 LAN，服务器与存储设备之间的通信基于存储区域网络 SAN。而 LAN 网络和 SAN 网络的部署和维护都是相互独立的。随着数据中心的迅猛发展，数据量和服务器数量日益剧增，LAN 和 SAN 独立部署方式已经无法满足企业的需求。

(1) 设备的增加使网络越来越复杂，同时，LAN 和 SAN 网络的独立部署使得业务部署的灵活性差，网络扩展困难，维护和管理成本高。

(2) 能效比低：服务器上需配置多块网卡，用于接入 LAN 的网络接口卡 NIC 和 SAN 的主机总适配器 HBA，配置多类型的网卡增加了整个数据中心的电力消耗和冷却成本。

如果大型数据中心采用以太网光线通道 FCoE 构建网络，FCoE 组网方式既支持 LAN 网络的数据传输，也支持 FC 网络的数据传输。

采用以太网光线通道 FCoE 构建网络具有如下优势。

(1) 降低总体拥有成本 TCO。

FCoE 技术共享网络资源，整合 LAN 和 SAN 网络，并有效地利用资源，减少对于 SAN 网络基础设施的投资，简化网络复杂度，降低网络的管理和维护成本；同时，服务器采用融合网络适配器

(即 CNA 卡),无须像传统网络去配置 LAN 网络接口卡 NIC 和 SAN 主机总适配器 HBA,减少数据中心的电力和冷却成本。

(2) 强大的投资保护。

FCoE 可以和数据中心现有的以太网及 FC 基础设施实现无缝互通,同时保护了客户在现有以太网和 FC 网络上的投资。

(3) 增强的业务灵活性。

FCoE 使得所有服务器共享存储资源。特别是在虚拟机迁移的应用场景下,可为虚拟机提供一致的存储连接,提高了系统的灵活性和可用性,增强了业务灵活性。

5.3 项目实施

5.3.1 iSCSI 服务器配置与管理

存储服务器的在线扩容、数据快照、NAS 等技术均可为应用服务器提供磁盘空间服务,但是一些关键应用需要服务器提供本地磁盘服务,这就需要使用存储提供的服务器本地磁盘空间服务存储区域网络 SAN 服务,SAN 服务可以为应用服务器提供本地的磁盘服务,并支持在线扩容、容灾备份等功能。SAN 是一种在服务器和存储服务器之间实现高速可靠访问的存储网络。存储服务器基于 SCSI 协议将卷上的 1 个存储区块租赁给服务器,服务器通过 SCSI 客户端将这个区块识别为 1 个本地硬盘,然后初始化该硬盘后即可用于存取数据。SCSI 的主要功能是在主机和存储设备之间传送命令、状态和块数据。

当多数企业由于 FC SAN 的高成本而对 SAN 敬而远之时,iSCSI(Internet SCSI)技术的出现,推动了 IP SAN 在企业中的应用。大多数中小企业都以 TCP/IP 为基础建立了网络环境,iSCSI 可以在 IP 网络上实现 SCSI 的功能,允许用户通过 TCP/IP 网络构建存储区域网,为众多要求经济合理和便于管理的中小企业的存储设备提供了直接访问的能力。

由此可见,IP SAN 实际上就是使用 IP 将服务器与存储设备连接起来的技术,基于 IP 网络实现数据块级别的存储。在 IP SAN 的标准中,除了已获通过的 iSCSI,还有 FCIP、iFCP 等协议标准。其中,iSCSI 发展是最快的,它已经成为 IP 存储技术的一个典型代表。基于 iSCSI 的 SAN 的目的就是要使用本地 iSCSI 导向器(Initiator)和 iSCSI 目标(Target)来建立 SAN。iSCSI 的两个组件如下。

目标器(Target,服务端):存储设备上的 iSCSI 服务,用于转换 TCP/IP 包中的 SCSI 命令和数据,服务端的端口号默认为 3260。

导向器(Initiator,客户端):iSCSI 客户端软件,一般安装在应用服务器上,它接收应用层的 SCSI 请求,并将 SCSI 命令和数据封装到 TCP/IP 包中发送到 IP 网络中。

1. iSCSI 目标服务器安装

视频讲解

打开“服务器管理器”窗口,选择“管理”→“添加角色和功能”选项,弹出“添加角色和功能向导”窗口,持续单击“下一步”按钮,直至出现“选择服务器角色”窗口,勾选“iSCSI 目标服务器”复选框,如图 5.29 所示,持续单击“下一步”按钮,直至出现“确认”窗口,单击“安装”按钮,完成 iSCSI 目标服务器的安装,如图 5.30 所示。

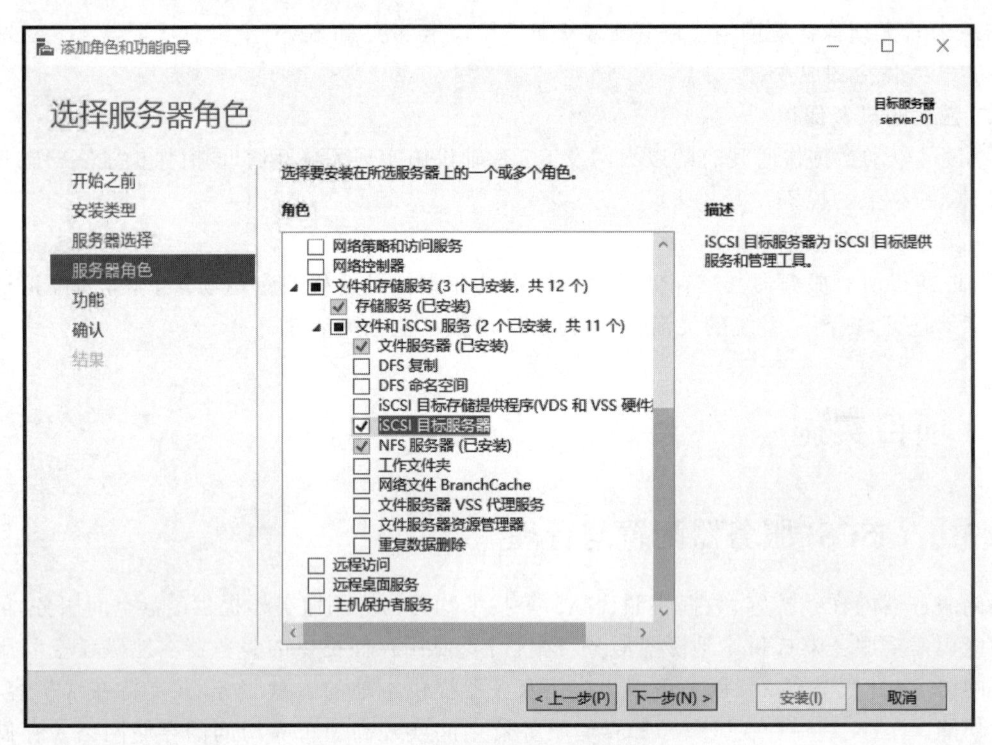

图 5.29　添加“iSCSI 目标服务器”

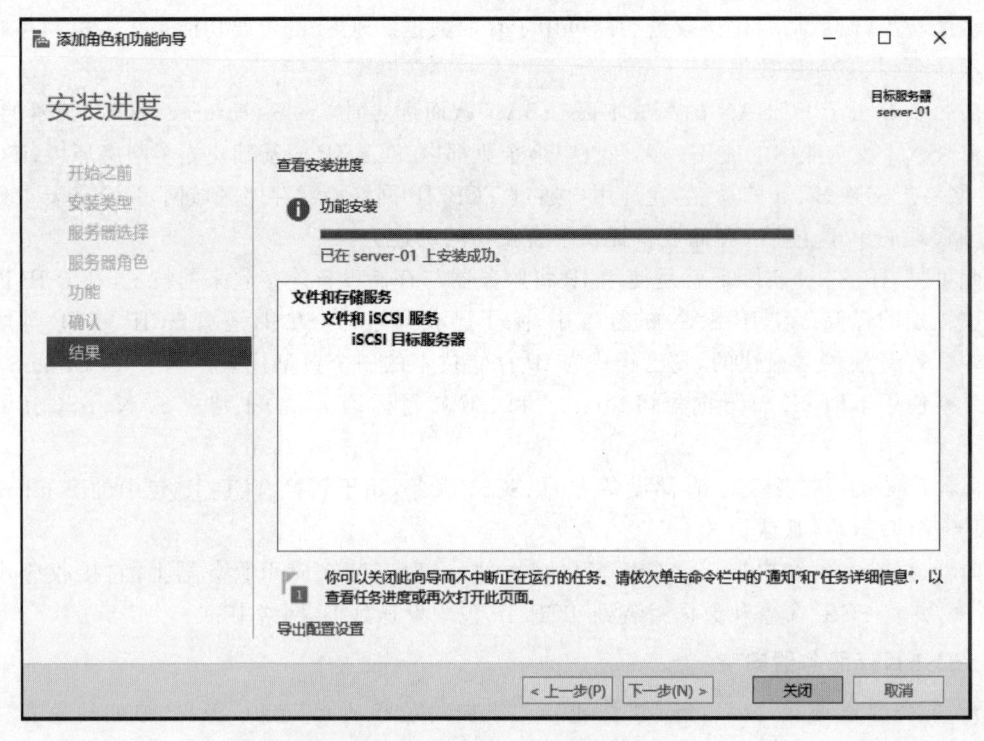

图 5.30　完成“iSCSI 目标服务器”安装

2. iSCSI 服务端虚拟磁盘配置与管理

创建一块 iSCSI 虚拟磁盘，操作过程如下。

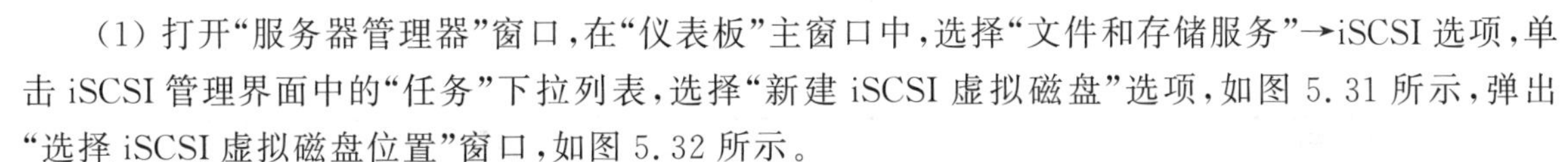

(1) 打开“服务器管理器”窗口，在“仪表板”主窗口中，选择“文件和存储服务”→iSCSI 选项，单击 iSCSI 管理界面中的“任务”下拉列表，选择“新建 iSCSI 虚拟磁盘”选项，如图 5.31 所示，弹出“选择 iSCSI 虚拟磁盘位置”窗口，如图 5.32 所示。

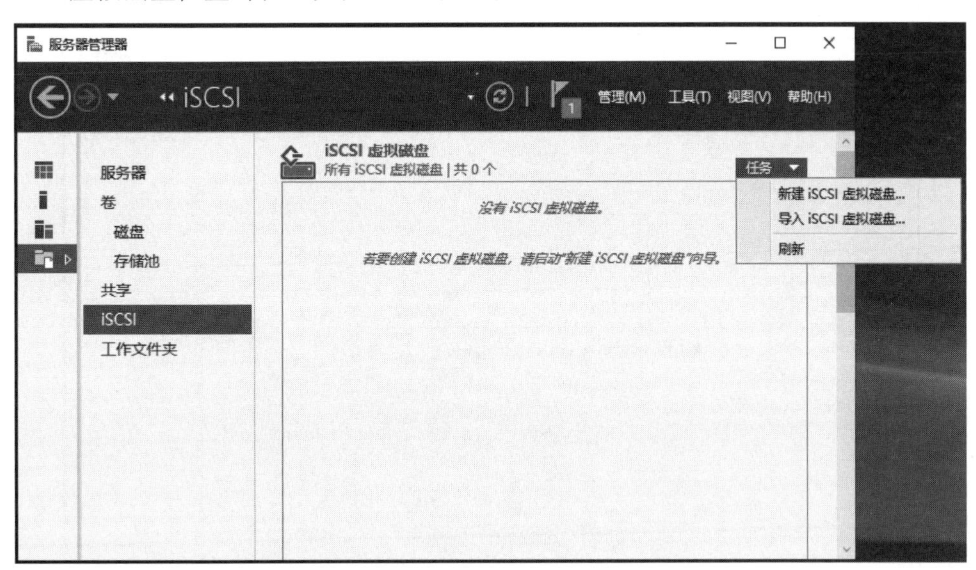

图 5.31 “新建 iSCSI 虚拟磁盘”选项

图 5.32 “选择 iSCSI 虚拟磁盘位置”窗口

（2）在“选择 iSCSI 虚拟磁盘位置”窗口中，选择相应的服务器和存储位置，单击“下一步”按钮，弹出“指定 iSCSI 虚拟磁盘名称”窗口，输入虚拟磁盘名称“iSCSI-01”，如图 5.33 所示，单击“下一步”按钮，弹出“指定 iSCSI 虚拟磁盘大小”窗口，输入虚拟磁盘大小为 30GB，选择“固定大小”单选按钮，如图 5.34 所示。

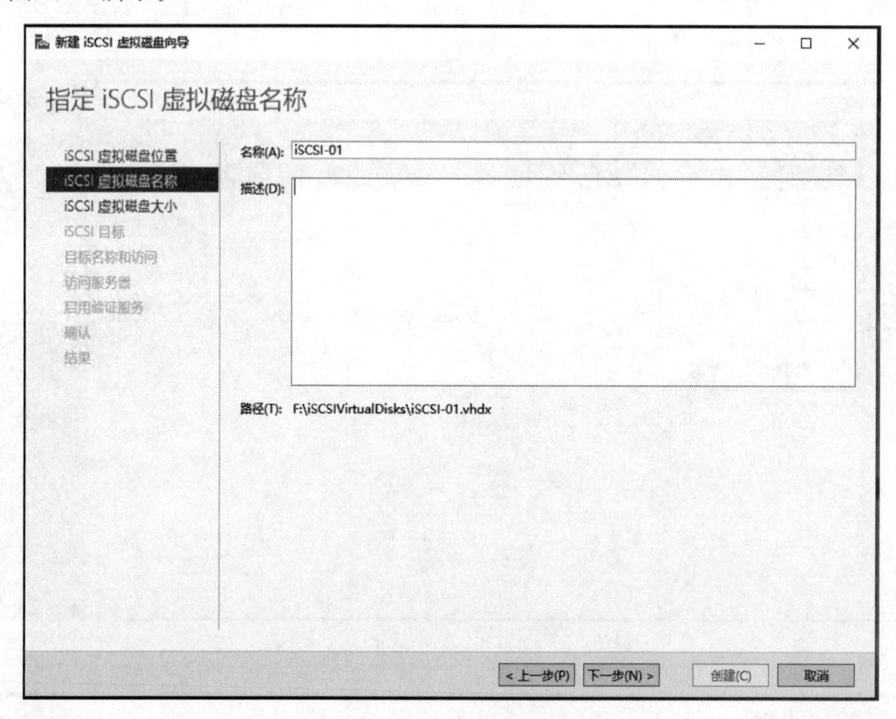

图 5.33 “指定 iSCSI 虚拟磁盘名称”窗口

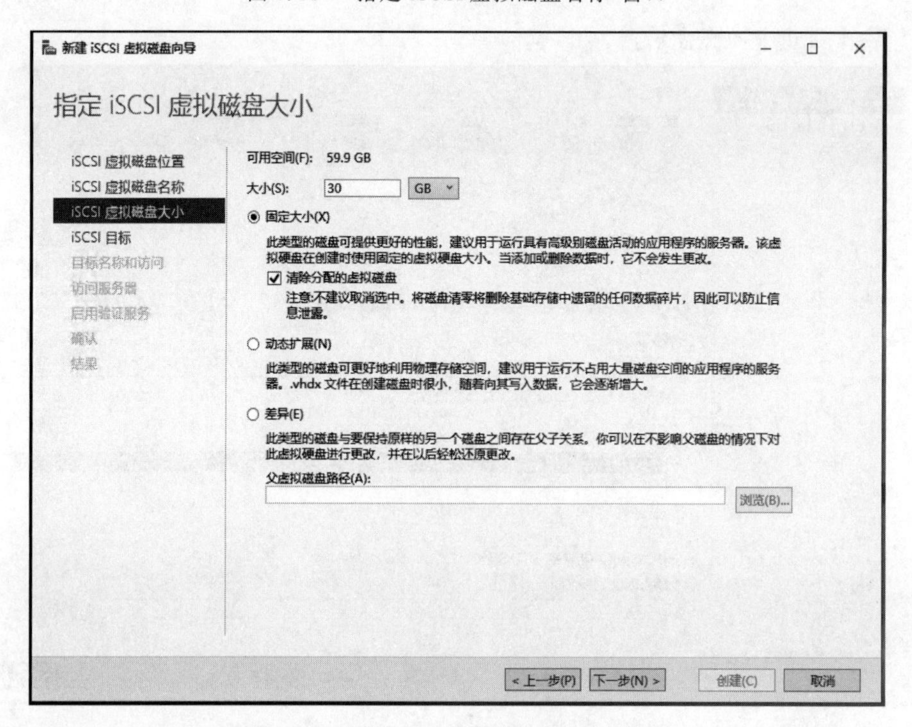

图 5.34 “指定 iSCSI 虚拟磁盘大小”窗口

(3) 在“指定 iSCSI 虚拟磁盘大小”窗口中，单击“下一步”按钮，弹出“分配 iSCSI 目标”窗口，如图 5.35 所示，单击“下一步”按钮，弹出“指定目标名称”窗口，输入名称“target-01”，如图 5.36 所示。

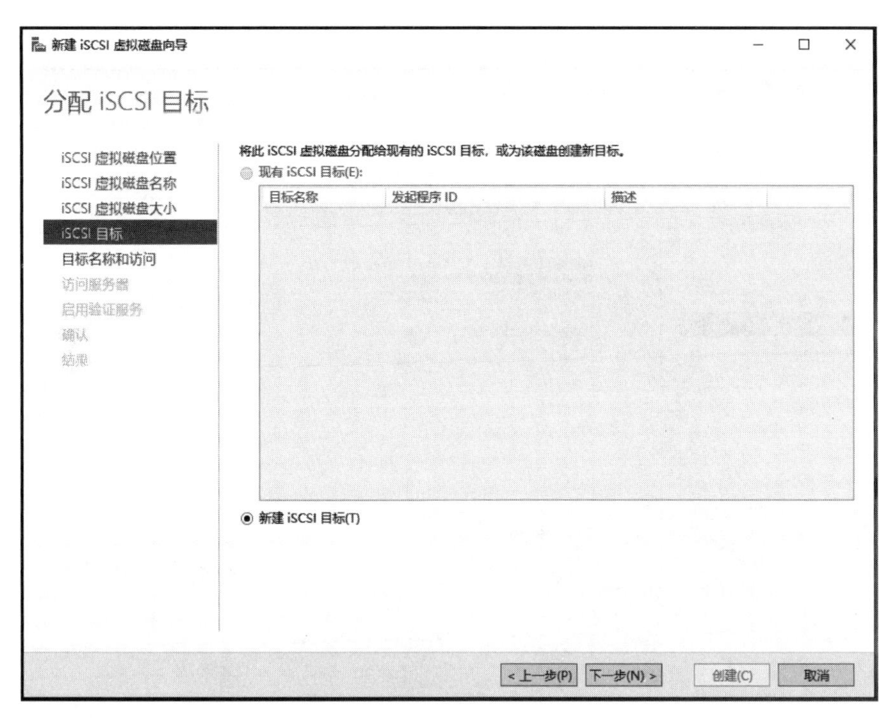

图 5.35　“分配 iSCSI 目标”窗口

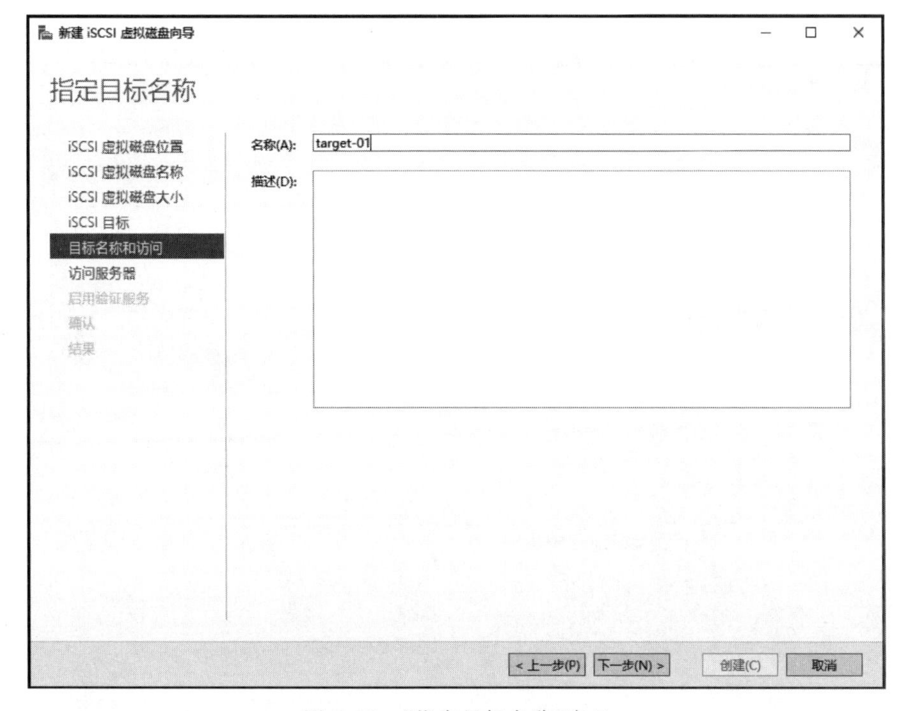

图 5.36　“指定目标名称”窗口

（4）在“指定目标名称”窗口中，单击“下一步”按钮，弹出“指定访问服务器”窗口，单击“添加”按钮，弹出“添加发起程序 ID”窗口，选择“输入选定类型的值”单选按钮，在“类型”下拉列表中选择“IP 地址”选项，“值”输入“192.168.100.100”，如图 5.37 所示，单击“确定”按钮，返回“指定访问服务器”窗口，如图 5.38 所示。

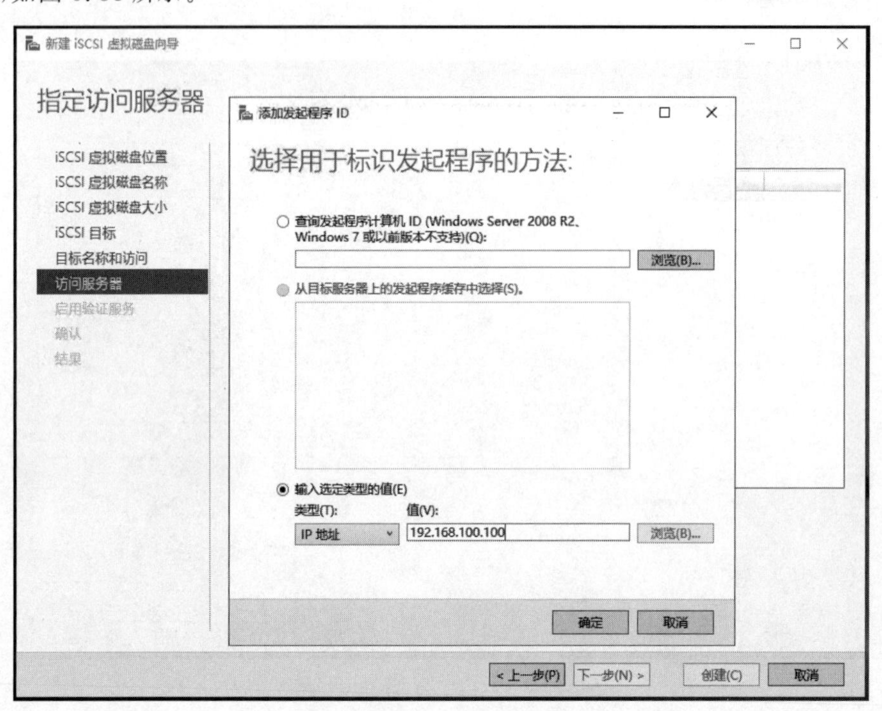

图 5.37 “添加发起程序 ID”窗口

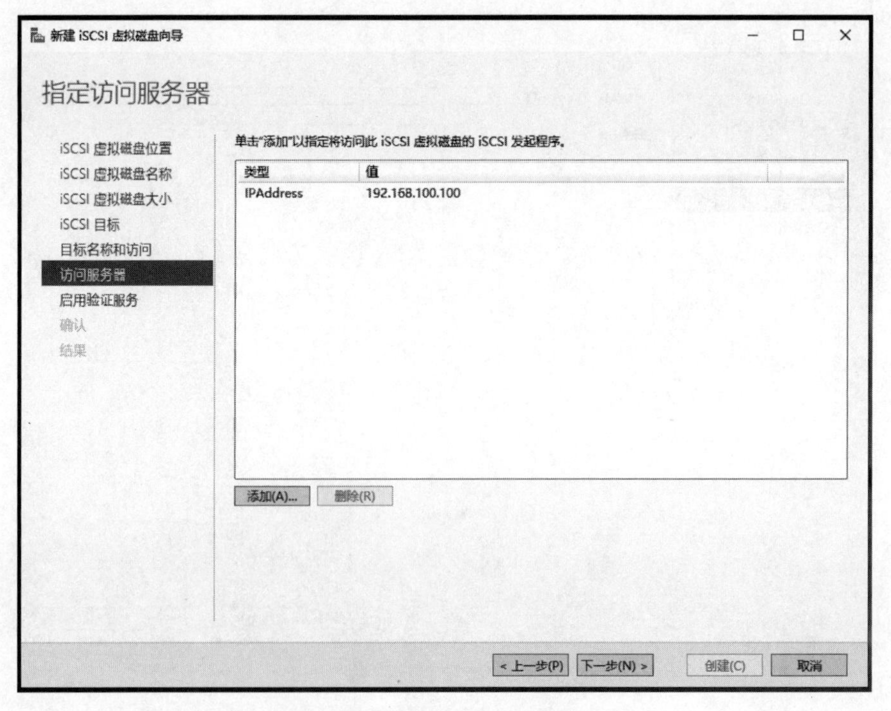

图 5.38 “指定访问服务器”窗口

（5）在“指定访问服务器”窗口中，单击“下一步”按钮，弹出“启用身份验证”窗口，如图 5.39 所示，单击“下一步”按钮，弹出“确认选择”窗口，如图 5.40 所示。

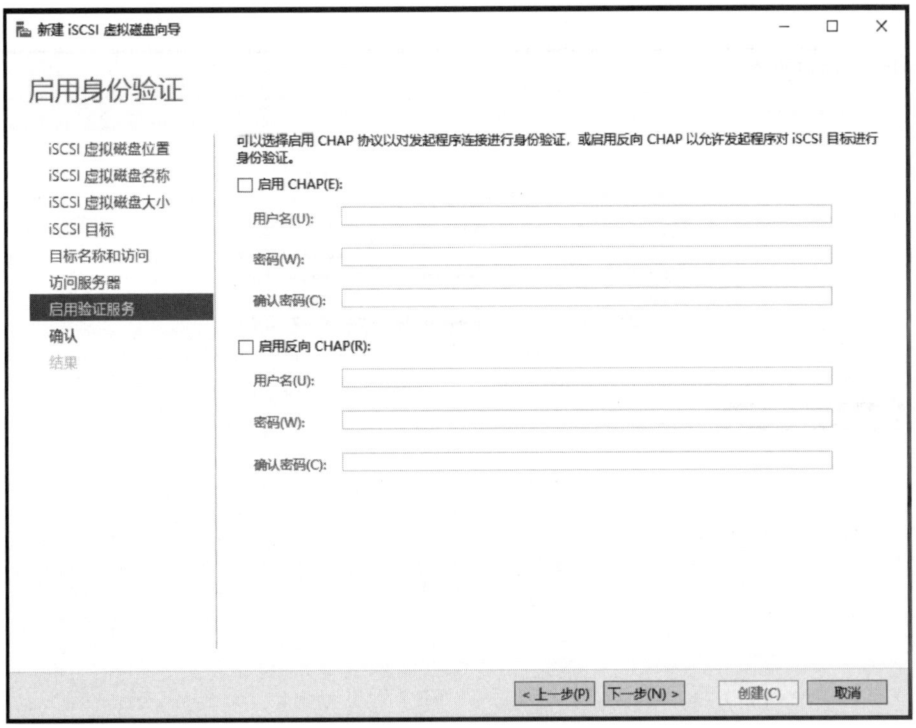

新建 iSCSI 虚拟磁盘向导
启用身份验证
iSCSI 虚拟磁盘位置
iSCSI 虚拟磁盘名称
iSCSI 虚拟磁盘大小
iSCSI 目标
目标名称和访问
访问服务器
启用验证服务
确认
结果
可以选择启用 CHAP 协议以对发起程序连接进行身份验证，或启用反向 CHAP 以允许发起程序对 iSCSI 目标进行身份验证。
启用 CHAP(E):
用户名(U):
密码(W):
确认密码(C):
启用反向 CHAP(R):
用户名(U):
密码(W):
确认密码(C):
< 上一步(P)
下一步(N) >
创建(C)
取消

图 5.39　“启用身份验证”窗口

新建 iSCSI 虚拟磁盘向导
确认选择
iSCSI 虚拟磁盘位置
iSCSI 虚拟磁盘名称
iSCSI 虚拟磁盘大小
iSCSI 目标
目标名称和访问
访问服务器
启用验证服务
确认
结果
确认以下设置正确无误，然后单击“创建”。
iSCSI 虚拟磁盘位置
服务器:　server-01
群集角色:　未群集
路径:　F:\iSCSIVirtualDisks\iSCSI-01.vhdx
iSCSI 虚拟磁盘属性
名称:　iSCSI-01
大小:　30.0 GB
目标属性
名称:　target-01
访问服务器
IP 地址:　192.168.100.100
安全
CHAP:　已禁用
反向 CHAP:　已禁用
< 上一步(P)
下一步(N) >
创建(C)
取消

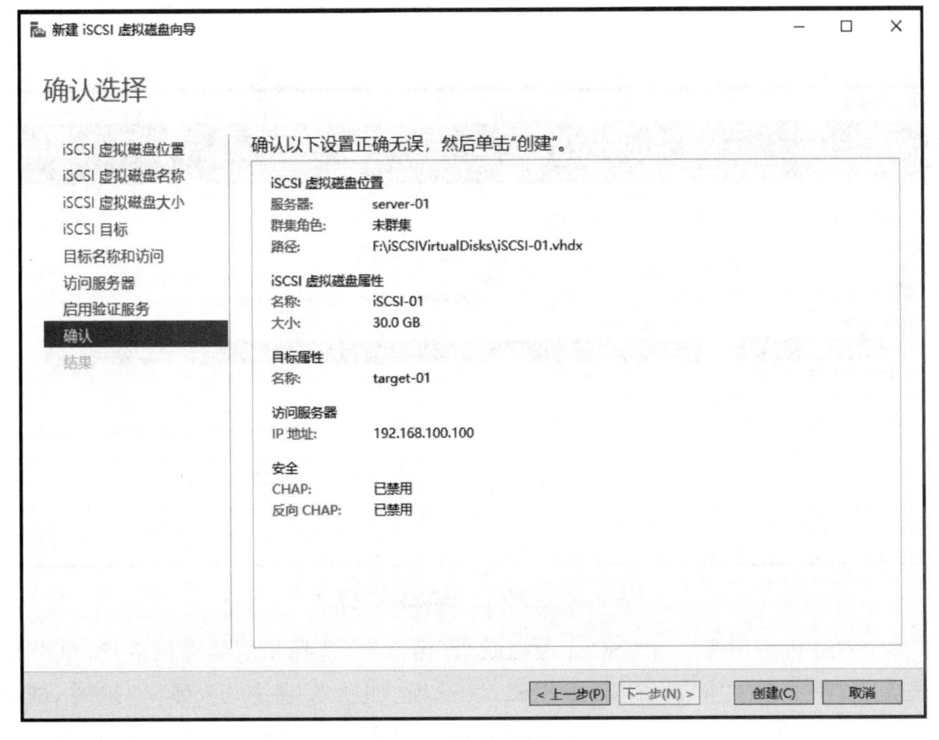

图 5.40　“确认选择”窗口

（6）在“确认选择”窗口中，单击“创建”按钮，弹出“查看结果”窗口，如图 5.41 所示，单击“关闭”按钮，完成 iSCSI 虚拟磁盘的创建，返回“iSCSI 虚拟磁盘”窗口，如图 5.42 所示，此时查看文件资源管理器，查看 F 盘文件，如图 5.43 所示。

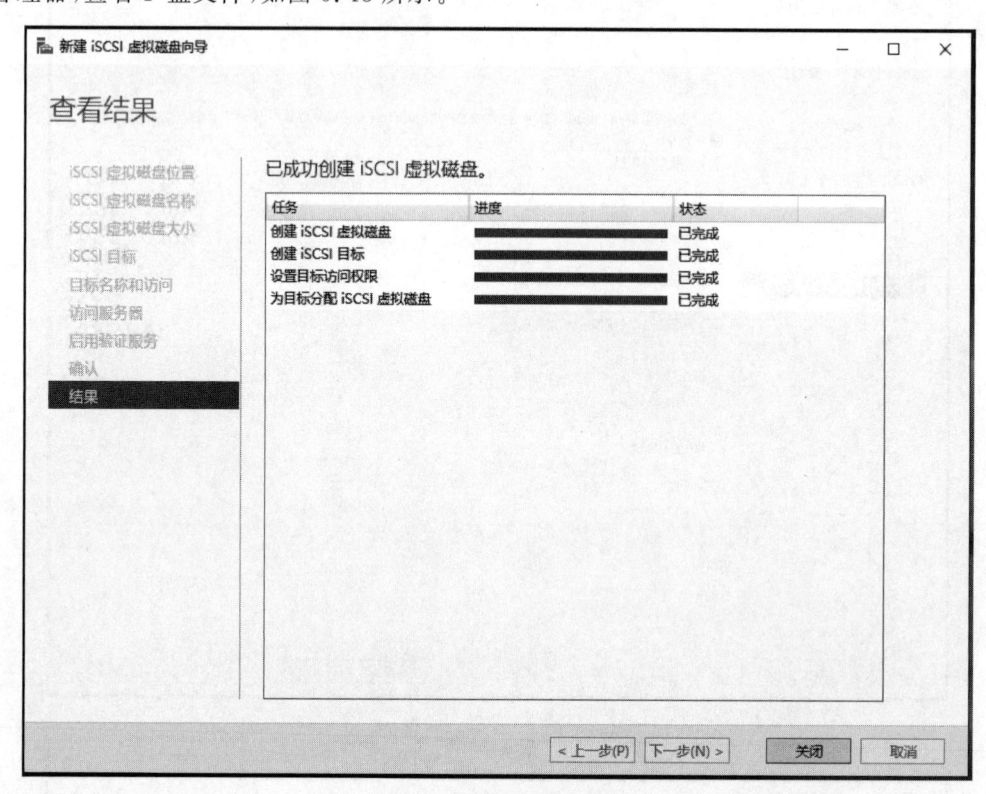

图 5.41　“查看结果”窗口

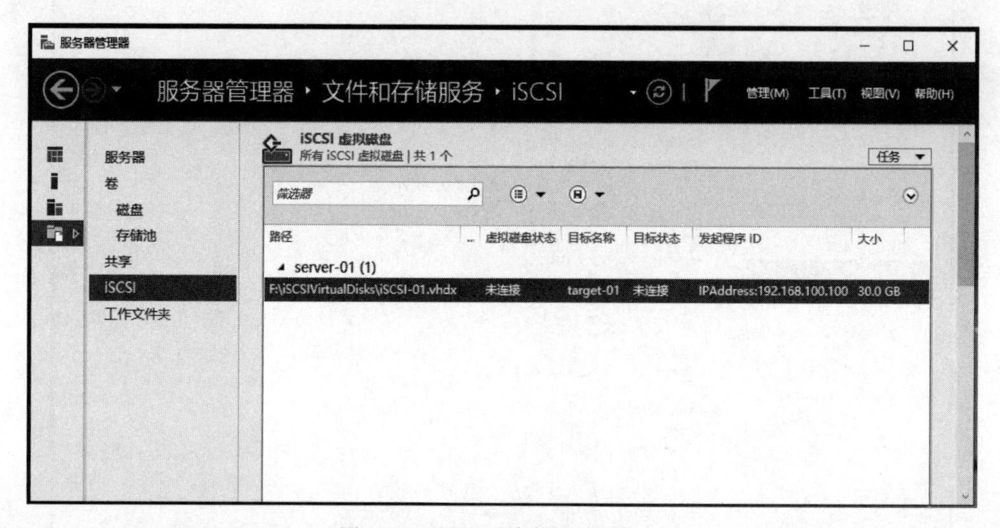

图 5.42　“iSCSI 虚拟磁盘”窗口

（7）扩展 iSCSI 虚拟磁盘。在“iSCSI 虚拟磁盘”窗口中，选择相应的虚拟磁盘，单击鼠标右键，在弹出的快捷菜单中，选择“扩展 iSCSI 虚拟磁盘”选项，如图 5.44 所示，弹出“扩展 iSCSI 虚拟磁盘”对话框，如图 5.45 所示，输入新虚拟磁盘大小为 40GB，单击“确定”按钮，返回“iSCSI 虚拟磁

图 5.43　查看 F 盘文件

图 5.44　“扩展 iSCSI 虚拟磁盘”选项

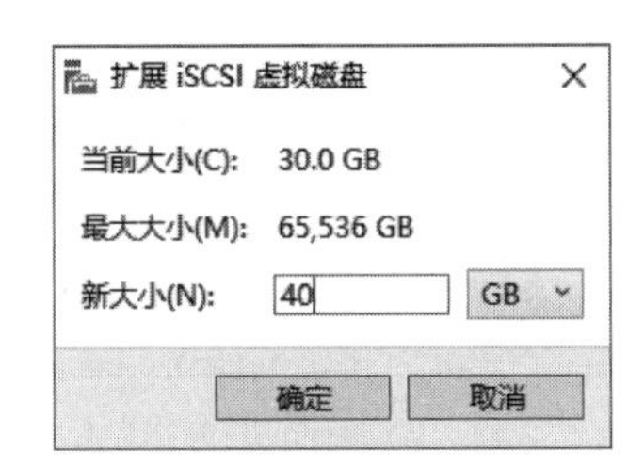

图 5.45　“扩展 iSCSI 虚拟磁盘”对话框

盘”窗口，可以看到新虚拟磁盘大小已经变为 40GB，如图 5.46 所示。

3. iSCSI 客户端虚拟磁盘配置与管理

通过 iSCSI 发起程序连接 iSCSI 虚拟磁盘，并对连接的虚拟磁盘进行分区及格式化操作。

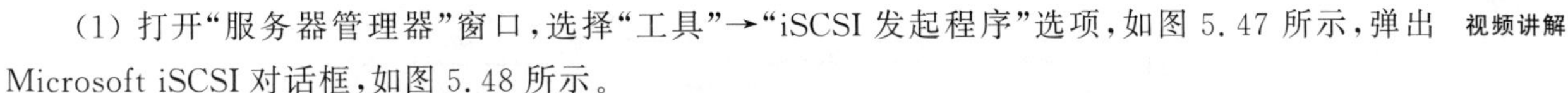

(1) 打开“服务器管理器”窗口，选择“工具”→“iSCSI 发起程序”选项，如图 5.47 所示，弹出 Microsoft iSCSI 对话框，如图 5.48 所示。

(2) 在 Microsoft iSCSI 对话框中，单击“是”按钮，弹出“iSCSI 发起程序属性”对话框，在“目标”区域中输入“192.168.100.100”，单击“快速连接”按钮，弹出“快速连接”对话框，如图 5.49 所示。单击“完成”按钮，返回“iSCSI 发起程序 属性”对话框，如图 5.50 所示。

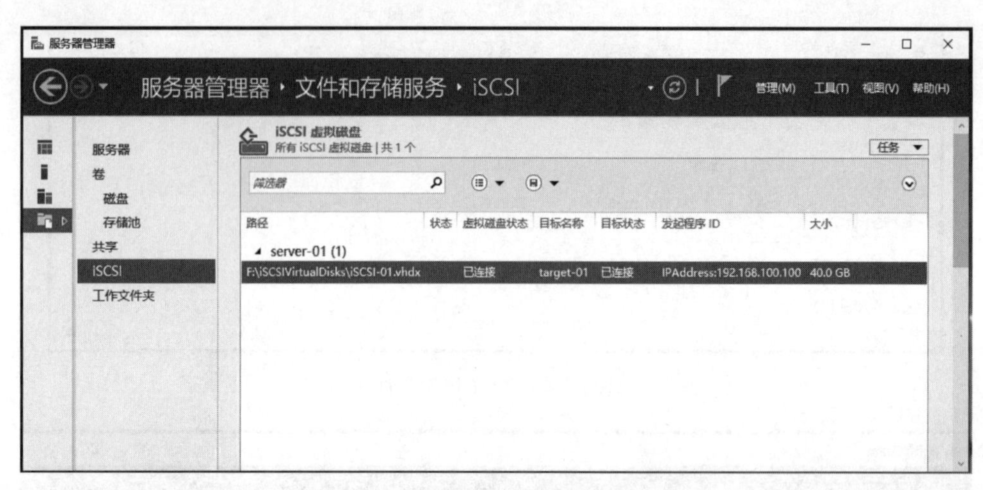

图 5.46 返回“iSCSI 虚拟磁盘”窗口

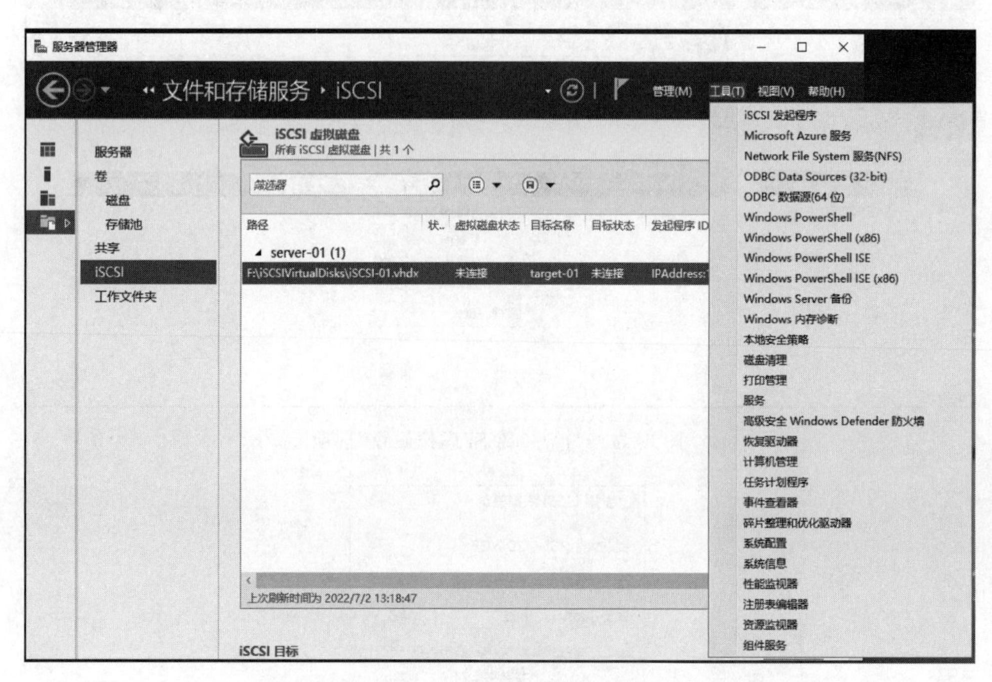

图 5.47 “iSCSI 发起程序”选项

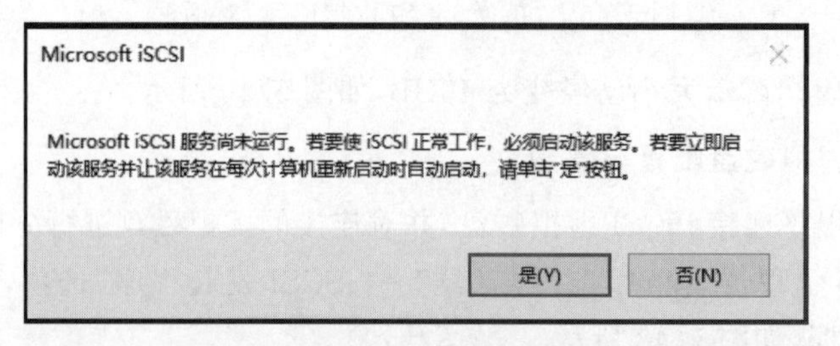

图 5.48 Microsoft iSCSI 对话框

（3）打开本地磁盘管理工具，查看本地磁盘，可以看到系统已经识别到该 iSCSI 磁盘，大小为 30GB，如图 5.51 所示。

快速连接
在所提供 IP 地址或 DNS 名称处的可用连接目标如下所列。如果有多个目标可用，则需要分别连接到每个目标。
在此处进行的连接将添加到收藏目标列表中，每次重新启动该计算机时都将尝试恢复这些连接。
已发现的目标(T)
名称
状态
iqn.1991-05.com.microsoft:server-01-target-01-target
已连接
进度报告
登录成功。
连接(C)
完成(D)

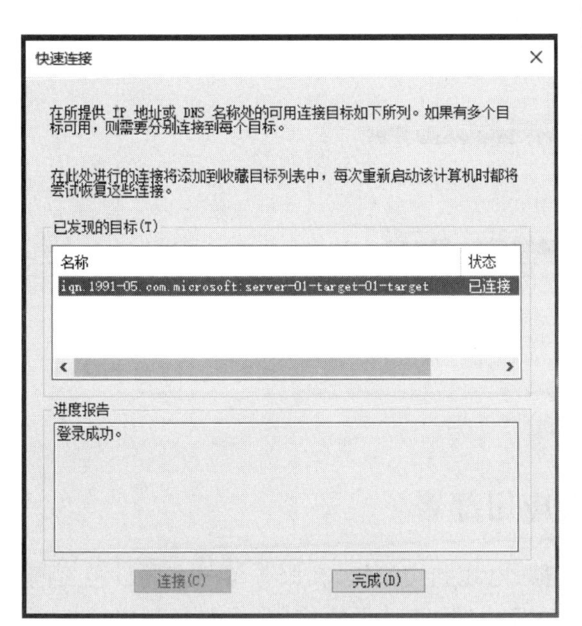

图 5.49　“快速连接”对话框

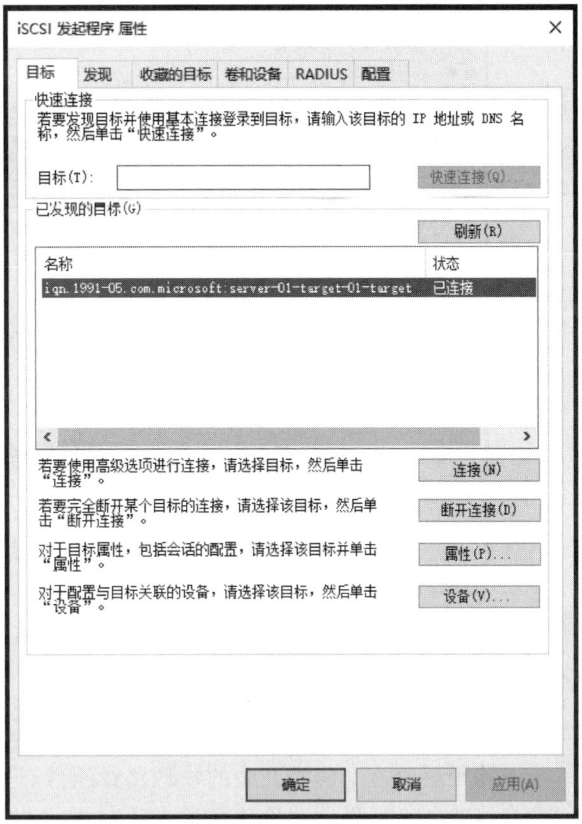

iSCSI 发起程序 属性
目标
发现
收藏的目标
卷和设备
RADIUS
配置
快速连接
若要发现目标并使用基本连接登录到目标，请输入该目标的 IP 地址或 DNS 名称，然后单击“快速连接”。
目标(T):
快速连接(Q)...
已发现的目标(G)
刷新(R)
名称
状态
iqn.1991-05.com.microsoft:server-01-target-01-target
已连接
若要使用高级选项进行连接，请选择目标，然后单击“连接”。
连接(N)
若要完全断开某个目标的连接，请选择该目标，然后单击“断开连接”。
断开连接(D)
对于目标属性，包括会话的配置，请选择该目标并单击“属性”。
属性(P)...
对于配置与目标关联的设备，请选择该目标，然后单击“设备”。
设备(V)...
确定
取消
应用(A)

图 5.50　“iSCSI 发起程序 属性”对话框

计算机管理
文件(F)　操作(A)　查看(V)　帮助(H)
计算机管理(本地)
系统工具
任务计划程序
事件查看器
共享文件夹
本地用户和组
性能
设备管理器
存储
Windows Server 备份
磁盘管理
服务和应用程序
卷　布局　类型　文件系统　状态　容量
(C:)　简单　基本　NTFS　状态良好 (启动, 页面文件, 故障转储, 主分区)　119.68 GB
(磁盘 3 磁盘分区 1)　简单　基本　状态良好 (EFI 系统分区)　200 MB
新加卷 (E:)　简单　基本　NTFS　状态良好 (主分区)　59.98 GB
新加卷 (F:)　简单　基本　NTFS　状态良好 (主分区)　59.98 GB
操作
磁盘管理
更多操作
磁盘 0
基本
59.98 GB
联机
新加卷 (E:)
59.98 GB NTFS
状态良好 (主分区)
磁盘 1
基本
59.98 GB
联机
新加卷 (F:)
59.98 GB NTFS
状态良好 (主分区)
磁盘 2
基本
29.98 GB
联机
29.98 GB
未分配
未分配　主分区

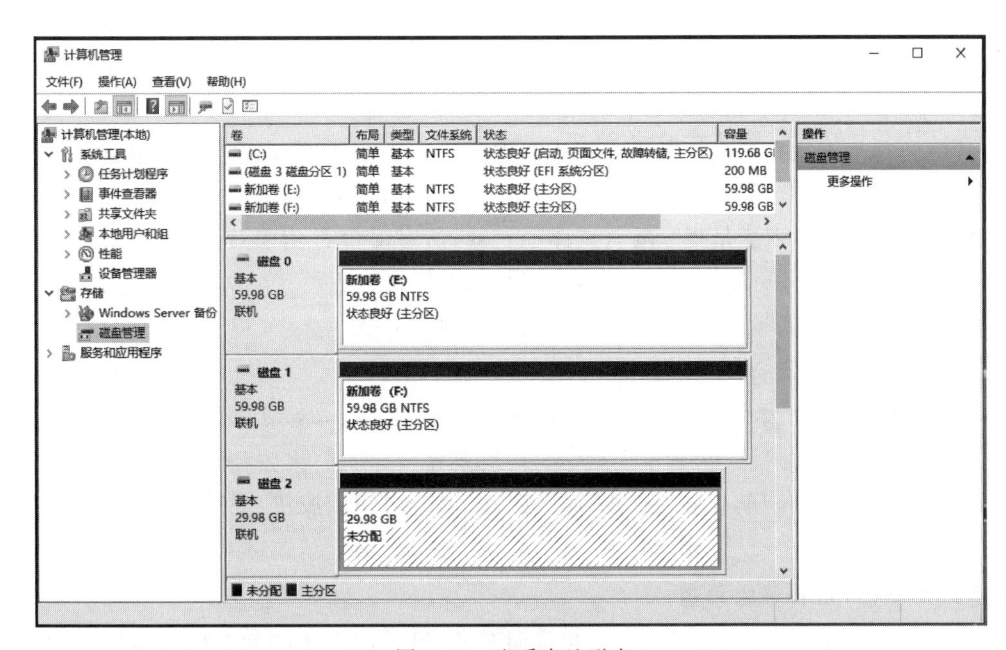

图 5.51　查看本地磁盘

(4) 对磁盘进行新建简单卷操作，新建一个简单卷 G 盘，如图 5.52 所示。

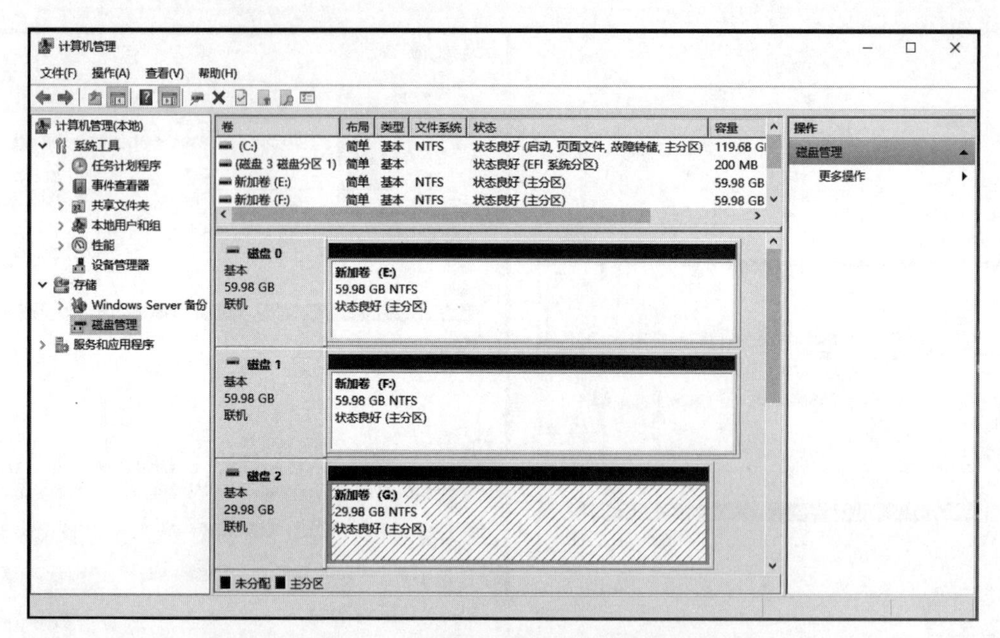

图 5.52　对磁盘进行新建简单卷操作

5.3.2　多路径链路 iSCSI 虚拟磁盘应用部署

多路径解决方案使用冗余的物理路径组件(适配器、电缆和交换机)在服务器与存储设备之间创建逻辑路径。如果这些组件中的 1 个或多个发生故障,导致路径无法使用,多路径逻辑就使用 I/O 的另一条路径以使应用程序仍然能够访问其数据。

Windows Server 2019 中的多路输入/输出(Multi Path Input Output,MPIO)功能包含 1 个设备特定模块分布式存储管理器(Distributed Storage Manager,DSM),该模块提供以下负载平衡策略。

(1) 故障转移。不执行负载平衡。应用程序需要指定 1 个主路径和 1 组备用路径,主路径用于处理设备请求,备用路径阻塞状态。如果主路径发生故障,服务器会自动启用其中的备用路径。

(2) 故障恢复。故障恢复是指只要首选路径有效,所有 I/O 都指向首选路径。如果首选路径发生故障,I/O 将被定向到备用路径,直到首选路径功能恢复为止。

(3) 循环。DSM 以轮询方式使用 I/O 的所有可用路径。

视频讲解

1. 多路径 I/O 服务安装

打开“服务器管理器”窗口,选择“管理”→“添加角色和功能”选项,弹出“添加角色和功能向导”窗口,持续单击“下一步”按钮,直至出现“选择功能”窗口,勾选“多路径 I/O”复选框,如图 5.53 所示,持续单击“下一步”按钮,直至出现“确认”窗口,单击“安装”按钮,完成“多路径 I/O 服务”安装,如图 5.54 所示。

2. 多路径 iSCSI 虚拟磁盘部署

在存储服务器 Server-01 上安装 iSCSI 目标服务器,设置服务器的两个网络接口的 IP 地址的相关信息,如图 5.55 所示。

(1) 打开“服务器管理器”窗口,选择“工具”→“iSCSI 发起程序”选项,弹出“iSCSI 发起程序 属

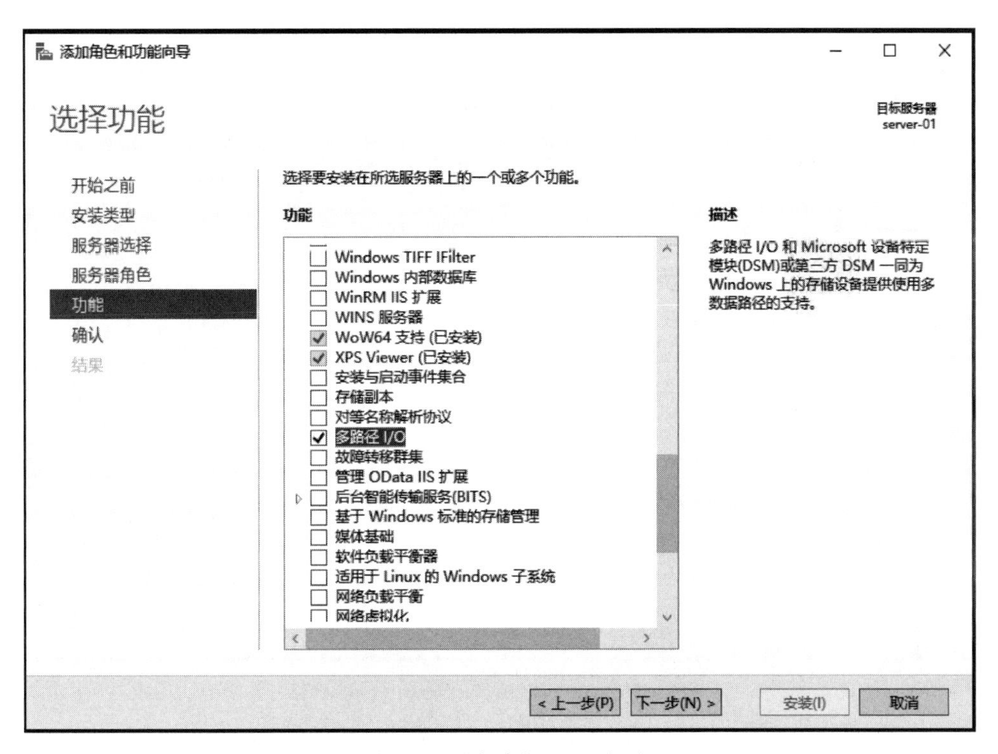

图 5.53　“多路径 I/O”选项

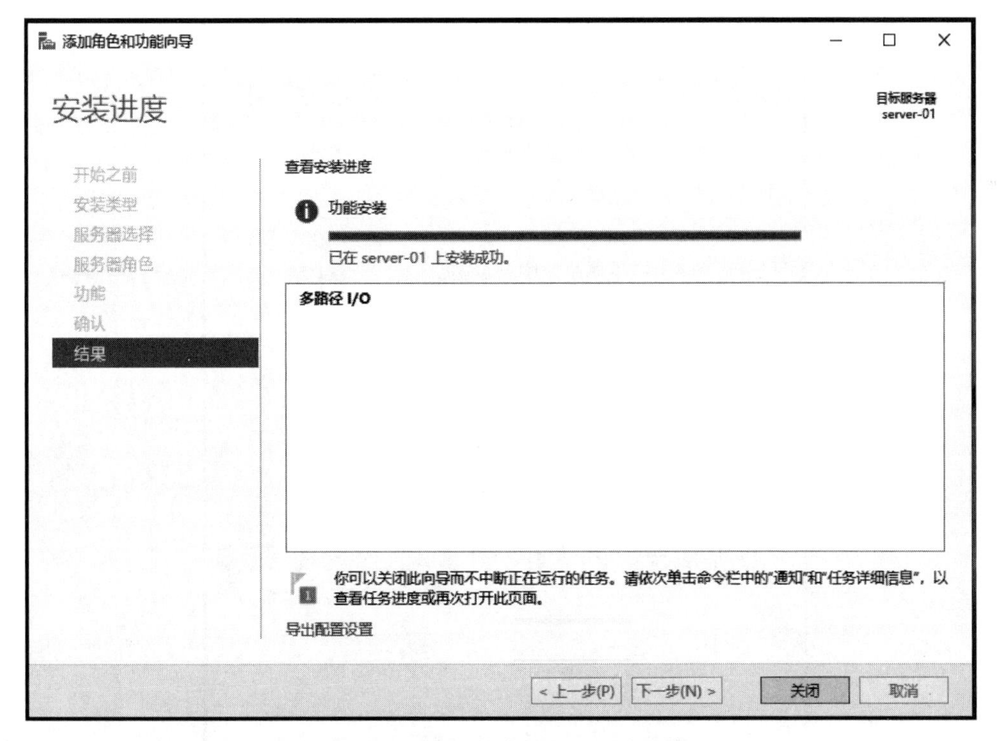

图 5.54　完成“多路径 I/O”服务安装

性”对话框，选择“发现”选项卡，如图 5.56 所示，单击“发现门户”按钮，弹出“发现目标门户”对话框，输入 IP 地址“192.168.200.100”，端口“3260”，如图 5.57 所示。

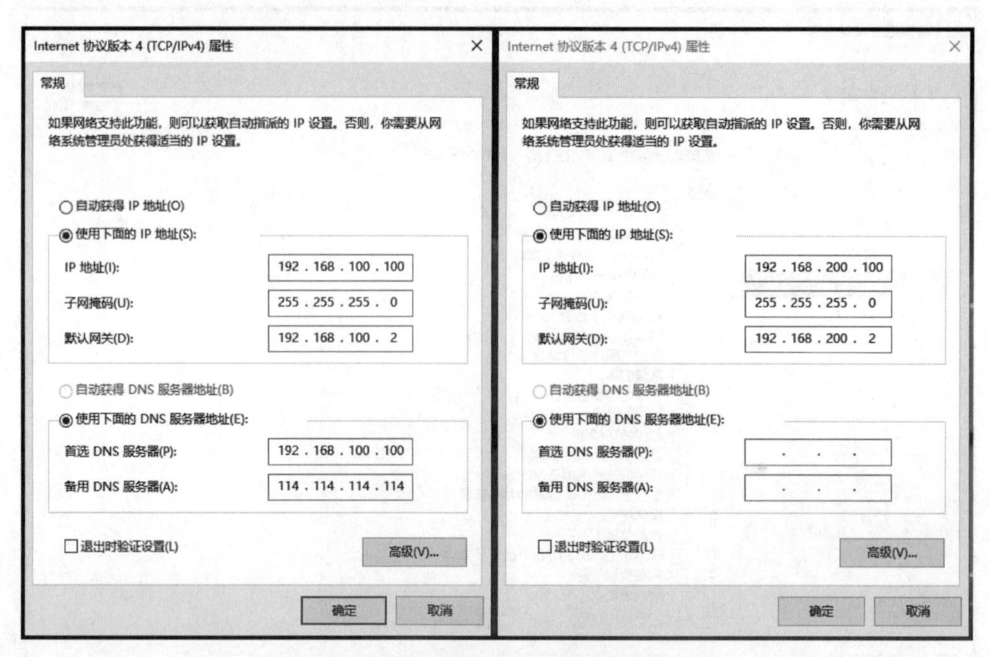

图 5.55　网络接口 IP 地址信息

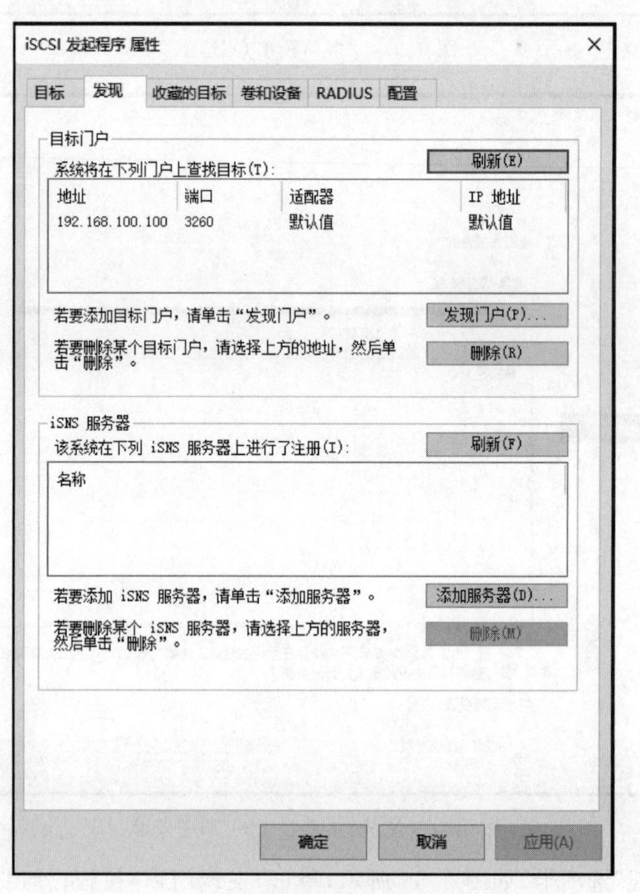

图 5.56　“iSCSI 发起程序 属性”对话框

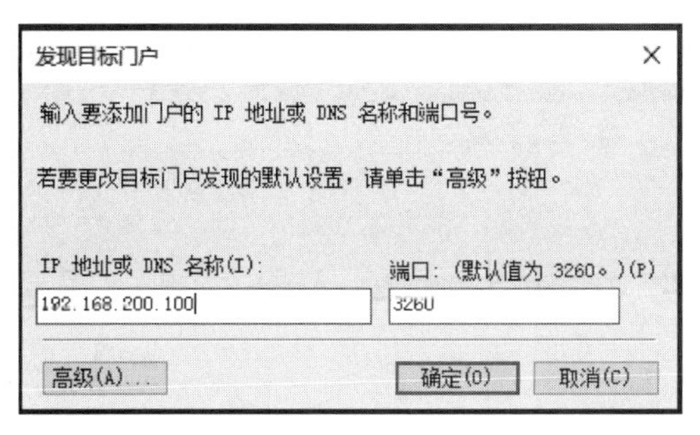

图 5.57　“发现目标门户”对话框

(2) 在“发现目标门户”对话框中，单击“确定”按钮，返回“iSCSI 发起程序 属性”对话框，如图 5.58 所示，打开“卷和设备”选项卡，单击“自动配置”按钮，在“卷列表”中，自动挂载磁盘，如图 5.59 所示。

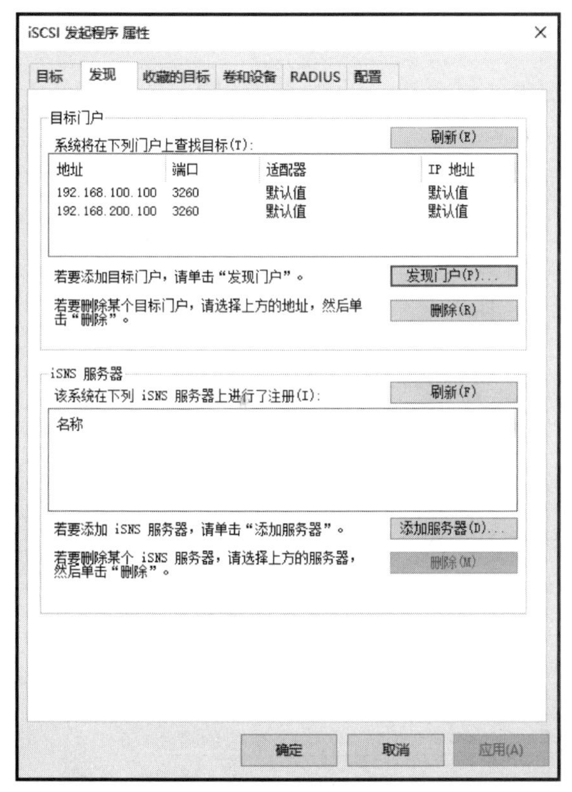

图 5.58　“发现”选项卡

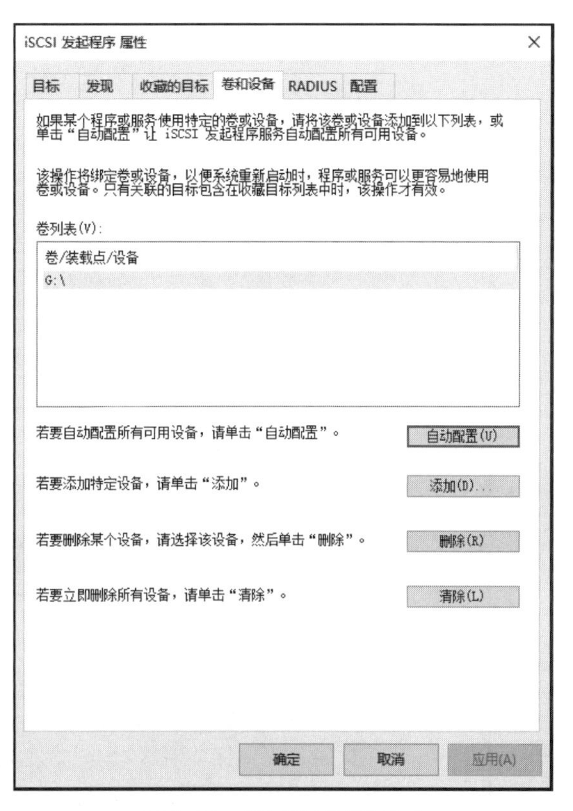

图 5.59　“卷和设备”选项卡

(3) 打开“服务器管理器”窗口，选择“工具”→MPIO 选项，如图 5.60 所示，弹出“MPIO 属性”对话框，如图 5.61 所示，选择“发现多路径”选项卡，勾选“添加对 iSCSI 设备的支持”复选框，如图 5.62 所示。

(4) 在“发现多路径”选项卡中，单击“添加”按钮，弹出“MPIO 操作：成功”对话框，如图 5.63 所示，重启完成后，在“MPIO 属性”对话框中可以看到新增加的 iSCSI 设备信息，如图 5.64 所示。

(5) 打开“服务器管理器”窗口，选择“工具”→“iSCSI 发起程序”选项，弹出“iSCSI 发起程序属性”对话框，选择“目标”选项卡，如图 5.65 所示，单击“连接”按钮，弹出“连接到目标”对话框，勾选

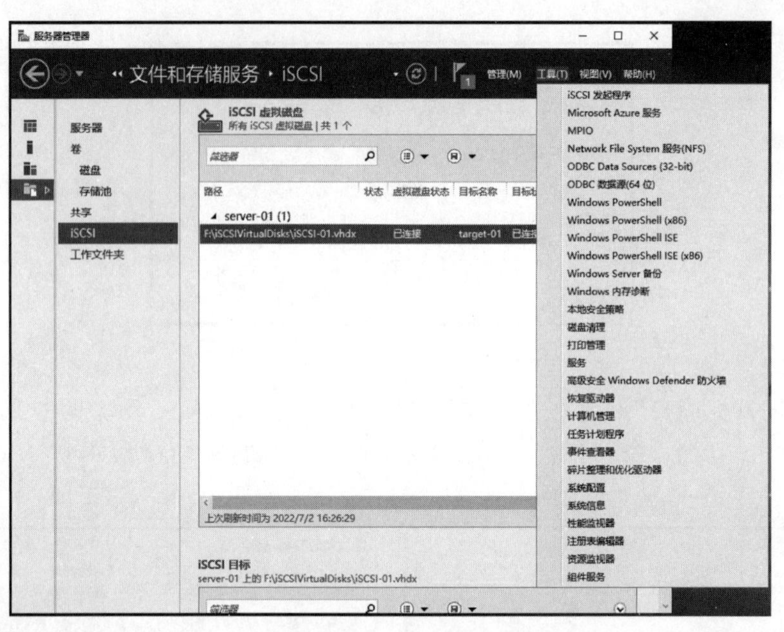

图 5.60　MPIO 选项

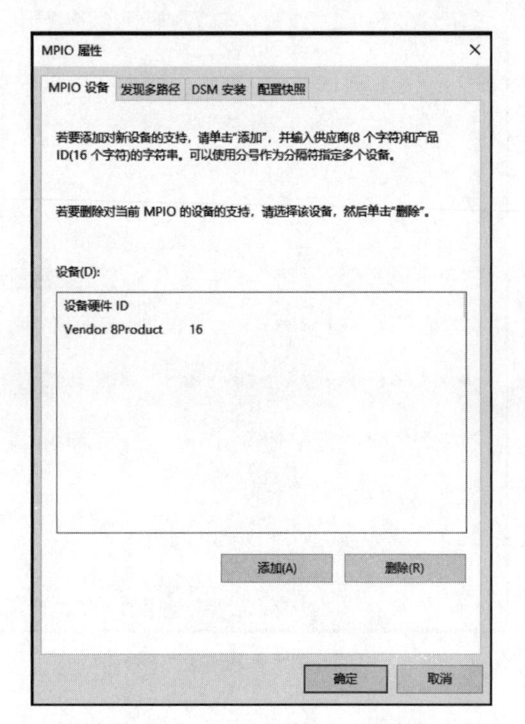

图 5.61　"MPIO 属性"对话框

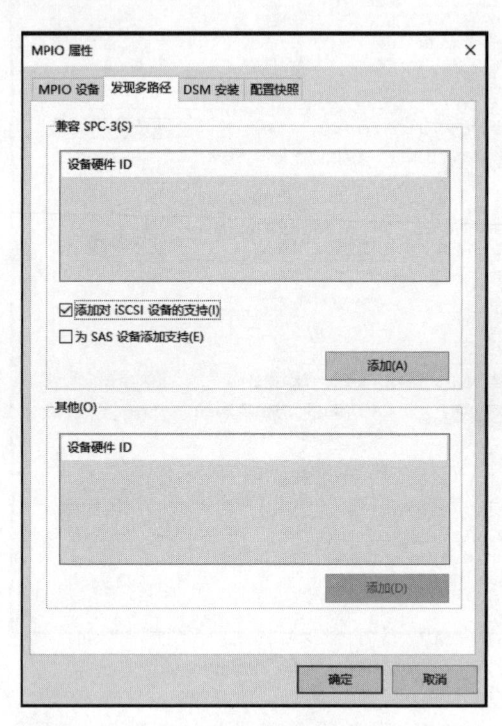

图 5.62　"发现多路径"选项卡

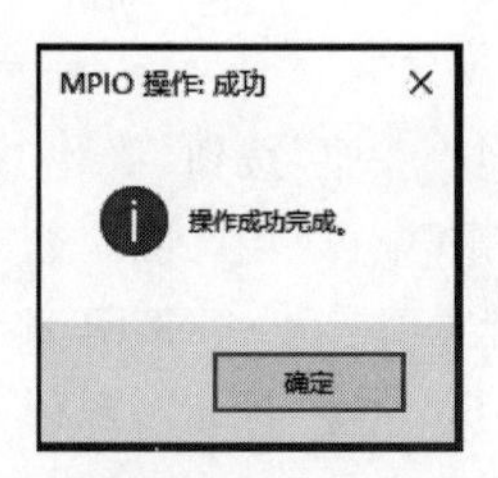

图 5.63　"MPIO 操作：成功"对话框

“启用多路径”复选框，如图 5.66 所示。

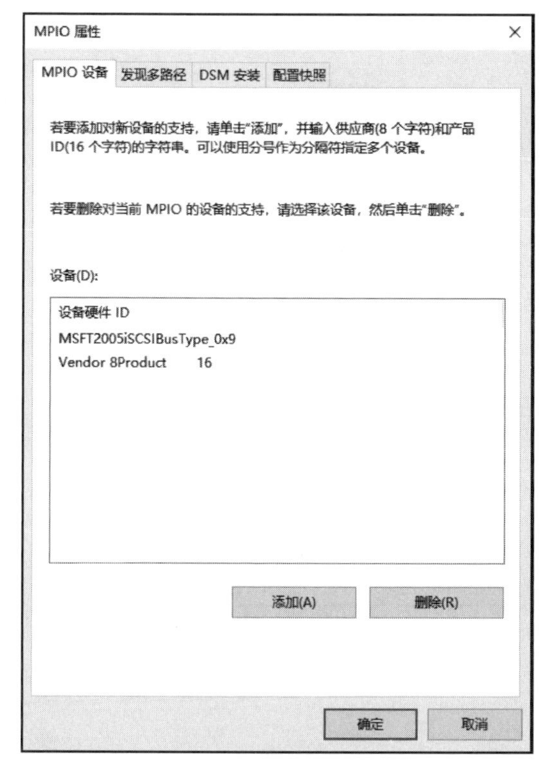

图 5.64 “MPIO 设备”选项卡

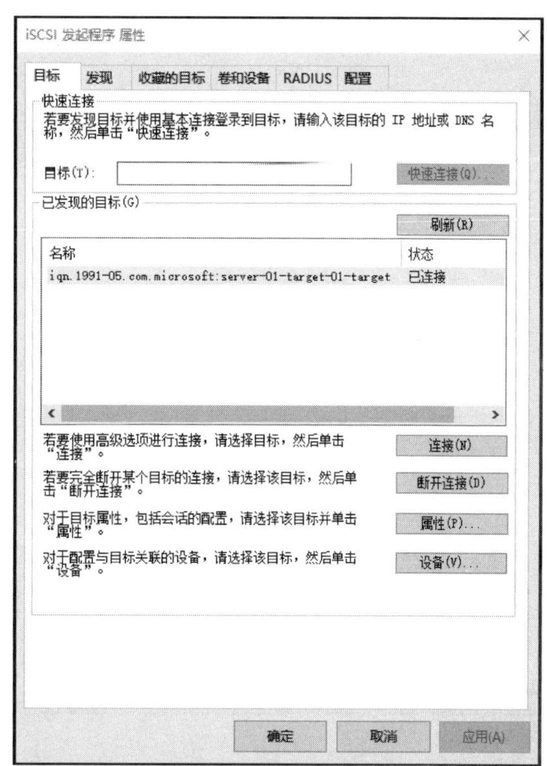

图 5.65 “目标”选项卡

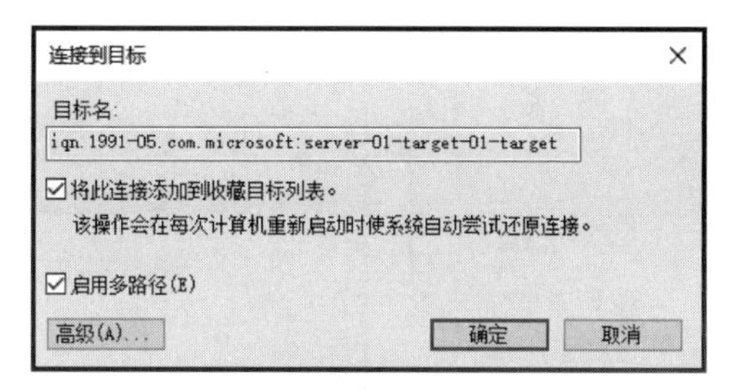

图 5.66 “连接到目标”对话框

（6）在“连接到目标”对话框中，单击“高级”按钮，弹出“高级设置”对话框，选择“目标门户 IP”为 192.168.100.100，单击“确定”按钮，如图 5.67 所示。以同样的方法，选择“目标门户 IP”为 192.168.200.100，单击“确定”按钮，如图 5.68 所示。

（7）在“iSCSI 发起程序属性”对话框中，选择“目标”选项卡，单击“属性”按钮，弹出“属性”对话框，如图 5.69 所示，勾选“标识符”复选框，单击“设备”按钮，弹出“设备”对话框，如图 5.70 所示。

（8）在“设备”对话框中，单击 MPIO 按钮，弹出“设备详细信息”对话框，如图 5.71 所示，单击“确定”按钮，返回“iSCSI 发起程序属性”对话框，选择“卷和设备”选项卡，可以看到卷列表情况，如图 5.72 所示。

（9）打开磁盘管理器和文件资源管理，对连接的磁盘进行联机/初始化/新建简单卷操作，新建磁盘 G 盘，如图 5.73 所示。

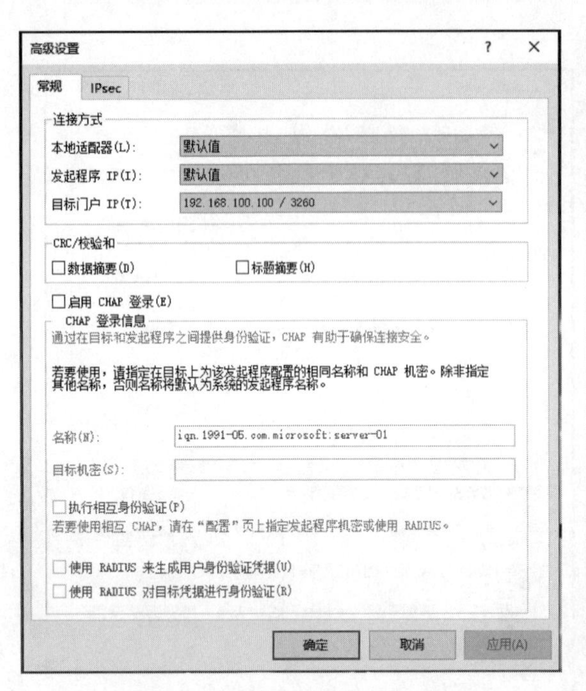

图 5.67 “目标门户 IP”对话框 1

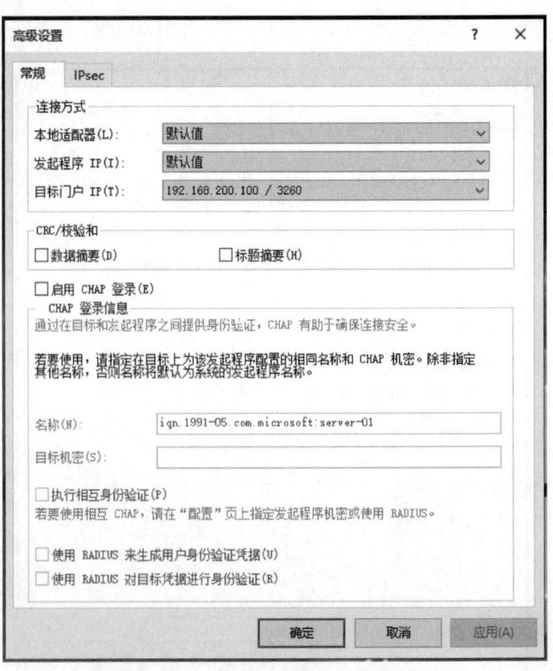

图 5.68 “目标门户 IP”对话框 2

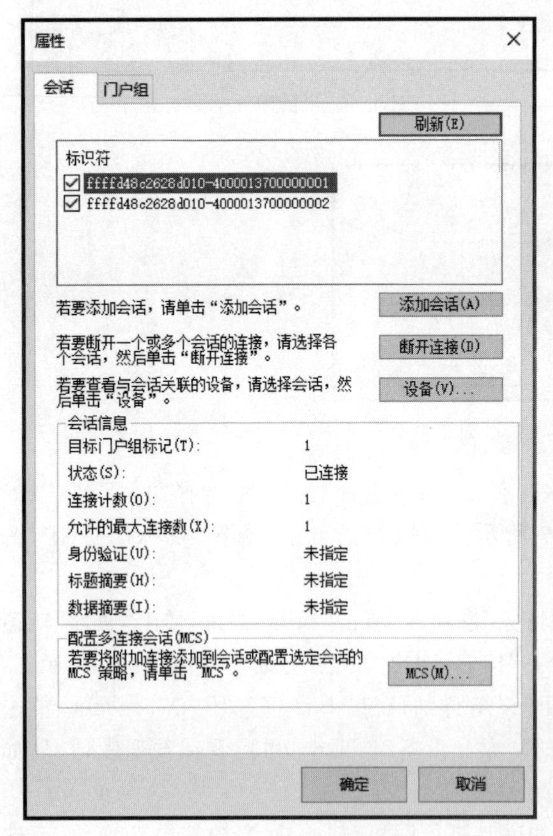

图 5.69 “属性”对话框

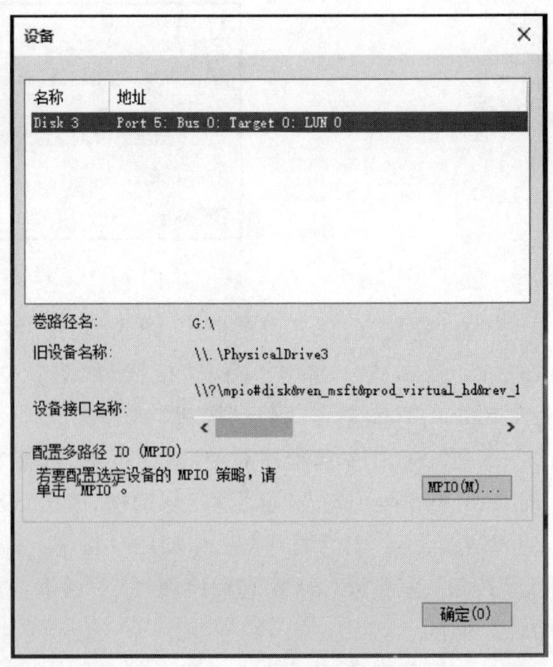

图 5.70 “设备”对话框

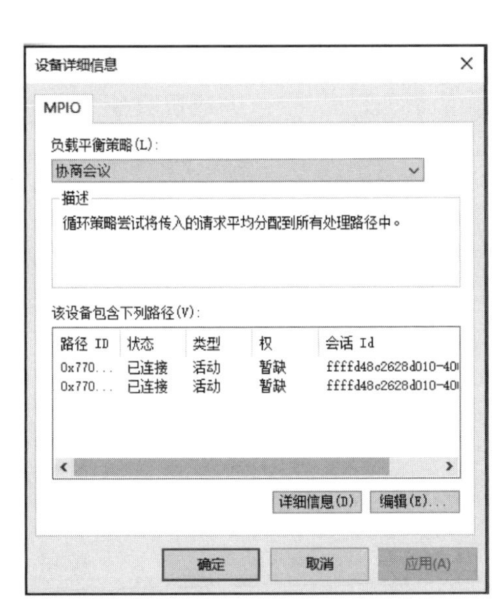

图 5.71　“设备详细信息”对话框

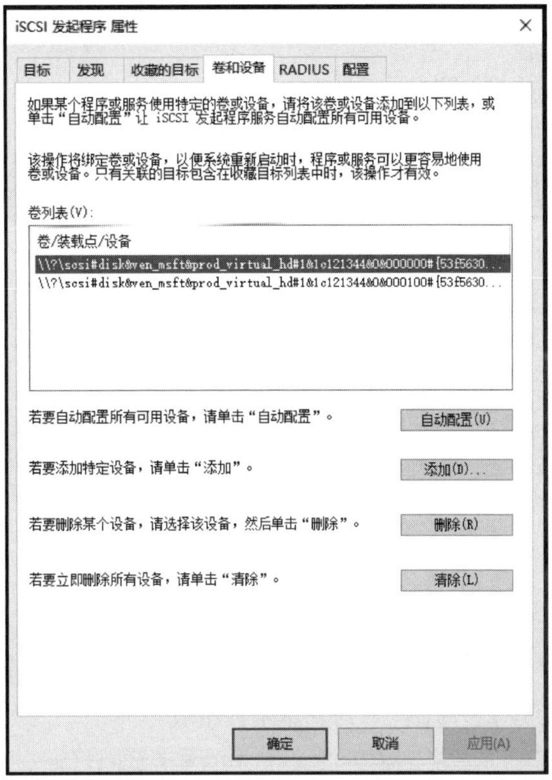

iSCSI 发起程序 属性

目标　发现　收藏的目标　卷和设备　RADIUS　配置

如果某个程序或服务使用特定的卷或设备，请将该卷或设备添加到以下列表，或单击“自动配置”让 iSCSI 发起程序服务自动配置所有可用设备。

该操作将绑定卷或设备，以便系统重新启动时，程序或服务可以更容易地使用卷或设备。只有关联的目标包含在收藏目标列表中时，该操作才有效。

卷列表(V):

卷/装载点/设备
\\?\scsi#disk&ven_msft&prod_virtual_hd#1&1c121344&0&000000#{53f5630...
\\?\scsi#disk&ven_msft&prod_virtual_hd#1&1c121344&0&000100#{53f5630...

若要自动配置所有可用设备，请单击“自动配置”。　自动配置(U)

若要添加特定设备，请单击“添加”。　添加(D)...

若要删除某个设备，请选择该设备，然后单击“删除”。　删除(R)

若要立即删除所有设备，请单击“清除”。　清除(L)

确定　取消　应用(A)

图 5.72　“卷和设备”选项卡

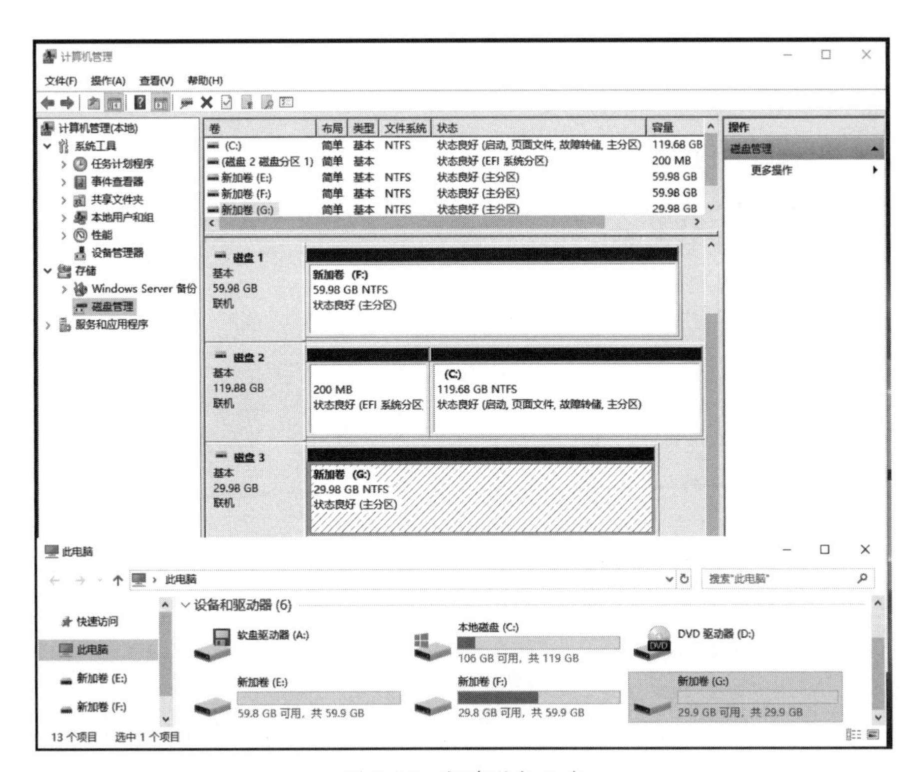

图 5.73　新建磁盘 G 盘

课后习题

1. 选择题

（1）FC-1 协议的作用是（　　）。

A. 物理变换　　B. 编码/解码　　C. 结构协议　　D. 通用服务

（2）FC-2 协议的作用是（　　）。

A. 物理变换　　B. 编码/解码　　C. 结构协议　　D. 通用服务

（3）FC-3 协议的作用是（　　）。

A. 物理变换　　B. 编码/解码　　C. 结构协议　　D. 通用服务

（4）SCSI 协议传输过程：（　　）。

A. 总线忙—协商—寻址—连接—断开连接

B. 总线忙—寻址—协商—连接—断开连接

C. 协商—总线忙—寻址—连接—断开连接

D. 寻址—总线忙—协商—连接—断开连接

（5）【多选】SAN 的基本组件组成：（　　）。

A. 服务器　　B. 网络基础设施　　C. 打印机　　D. 存储

（6）【多选】SAN 的存储结构特征：（　　）。

A. 具有可伸缩能力　　B. 非常可靠

C. 提供尽可能高的传输速度　　D. 易于管理

2. 简答题

（1）简述传统数据存储 DAS 存在的不足。

（2）简述 DAS 和 SAN 的区别。

（3）简述 FC 与 SCSI 协议的关系。

（4）简述 IP SAN 网络架构的优缺点。

（5）简述 iSCSI 协议栈工作原理。

第6章

高级存储与容灾备份技术

学习目标

- 理解存储阵列高可靠性与高性能技术、自动精简技术、分层存储技术、Cache技术、快照与克隆技术、远程复制与LUN拷贝技术以及数据备份技术等相关理论知识。
- 掌握网络负载平衡群集配置与管理、存储服务器数据快照配置与管理、存储服务器数据备份还原配置与管理以及存储服务器磁盘重复数据删除配置等相关知识与技能。

6.1 项目陈述

随着信息技术的发展，企业数据量增多，很多企业考虑购置或已经购置满足需求的存储产品。然而，在存储产品使用过程中常常会面临存储空间浪费、存储性能低下、数据丢失等问题。为保证数据存取业务的可扩展性、高可靠性和高性能，各大存储厂商围绕存储阵列开发并使用了大量关键技术手段。本章讲解存储阵列高可靠性与高性能技术、自动精简技术、分层存储技术、Cache技术、快照与克隆技术、远程复制与LUN拷贝技术以及数据备份技术等相关理论知识，项目实践部分讲解网络负载平衡群集配置与管理、存储服务器数据快照配置与管理、存储服务器数据备份还原配置与管理以及存储服务器磁盘重复数据删除配置等相关知识与技能。

6.2 必备知识

6.2.1 存储阵列高可靠性与高性能技术

随着信息化进程的高速推进，数据显得越来越重要，如何保证数据在写入或者读取过程中不丢失，是整体布局存储阵列组网需要考虑的问题。

1. 存储阵列高可靠性技术

下面将围绕存储硬件、组网方式两方面对存储阵列的高可靠性技术进行剖析。

(1) 器件冗余。

存储阵列系统实现了控制器模块、管理模块、BBU 模块(电池备份单元模块)、接口模块、电源模块、风扇模块等部件的冗余，极大地保障了存储系统的可靠性。同时，通过采用双控双活技术，大大提升了存储阵列系统的数据存取效率。

(2) 存储阵列的多控技术。

阵列多控技术指一个阵列部署多个控制器，典型案例是双控制器。以双控制器为例，当一个控制器出现物理故障时；另一个控制器可以在用户无感知的情况下接替损坏控制器运行的业务，保证业务的正常运行。双控制器系统的工作模式分为两种：主备模式(Active Passive，AP)和双活模式(Active Active，AA)。

Active Passive 工作模式，简称 AP 模式，也被称为主备模式，即任意时间点两个控制器中只有一个控制器是主控制器，并处于激活状态，主控制器用于处理上层应用服务器的 I/O 请求；而另外一个作为备用控制器，处于空闲等待状态，当主控制器出现故障或者处于离线状态时，备用控制器可以迅速和及时地接管主控制器的工作。

Active Active 工作模式，简称 AA 模式，也称为双活模式，指在正常时两个控制器可以并行地处理来自应用服务器的 I/O 请求，同时两控制器处于激活状态不分主次。当故障发生时，其中一台控制器出现异常、离线或故障；另一台控制器可以迅速和及时地接管故障控制器工作，且不能影响自己现有的任务。基于以上，双活工作模式通过控制器相互冗余备份来确保存储系统的高可用性和高可靠性，而且具有提高资源利用率、均衡业务流量、提升存储系统性能等多方面的优点。

(3) 多路径技术。

多台服务器主机通过一台交换机连接到存储阵列上，当交换机出现故障时，主机和存储阵列之间的数据传输就会中断，数据传输中断的原因在于主机和存储阵列之间只有一条路径，存在单点故障问题。单点故障是指任何一个组件发生故障都会导致整个系统无法工作。为了解决单点故障问题，通常在硬件冗余的基础上采用多路径技术。

(4) 数据保险箱盘技术。

数据保险箱技术是一种保障高可靠性的技术，主要用于保存高速缓存(Cache)数据、系统配置信息和告警日志信息，有效地避免因系统意外断电而导致的数据丢失问题。

保险箱盘的工作原理：当系统掉电时，由电池备份单元(BBU)供电，主机如果有数据写进来，就将这些数据写入保险箱盘，当系统供电恢复时，将保存在保险箱盘的数据刷新到数据盘中。

保险箱盘用于存放系统重要数据和电源模块发生故障时 Cache 中的数据。一方面，它可以永久性地保存系统掉电后 Cache 中的数据，为系统提供强有力的可靠性保障；另一方面，它还可以存放系统的配置数据和告警日志等关键信息。不管是系统掉电后 Cache 中的数据，还是系统配置数据或者告警日志信息，对于一个存储系统来说，都是非常重要的，因此需要保证保险箱盘的可靠性。对此，数据保险箱中的多块硬盘采用 RAID1 冗余配置，存入保险箱的数据中会保存两份完全相同的副本，即使保险箱内某个硬盘出现故障，在更换硬盘后，保险箱将使用数据恢复机制自动将数据完整地恢复到新硬盘上，整个操作完全在线进行，不影响业务系统。当系统意外掉电时，系统将 Cache 中的数据、系统配置信息和告警日志数据存放到保险箱盘中，确保数据不丢失。当恢复供电后，系统会将数据保险箱盘中的数据复制到原来位置，保持数据一致性。

保险箱盘可以当作成员盘使用，因为用于保险箱盘空间和用于业务成员盘空间是相互独立的。例如，华为 OceanStor V3 系列保险箱的各个盘只占用 5GB，剩余空间可以用来存放业务数据。

（5）RAID 重构技术。

RAID 重构技术用于 RAID 组中的数据恢复，RAID 重构技术是指当 RAID 组中某个磁盘发生故障时，根据 RAID 中的奇偶校验算法或镜像策略，利用其他正常成员盘的数据，重新生成故障磁盘数据。重构内容包括用户数据和校验数据，最终将这些数据写到热备盘或者替换的新磁盘上。

（6）硬盘预拷贝技术。

预拷贝技术一般是在 RAID 组中体现，它可以利用硬盘自身的检测功能，预测正在工作的硬盘即将出现故障，在出现故障之前将数据拷贝到新的硬盘中。预拷贝是磁盘阵列的一种数据保护方式，能有效降低数据丢失风险，大大减少重构事件发生的概率，提高系统的可靠性。具体地，预拷贝过程包括以下三个主要步骤。

（1）正常状态时，实时监控磁盘状态。

（2）当某个磁盘疑似出现故障时，将该盘上的数据拷贝到热备盘上。

（3）拷贝完成后，若有新盘替换故障盘时，再将数据迁移回新盘上。

2. 存储阵列高性能技术

传统 RAID 技术以硬盘为单位来构建 RAID 组，而以磁盘为单位的数据管理无法有效地保障数据访问性能。一方面，组成一个 RAID 组的磁盘数过少；另一方面，一个 LUN 往往来自于一个 RAID 组，当主机对一个 LUN 进行密集式 I/O 访问时，只能访问到有限的几个磁盘，容易导致磁盘访问瓶颈。为了提高存储阵列的访问性能，提出了几种高性能技术。

（1）分层存储。

通过 Scale-out 扩控组网，存储阵列可以扩展到更大规模，包含的磁盘个数可以达到上百个，还可以包含多种类型的磁盘。为了充分发挥存储资源效用，可以采用分层存储技术。分层存储技术首先将不同的存储设备进行分级管理，形成多个存储级别（如高性能层、性能层、容量层）；然后根据数据访问频度将数据迁移到相应级别的存储中，将访问频率高的热数据迁移到高性能的存储层级，将访问频率低的冷数据迁移到低性能大容量的存储层级。一方面，将极少使用的大部分数据迁移到低性能、大容量的存储层级，减少冷数据对系统资源的占用；另一方面，将频繁使用的一小部分数据迁移到高性能、低容量的存储层级，提高存储系统的总体性能。

一般来讲，不同类型的磁盘对应一个存储层级，SSD 盘对应高性能层，SAS 盘分配到性能层，

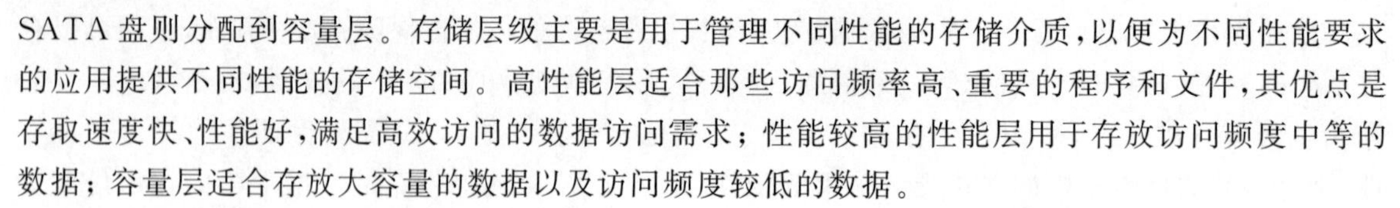

SATA 盘则分配到容量层。存储层级主要是用于管理不同性能的存储介质，以便为不同性能要求的应用提供不同性能的存储空间。高性能层适合那些访问频率高、重要的程序和文件，其优点是存取速度快、性能好，满足高效访问的数据访问需求；性能较高的性能层用于存放访问频度中等的数据；容量层适合存放大容量的数据以及访问频度较低的数据。

(2) Cache 技术。

闪存 Cache 主要用于提升存储访问效率。以华为技术有限公司的 SmartCache 为例，SmartCache 又叫智能数据缓存。利用 SSD 盘对随机小 I/O 读取速度快的特点，通过 SSD 盘组成智能缓存池，将访问频率高的随机小 I/O 热点读数据从传统的机械硬盘复制到由 SSD 盘组成的高速智能缓存池中。由于 SSD 盘的数据读取速度远远高于机械硬盘，所以 SmartCache 特性可以缩短访问频度高的数据的响应时间，从而提升系统的性能。

SmartCache 将智能缓存池划分成多个分区，为业务提供细粒度的 SSD 缓存资源。不同的业务可以共享同一个分区，也可以分别使用不同的分区，各个分区之间互不影响，从而可以向关键应用提供更多的缓存资源，保障关键应用的性能。特别地，利用 SSD 盘较短的响应时间和较高的 IOPS 特性，SmartCache 特性可以提高业务的读性能。SmartCache 适用于存在热点数据，且读操作多于写操作的随机小 I/O 业务场景。

(3) 块虚拟化。

传统 RAID 技术受到磁盘数的限制，性能差且难以扩展，已经越来越无法满足业务的需求。一方面，组成一个 RAID 组的磁盘数过少；另一方面，一个 LUN 往往来自于一个 RAID 组，因此，当主机对一个 LUN 进行密集式 I/O 访问时，只能访问到有限的几个磁盘，容易导致磁盘访问瓶颈，出现磁盘热点问题。块虚拟化是一种新型 RAID 技术(即 RAID2.0+)，它将硬盘划分成若干固定大小的逻辑块，然后将其组合成逻辑块组。组建 RAID 组不再以硬盘为单位，而是以逻辑块为单位。块虚拟化技术支持单个 LUN 跨越更多的物理磁盘，充分发挥了存储系统的数据处理能力。某一硬盘失效时，存储池内的其他硬盘都会参与重构，消除传统 RAID 下的重构性能瓶颈，提高了重构数据的速度。

RAID2.0+支持更细粒度(可以达几十 KB 粒度)的资源颗粒，如存储系统按照用户设置的“数据迁移粒度”将逻辑块组划分为更小的 Extent，在此基础上构成了一个统一的存储资源池。若干 Extent 组成了用户需要使用的 LUN。在存储系统中申请空间、释放空间、迁移数据都是以 Extent 为单位进行的，从而，基于存储池创建的 LUN 不再受限于 RAID 组磁盘数量，单个 LUN 上的数据可以分布到相同类型或不同类型的磁盘上，有效避免了磁盘的热点问题，单个 LUN 在性能方面得到了大幅提升。

6.2.2 自动精简技术

随着各行业数字化进程的推进，一方面，数据逐渐成为企事业单位的核心资源；另一方面，数据量呈现爆炸式增长。存储系统作为数据的载体，也面临着越来越高的用户要求。

1. 自动精简技术概述

传统的存储系统部署方式要求在 IT 系统的设计规划初期，能够准确预估其生命周期(3～5 年，甚至更长时间)内业务的发展趋势以及对应的数据增长趋势。然而，在信息技术日新月异的时代，要做到精确的估计对系统规划者来说是一项近乎不可完成的任务。一个错误的规划设计往往导致存储空间利用率的不均衡，一些系统没有多余的存储空间来存储增长迅速的关键业务系统数据，而另一些系统却有大量的空余存储空间被浪费。即便规划设计能够准确预测未来5年的数据增长量，但在系统部署之初就投入大量成本购买未来5年所需的存储空间，这大大加重了企业的运营成本。

按照传统的存储系统部署方式，为某项应用程序分配使用存储空间时，通常预先从后端存储系统中划分足够的空间给该项应用程序，即使所划分的空间远远大于该应用程序所需的存储空间，划分的空间也会被提前预留出来，其他应用程序无法使用。这种空间分配方式不仅会造成存储空间的资源浪费，而且会促使用户购买超过实际需求的存储容量，加大了企业的投资成本。

最大限度地保护用户前期投资，同时有效降低后期运维、升级等成本已成为数据存储系统设计和管理中的关键技术挑战。针对上述挑战，研究人员提出了一种称为自动精简配置（Thin-provisioning）的存储资源虚拟化技术。自动精简配置的设计理念是通过存储资源池来达到物理空间的整合，以按需分配的方式来提高存储空间的利用率。该技术不仅可以减少用户的前期投资，而且推迟了系统扩容升级的时间，有效降低了用户整体运维成本。

2. 自动精简技术原理

自动精简技术的目的是提高磁盘空间的利用率，确保物理磁盘容量只有在用户需要时才能被调取使用。自动精简技术是一种按需（容量）分配的技术，依据应用程序实际所需要的存储空间从后端存储系统分配容量，不会一次性将划分的空间全部给某项应用程序使用，当分配的空间无法满足应用程序使用时，系统会再次从后端的存储系统中分配容量空间。除了有助于提高空间的利用率之外，自动精简技术还能降低用户整体运维成本，例如，前期规划时预留一部分存储卷给用户，用户在后期使用过程中，系统可以自动扩展已经分配好的存储卷，无须手动扩展。

自动精简技术作为容量分配的技术，它的核心原理是按需解发容量“欺骗”，欺骗的对象为管理容量的文件系统，让文件系统认为它管理的存储空间很充足，而实际上文件系统管理的物理存储空间是按需分配的。例如，在存储设备上启用自动精简特性后，文件系统可能显示2TB的逻辑空间，而实际上只有500GB的物理空间是被利用的。尽管只有500GB的空间被利用，但随着用户往存储系统写入越来越多的数据，实际物理存储的容量会达到上限2TB，其空间利用率也会越来越高。

3. 自动精简技术应用

各大存储厂商对自动精简技术都有所涉及，为便于理解该技术，下面对华为技术有限公司提出的SmartThin自动精简配置技术进行解读。

SmartThin自动精简配置技术具有如下特点。

（1）按需分配。SmartThin技术可以减少前期的投入，减少总拥有成本（TCO），TCO从产品采购到后期使用、维护的总成本。满足客户对存储容量不断增长的需求，增强存储系统的利用率和扩展性。

（2）支持在线扩容。SmartThin技术可用于在线扩容。一方面，业务系统正常运行，无须中断；另一方面，SmartThin技术在进行存储扩容时，不必对原有数据进行迁移或者备份，有效避免了数据迁移带来的风险，降低了数据备份成本。

（3）自动化容量管理。用户不必费心为不同的业务配置不同的容量，通过竞争机制分配各种业务所需容量，最终达到存储容量的最优化配置。

SmartThin技术以一种按需分配的方式来管理存储设备,基于RAID2.0+存储虚拟资源池创建Thin LUN,以Grain为单位。Thin LUN是一种LUN类型,支持虚拟资源分配,能够以较简便的方式进行创建、扩容和压缩操作,因此SmartThin自动精简技术也称为Thin LUN技术。Thin LUN在创建时,可以设置一个初始分配容量。Thin LUN创建完成后,存储池只会分配初始容量大小的空间,剩余的空间还放在存储池中。当Thin LUN已分配的存储空间的使用率达到阈值时,存储系统会从存储池中划分一定的配额给Thin LUN。如此反复直到达到Thin LUN最初设置的全部容量。如果最初设置的容量大于物理存储空间,那么可通过扩充后端存储资源池的方式来进行系统扩容,整个扩容过程无须业务系统停机,对用户完全透明。

6.2.3 分层存储技术

随着科学技术的发展,ICT领域也在不断发生变化。在当今IT领域中,企业与管理部门通常会遇到数据存储的容量、性能与价格等方面的挑战。一方面,企业面临原先购买的存储设备不能满足现如今发展而带来的存储空间不足的问题;另一方面,随着企业的不断发展,需要收集保存的数据也会越来越多,这会在一定程度上影响IT存储系统的性能。

1. 分层存储技术概述

对于企业在日常工作中的业务应用来说,并不是所有的数据都具有非常高的使用价值。随着时间的推移,有些数据在一定的时间范围内被频繁访问,这些数据通常称为热数据;而有些数据则很少或者没有被用户读取访问,这些数据通常称为冷数据。

经过科学的统计和分析,数据信息的调取和使用在生命周期过程中是有规律的,换句话说,信息生命周期是有迹可循的。在通常情况下,新生成的数据信息会经常被用户读取与访问,有较高的使用价值,随着时间的推移,这些新生成的数据信息使用频率呈现下降的趋势,直至在很长的一段时间内不被用户访问,其使用价值在逐年降低。存储系统容量和资源会被这些大量的低使用价值的数据信息占据,影响其性能。然而,这些低使用价值数据由于受数据仓库建设、政策法规限制等原因不能删除,如何解决这些不常用数据的保存问题,是目前企业面临的数据管理难题之一。企业通常使用备份或者归档方式将长期不访问的数据从高成本的存储阵列上迁移至低成本的归档设备中,但面对数据爆炸式增长带来的大量低访问周期数据,如何解决存储问题依然面临诸多的问题。

(1) 数据生命周期灵活有效管理问题。庞大的数据量会使数据的管理难度加大,难以依靠人力将数据及时合理地分配到存储空间。

(2) 数据空间占用高性能存储问题。大量使用价值不高的数据占用的存储介质空间过多,会导致资源浪费的问题,为了保证新数据的访问性能,需要不断购买新的高性能的存储设备来实现扩容问题。

如何解决上述问题,是企业在发展过程中必须要思考的问题,尤其是在IT系统初期搭建过程中,要考虑数据生命周期管理的问题。因此研究者提出了自动分层存储技术。分层存储也称为层级存储管理(Hierarchical Storage Management,HSM)。自动分层存储技术首先将不同的存储设备进行分级管理,形成多个存储级别;然后通过预先定义的数据生命周期或者迁移策略将数据自动迁移到相应级别的存储中,将访问频率高的热数据迁移到高性能的存储层级,将访问频率低的冷数据迁移到低性能大容量的存储层级。以下列出自动分级存储的两个设计目标。

(1) 降低成本。

通过预先定义的数据生命周期或者迁移策略,将访问频率较低的数据(即冷数据)迁移到低性能、大容量的存储层级,将访问频率高的数据(即热数据)迁移到高性能的存储层级。按 80/20 定律,20%数据是热数据,80%数据是冷数据,热数据的比例较小,采用上述迁移策略有助于节约高速存储介质,从而降低存储设备的总成本。

(2) 简化存储管理,提高存储系统性能。

通过对企业业务的分析管理,设置合适的企业数据迁移策略,将极少使用的大部分数据迁移到低性能、大容量的存储层级,减少冷数据对系统资源的占用,可以提高存储系统的总体性能。

从广义的角度讲,分层存储系统一般分为在线(On-line)存储、近线(Near-line)存储和离线(Off-line)存储三种存储方式,如表 6.1 所示。

表 6.1 三种存储方式综合比较

类别	时效性	容量	性能	访问速度	成本
在线存储	即时服务	小	高	快	高
近线存储	非即时服务	较大	低	较快	低
离线存储	非即时服务	大	低	慢	低

在线存储将数据存放在 SAS 磁盘阵列、固态闪存磁盘、光纤通道磁盘这类高速的存储介质上。此类存储介质适合那些访问频率高、存储重要的程序和文件,其优点是数据读写速度快、性能好,缺点是存储价格相对昂贵。在线存储属于工作级的存储,其最大的特征为:存储设备和所存储的数据一直保持"在线"状态,数据可以随时读取与修改,满足高效访问的数据访问需求。

近线存储是指将数据存放在 SATA 磁盘阵列、DVD-RAM 光盘塔和光盘库等这类低速的存储介质上,对这类存储介质或存储设备要求寻址速度快、传输速率高。近线存储对性能要求并不高,但要求有较好的访问吞吐率和较大的容量空间,其主要定位是介于在线存储与离线存储之间的应用,例如,保存一些不重要或访问频度较低的需长期保存的数据。从性能和价格的角度,近线存储是在线存储与离线存储之间的一种折中方案,其存取性能和价格介于高速磁盘与磁带之间。

离线存储也称为备份级存储,通常将数据备份到磁带或者磁带库等存储介质上,此类存储介质访问速度低,价格便宜,大多数情况下用于在线存储或近线存储的数据进行备份,防范数据的丢失,适用于存储无价值但需长期保留的历史数据、备份数据等。

2. 分层存储技术分析

在分层存储系统中,根据数据生命周期管理策略或数据访问频度,需要在不同存储等级的设备之间进行数据迁移,此时,需要关注如下几方面。

(1) 数据一致性。

分层存储系统中数据迁移可分为降级迁移和提升迁移。冷数据需要降级迁移,热数据则需要进行提升迁移,这两种数据迁移的目的、特征是不相同的。降级迁移是将数据迁移到低速存储设备上,对于降级迁移来说,因为是迁移冷数据,在迁移过程中很可能不会出现前端用户 I/O 请求。升级迁移则将数据迁移到高性能存储设备上,对升级迁移来说,迁移主要发生在 I/O 最密集的时间段,通常会有前端用户 I/O 请求发生,如果是写请求,那么迁移数据和用户请求数据就存在数据不一致问题。针对数据不一致问题,通常的应对措施是采用读写锁,以数据块为调度粒度来减小前端 I/O 性能的影响。在迁移过程中,迁移进程为当前数据块申请读写锁,保证数据在迁移操作与写操作之间的数据一致性。

(2) 增量扫描。

在一个文件数为10亿级的大规模文件系统中,选择分级存储管理操作的候选对象是一个耗时操作,一般须扫描整个文件系统的名字空间。假设每秒能扫描5000个文件,扫描10亿个文件大约需要27h。为了提高扫描性能,一种应对方案是增量扫描技术,其技术要点如下。

① 扫描系统元数据,而非扫描整个文件系统。

② 扫描近期某一时间段内所有被访问文件的次数和大小、总访问热度等信息,因为近期被访问文件占整体文件系统的比例很低。

采用增量扫描技术,一方面,按照文件访问情况进行针对性扫描,能够大幅度减少文件扫描规模。例如,一个拥有20万个文件的文件系统,每天只有不到1%的文件被访问(随着文件系统规模增加,访问百分比还会下降);另一方面,通过元数据服务器定期获取近期访问过的文件信息,可以大大减少文件扫描任务量,从而减少维护文件访问信息的开销。

(3) 数据自动迁移存储。

在实际应用中,当数据信息达到迁移触发条件时,系统会自动启动数据迁移进程,从而实现冷数据的降级存储和热数据的升级存储。分级存储中数据需要在线迁移,这就需要考虑数据移动对前端I/O负载的性能影响。数据自动迁移技术要求最大限度地降低数据迁移动作本身对前端用户I/O性能的影响,并且迁移过程对前端应用是透明的,它根据前端I/O负载的变化来调整数据迁移速率,即迁移进程要完成负载感知的数据迁移调度和迁移速率控制,使得数据迁移动作本身对存储系统的QoS的影响非常小,同时使得数据迁移任务能够尽快完成。

(4) 数据的迁移策略设计。

数据信息分级策略是依据信息数据的重要程度、访问频率、生命周期等多种指标对数据进行价值分级。数据分级后在合适的时间迁移到不同级别的存储设备中,以达到最佳的存储状态。因此科学的数据分级显得非常重要,要充分挖掘数据的静态特征和动态特征,以获得更好的分级存储效果。以文件系统为例,进行文件分级时需要注意以下三点。

① 文件系统的静态特征需关注大小文件的分布。

② 文件系统的宏观访问规律需关注大小文件的访问次数。

③ 文件之间的访问关联特征需关注文件在被访问的同时另外一个文件在什么时间段被访问。依据这些特征和存储设备的分级情况,确定文件分级标准和文件分级变化的触发条件,从而在合适的时间将数据迁移到不同级别的存储设备中。

数据迁移最佳策略是各类最优策略的组合,也就是因需制宜地选择合适的迁移算法或迁移方法。例如,根据数据年龄(即创建之后的存在时间)进行迁移的策略可以用在归档及备份系统中,根据访问频度进行迁移的策略可以用于虚拟化存储系统中。

3. 分层存储技术用

分层存储技术有两个重要标准:“精细度”与“运算周期”。

“精细度”是指系统执行存取行为、收集分析与数据迁移操作的单位,它决定了执行数据迁移时操作单元的大小。“精细度”并不是越小越好。“精细度”越小,虽然能提高空间利用率,但会加大迁移开销,影响存储设备的性能,因此,“精细度”需合理规划配置。假设需要在一个50GB的LUN上进行数据迁移,若采用的精细度为1GB,则系统只需追踪50个数据分块;若采用更小的精细度，如 10MB，则系统就需要追踪 5 万个数据分块，操作量高出 100 倍。

“运算周期”是指系统执行存取行为、统计分析与数据迁移操作的周期，它反映磁盘存取行为的时间变化。运算周期越短、存取操作越密集，系统将能更快地依照最新的磁盘存取特性，重新配置数据在不同磁盘层集中的分布。运算周期太长，统计分析与数据迁移操作会占用过多 I/O 资源。

以华为技术有限公司的数据迁移技术 SmartTier 为例，SmartTier 的精细度为 512KB～64MB，默认是 4MB，最小运算周期为 1h。

目前主要存在基于块、基于文件和基于对象的三类自动分层存储技术。SmartTier 是基于块的自动分层存储技术，它将存储分成三个层级：高性能层（由 SSD 组成）、性能层（SAS 组成）、容量层（NL-SAS）。各存储层级划分如表 6.2 所示。

表 6.2　存储层级划分

层　级	硬盘类型	硬盘特点	应用特点	数据特点
高性能层	SSD 硬盘	高 IOPS；任务响应时间短；每单位存储容量成本很高	适合随机读取存储请求密度高的业务负载	最活跃数据：存储至或迁移至高性能层硬盘且读性能得到很大提升的“繁忙”数据
性能层	SAS 硬盘	在大量业务负载下具有高带宽；任务响应时间适中；没有被缓存的数据，写比读慢	适合存储请求密度适中的业务负载	热数据：存储至或迁移至性能层硬盘的较活跃数据
容量层	NL-SAS 硬盘	低 IOPS；任务响应时间长；每单位存储请求处理成本很高	适合存储请求密度低的业务负载	冷数据：存储至或迁移至容量层硬盘的“空闲”数据，且数据迁移后，其现有性能不会受到影响

高性能层通常采用高性能的 SSD 硬盘，支持高 IOPS，低响应时间，适用于存放业务系统中最活跃的数据。当然，高性能层存储成本也是最高的。性能层一般采用 SAS 硬盘，用于支持具有高带宽、响应时间适中要求的业务负载，即较为活跃的热数据。容量层一般采用 NL-SAS 硬盘，NL-SAS 硬盘是 SATA 的盘体与 SAS 连接器的组合体，NL-SAS 硬盘的转速只有 7200RPM，性能比 10 000RPM 的 SAS 硬盘差。由于使用了 SAS 接口，在寻址与速度上比 SATA 硬盘有了提升，其适用于低 IOPS、响应时间长的业务负载，即访问频度较低的冷数据。

如果存储系统想开启 SmartTier 功能，必须配备有两种或者两种以上不同性能的磁盘。首先，根据设定的时间监控 I/O 的活跃度；其次，对数据进行活跃度的分析，并排序；最后，根据数据活跃度和数据迁移策略进行数据迁移操作。具体的操作是将活跃度低的数据迁移到速度较慢但是空间较大的容量层，将活跃度一般的数据迁移到速度较高的性能层，将活跃度最高的一部分数据迁移到速度更快的高性能层，从而为活跃度比较高的数据提供更快的响应速度。迁移粒度是 RAID2.0＋技术中的 Extent 的大小（512KB～64MB），默认为 4MB。

（1）I/O 监控。

I/O 监控阶段由存储系统的 I/O 监控模块完成。存储系统根据两个数据块的活跃度来判断一个数据块比另一个更热或更冷。每个数据块的活跃度通过统计数据块的读写访问频率和 I/O 比例得出。通常，系统提供的是数据块活跃度的加权累计值。作为实时监控任务，所有数据块都会被持续统计。

（2）数据排布分析。

数据排布分析阶段由存储系统的数据排布分析模块完成。首先，以 I/O 监控模块生成的每个

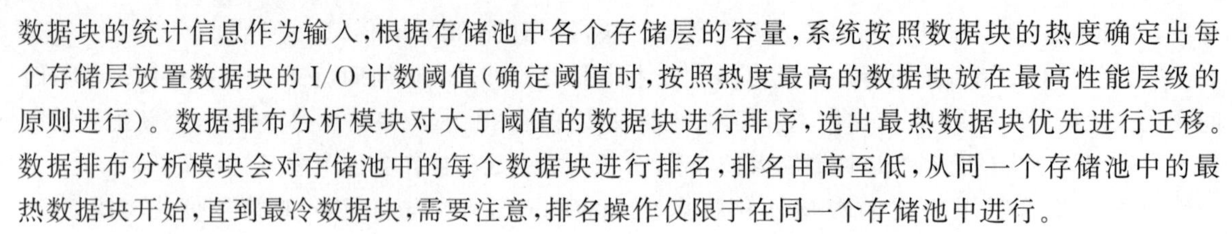

数据块的统计信息作为输入，根据存储池中各个存储层的容量，系统按照数据块的热度确定出每个存储层放置数据块的I/O计数阈值(确定阈值时，按照热度最高的数据块放在最高性能层级的原则进行)。数据排布分析模块对大于阈值的数据块进行排序，选出最热数据块优先进行迁移。数据排布分析模块会对存储池中的每个数据块进行排名，排名由高至低，从同一个存储池中的最热数据块开始，直到最冷数据块，需要注意，排名操作仅限于在同一个存储池中进行。

(3) 数据迁移。

数据迁移阶段由存储系统的数据迁移模块完成。SmartTier 根据数据排布分析阶段对数据块的排名结果和数据迁移策略实施数据迁移，SmartTier 所采用的排名结果是数据迁移前数据排布分析模块得出的最近一次分析结果。通常，迁移模块将排名高的数据块迁移至较高存储层(通常是高性能层或性能层)，将排名低的数据块迁移至较低存储层(通常是性能层或容量层)。

6.2.4 Cache 技术

在动态的业务环境中提高应用程序的响应速度，是一项成本高昂且复杂耗时的任务。应用程序的响应延迟过大会影响业务的效率，进而降低企业的生产效率和客户服务的水平。

1. Cache 技术概述

随着服务器处理能力不断的增长，存储系统的性能成为制约应用程序响应速度的一个重要因素。虽然存储系统通过增加普通缓存资源(如 RAM Cache)，能够提升存储设备的访问速度，但普通缓存具有价格昂贵、容量较小、数据掉电丢失等缺点，存储厂商将目光转到固态硬盘 SSD 上。

SSD 具有响应时间短、容量远大于普通缓存资源的优点，与传统的机械硬盘相比，SSD 能大幅提升响应速度，实现了最高的 I/O 性价比。利用 SSD 这一特性，将 SSD 盘作为读缓存资源，可以减少存储系统的读响应时间，有效提高热点数据的访问效率。

2. Cache 技术原理

各厂家对智能闪存 Cache 技术有不同的定义，但基本原理及最终实现效果基本相同。如 EMC 厂家将 Cache 技术称为 FAST Cache 技术，而华为技术有限公司称为 SmartCache 技术。不管是 EMC 的 FAST Cache 技术还是华为的 SmartCache 技术，都具有提高效率、提升性能的作用。下面以华为技术有限公司开发的 SmartCache 技术为例阐述 Cache 技术原理。

SmartCache 又叫智能数据缓存。利用 SSD 盘对随机小 I/O 读取速度快的特点，通过 SSD 盘组成智能缓存池，将访问频率高的随机小 I/O 热点数据从传统的机械硬盘复制到由 SSD 盘组成的高速智能缓存池中。由于 SSD 盘的数据读取速度远远高于机械硬盘，所以 SmartCache 特性可以缩短热点数据的响应时间，从而提升系统的性能。

更进一步讲，SmartCache 将智能缓存池划分成多个分区，为业务提供细粒度的 SSD 缓存资源。不同的业务可以共享同一个分区，也可以分别使用不同的分区，各个分区之间互不影响，从而可以向关键应用提供更多的缓存资源，保障关键应用的性能。此外，采用 SmartCache 不会中断现有业务，也不会影响数据的可靠性，因为 SSD 属于非易失性存储。

利用 SSD 盘较短的响应时间和较高的 IOPS(Input/Output Operations Per Second)特性，SmartCache 特性可以提高业务的读性能。SmartCache 适用于存在热点数据的场景，且读操作多于写操作的随机小 I/O 业务场景，包括在线事务处理 OLTP 应用、数据库、Web 服务、文件事务应用等。

6.2.5　快照与克隆技术

随着信息技术的发展,数据备份的重要性也逐渐凸显。最初的数据备份方式中,恢复时间目标(Recovery Time Objective,RTO)和恢复点目标(Recovery Point Objective,RPO)无法满足业务的需求,而且数据备份过程会影响业务性能,甚至中断业务。

1. 快照技术概述

快照是指源数据在某个时间点的一致性数据副本。快照生成后可以被主机读取,也可以作为某个时间点的数据备份。

当企业数据量逐渐增加且数据增长速度不断加快时,如何缩短备份窗口成为一个重要问题。因此,各种数据备份、数据保护技术不断被提出。

恢复时间目标(RTO)是容灾切换时间最短的策略。以恢复时间点为目标,确保容灾能够快速接管业务。

恢复点目标(RPO)是数据丢失最少的容灾切换策略。以数据恢复点为目标,确保容灾切换所使用的数据为最新的备份数据。

备份窗口指在用户正常使用的业务系统不受影响的情况下,能够对业务系统中的业务数据进行数据备份的时间间隔,或者说是用于备份的时间段。

快照技术是众多数据备份技术中的一种,其原理与日常生活中的拍照类似,通过拍照可以快速记录下拍照时间点拍照对象的状态。由于可以瞬间生成快照,通过快照技术,能够实现零备份窗口的数据备份,从而满足企业对业务连续性和数据可靠性的要求。实现快照技术的方式有很多,例如,写时复制(Copy On Write,COW)和重定向写(Redirect On Write,ROW)两种快照技术。

2. 快照技术原理

存储网络工业协会(SNIA)对快照(Snapshot)的定义是"A point in time copy of n declined collection of data",指指定数据集合在某个时间点的一个完整可用副本。根据不同的应用需求,可以对文件、LUN、文件系统等不同的对象创建快照。快照生成后可以被主机读取,也可以作为某个时间点的数据备份。

从具体的技术细节来讲,快照是指向保存在存储设备中的数据的引用标记或指针,即快照可以被看作详细的目录表,但它被计算机作为完整的数据备份来对待。

快照有三种基本形式:基于文件系统式,基于子系统式和基于卷管理器/虚拟化式,而且这三种形式差别很大。市场上已经出现了能够自动生成这些快照的实用工具,例如,NetApp存储设备使用的操作系统,实现文件系统式快照;HP的EVA、HDS通用存储平台以及EMC的高端阵列则实现了子系统式快照;而Veritas则通过卷管理器实现快照。

常见快照技术有两种,分别是写时复制(Copy On Write,COW)快照技术和重定向写(Redirect On Write,ROW)快照技术。下文以写时复制快照技术(COW)为例描述其原理及使用场景。

写时复制快照技术在数据第一次写入某个存储位置时,首先会将原有的内容读取出来,写到另一个位置(此位置是专门为快照保留的存储空间,简称快照空间),然后再将新写入的数据写入存储设备中。当有数据再次写入时,不再执行复制操作,此快照形式只复制首次写入空间前的数据。

写时复制快照技术使用原先预分配的空间来创建快照，快照创建激活以后，倘若物理数据没有发生复制变动时，只需要复制原始数据物理位置的元数据，快照创建瞬间完成。如果应用服务器对源 LUN 有写数据请求，存储系统首先将被写入位置的原数据（写前拷贝数据）拷贝到快照数据空间中，然后修改写前拷贝数据的映射关系，记录写前拷贝数据在快照数据空间中的新位置，最后再将新数据写入源 LUN 中。

COW 技术中，源卷在创建快照时才建立快照卷，快照卷只占用很小的一部分存储空间，这部分空间用来保存快照时间点之后元数据发生首次更新的数据，在快照时间点之前是不会占用存储资源的，不会影响系统性能，使用方式也非常灵活，可以在任意时间点为任意数据建立快照。

从 COW 的数据写入过程可以看出，如果对源卷做了快照，在数据初次写入源卷时，需要完成一个读操作（读取源卷数据的内容）和两个写操作（源卷以前数据写入快照空间，新数据写入源卷空间），读取数据内容时，则直接从源卷读取数据，不会对读操作有影响。如果是频繁写入数据的场景，采用了 COW 快照技术会消耗 I/O 时间。由此可知，COW 快照技术对写操作有影响，对读操作没有影响，从而，COW 快照技术适合于读多写少的业务场景。

3. 快照技术特点及应用

快照技术具有如下两方面优点。

(1) 快照生成时间短。存储系统可以在几秒内生成一个快照，获取源数据的一致性副本。

(2) 占用存储空间少。生成的快照数据并非完整的物理数据拷贝，不会占用大量存储空间，即使源数据量很大，也只会占用很少的存储空间。

快照技术可应用于以下两方面。

(1) 保证业务数据安全性。当存储设备发生应用故障或者文件损坏时可以进行及时的数据恢复，将数据恢复成快照产生时间点的状态；另外，快照灵活的时间策略，可以为其设置多个激活时间点，为源 LUN 保存多个恢复时间点，实现对业务数据的持续保护。

(2) 重新定义数据用途。快照生成的多份快照副本相互独立且可供其他应用系统直接读取使用。例如，应用于数据测试、归档和数据分析等多种业务。这样既保护了源数据，又赋予了备份数据新的用途，满足企业对业务数据的多方面需求。

4. 克隆技术概述

随着信息技术的发展，数据的安全性和可用性越来越成为企业关注的焦点。20 世纪 90 年代，数据备份需求大量涌现。

克隆是指源数据在某个时间点的一致性数据副本，数据同步完成后成为完整的数据副本。克隆生成后可以被主机读取，也可以作为某个时间点的数据备份。

在一些实际应用中，用户需要从生产数据中复制出一份副本用于独立的测试、分析，这种用途催生了能适配该需求的数据保护技术——克隆。经过不断的发展，如今克隆已经成为存储系统中不可或缺的一种数据保护特性。

克隆技术可以实现用户的如下需求。

(1) 完整的数据备份。实现了数据的完整备份，数据恢复不依赖源数据，提供可靠的数据保护。

(2) 持续的数据保护。源数据和副本可实时同步，提供持续保护，实现零数据丢失。

(3) 可靠的业务连续性。备份和恢复的过程都可在线进行，不中断业务，实现零备份窗口。

(4) 有效的性能保障。可将一份源数据产生多个副本，将副本单独用于应用测试和数据分析，主、从 LUN 性能互不影响。在多业务并行条件下有效保障各业务性能。

(5) 稳定的数据一致性。支持同时生成多份源数据在同一时间点的副本，保证了备份时间点的一致性，从而保护数据库等应用中不同源数据所生成的副本之间的相关性。

5. 克隆技术原理

克隆是一种快照技术，是源数据在某个时间点的完整副本，是一种可增量同步的备份方式。其中，"完整"指对源数据进行完全复制生成数据副本；"增量同步"指数据副本可动态同步源数据的变更部分。克隆技术中，保存源数据的 LUN 称为主 LUN，保存数据副本的 LUN 称为从 LUN。

各厂家对克隆技术都有所涉及，下面以华为技术有限公司开发的克隆 HyperClone 技术为例介绍克隆的具体实现过程。要注意的一点是，华为技术有限公司开发的数据克隆技术克隆一定是在同一台设备上的备份，这是与远程复制等比较大的区别。克隆的主要用途是备份主 LUN 数据以供日后还原，或者保存一份主 LUN 在某一时间点的副本，用于单独读写。从这两种用途出发，克隆的实现过程分为三个实现阶段：同步、分裂和反向同步，如图 6.1 所示。

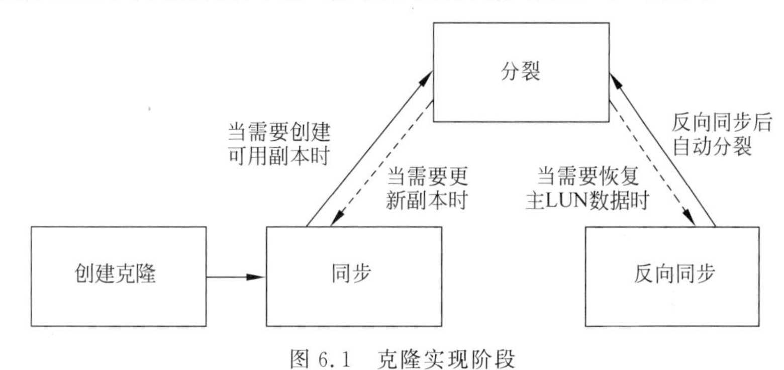

图 6.1　克隆实现阶段

(1) 同步。

存储系统将数据从主 LUN 拷贝至从 LUN，然后同时写主、从 LUN。在同步过程中，主机仍然可以对主 LUN 进行读写，从而保证业务的连续性。

(2) 分裂。

同步完成后，用户可以在某一时刻分裂 Pair（在克隆中，主 LUN 和每个从 LUN 构成一个 Pair。Pair 用于表示主 LUN 和从 LUN 之间的镜像关系；一个克隆中只能有一个主 LUN，但可以添加多个从 LUN。每添加一个从 LUN，就和主 LUN 构成一个新的 Pair），此时，从 LUN 便成为主 LUN 的可用副本，该副本封存了分裂时刻主 LUN 的所有数据。

分裂后，从 LUN 可以提供给主机读写，使主机既可以读写分裂时主 LUN 的数据，又不会影响主 LUN 的性能。分裂后，可将从 LUN 和主 LUN 再次同步或者反向同步。

(3) 反向同步。

当需要恢复主 LUN 数据时，可将从 LUN 数据反向同步到主 LUN 上。反向同步后 Pair 会自动分裂。与同步相似，在反向同步过程中，主机仍然可以对主 LUN 进行读写，从而保证业务的连续性。

6. 克隆技术特点

(1) 瞬间生成。存储系统可以在几秒钟内生成一个克隆，获取源数据的一致性副本，创建后的克隆支持立即读写，创建的克隆支持选择不同的重删压缩属性。

(2) 在线分裂。支持在不中断业务的场景下进行克隆分裂，分裂读写不影响源 LUN 的 I/O 数据处理。

6.2.6 远程复制与 LUN 拷贝技术

随着各行各业数字化进程的推进，数据逐渐成为企业的运营核心，用户对承载数据的存储系统的稳定性要求也越来越高。虽然企业拥有稳定性极高的存储设备，但还是无法防止各种自然灾害对生产系统造成不可恢复的毁坏。

1. 远程复制技术概述

远程复制技术是远程容灾系统的核心技术，在保持两地间数据一致性和实现灾难恢复中起到关键作用。数据复制的主要目的是提高分布式系统的可用性及访问性能。目前数据复制的主要方式有同步数据复制和异步数据复制两种。

(1) 同步数据复制。

同步数据复制(Synchronous Data Replication，SDR)又称实时数据复制，是指对业务数据进行实时复制，数据源和备份中心之间的数据互为镜像，保持完全一致。这种方式实时性强，灾难发生时远端数据与本地数据完全相同，可以达到数据的零丢失，保证高度的完整性和一致性。

同步数据复制方式中，复制数据在任何时间和任何节点均保持一致。如果复制环境中任何一个节点数据发生了更新操作，这种变化会立刻反映到其他所有节点。为了保证系统性能和实用性，数据被复制在多个节点，同步复制在所有节点通过更新事务保证所有备份一致。同步复制在没有并发事务发生时连续执行，但减少了更新执行，增加了事务响应时间，因为事务附加了额外的更新操作和消息发送。

(2) 异步数据复制。

异步数据复制(Asynchronous Data Replication，ADR)是将本地的数据通过后台同步的方式复制到异地。这种方式可能有分钟级或短时间的数据丢失，很难达到零数据丢失。异步复制的原理是对本地主卷写完成后，不必等待远程二级卷写完，主机立即可处理下一个操作(Input/Output，I/O)。因此，对本地主机性能影响很小。

与同步数据复制方式相比，异步数据复制方式对带宽和距离的要求低很多，它只要求在某个时间段内能将数据全部复制到异地即可，同时异步数据复制方式也不会明显影响应用系统的性能。从传输距离上说，异步数据复制可以使用信道扩展器或其他技术，使传输距离延长，能够达到几千千米。其缺点是在本地生产数据发生灾难时，异地系统上的数据可能会短暂损失(如果广域网速率较低，交易未完整发送)。异步数据复制与同步数据复制方式的结合，既可以实现数据的零丢失，又达到异地容灾的目的。

为了保证数据存取的持续性、可恢复性和高可用性，企业需要考虑远程容灾解决方案，而远程复制技术则是远程容灾解决方案的一个关键技术。

远程复制(Remote Replication)技术是一种数据保护技术，指通过建立远程容灾中心，将生产中心的数据实时或者周期性地复制到灾备中心。正常情况下，生产中心提供给客户端存储空间供其使用，生产中心存储的数据会按照用户设定的策略备份到容灾中心，当生产中心由于断电、火灾、地震等因素无法工作时，生产中心将网络切换到容灾中心，容灾中心提供数据给生产中心使用,如图 6.2 所示。

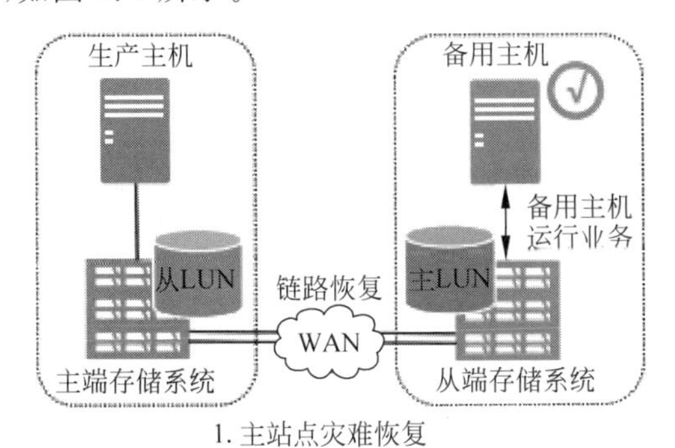

1. 主站点灾难恢复

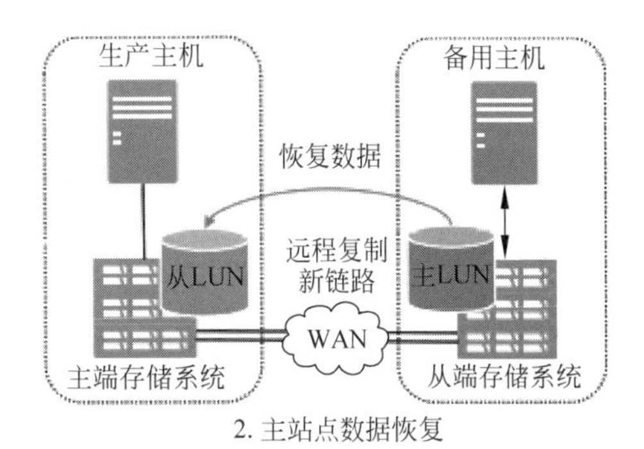

2. 主站点数据恢复

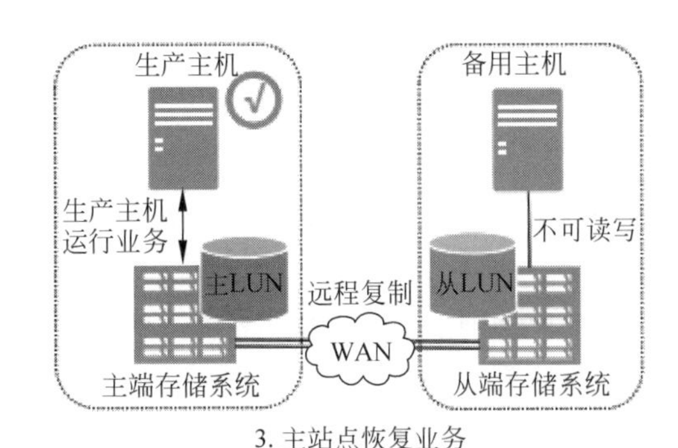

3. 主站点恢复业务

图 6.2　远程复制数据恢复

远程复制可分为同步远程复制和异步远程复制,同步远程复制会实时同步数据,最大限度地保证数据的一致性,以减少灾难发生时的数据丢失量;异步远程复制会周期性地同步数据,最大限度地减少数据远程传输的时延而造成的业务性能下降。

各大厂商对远程复制技术都有所涉及,下面以华为技术有限公司的 HyperReplication 为例来解读远程复制技术。HyperReplication 是容灾备份的核心技术之一,可以实现远程数据同步和灾难恢复。在物理位置上分离的存储系统,通过远程数据连接功能,远程可以维护一套或多套数据副本。一旦灾难发生,分布在异地灾备中心的备份数据并不会受到波及,从而实现灾备功能,如图 6.3 所示。

同步远程复制的流程如下。

(1) 从主机端接收 I/O 请求后,主存储系统发送 I/O 请求到主 LUN 和从 LUN。

(2) 当数据成功写入主 LUN 和从 LUN 之后,主存储将数据写入的结果返回给主机。如果数据写入从 LUN 失败,从 LUN 将返回一个消息,说明数据写入从 LUN 失败。此时,远程复制将双写模式改为单写模式,远程复制任务进入异常状态。

(3) 在主 LUN 和从 LUN 之间建立同步远程复制关系后,需要手动触发数据同步,从而使主 LUN 和从 LUN 的数据保持一致。当数据同步完成后,每次主机写入数据到存储系统,数据都将实时地从主 LUN 复制到从 LUN。

异步远程复制依赖于快照技术,快照是源数据基于时间点的拷贝。异步远程复制的流程如下。

(1) 从主机端接收 I/O 请求后,主存储系统发送 I/O 请求到主 LUN。

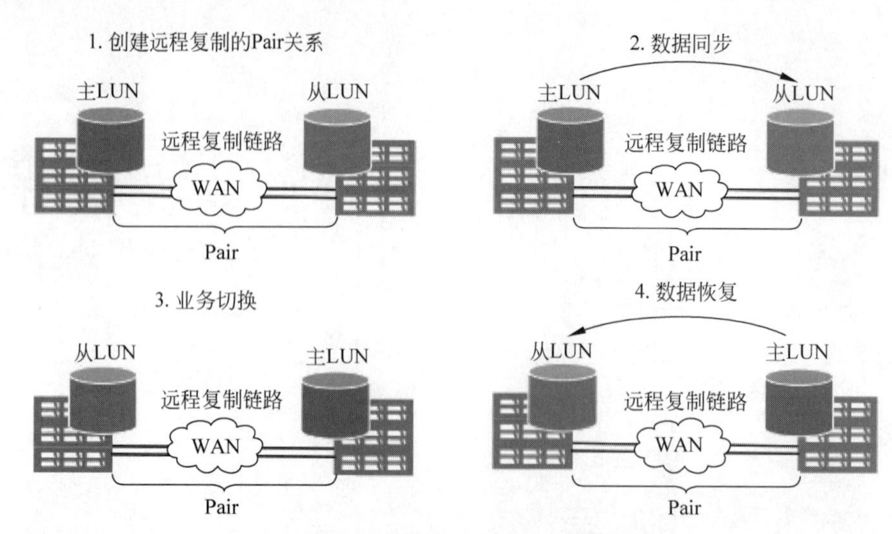

图 6.3　业务数据的远程备份和恢复阶段

（2）当主机写入数据到主 LUN，只要主 LUN 返回一个数据写入成功的消息，主存储系统就给主机返回一个数据写入成功的消息。

（3）当主 LUN 和从 LUN 建立异步远程复制关系之后，将触发数据初始同步，把主 LUN 上的数据全部复制到从 LUN，从而使主 LUN 和从 LUN 数据一致。当初始同步完成后，存储系统按如下方式处理主机写：当接收到一个主机写，主存储系统将数据发送到主 LUN，只要主 LUN 返回一个数据写入成功的消息，主存储系统就返回数据写入成功的消息给主机；当同步操作被系统定期触发时，主 LUN 上的新数据被复制到从 LUN。

主站点和远程站点之间不管是采用同步远程复制技术，还是异步远程复制技术，在主站点被破坏的情况下，故障切换操作都可以被启动，即在远程站点上的从 LUN 将被激活。在远程站点上的主机将再次与数据联系起来，以保持业务的连续性。当然，在远程站点上的主机，必须与本地主机运行相同的业务程序。

2. LUN 拷贝技术概述

随着各行各业数字化的推进，企业产生了因设备升级或数据备份而进行数据迁移的需求。传统的数据迁移过程是存储系统→应用服务器→存储系统。这种迁移过程具有数据迁移速度慢的缺点，且数据在迁移过程中还会占用应用服务器的网络资源和系统资源。为了提升数据迁移速度，人们提出了 LUN 拷贝技术，待迁移数据直接在存储系统之间或存储系统内部传输，并可同时在多个存储系统间迁移多份数据，满足了用户快速进行数据迁移、数据分发及数据集中备份的需求。相比于远程复制只能在同类型存储系统之间运行的缺点，LUN 拷贝不仅支持同类型存储，而且支持经过认证的第三方存储系统。

LUN 拷贝是一种基于块的将源 LUN 复制到目标 LUN 的技术，可以同时在设备内或设备间快速地进行数据的传输。如果 LUN 拷贝需要完整地复制某 LUN 上的所有数据，此时，需要暂停该 LUN 的业务。LUN 拷贝分为全量 LUN 拷贝与增量 LUN 拷贝两种模式。

（1）全量 LUN 拷贝。将所有数据进行完整复制，需要暂停业务，该拷贝模式适用于数据迁移业务。

（2）增量 LUN 拷贝。创建增量 LUN 拷贝后会对数据进行完整复制，以后每次拷贝都只复制上次拷贝后更新的数据。这种 LUN 拷贝方式对主机影响较小，从而能够实现数据的在线迁移和备份，无须暂停业务。该拷贝模式适用于数据分发、数据集中等备份业务。

6.2.7　数据备份技术

数据备份是为了在系统遇到人为或自然灾难时，能够通过备份的数据对系统进行有效的灾难恢复。没有绝对安全的防护系统，当系统遭受攻击或入侵时，数据被破坏的可能性是非常大的，对企业来说，数据的损失即意味着经济损失，这种损失很多时候是企业不能承受的。企业对信息化系统的依赖，实际上是对系统里流动的数据的依赖，因此数据备份越发显得重要，这正是近年来存储、数据备份行业兴起的原因。

1. 数据完整性的定义

数据完整性的保护，通常使用数字签名或散列函数对密文进行运算后，得到一个“数字指纹”，并对数字指纹进行加密运算，在数据到达目的地后，对数据再次“取指纹”运算，核对解密后的指纹，如果指纹一致，表明数据没有任何变动，如果不一致，则表明数据在传输过程中发生了变化。

数据完整性是信息安全的基本要素之一。数据完整性是指在存储、传输信息或数据的过程中，确保信息或数据不被未授权的篡改，或在篡改后能够被迅速发现。

在信息安全领域中，数据完整性的概念常常和保密性相互混淆。数据完整性与保密数据保密性使用各种加密算法不同，保护数据完整性的算法并非加密算法，而是一种“校验”算法。这意味着数字签名、散列函数对数据的运算并非是双向可逆的过程。使用加密算法对明文数据进行加密运算后，只要掌握了相关密钥，数据即可用对应的解密算法进行解密，从而还原成明文。而数字签名算法、各种散列函数算法，对明文数据进行运算后，通常得到同样长度的一段数据，可理解为原始明文数据的“指纹”，不同的明文数据对应不同的指纹，但是无法利用指纹还原出原始的明文数据。

2. 保护数据完整性的方法

目前，数据文件的完整性可能通过散列值计算、数字签名跟踪和文件修改跟踪等方式来保障。可以使用数字签名对数据完整性进行保护，数字签名采用的是非对称密钥体制，通常用数据发送的私钥进行签名，接收方收到数据后，用发送方的公钥核对签名，若用发送方的公钥可以对数据进行解密，则意味着签名有效。

MD5、SHA-1 都是基于较复杂的算法，需要使用比较密集的资源才能保证一台计算机上所有文件的完整性，而执行和文件修改跟踪方法则显得有些不可靠，因为现在的许多恶意软件都能够通过修改时间来隐藏对文件的修改。

3. 数据备份分类

数据备份不仅是数据的保护，其最终目的是为了在系统遇到人为或自然灾难时，能够通过备份内容对系统进行有效的灾难恢复。备份不是单纯的复制，管理也是备份的重要组成部分。管理包括备份的可计划性、磁盘的自动化操作、历史记录的保存以及日志记录等。

数据备份技术有多种实现形式，从不同的角度可以对备份进行不同的分类。

(1) 按备份时系统的工作状态分类。

按备份时系统的工作状态分类，数据备份可分为冷备份和热备份。

① 冷备份。

冷备份又称离线备份，指在进行备份操作时，系统处于停机或维护状态。采用这种方式备份的数据与系统中此时段的数据完全一致。冷备份的缺点是备份期间备份数据源不能使用。

② 热备份。

热备份又称在线备份或同步备份，指进行备份操作时，系统处于正常运转状态下的备份。在这种情况下，由于系统中的数据可能随时在更新，备份的数据相对于系统的真实数据可有一定的滞后。

(2) 按备份策略分类。

按备份策略分类，数据备份可分为完全备份、增量备份和差分备份。

① 完全备份。

完全备份是指对整个系统或用户指定的所有文件进行一次完整的备份，这是最基本也是最简单的备份方式，这种备份方式的好处是很直观，容易被人理解。可每天对自己的系统进行完全备份，如星期一用一块磁盘对整个系统进行备份，星期二再用另一块磁盘对整个系统进行备份，以此类推。这种备份策略的好处是：当发生数据丢失的灾难时，只要用一块磁盘(即灾难发生前一天的备份磁盘)，就可以恢复丢失的数据。然而它也有不足之处，首先，由于每天都对整个系统进行完全备份，造成备份的数据大量重复。这些重复的数据占用了大量的磁盘空间，这对用户来说就意味着增加成本。其次，由于需要备份的数据量较大，因此备份所需的时间也就较长。对于那些业务繁忙、备份时间有限的单位来说，选择这种备份策略是不明智的。

② 增量备份。

为了解决完全备份的主要缺点，增量备份应运而生。增量备份只备份相对于上一次备份操作以来新创建或者更新过的数据。通常特定的时间段内只有少量的文件发生改变，没有重复的备份数据，既节省了存储空间，又缩短了备份的时间。因而这种备份方法比较经济，可以频繁地进行。如星期日进行一次完全备份，然后在接下来的六天里只对当天新的或被修改过的数据进行备份。这种备份策略的优点是节省了磁盘空间，缩短了备份时间。但它的缺点在于，当灾难发生时，数据的恢复比较麻烦。例如，系统在星期三的早晨发生故障，丢失了大量的数据，那么现在就要将系统恢复到星期二晚上时的状态。这时系统管理员就要首先找出星期日的那盘完全备份磁盘进行系统恢复，然后再找出星期一的磁盘来恢复星期一的数据，然后找出星期二的磁盘来恢复星期二的数据。很明显，这种方式很烦琐。另外，这种备份的可靠性也很差。在这种备份方式下，各盘磁盘间的关系就像链子一样，一环套一环，其中任何一块磁盘出了问题都会导致整条链子脱节。比如在上例中，若星期二的磁盘出了故障，那么管理员最多只能将系统恢复到星期一晚上时的状态。

③ 差分备份。

差分备份即备份上一次完全备份后产生和更新的所有新的数据。管理员先在星期日进行一次系统完全备份，然后在接下来的几天里，管理员再将当天所有与星期日不同的数据(新的或修改过的)备份到磁盘。差分备份策略在避免了以上两种策略的缺陷的同时，又具有了它们的所有优点。首先，它无须每天都对系统做完全备份，因此备份所需时间短，并节省了磁盘空间；其次，它的灾难恢复也很方便。系统管理员只需要两块磁盘，即星期日的磁盘与灾难发生前一天的磁盘，就可以将系统恢复。

在实际应用中，备份策略通常是以上三种的结合。例如，星期一至星期六进行一次增量备份或差分备份，星期日进行全备份，月底进行一次全备份，年底进行一次全备份。

6.3 项目实施

6.3.1 网络负载平衡群集配置与管理

完成 Windows 的网络负载平衡功能，需要掌握 DNS 服务器配置与管理、IIS 服务器配置与管理，这里不再赘述。

1. 安装 Windows 的网络负载平衡功能

(1) 以管理员账户身份登录域控制器 server-01，打开"服务器管理器"窗口，选择"管理"→"添加角色和功能"选项，弹出"添加角色和功能向导"窗口，持续单击"下一步"按钮，直到出现"选择功能"窗口，勾选"网络负载平衡"复选框，如图 6.4 所示，在随后弹出的窗口中单击"添加功能"按钮。

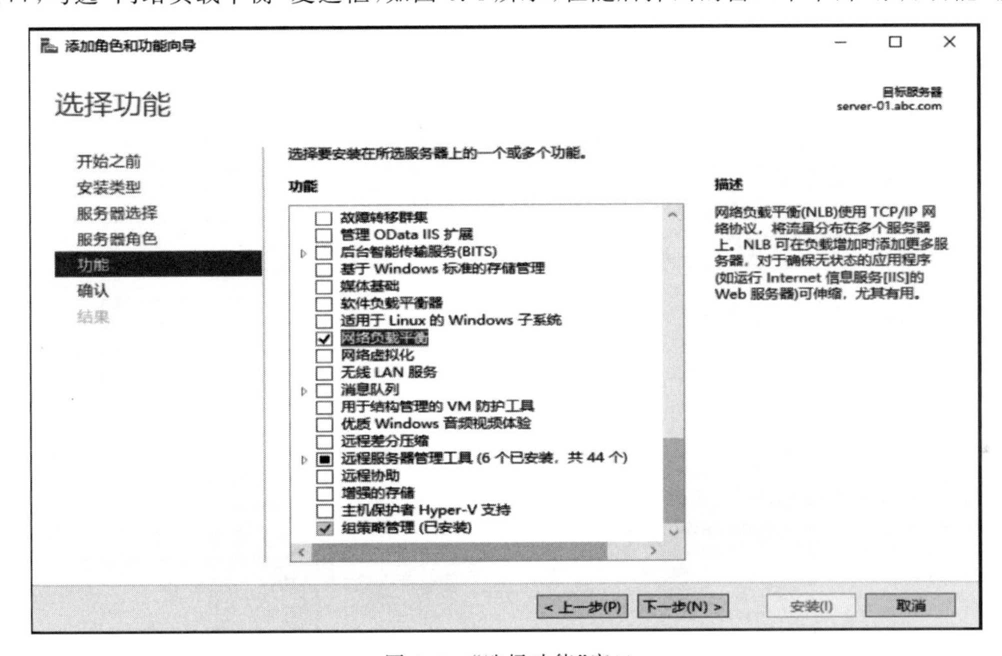

图 6.4 "选择功能"窗口

(2) 持续单击"下一步"按钮，直到出现确认安装所选内容界面时，单击"安装"按钮，安装完成后，单击"关闭"按钮，如图 6.5 所示。

2. 创建 Windows 网络负载平衡群集

创建 Windows 网络负载平衡群集，其具体操作步骤如下。

(1) 以管理员账户身份登录域控制器 server-01，打开"服务器管理器"窗口，选择"工具"选项，弹出"网络负载平衡管理器"窗口，选择"网络负载平衡群集"选项，单击鼠标右键，弹出快捷菜单，如图 6.6 所示，选择"新建群集"选项，弹出"新群集：连接"对话框，如图 6.7 所示，输入要加入群集的主机，单击"连接"按钮，在可用于配置新群集的接口区域，显示接口名称和接口 IP 地址信息，单击"下一步"按钮，弹出"新群集：主机参数"对话框，如图 6.8 所示。

(2) 在"新群集：主机参数"对话框中，单击"下一步"按钮，弹出"新群集：群集 IP 地址"对话框，

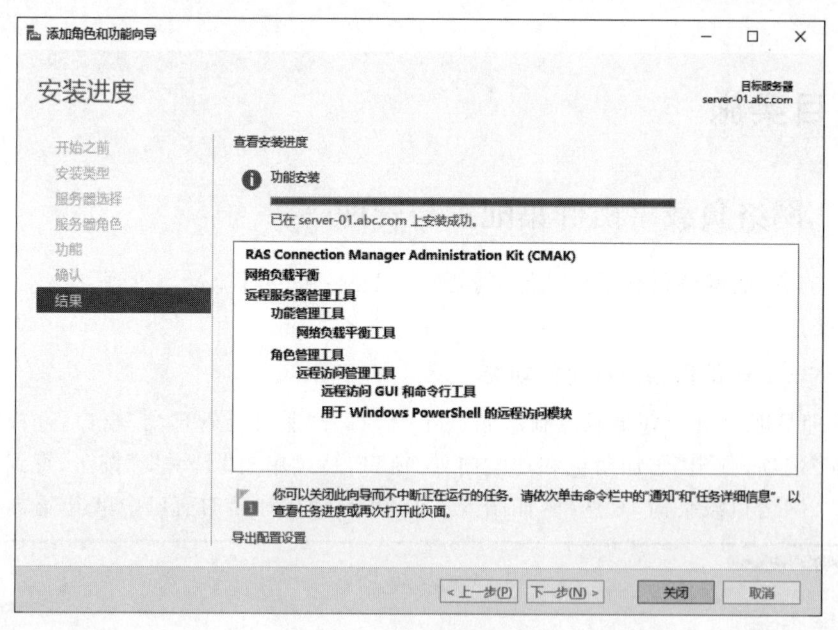

图 6.5 “安装进度”窗口

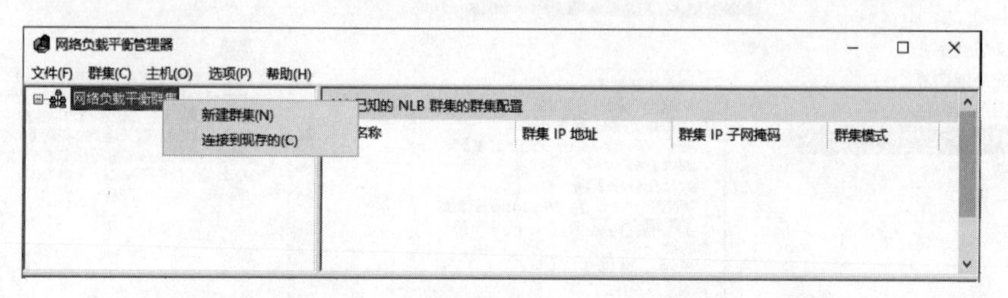

图 6.6 “网络负载平衡管理器”窗口

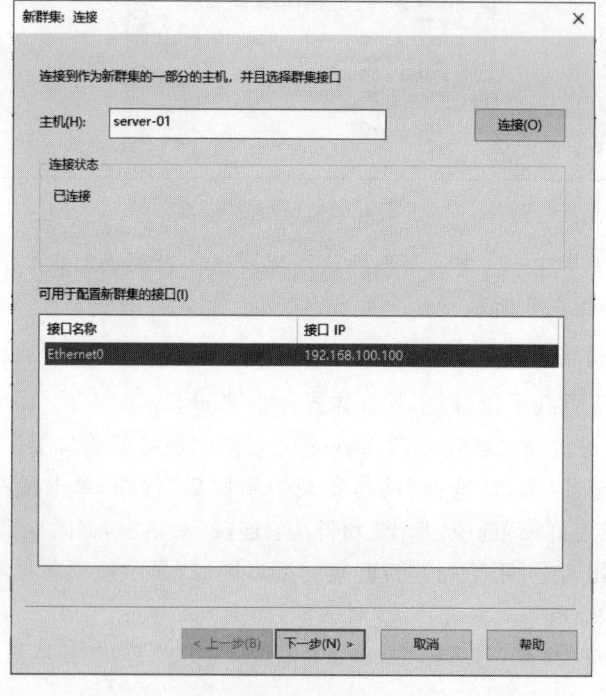

图 6.7 “新群集：连接”对话框

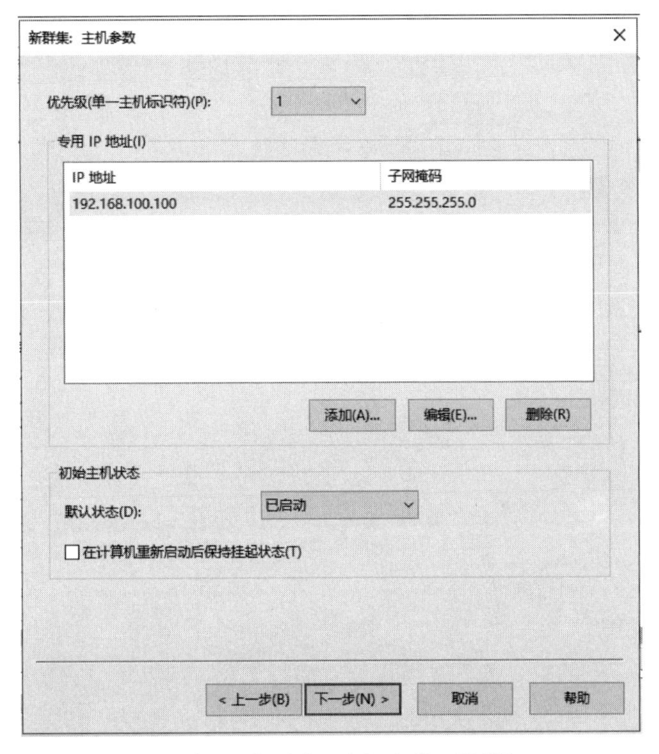

图 6.8　“新群集：主机参数”对话框

单击“添加”按钮，弹出“添加 IP 地址”对话框(注：此 IP 地址为群集共享 IP 地址)，如图 6.9 所示，单击“确定”按钮，返回“新群集：群集 IP 地址”对话框，如图 6.10 所示。

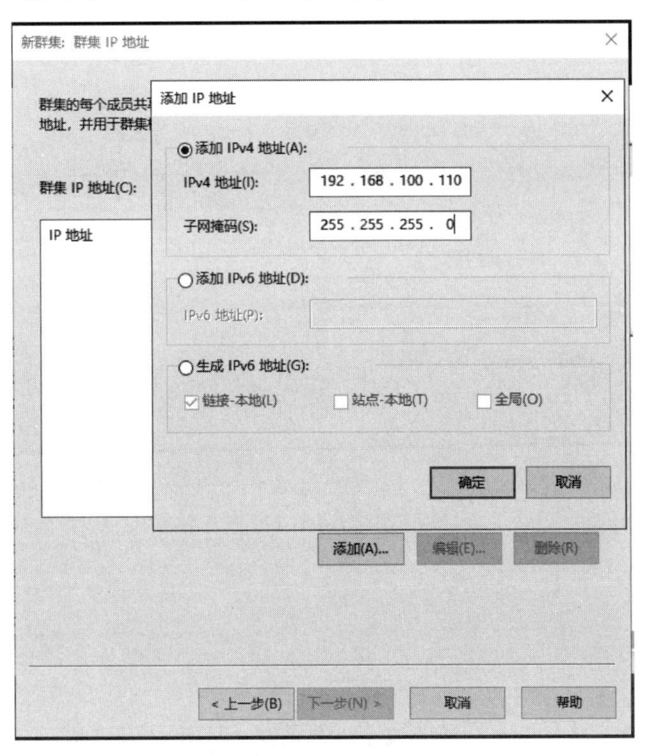

图 6.9　“添加 IP 地址”对话框

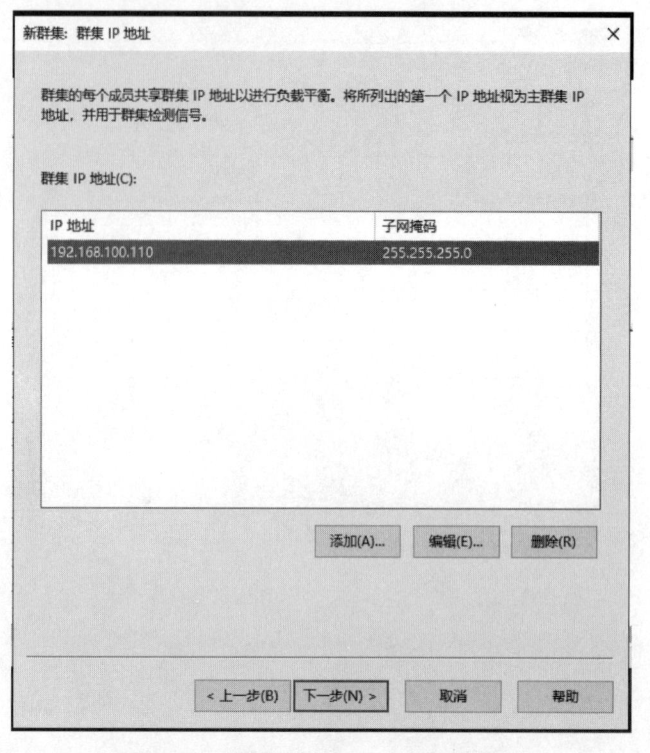

图 6.10 “新群集：群集 IP 地址”对话框

(3) 在“新群集：群集 IP 地址”对话框中,单击“下一步”按钮,弹出“新群集：群集参数”对话框,如图 6.11 所示,选择“多播”单选按钮,单击“下一步”按钮,弹出“新群集：端口规则”对话框,如图 6.12 所示,单击“完成”按钮,返回“网络负载平衡管理器”窗口,如图 6.13 所示。

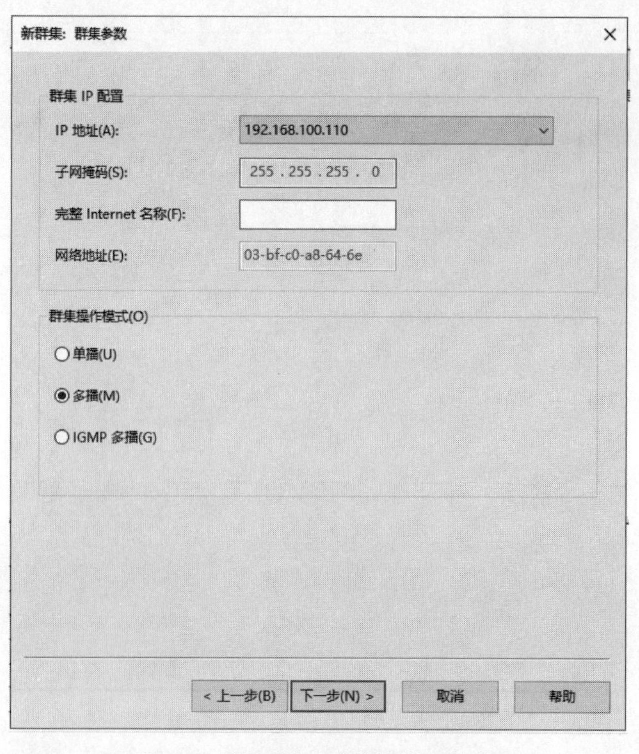

图 6.11 “新群集：群集参数”对话框

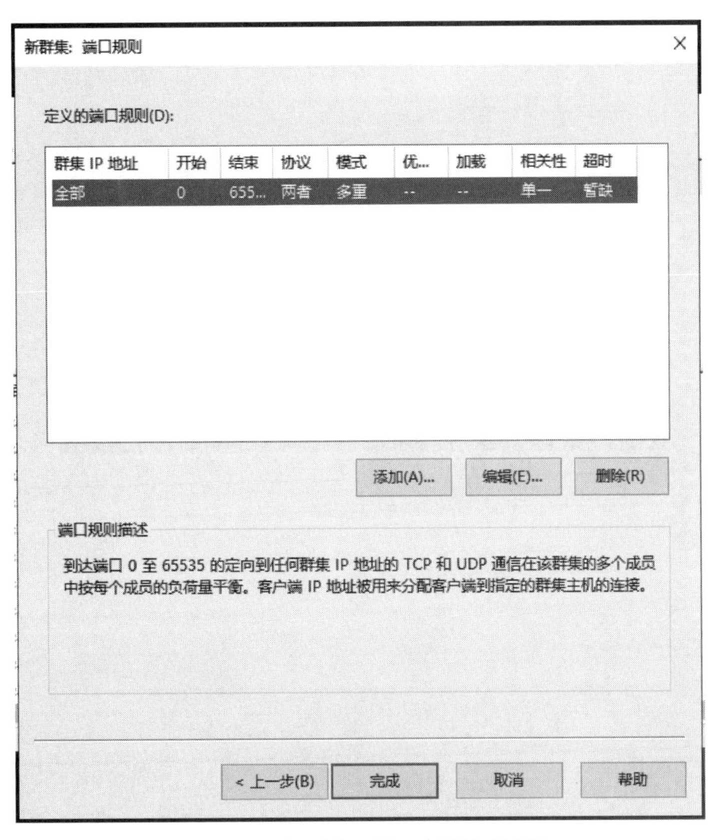

图 6.12 “新群集：端口规则”对话框

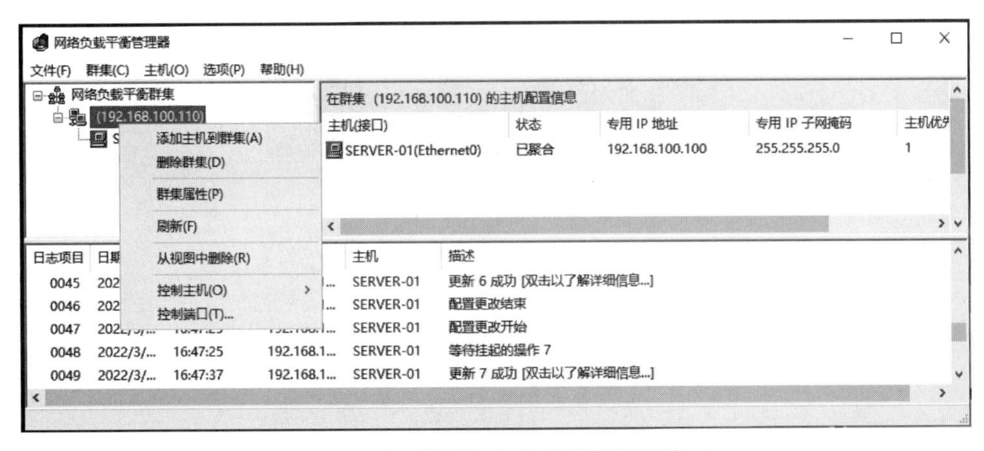

图 6.13 返回“网络负载平衡管理器”窗口

(4) 在“网络负载平衡管理器”窗口中，选择刚创建的群集 IP 地址，单击鼠标右键，在弹出的快捷菜单中选择“添加主机到群集”选项，弹出“将主机添加到群集：连接”对话框，如图 6.14 所示，输入要连接到群集的主机，单击“连接”按钮，单击“下一步”按钮，弹出用户的凭据对话框，输入用户名和密码，如图 6.15 所示。

(5) 在“用户的凭据”对话框中，单击“确定”按钮，弹出“将主机添加到群集：主机参数”对话框，如图 6.16 所示，单击“下一步”按钮，弹出“将主机添加到群集：端口规则”对话框，如图 6.17 所

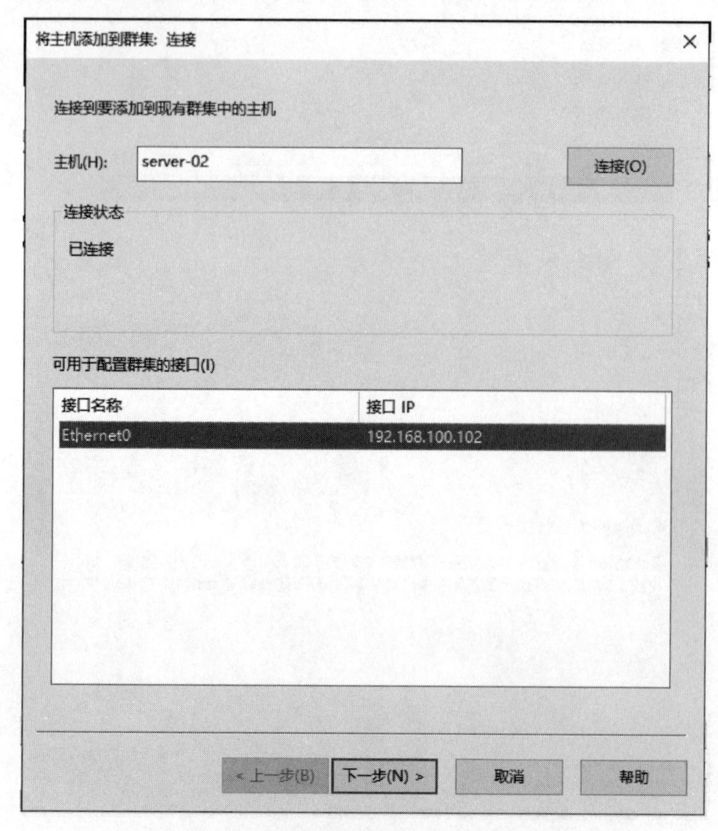

图 6.14 “将主机添加到群集:连接”对话框

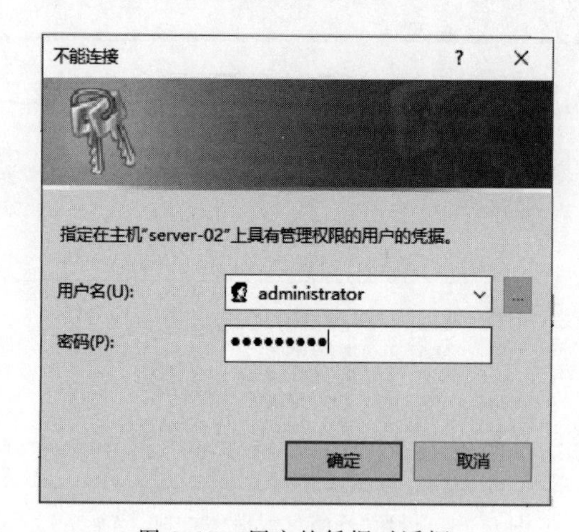

图 6.15 用户的凭据对话框

示,单击“完成”按钮,返回“网络负载平衡管理器”窗口,以同样的方式,添加主机 server-03,完成将主机添加到群集操作。操作完成结果如图 6.18 所示。此时查看服务器 server-02 与 server-03“网络负载平衡管理器”窗口,也可以看到相同的结果。

(6) 完成网络负载平衡配置操作时,此时查看 Web 服务器(server-01)的 IP 地址信息,如图 6.19 所示,单击“高级…”按钮,查看“高级 TCP/IP 设置”对话框,此时可以看到群集的 IP 地址(192.168.100.110)被添加到 IP 地址区域,如图 6.20 所示。查看服务器 server-02 与 server-03 的

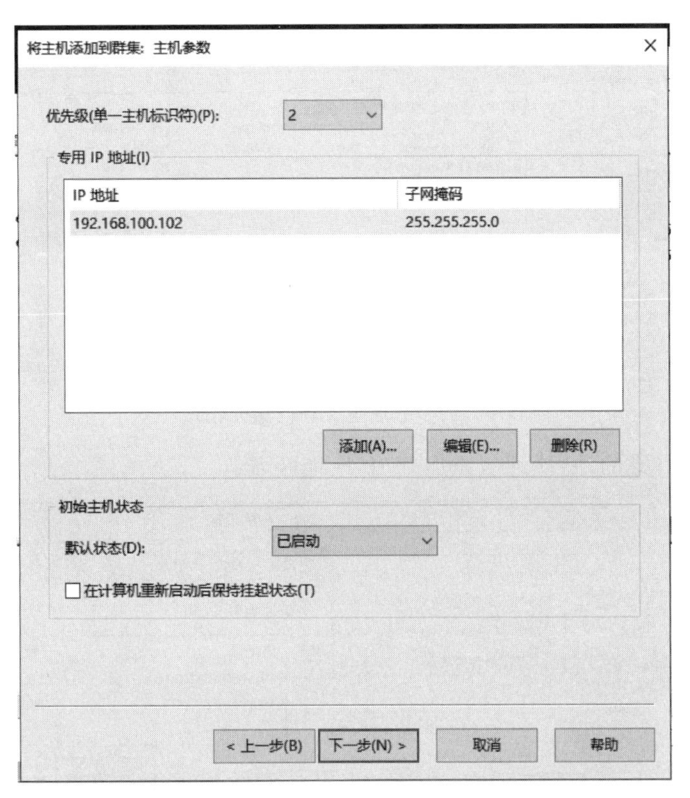

图 6.16　“将主机添加到群集：主机参数”对话框

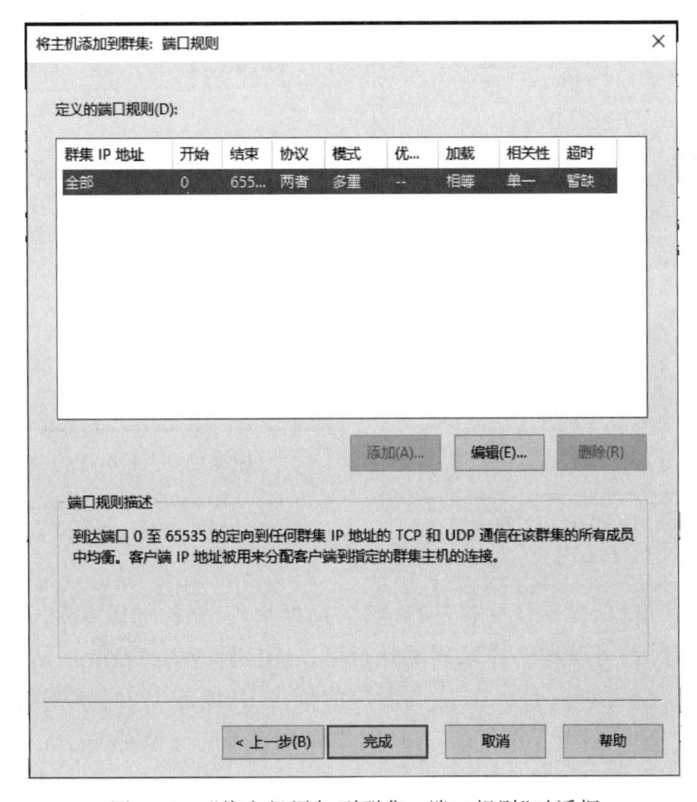

图 6.17　“将主机添加到群集：端口规则”对话框

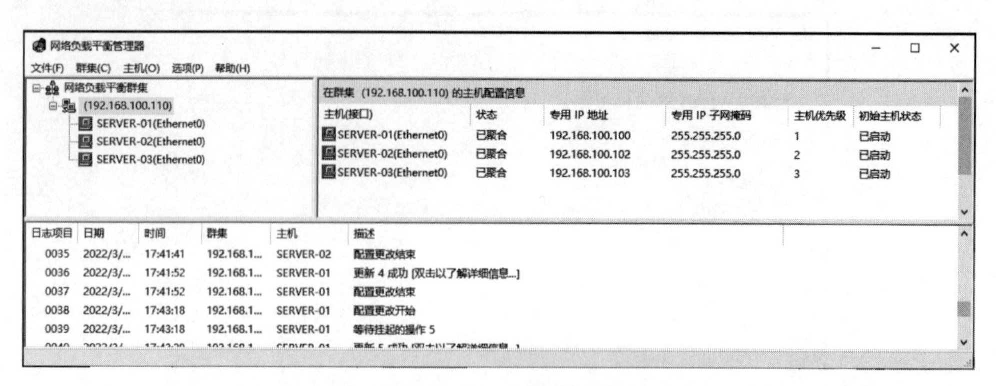

图 6.18　完成主机到群集的添加

IP 地址，均可以看到群集的 IP 地址被添加到 IP 地址区域。

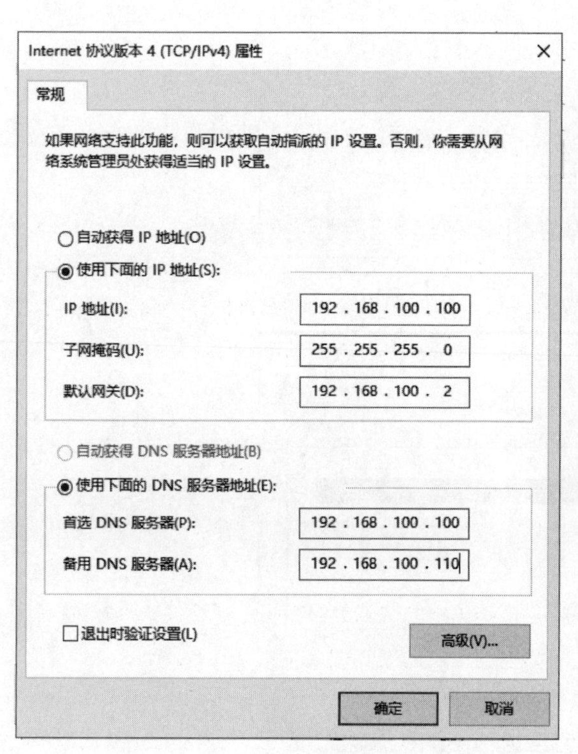

图 6.19　IP 地址相关信息

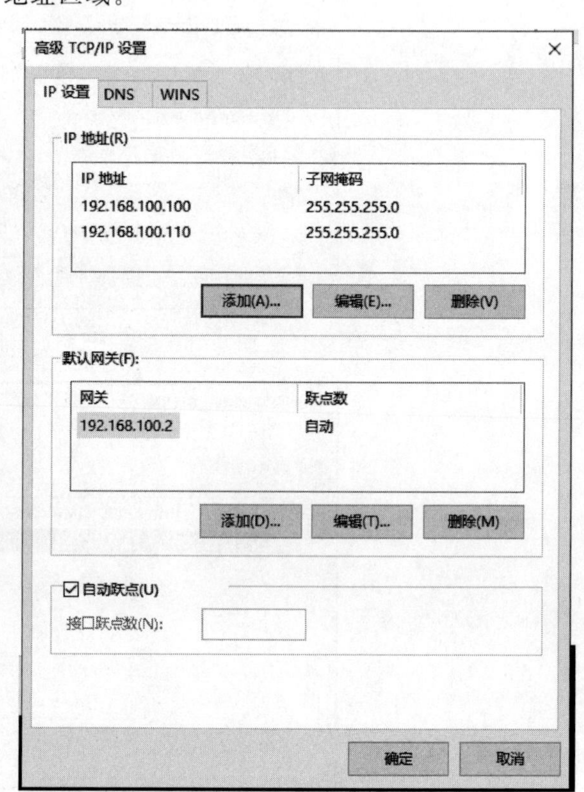

图 6.20　“高级 TCP/IP 设置”对话框

（7）查看 DNS 服务器配置，以服务器 server-01 为例，如图 6.21 所示，查看网站绑定信息，如图 6.22 所示。

（8）查看编辑网站窗口，以默认网站进行测试，选择物理路径，如图 6.23 所示。

（9）完成以上配置后，可以在客户端测试是否可以连接到 Web Farm 网站。打开 IE 浏览器，输入“www.abc.com”。将域名 www.abc.com 与对应的群集 IP 地址 192.168.100.110 在 DNS 服务器进行注册，测试 NLB(Network Load Balancing，网络负载平衡)与 Web Farm 的功能，如图 6.24～图 6.26 所示。

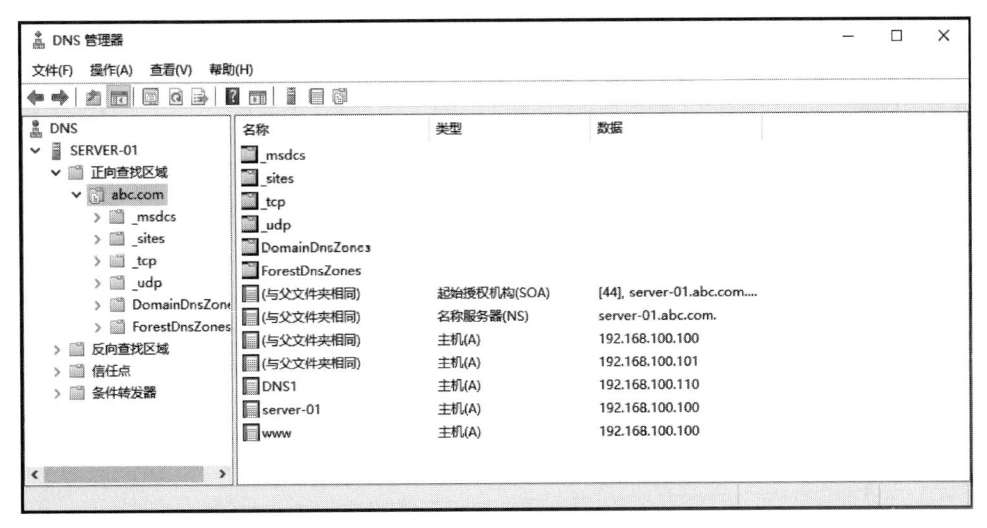

图 6.21　查看 DNS 服务器配置窗口

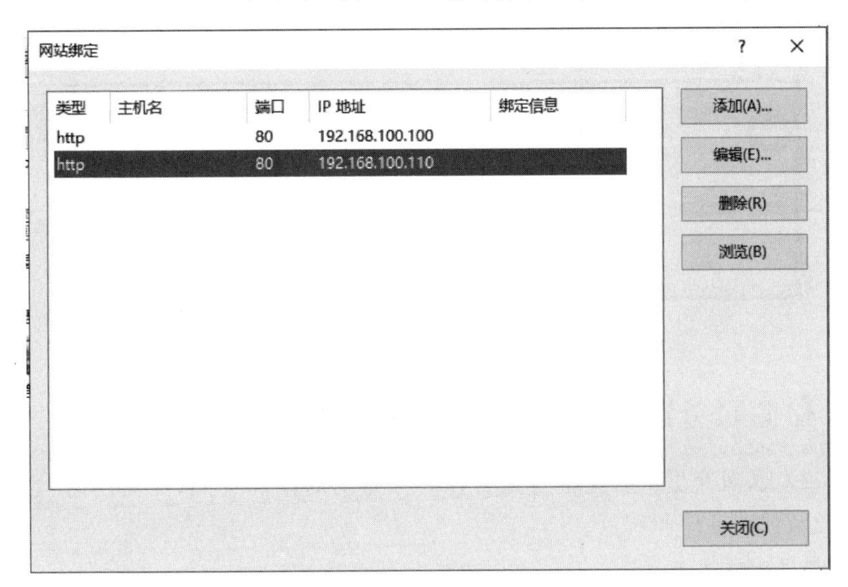

图 6.22　“网站绑定”对话框

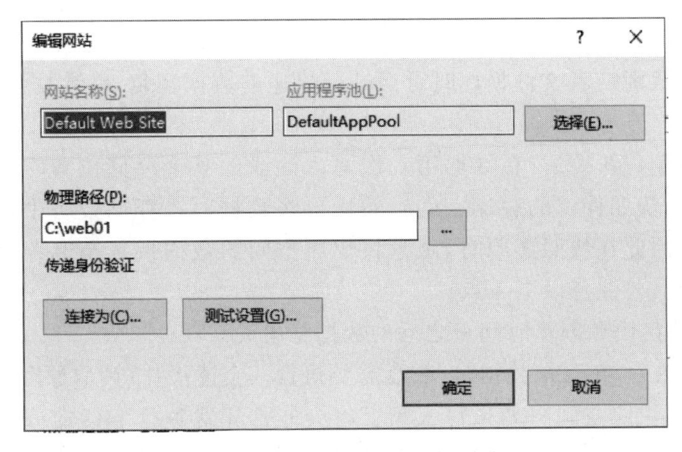

图 6.23　以默认网站进行测试

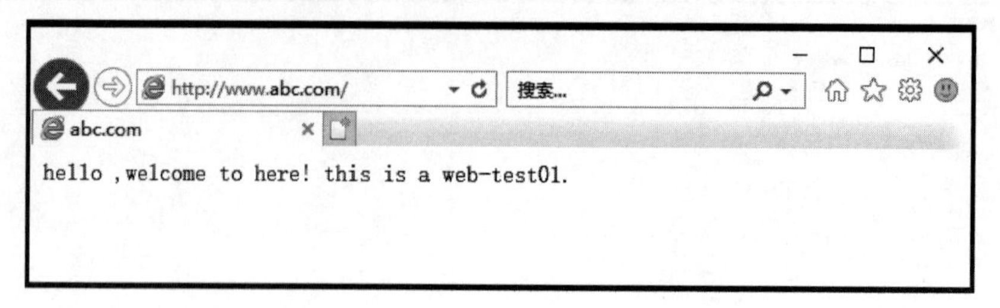

图 6.24 访问“web-test01”窗口

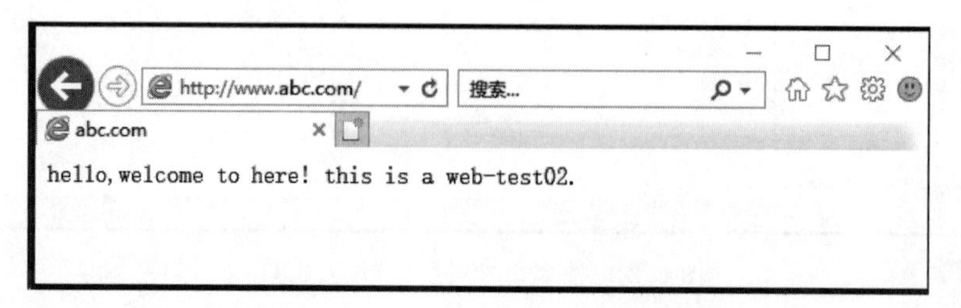

图 6.25 访问“web-test02”窗口

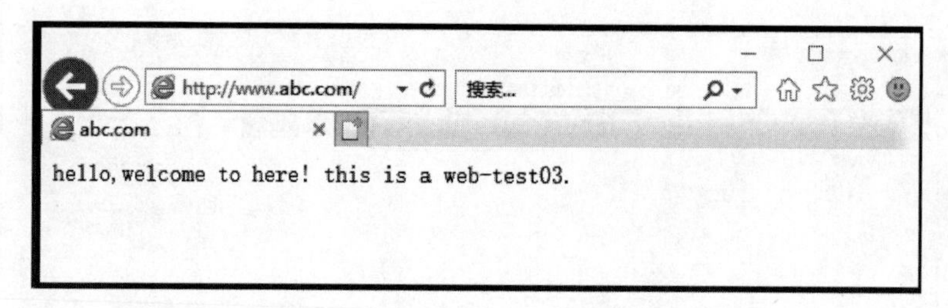

图 6.26 访问“web-test03”窗口

6.3.2 存储服务器数据快照配置与管理

如果数据量较大，对数据进行完整备份将耗费大量的时间和空间，而使用磁盘的数据快照功能可以快速完成数据的备份和恢复。

1. 数据快照与故障还原

数据快照指数据集合的一个完全可用拷贝，该拷贝包括相应数据在某个时间点（拷贝开始的时间点）的镜像，快照是磁盘的一个复制品。快照的作用主要是能够进行在线数据备份与恢复。当存储设备发生应用故障或者文件损坏时可以进行快速的数据恢复，将数据恢复至某个可用时间点的状态。

磁盘启用快照并创建快照后，在数据第一次写入磁盘的某个存储位置时，存储首先将原有数据复制到快照空间（为快照保留的存储空间），然后再将数据写入存储设备中，快照空间存储了磁盘改变部分的数据。因此在快照还原时，磁盘将快照空间的数据恢复至原存储位置，实现数据的还原。进行数据快照需要注意以下 4 点。

(1) 恢复快照时，在快照创建时间点之后的数据将丢失。

(2) 磁盘启用快照后，在写入数据时，磁盘需要执行一个读操作（读取原存储位置数据）和两个写操作（写原位置和写快照空间），如果写入频繁将会非常耗费磁盘 I/O 时间。因此，如果预计某个卷上的 I/O 多数以读操作为主，写操作较少，快照技术将是一个非常理想的备份方式；反之，写

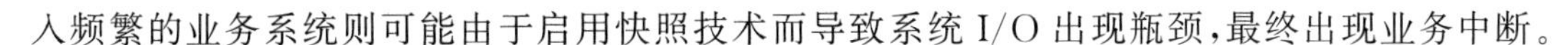

入频繁的业务系统则可能由于启用快照技术而导致系统 I/O 出现瓶颈，最终出现业务中断。

(3) 磁盘快照功能不仅支持手动创建，还可以通过计划任务自动创建。

(4) 在创建快照的磁盘上创建共享，可以授权用户在客户端进行快照还原。

2. 存储服务器的数据快照计划

创建磁盘并执行数据快照计划。

(1) 在存储服务器上的存储池 storage-pool01 上，创建一个 Simple 类型的虚拟磁盘 simple-01，容量大小为 21GB，如图 6.27 所示，对虚拟磁盘 G 盘进行格式化，并写入相应的数据，如图 6.28 所示。

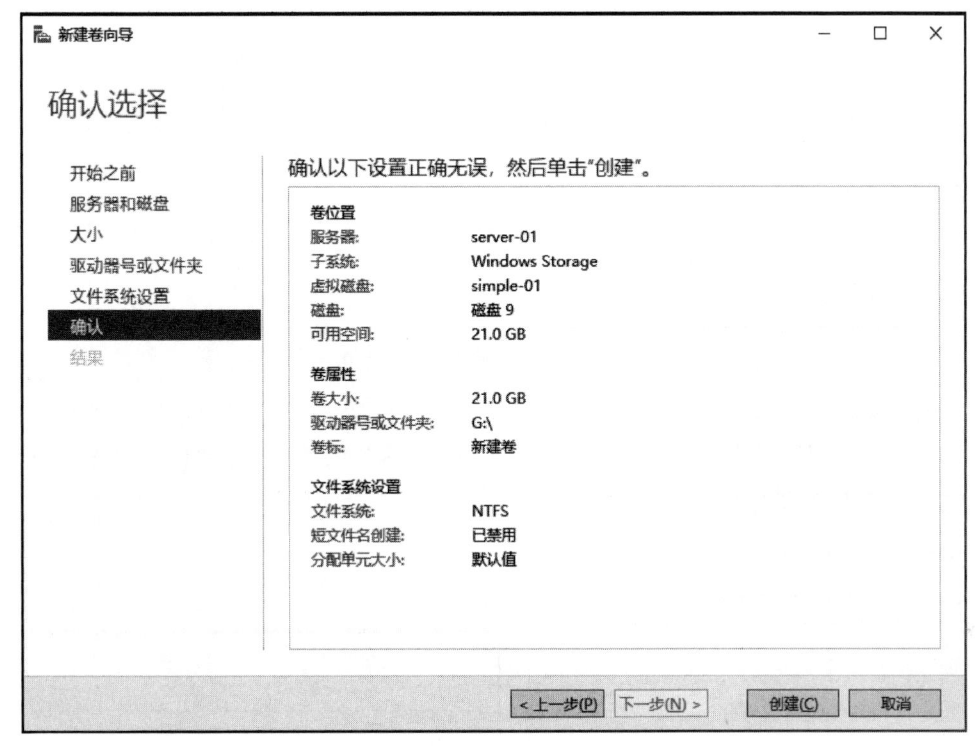

图 6.27　新建虚拟磁盘 G 盘

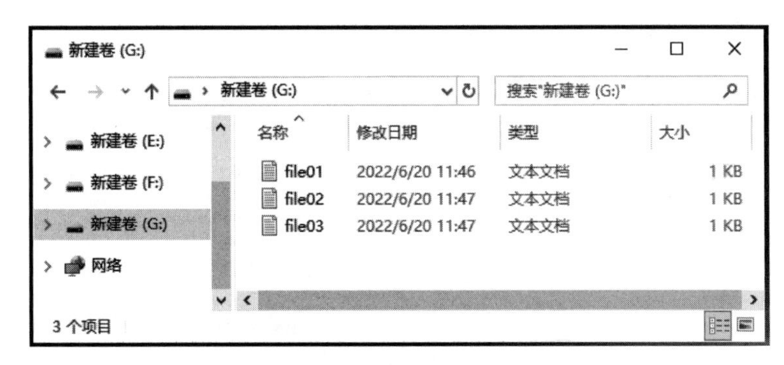

图 6.28　向虚拟磁盘写入数据

(2) 打开"文件资源管理器"窗口，选择 G 盘，单击鼠标右键，在弹出的快捷菜单中选择"配置卷影副本"选项，如图 6.29 所示，弹出"卷影副本"对话框，选择 G 盘，单击"启用"按钮，创建磁盘数据的快照，如图 6.30 所示。

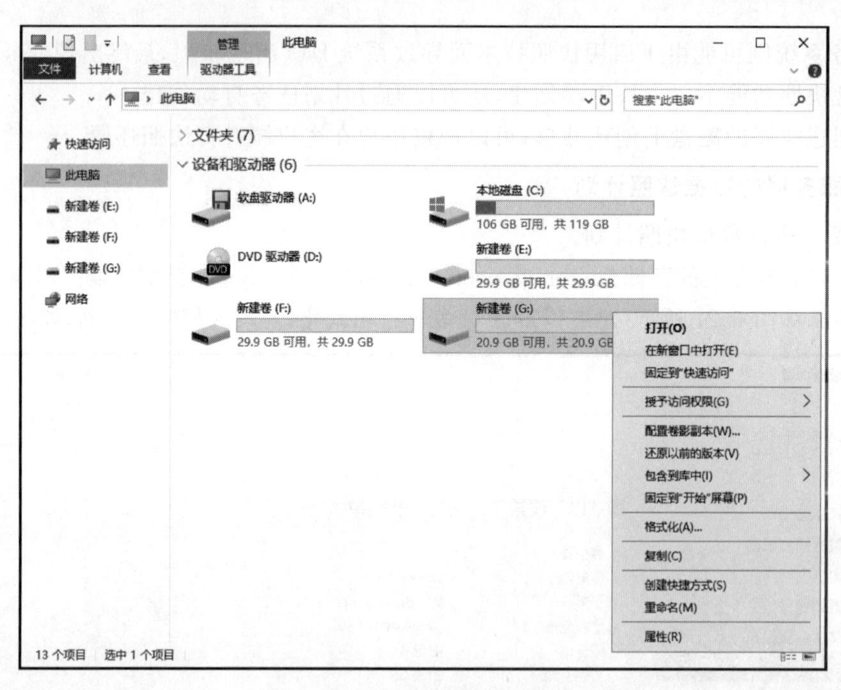

图 6.29 “配置卷影副本”选项

（3）在“卷影副本”对话框中，单击“设置”按钮，弹出“设置”对话框，可以定义存储空间大小的设置，如图 6.31 所示，单击“计划”按钮，可以计划创建卷影副本的每周计划任务和时间，如图 6.32 所示。

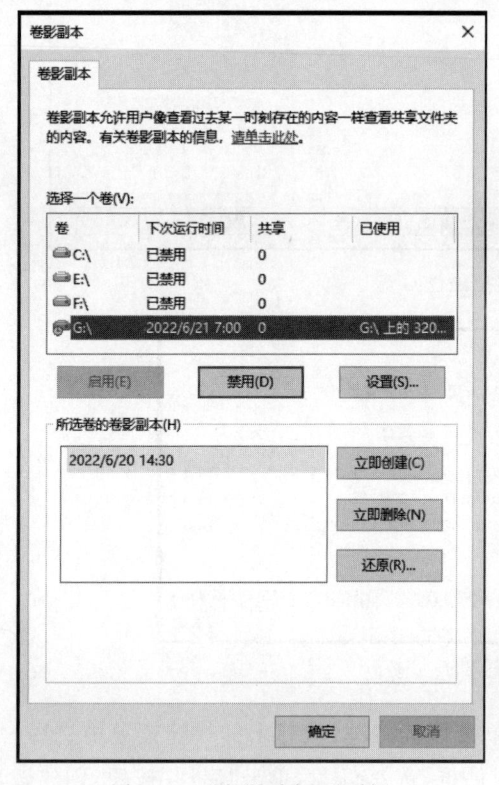

图 6.30 “卷影副本”对话框

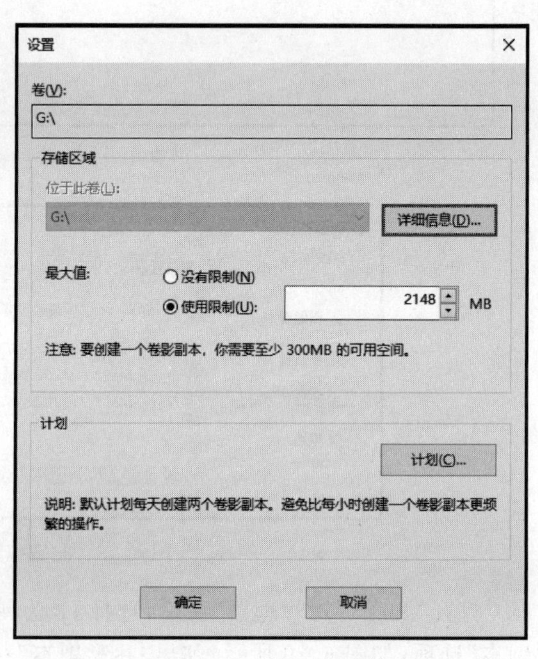

图 6.31 “设置”对话框

图 6.32　"计划"对话框

(4) 在"卷影副本"对话框中，可以通过单击"立即创建"按钮，手动创建卷影副本，如图 6.33 所示。单击"立即删除"按钮，可以删除卷影副本，如图 6.34 所示。

图 6.33　手动创建卷影副本

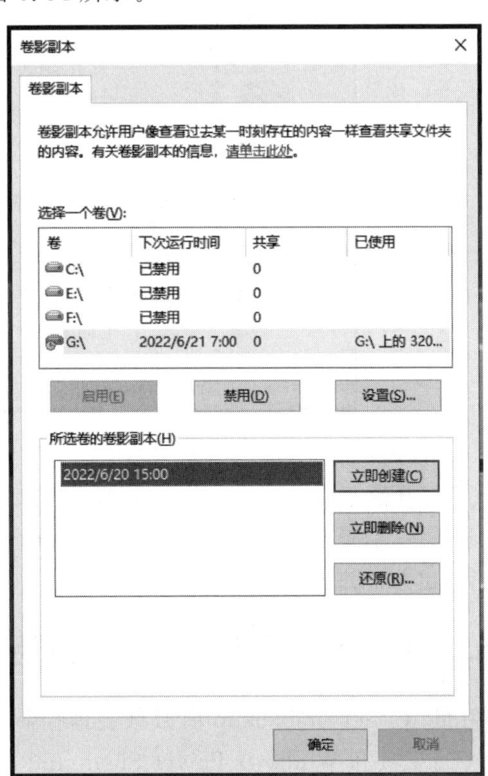

图 6.34　删除卷影副本

视频讲解

3. 存储服务器的数据还原

可以通过创建的卷影副本来进行数据还原，其操作过程如下。

(1) 将G盘中的file03.txt文件删除，并创建touch01.txt，如图6.35所示。

(2) 在“卷影副本”对话框中，选择相应的卷影副本，单击“还原”按钮，弹出“卷还原”对话框，如图6.36所示，单击“立即还原”按钮，返回“卷影副本”对话框，如图6.37所示，此时查看G盘，数据已经进行还原。

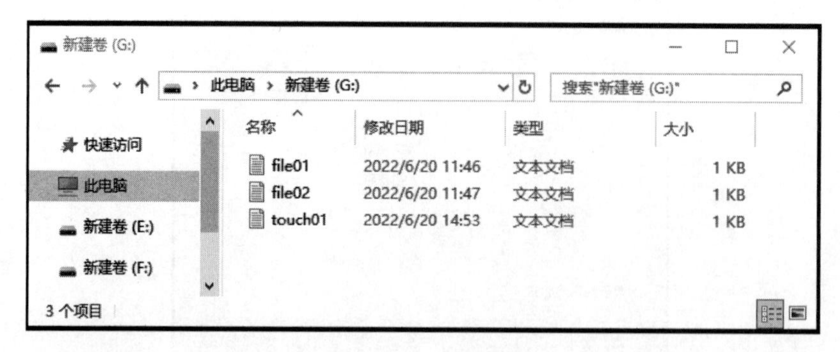

图6.35　G盘文件

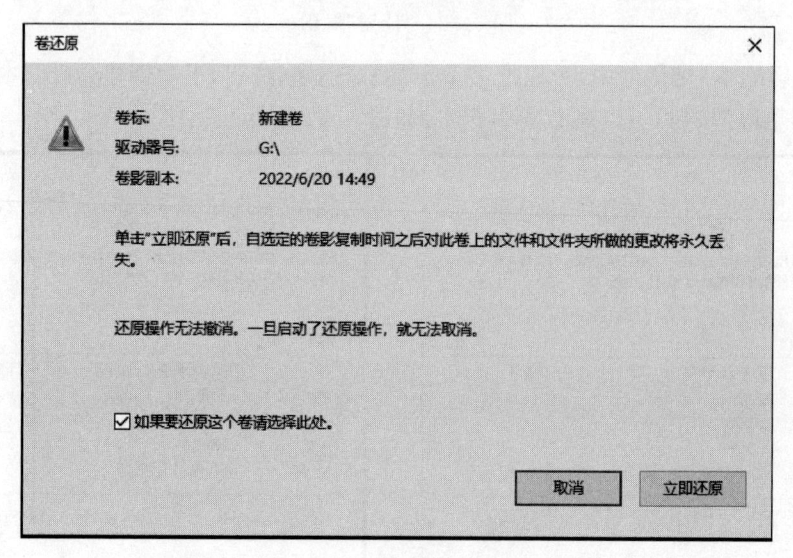

图6.36　“卷还原”对话框

(3) 打开磁盘驱动器，选择G盘，单击鼠标右键，在弹出的快捷菜单中选择“属性”选项，弹出“新建卷属性”对话框，选择“以前的版本”选项卡，选择相应的数据快照，如图6.38所示，单击“还原”按钮，也可以进行数据还原。

6.3.3　存储服务器数据备份还原配置与管理

Windows Server Backup由微软管理控制台(Microsoft Management Console，MMC)管理单元、命令行工具和Windows Power Shell cmdlet组成，可为数据的日常备份和恢复提供完整解决方案。使用Windows Server Backup可以备份整个服务器(所有卷)、选定卷、系统状态或者特定的文件或文件夹，也可以创建用于进行裸机恢复的备份，还可以恢复卷、文件夹、文件、应用程序和系统

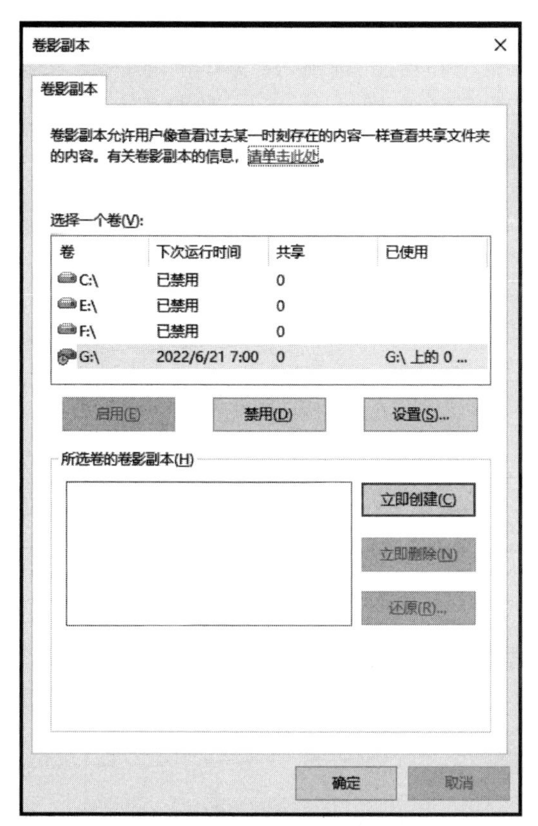

图 6.37 返回"卷影副本"对话框

图 6.38 "以前的版本"选项卡

状态。此外，在发生诸如硬盘故障之类的灾难时，可以实现裸机恢复。

在 Windows Server 2019 中，除上述采用 Windows Server Backup 创建和管理本地计算机或远程计算机的备份外，还可以通过计划任务自动运行备份。

(1) 使用卷影副本服务(Volume Shadow Copy Service，VSS)从源卷创建备份，备份文件以微软虚拟磁盘(Virtual Hard Disk，VHD)格式存储。第 1 次备份采用全备，从第 2 次开始采用增量备份，如果使用磁盘或卷存储备份，当存储空间占满后，Windows Server Backup 会自动删除较早的备份。

(2) 支持整个卷备份，以及单个文件或文件夹、System Reserved、裸机恢复备份和图形状态下的系统状态备份。

(3) 支持的备份目标也可以是高密度数字视频光盘(Digital Video Disc，DVD)和网络共享。由于系统无法向一个网络共享或 DVD 执行卷影副本的快照，所以这两类目标类型不允许在同一个目标上存储多个备份版本。

(4) 不能将除系统状态外的备份文件存储于备份对象所在的卷。另外，系统状态备份不能使用网络共享作为目标，仅能备份到 1 个本地卷。

Windows Server 备份的计划备份方式分为增量备份和差异备份。

视频讲解

1. Windows Server 备份服务安装

使用 Windows Server 备份对磁盘进行备份，需要添加"Windows Server 备份"功能，其操作过程如下。

打开“服务器管理器”窗口，选择“管理”→“添加角色和功能”选项，持续单击“下一步”按钮，直到出现“功能”窗口时，勾选“Windows Server 备份”复选框，如图 6.39 所示，持续单击“下一步”按钮，直到 Windows Server 备份功能添加完成，如图 6.40 所示。

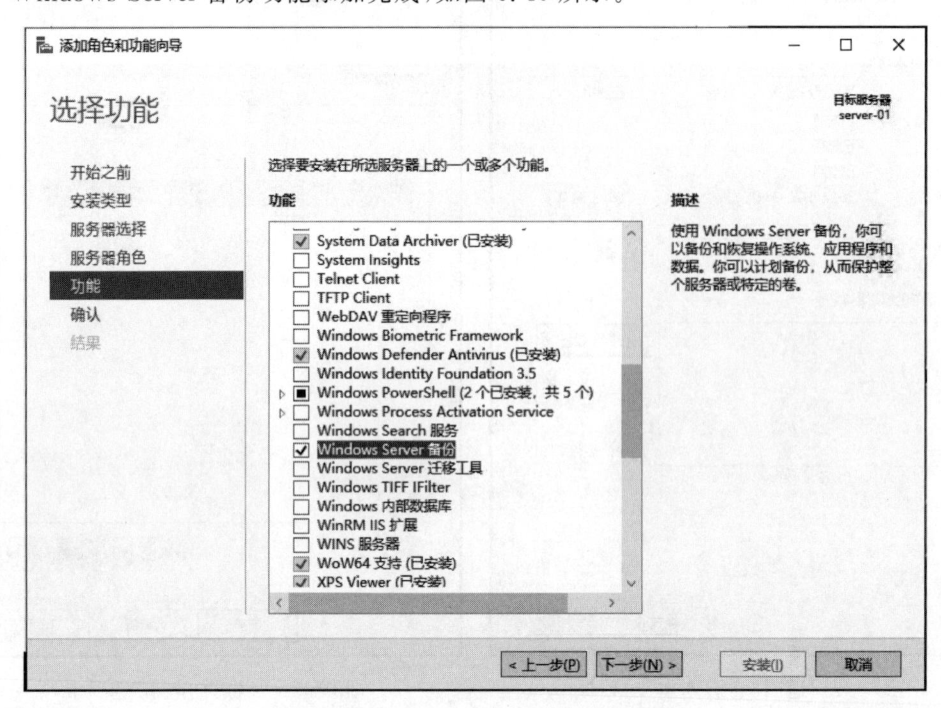

图 6.39　添加“Windows Server 备份”功能

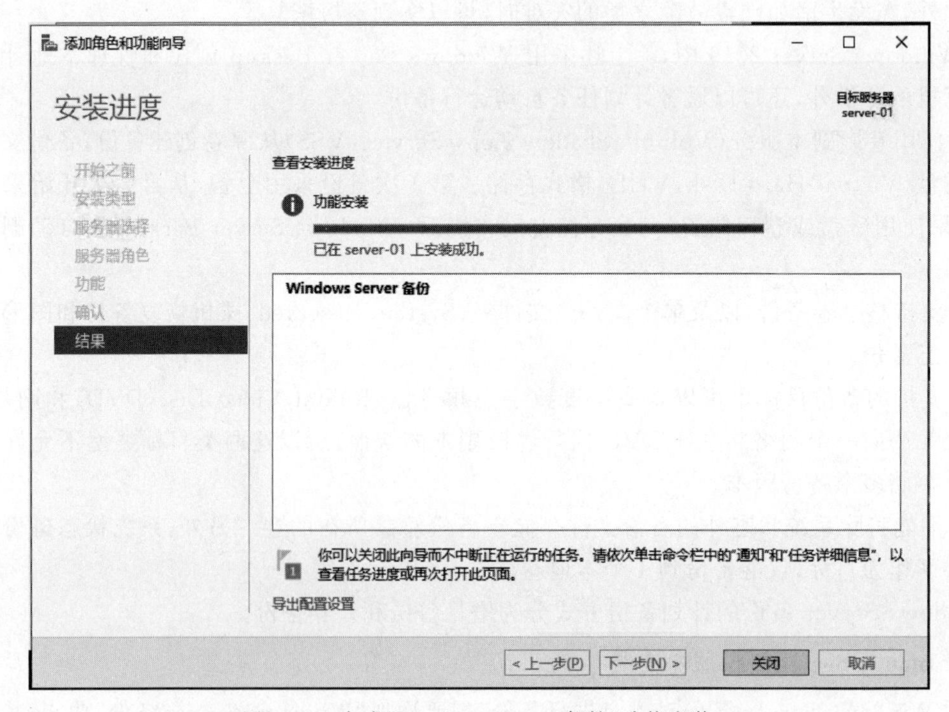

图 6.40　完成“Windows Server 备份”功能安装

2. 存储服务器的数据备份

(1) 在"服务器管理器"窗口中,选择"工具"→"Windows Server 备份"选项,弹出"Windows Server 备份"窗口,如图 6.41 所示,选择右侧操作区域,单击"一次性备份"选项,弹出"一次性备份向导"对话框,如图 6.42 所示。

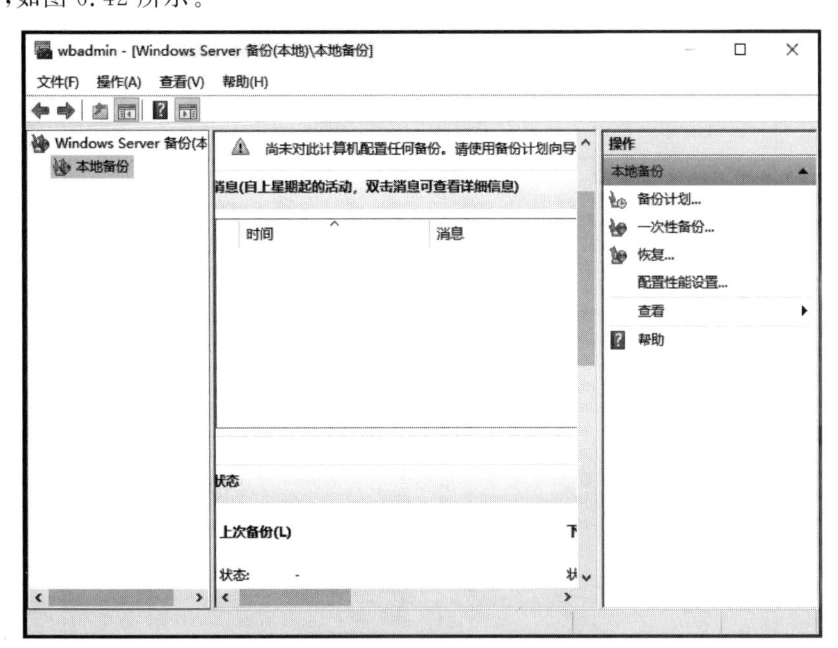

图 6.41　"Windows Server 备份"窗口

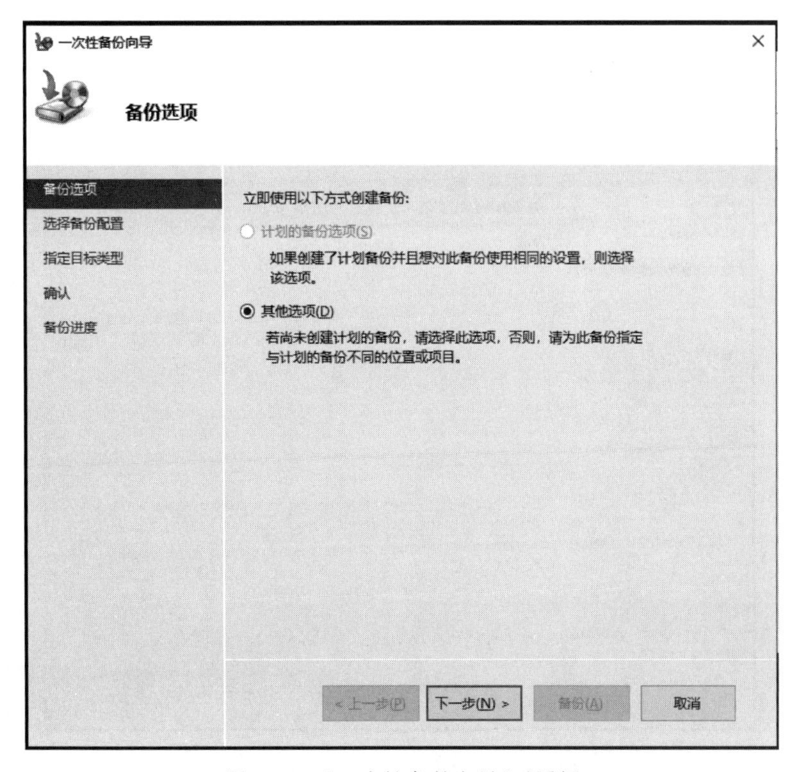

图 6.42　"一次性备份向导"对话框

（2）在“一次性备份向导”对话框中，单击“下一步”按钮，弹出“选择备份配置”对话框，如图 6.43 所示，选择“自定义”单选按钮，选择自定义卷、文件用于备份，单击“下一步”按钮，弹出“选择要备份的项”对话框，如图 6.44 所示。

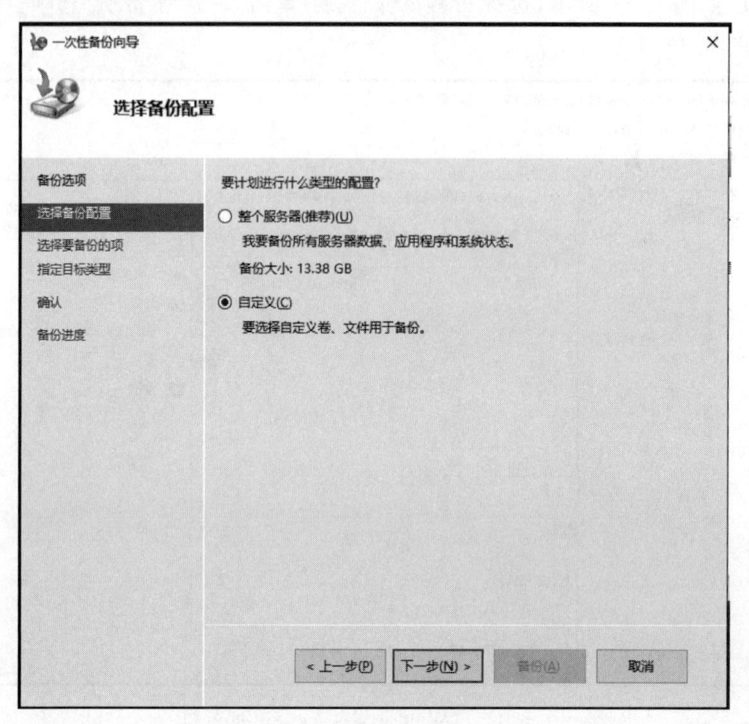

图 6.43 “选择备份配置”对话框

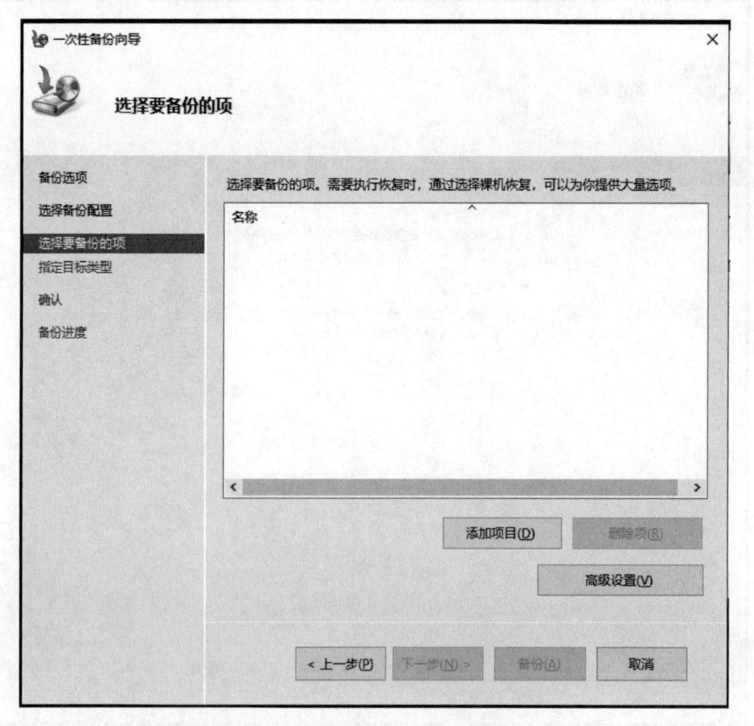

图 6.44 “选择要备份的项”对话框

(3) 在"选择要备份的项"对话框中,单击"添加项目"按钮,弹出"选择项"对话框,如图 6.45 所示,选择相应的备份项,单击"确定"按钮,返回"选择要备份的项"对话框,单击"下一步"按钮,弹出"指定目标类型"对话框,如图 6.46 所示。

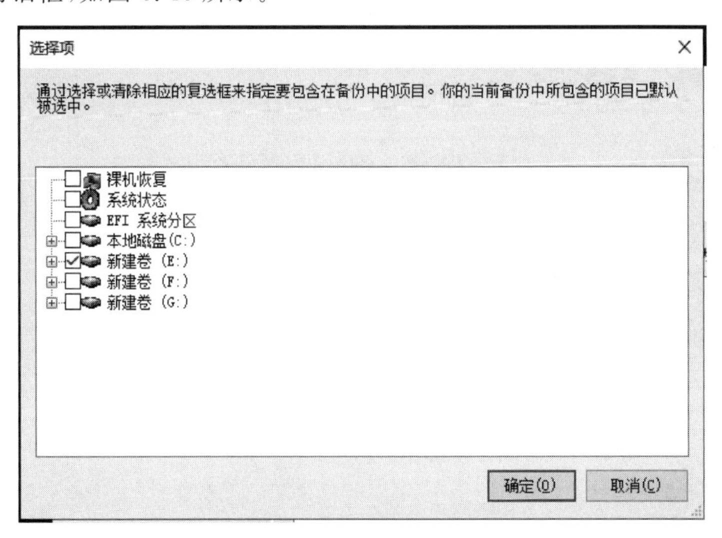

图 6.45 "选择项"对话框

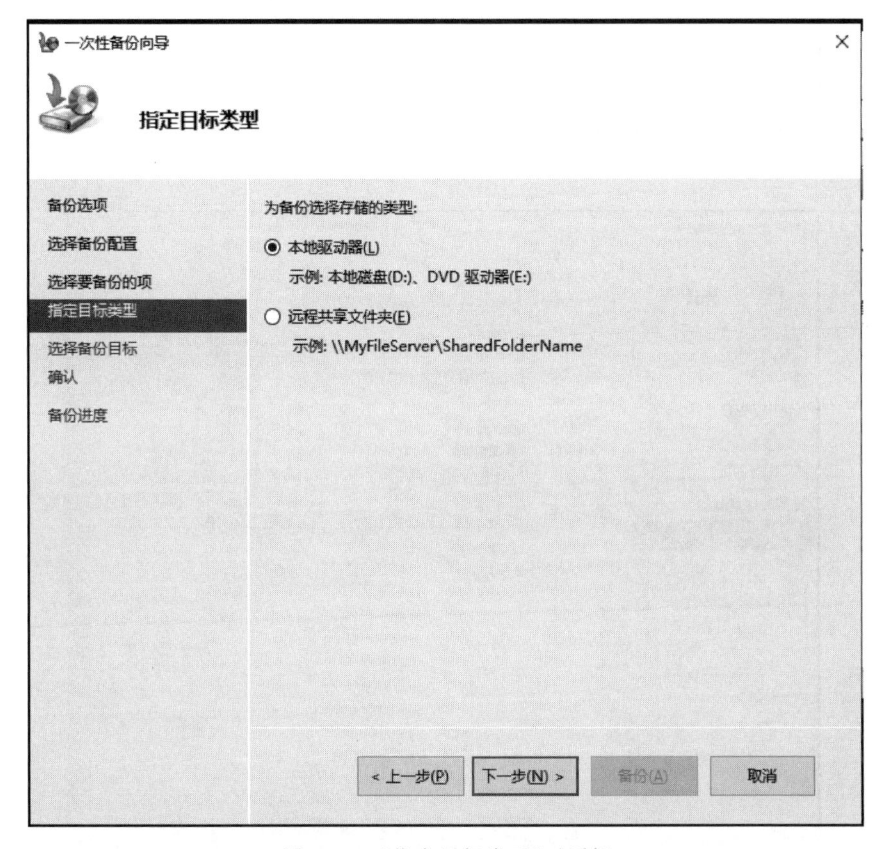

图 6.46 "指定目标类型"对话框

(4) 在"指定目标类型"对话框中选择"本地驱动器"单选按钮,单击"下一步"按钮,弹出"选择备份目标”对话框，如图 6.47 所示，在“备份目标”区域中，选择相应的备份磁盘(如 F 盘)，单击“下一步”按钮，弹出“确认”对话框，如图 6.48 所示。

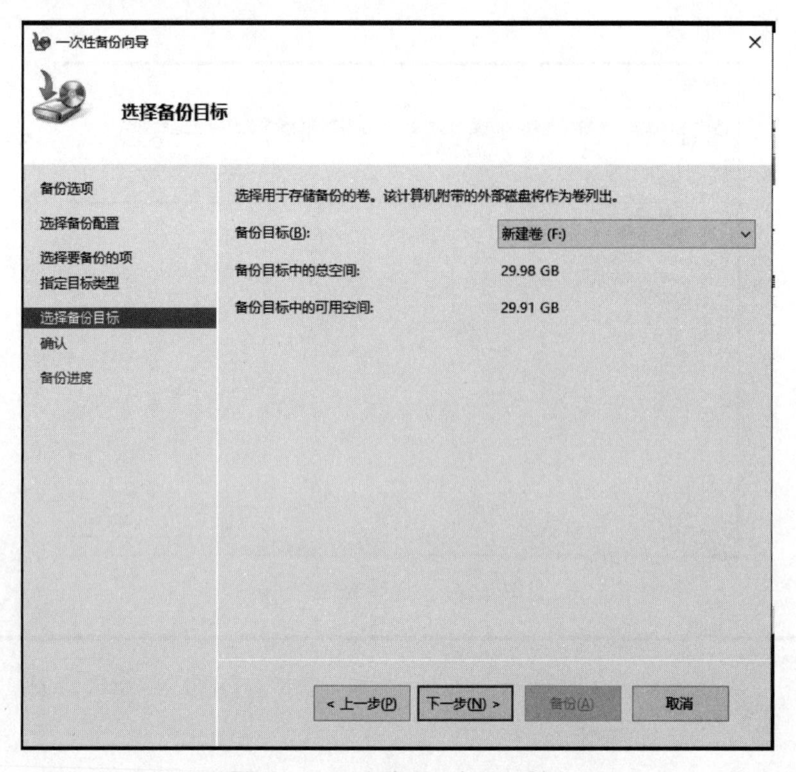

图 6.47 “选择备份目标”对话框

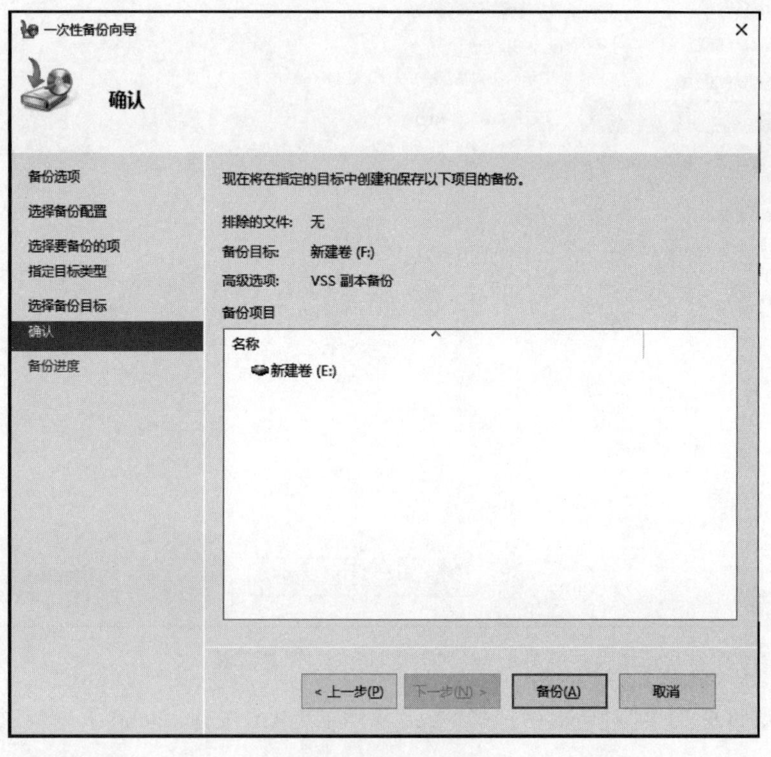

图 6.48 “确认”对话框

（5）在“确认”对话框中，单击“备份”按钮，弹出“备份进度”对话框，如图6.49所示，单击“关闭”按钮，返回“Windows Server备份”窗口，如图6.50所示。此时，打开“文件资源管理器”，查看备份目标磁盘（F盘），可以查看磁盘的备份文件，如图6.51所示。

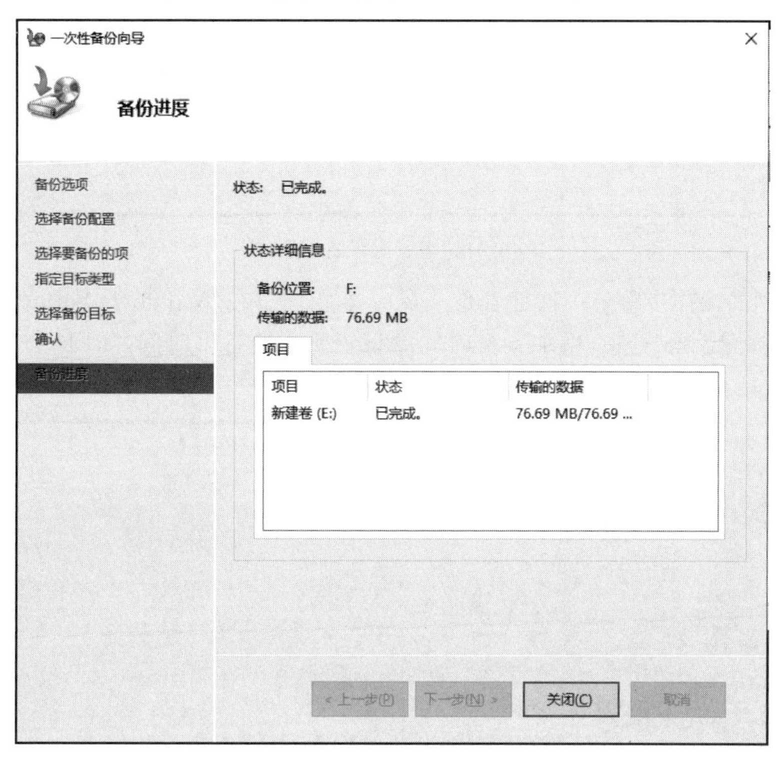

图6.49　“备份进度”对话框

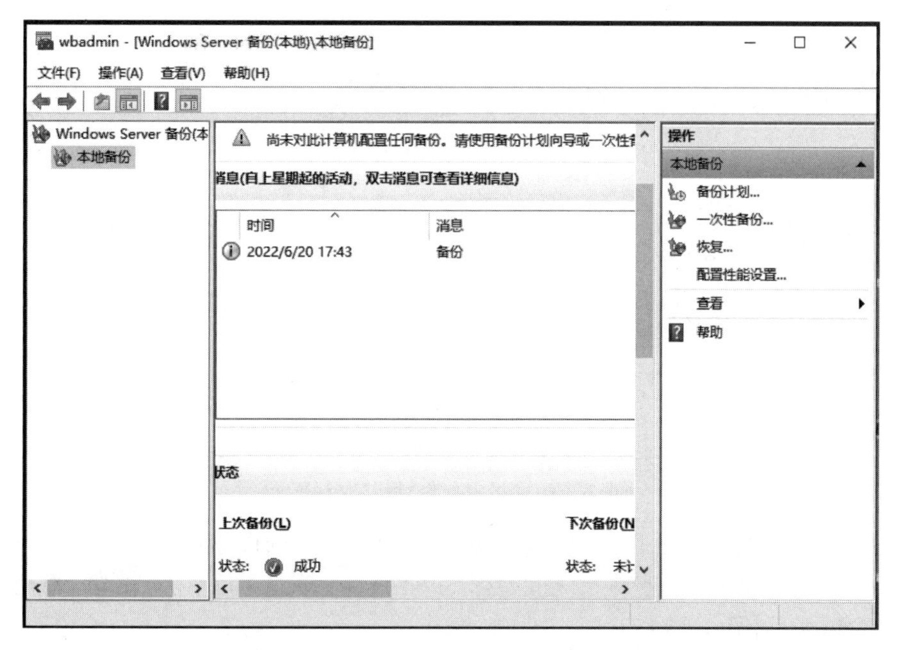

图6.50　返回“Windows Server备份”窗口

图 6.51　查看磁盘备份文件

（6）备份计划的操作步骤与一次性备份步骤基本相同。在“Windows Server 备份”窗口的操作区域中，选择“备份计划”选项，增加备份时间的设置。指定备份时间，如图 6.52 所示，单击“下一步”按钮，弹出“指定目标类型”对话框，如图 6.53 所示。

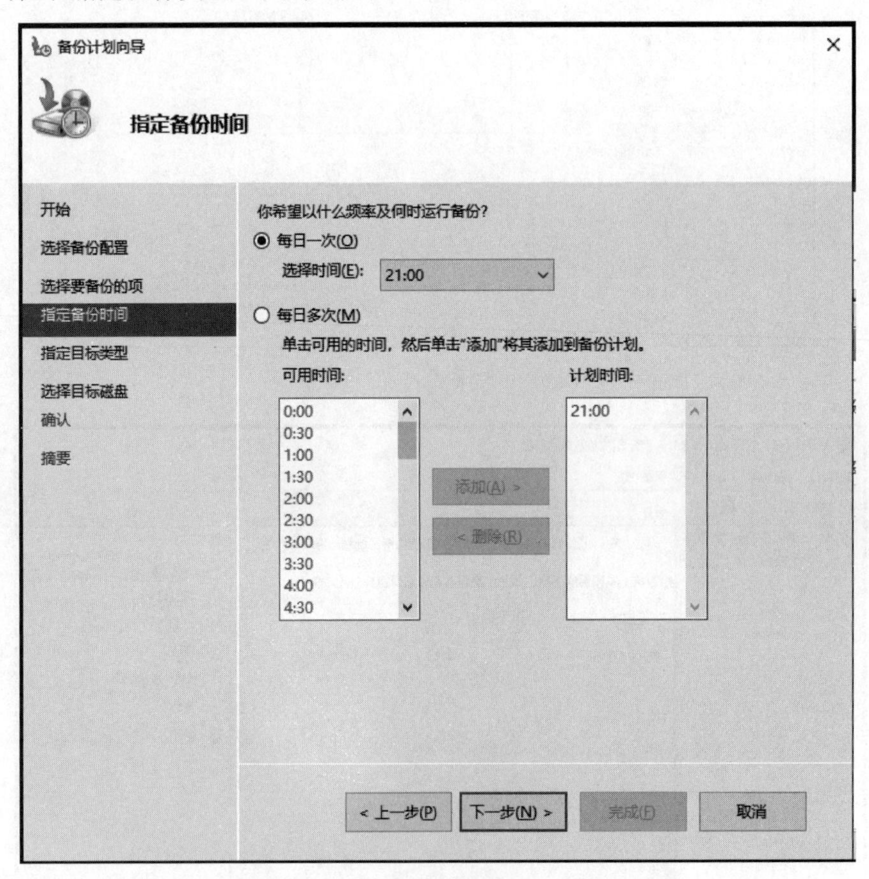

图 6.52　“指定备份时间”对话框

（7）在“指定目标类型”对话框中，选择“备份到专用于备份的硬盘（推荐）”单选按钮，单击“下一步”按钮，弹出“选择目标磁盘”对话框，如图 6.54 所示，单击“下一步”按钮，弹出“Windows Server 备份”对话框，如图 6.55 所示。

（8）在“Windows Server 备份”对话框中，单击“是”按钮，弹出“确认”对话框，如图 6.56 所示，

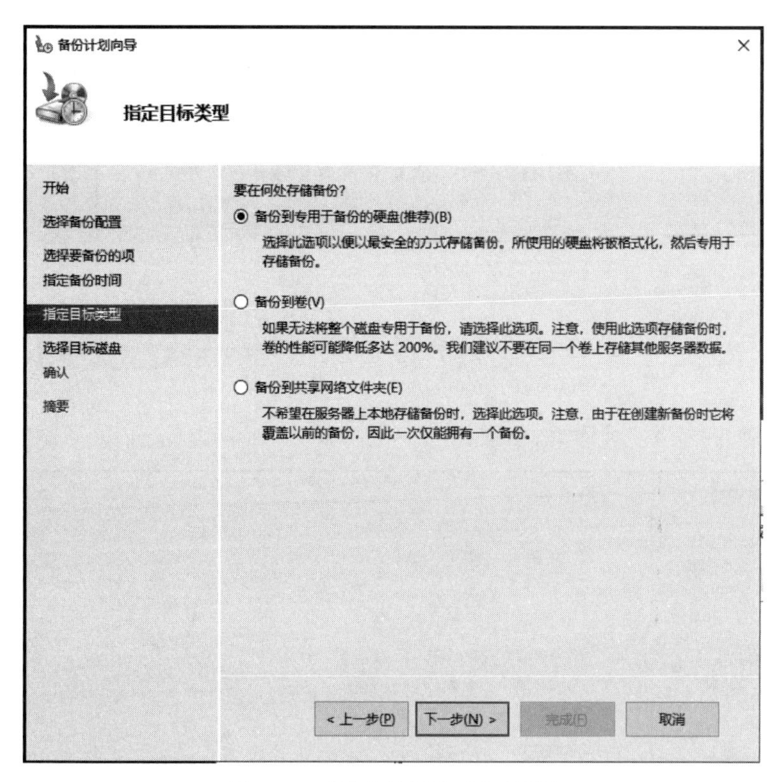

图 6.53　“指定目标类型”对话框

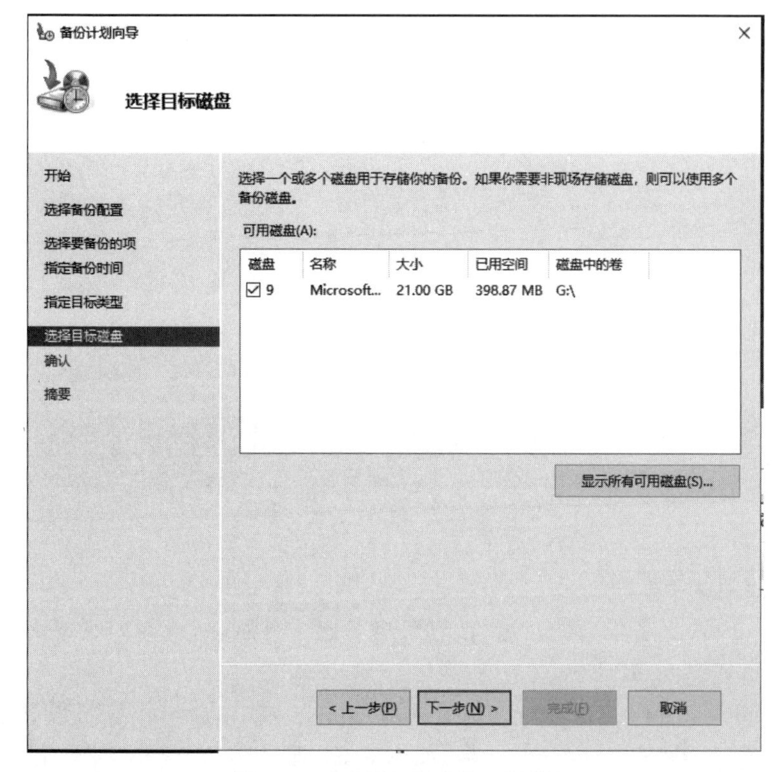

图 6.54　“选择目标磁盘”对话框

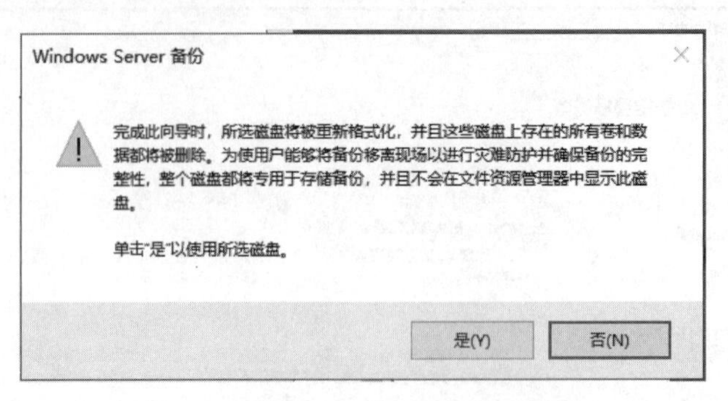

图 6.55 "Windows Server 备份"对话框

单击"完成"按钮，弹出"摘要"对话框，如图 6.57 所示。

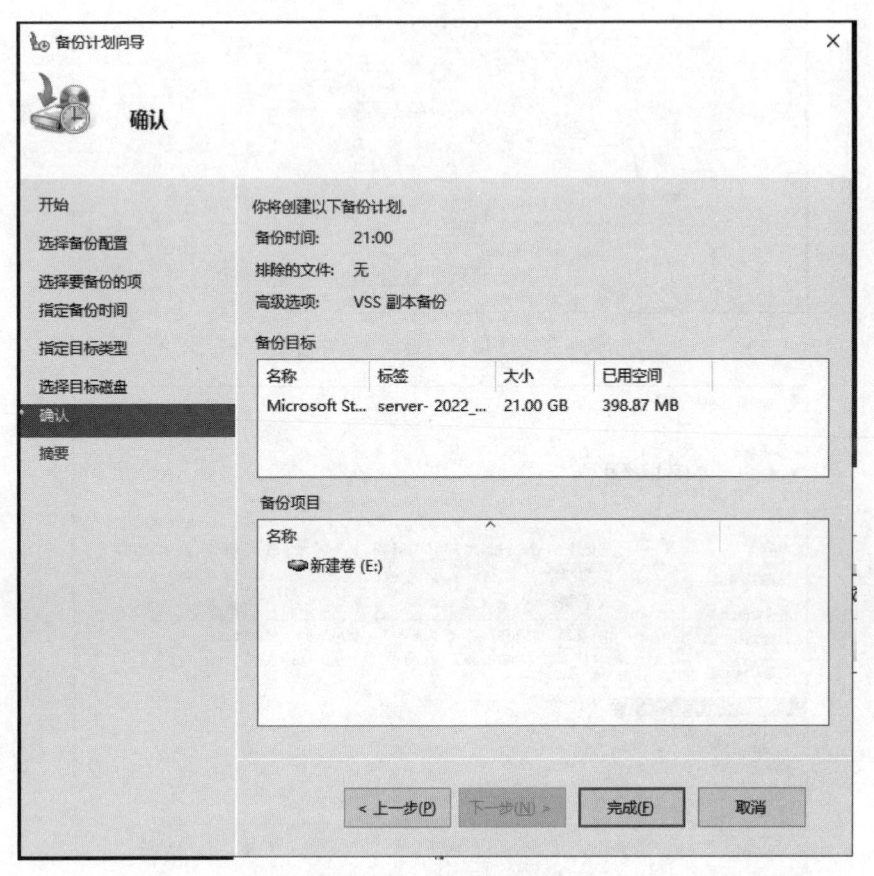

图 6.56 "确认"对话框

视频讲解

3. 存储服务器的数据还原

使用 Windows Server 备份对磁盘进行还原，将 E 盘文件删除，清空回收站，并写入一些文件，模拟实际运行场景，如图 6.58 所示。

(1) 打开"Windows Server 备份"窗口，在本地备份区域中，选择相应备份日期，在操作区域中，单击"恢复"选项，弹出"恢复向导"对话框，如图 6.59 所示，单击"下一步"按钮，弹出"选择备份日期"对话框，如图 6.60 所示。

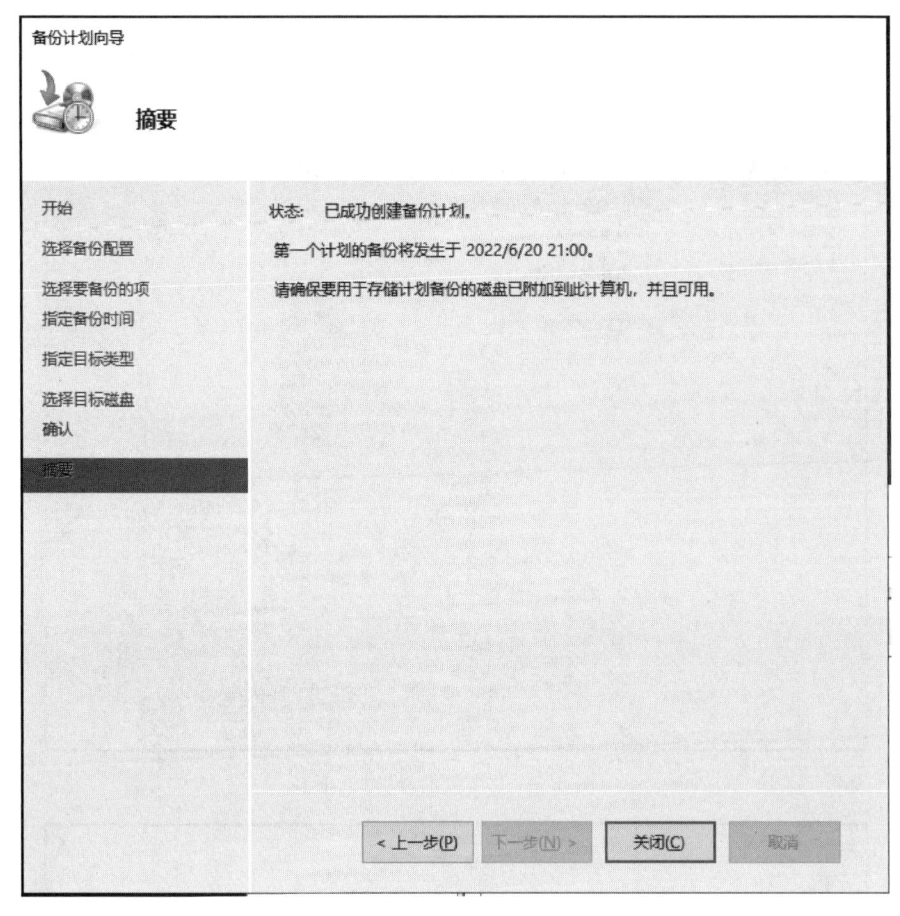

图 6.57　“摘要”对话框

图 6.58　数据丢失

(2) 在“选择备份日期”对话框中，单击“下一步”按钮，弹出“选择卷”对话框，如图 6.61 所示，单击“下一步”按钮，弹出“Windows Server 备份”对话框，如图 6.62 所示。

(3) 在“Windows Server 备份”对话框中，单击“是”按钮，弹出“确认”对话框，如图 6.63 所示，单击“恢复”按钮，弹出“恢复进度”对话框，如图 6.64 所示，此时查看 E 盘，E 盘的数据已经恢复到备份时的状态，如图 6.65 所示。

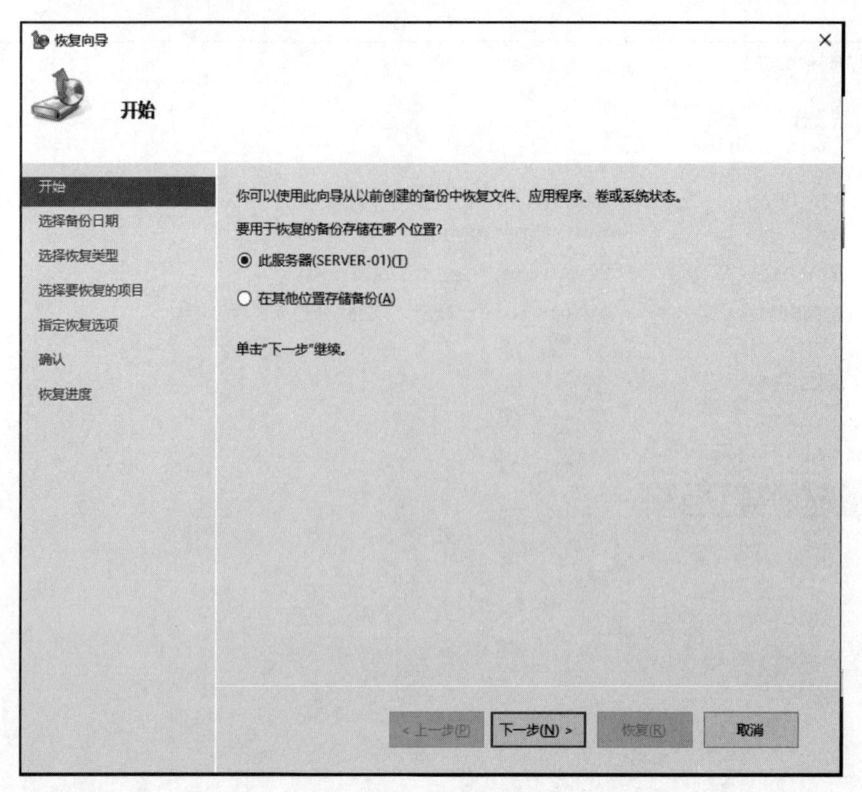

图 6.59 “恢复向导”对话框

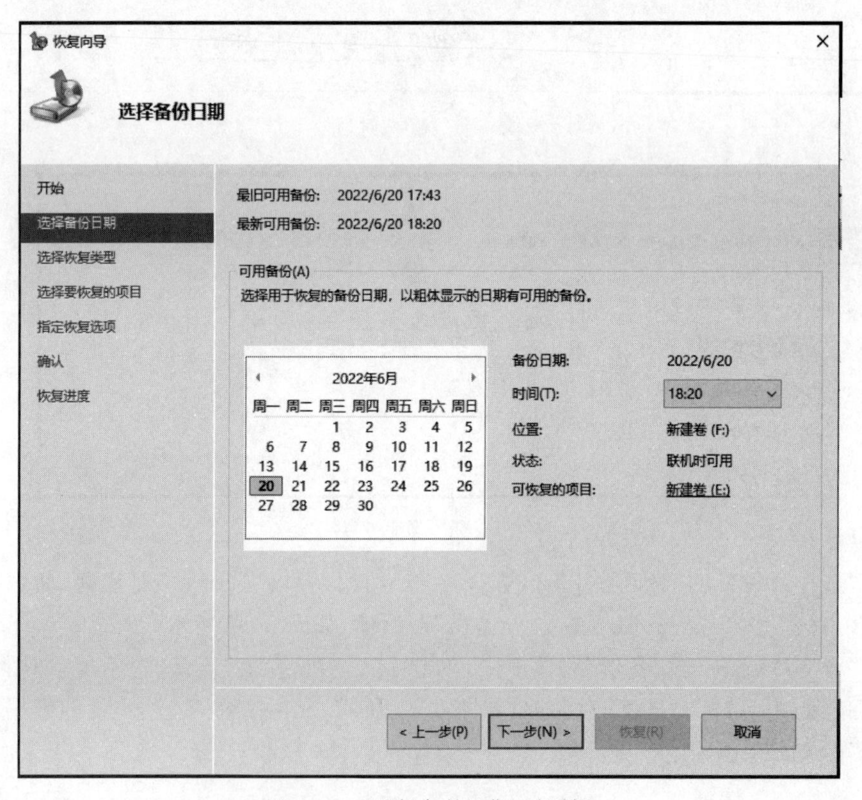

图 6.60 “选择备份日期”对话框

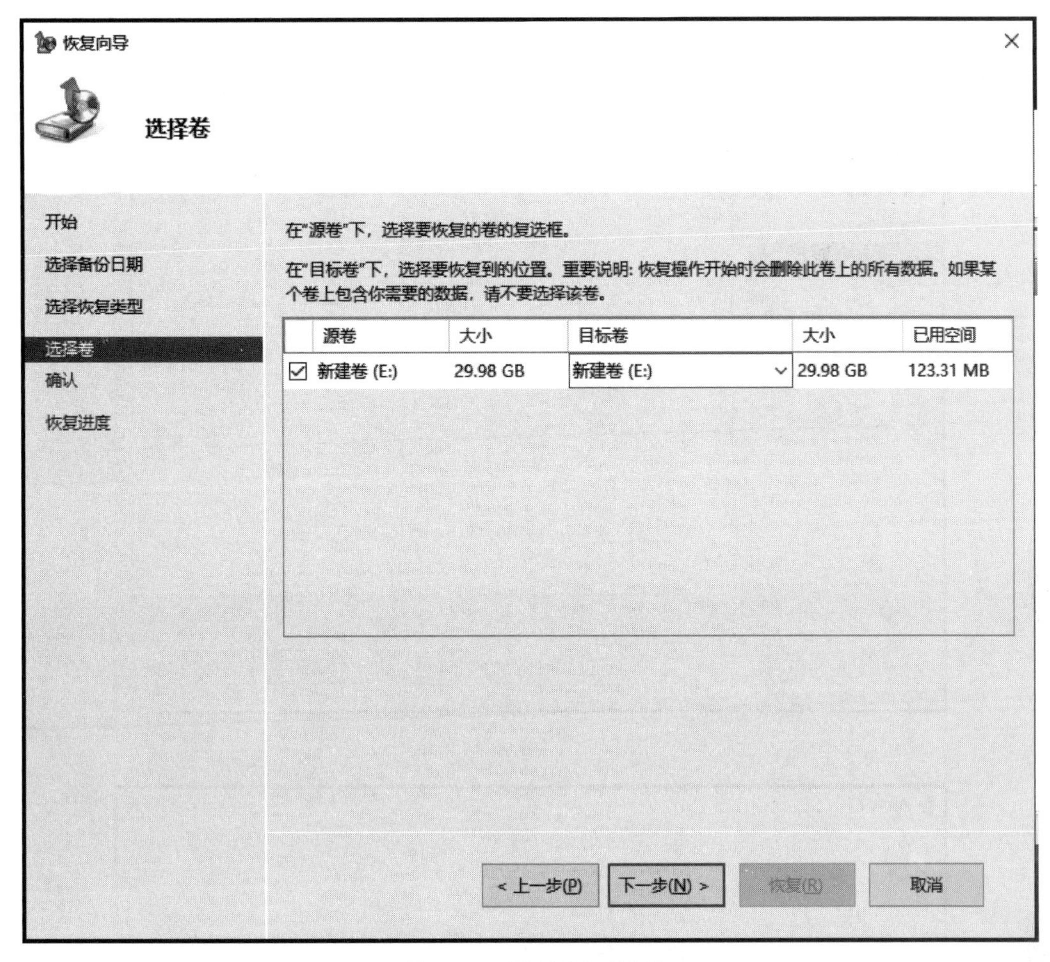

图 6.61　"选择卷"对话框

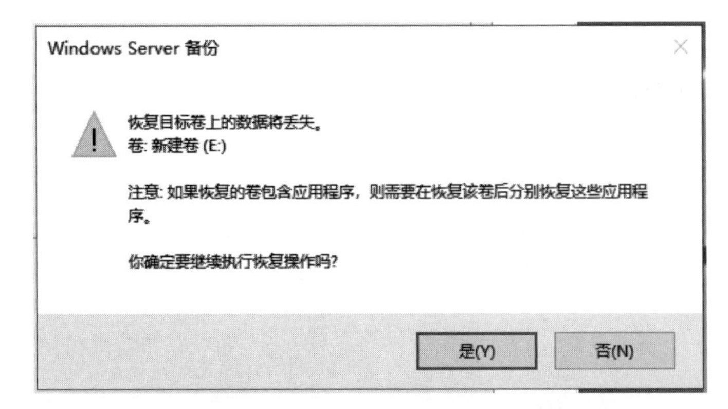

图 6.62　"Windows Server 备份"对话框

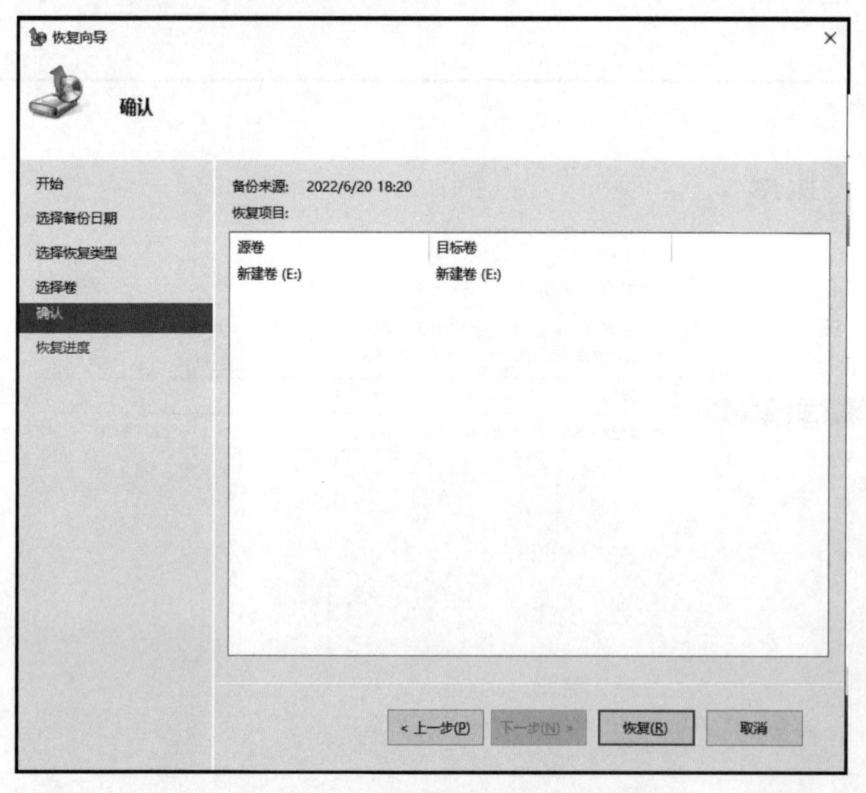

图 6.63 “确认”对话框

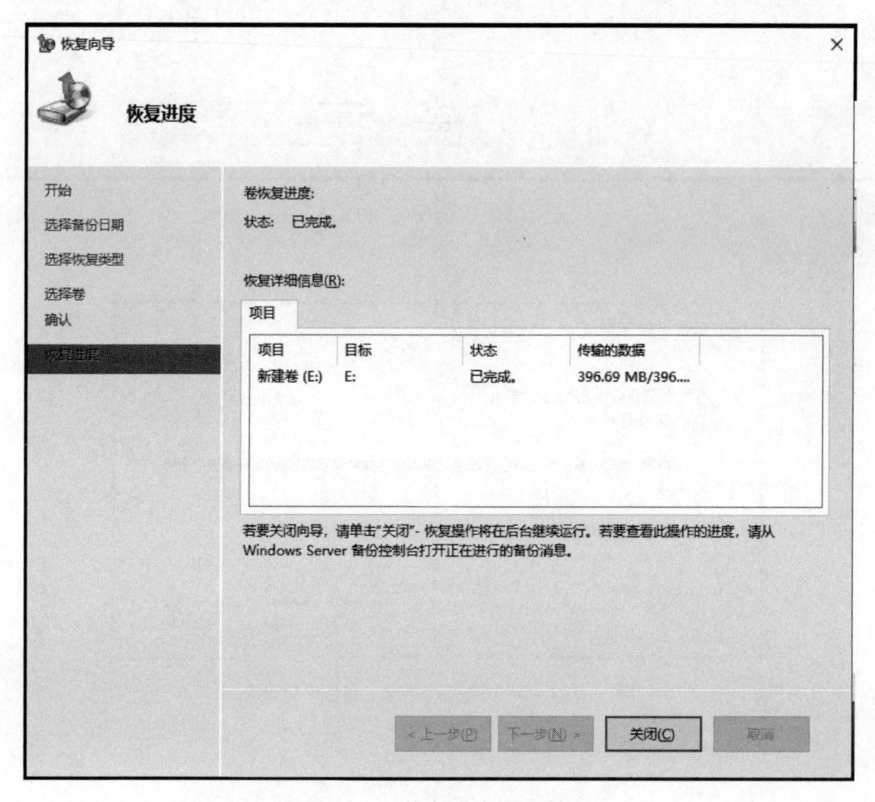

图 6.64 “恢复进度”对话框

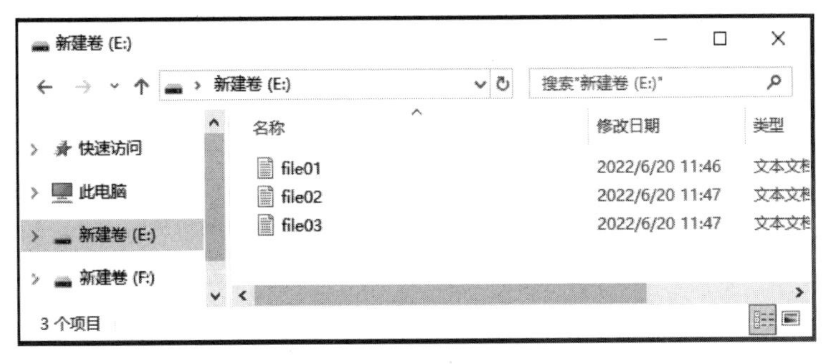

图 6.65　查看 E 盘文件

6.3.4　存储服务器磁盘重复数据删除配置与管理

在当前的“大数据”时代，尽管用于磁盘空间的成本越来越低，I/O 速度不断提高，但重复数据删除仍是存储管理员最为关注的技术之一，运用这项技术能够实现以更低的存储成本和管理成本，得到更高的存储效率。

在 Windows Server 2019 的重复数据删除功能中，可以实现块级和文件级的重复数据删除。

块级：如果磁盘的多个区块存放着相同的数据，则存储只需存放一份。

文件级：如果磁盘中存放着多个相同的文件（哈希值相同），则存储只需存放一份。

1. 重复数据删除服务安装

视频讲解

打开“服务器管理器”窗口，选择“管理”→“添加角色和功能”选项，持续单击“下一步”按钮，直到出现“选择服务器角色”对话框时，勾选“重复数据删除”复选框，如图 6.66 所示，持续单击“下一步”按钮，直到重复数据删除功能角色添加完成，如图 6.67 所示。

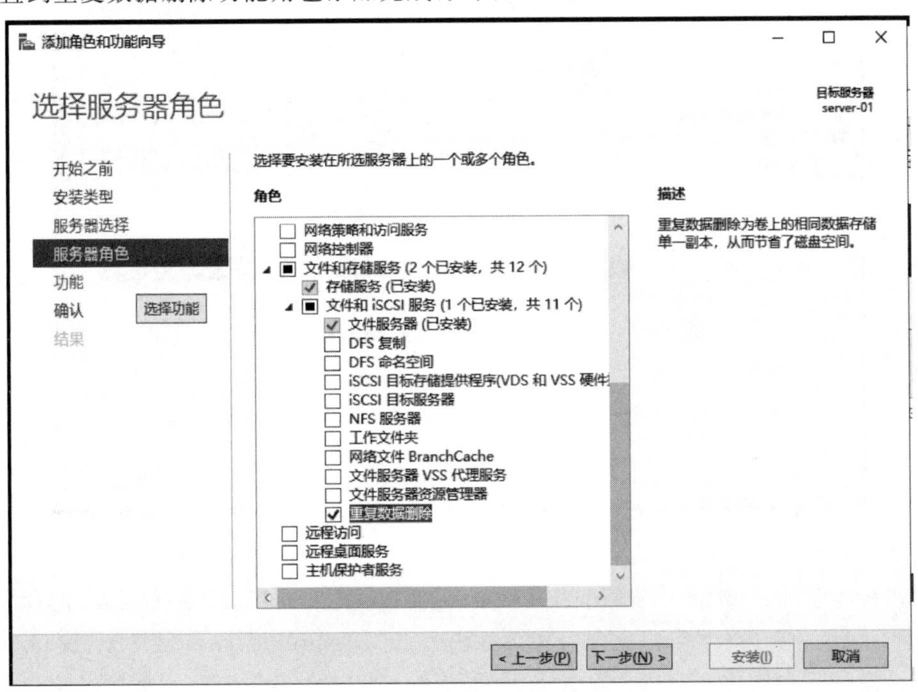

图 6.66　安装“重复数据删除”角色

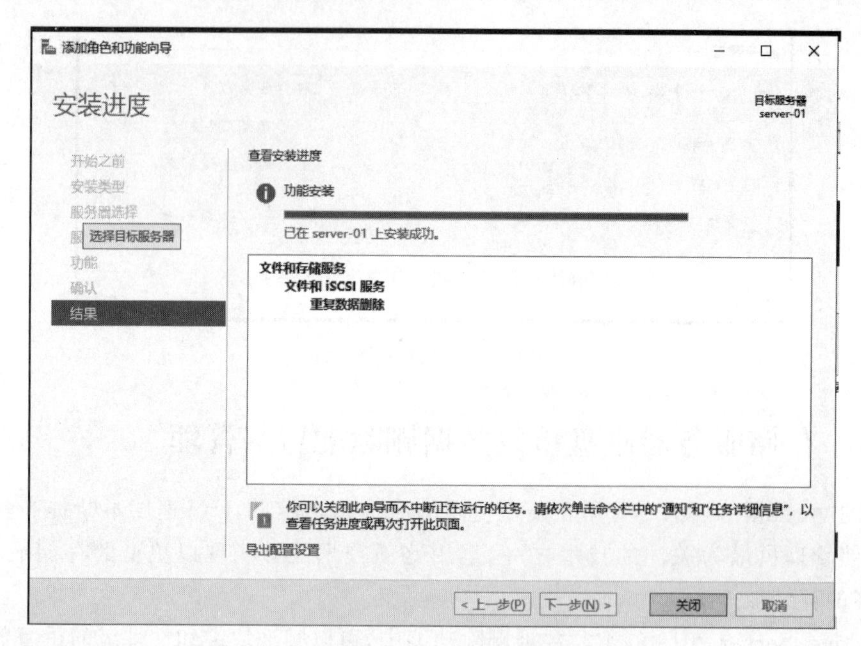

图 6.67　完成“重复数据删除”功能角色安装

视频讲解

2. 重复数据删除配置与管理

(1) 打开“服务器管理器”窗口，选择“文件和存储服务”→“卷”选项，选择 E 盘，单击鼠标右键，在弹出的快捷菜单中，选择“配置重复数据删除”选项，如图 6.68 所示，弹出“新建卷(E:\)删除重复设置”窗口，如图 6.69 所示。

图 6.68　“卷”选项窗口

(2) 在“新建卷(E:\)删除重复设置”窗口中，选择“重复数据删除”下拉列表，选择“一般用途文件服务器”选项，单击“设置删除重复计划”按钮，弹出“server01 删除重复计划”窗口，如图 6.70 所示。勾选“启用后台优化”“启用吞吐量优化”复选框，单击“确定”按钮，返回“卷”窗口，查看重复数据删除信息，可以查看重复数据删除率和删除重复保存相关信息，如图 6.71 所示。

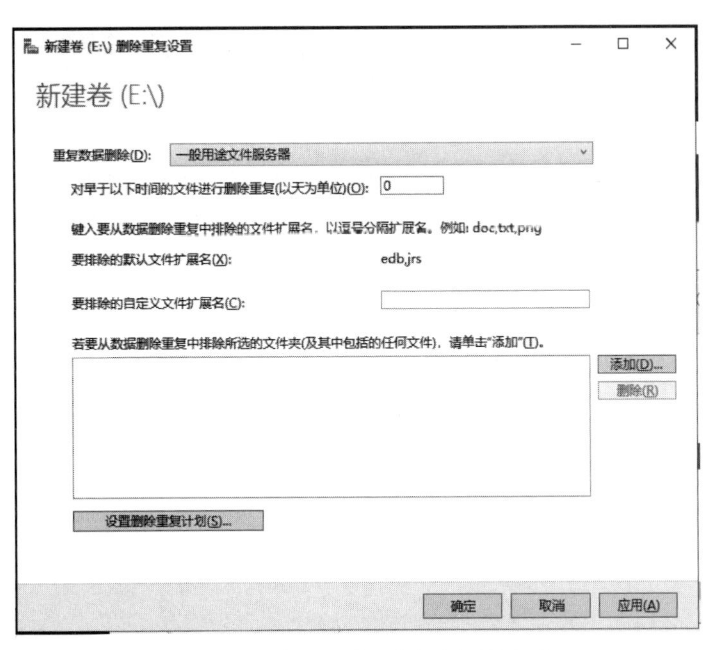

图 6.69　“新建卷(E:\)删除重复设置”窗口

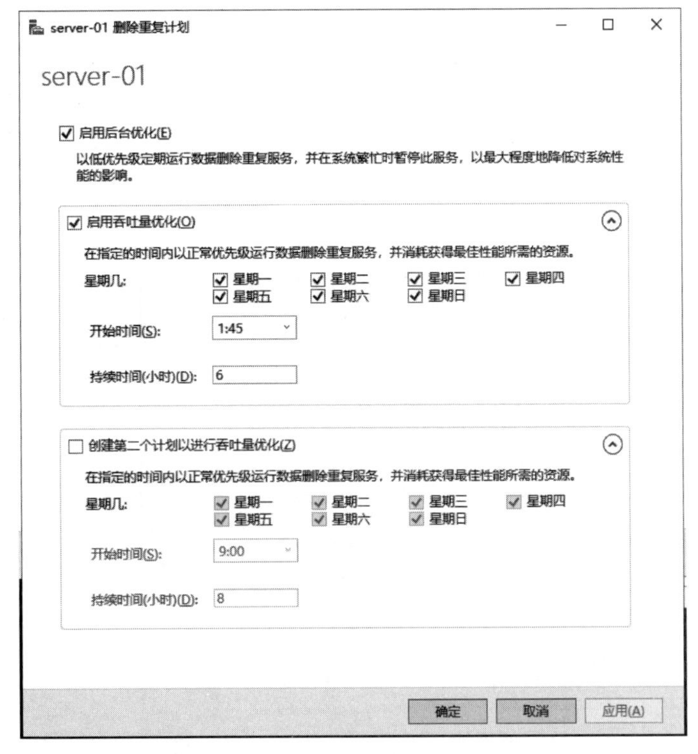

图 6.70　设置“删除重复计划”窗口

(3) 打开“文件资源管理器”窗口，查看 E 盘空间使用情况，如图 6.72 所示，选择 E 盘，单击鼠标右键，在弹出的快捷菜单中，选择“属性”选项，弹出“新建卷(E:)属性”对话框，查看 E 盘实际的空间使用情况，可以看到已用空间变小，如图 6.73 所示。查看 E 盘的文件实际存储情况，如图 6.74 所示。

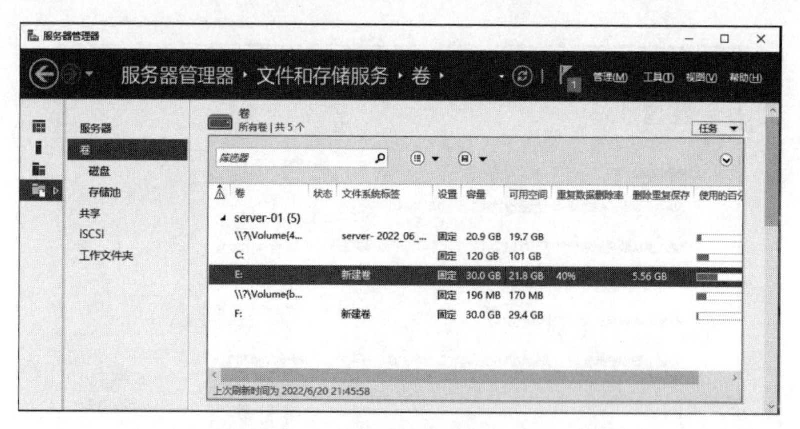

图 6.71　查看重复数据删除信息

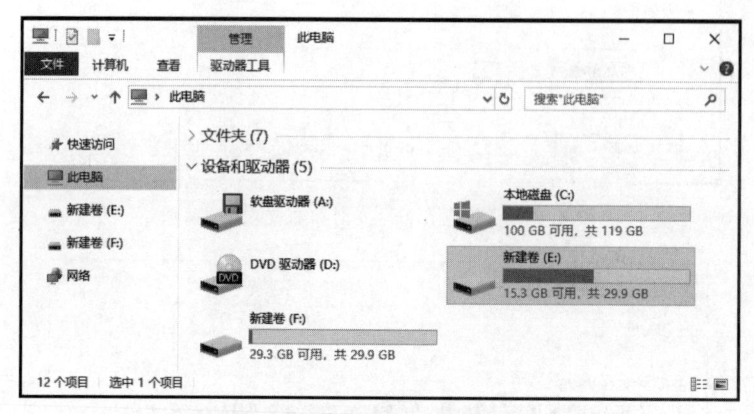

图 6.72　“文件资源管理器”窗口

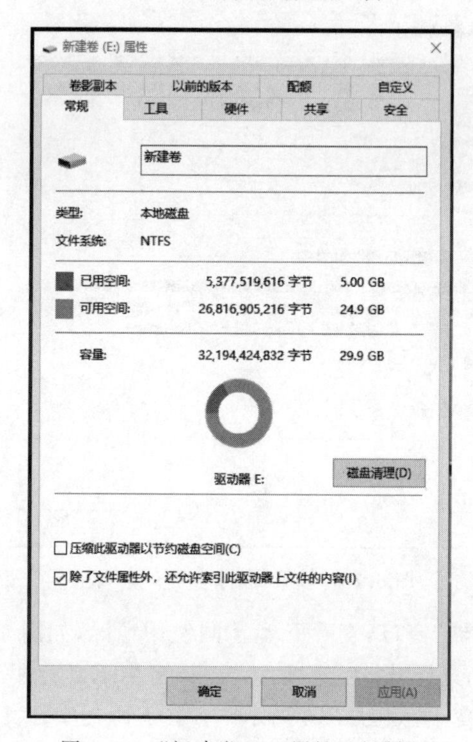

图 6.73　“新建卷(E:)属性”对话框

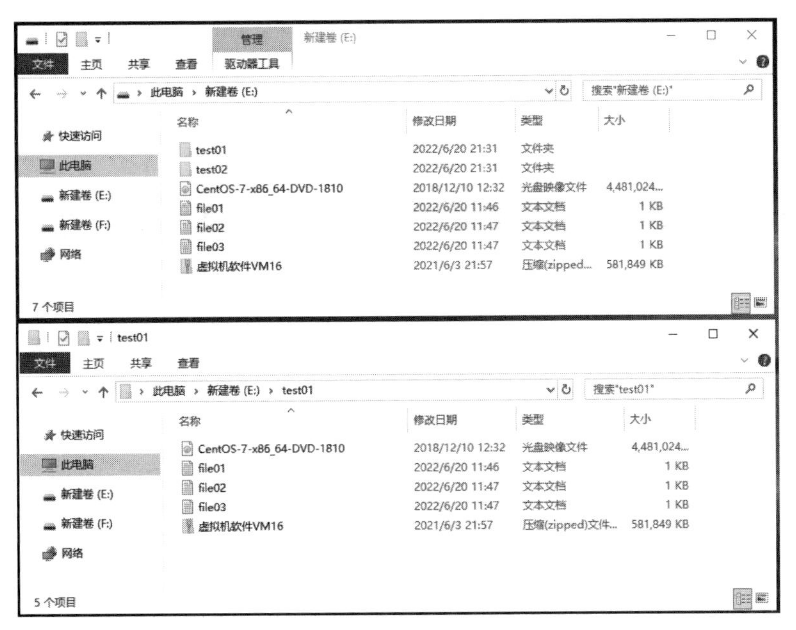

图 6.74　查看 E 盘文件实际存储情况

课后习题

1. 选择题

(1) 对整个系统或用户指定的所有文件进行一次完整的备份属于(　　)。

A. 完全备份　　B. 增量备份　　C. 差分备份　　D. 以上都不是

(2) 备份只备份相对于上一次备份操作以来新创建或者更新过的数据的备份属于(　　)。

A. 完全备份　　B. 增量备份　　C. 差分备份　　D. 以上都不是

(3) 备份上一次完全备份后产生和更新的所有新的数据的备份属于(　　)。

A. 完全备份　　B. 增量备份　　C. 差分备份　　D. 以上都不是

(4)【多选】按备份时系统的工作状态分类,可分为(　　)。

A. 冷备份　　B. 热备份　　C. 硬件备份　　D. 软件备份

(5)【多选】目前数据复制的主要方式有(　　)。

A. 同步数据复制　　B. 异步数据复制　　C. 网络数据复制　　D. 以上都不是

2. 简答题

(1) 简述存储阵列高可靠性与高性能技术。

(2) 简述自动精简技术。

(3) 简述分层存储技术。

(4) 简述 Cache 技术。

(5) 简述快照与克隆技术。

(6) 简述远程复制与 LUN 拷贝技术。

(7) 简述数据备份技术。

图书资源支持

感谢您一直以来对清华版图书的支持和爱护。为了配合本书的使用，本书提供配套的资源，有需求的读者请扫描下方的“书圈”微信公众号二维码，在图书专区下载，也可以拨打电话或发送电子邮件咨询。

如果您在使用本书的过程中遇到了什么问题，或者有相关图书出版计划，也请您发邮件告诉我们，以便我们更好地为您服务。

我们的联系方式：

地　　址：北京市海淀区双清路学研大厦 A 座 714

邮　　编：100084

电　　话：010-83470236　010-83470237

客服邮箱：2301891038@qq.com

QQ：2301891038（请写明您的单位和姓名）

资源下载：关注公众号“书圈”下载配套资源。

资源下载、样书申请

书圈

图书案例

清华计算机学堂

观看课程直播